普通高等教育“十一五”国家级规划教材

解析几何

第五版

吕林根　许子道　编

高等教育出版社·北京

内容提要

本书共分六章，即向量与坐标，轨迹与方程，平面与空间直线，柱面、锥面、旋转曲面与二次曲面，二次曲线的一般理论，二次曲面的一般理论以及附录：矩阵与行列式，书末给出了部分习题的答案、提示与解答。

本书可供全国高等院校选作解析几何课程的教材或参考书，特别适合师范院校，也可供师范专科学校、教育学院、电大与函授大学等选作教材或参考书。

图书在版编目（C I P）数据

解析几何／吕林根，许子道编. --5版. --北京：高等教育出版社，2019.7(2021.4重印)
ISBN 978-7-04-050743-0

Ⅰ.①解… Ⅱ.①吕… ②许… Ⅲ.①解析几何-高等学校-教材 Ⅳ.①O182

中国版本图书馆CIP数据核字(2018)第239653号

项目策划 李艳馥 兰莹莹 李 蕊
策划编辑 兰莹莹 责任编辑 田 玲 封面设计 王凌波 版式设计 徐艳妮
插图绘制 于 博 责任校对 张 薇 责任印制 刁 毅

出版发行 高等教育出版社
社 址 北京市西城区德外大街4号
邮政编码 100120
印 刷 肥城新华印刷有限公司
开 本 787mm×1092mm 1/16
印 张 15.75
字 数 330千字
购书热线 010-58581118
咨询电话 400-810-0598
网 址 http://www.hep.edu.cn
http://www.hep.com.cn
网上订购 http://www.hepmall.com.cn
http://www.hepmall.com
http://www.hepmall.cn
版 次 1960年9月第1版
2019年7月第5版
印 次 2021年4月第5次印刷
定 价 31.20元

物 料 号 50743-00

解析几何

第五版

吕林根　许子道　编

1. 计算机访问http://abook.hep.com.cn/1226038，或手机扫描二维码、下载并安装Abook应用。
2. 注册并登录，进入“我的课程”。
3. 输入封底数字课程账号（20位密码，刮开涂层可见），或通过Abook应用扫描封底数字课程账号二维码，完成课程绑定。
4. 单击“进入课程”按钮，开始本数字课程的学习。

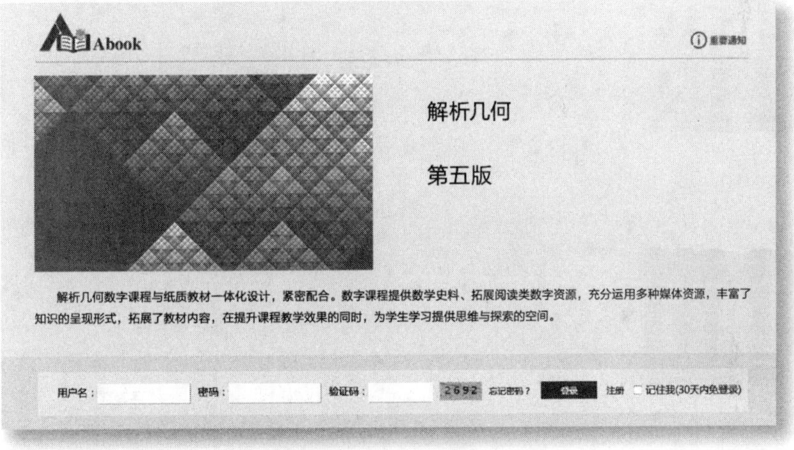
Abook
重要通知
解析几何
第五版
解析几何数字课程与纸质教材一体化设计，紧密配合。数字课程提供数学史料、拓展阅读类数字资源，充分运用多种媒体资源，丰富了知识的呈现形式，拓展了教材内容，在提升课程教学效果的同时，为学生学习提供思维与探索的空间。
用户名：
密码：
验证码：
2692
忘记密码？
登录
注册
记住我(30天内免登录)

课程绑定后一年为数字课程使用有效期。受硬件限制，部分内容无法在手机端显示，请按提示通过计算机访问学习。

如有使用问题，请发邮件至abook@hep.com.cn。

扫描二维码
下载Abook应用

解析几何简史

http://abook.hep.com.cn/1226038

第五版前言

本书初版于1960年出版，二版于1982年出版，三版于1987年出版并荣获第二届全国高等学校优秀教材优秀奖，四版于2006年出版并列入普通高等教育“十一五”国家级规划教材，历经半个多世纪教学实践的检验，被广大高校普遍认可并选作教材。

第五版保持了第四版原有的结构与风格，以及叙述清楚、通俗易懂、易教易学等优点。本次修订改动不多，主要是更新了数学名词，修改了少数语句的表述，改正了个别排印错误，并适当补充了数字资源（以符号 标识），希望能更有助于教学。

第四版前言

本书每节后配备了一定数量的习题，帮助读者及时巩固基本概念，掌握解题技巧；每章后的“结束语”帮助读者进一步认识与理解该章的主要精神以及教材的处理手法，也可扩大读者视野。第六章打了 * 号，各校可根据实际情况进行取舍。矩阵、行列式、线性方程组等高等代数的初步知识，是学习解析几何的重要工具，恐与高等代数的教学进度不易配合，故将这些内容作为附录，附于书后，供读者参考学习。

第三版前言

限于编者的水平，第五版中仍难免有疏漏和不妥处，欢迎广大读者批评指正。

编　者

2018年12月

目录

第一章 向量与坐标

学习要求

解析几何的基本思想是用代数的方法来研究几何，为了把代数运算引到几何中来，最根本的做法就是设法把空间的几何结构有系统地代数化、数量化.因此在这里我们首先在空间引进向量以及它的运算，并且通过向量来建立坐标系，这是本章要讨论的主要课题，也是解析几何的基础.利用向量，有时可使得某些几何问题更简捷地得到解决.向量在其他一些学科，例如力学、物理学和工程技术中也是解决问题的有力工具.

§1.1 向量的概念

在力学、物理学以及日常生活中，我们经常遇到许多的量，例如温度、时间、质量、密度、功、长度、面积与体积等，这些量在规定的单位下，都可以由一个数来完全确定，这种只有大小的量叫做数量.另外还有一些比较复杂的量，例如位移、力、速度、加速度等，它们不但有大小，而且还有方向，这种量就是向量.

定义 1.1.1 既有大小又有方向的量叫做向量，或称矢量，简称矢.

我们用有向线段来表示向量，有向线段的始点与终点分别叫做向量的始点与终点，有向线段的方向表示向量的方向，而有向线段的长度代表向量的大小.始点是 A，终点是 B 的向量记作 $\overrightarrow{AB}$，在手写时常用带箭头的小写字母 $\vec{a},\vec{b},\vec{x},\cdots$，而在印刷时常用黑体字母 $\boldsymbol{a},\boldsymbol{b},\boldsymbol{x},\cdots$ 来记向量(图 1-1).

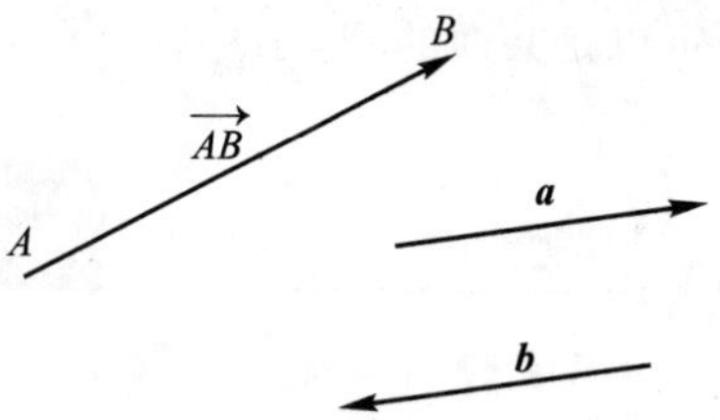

图 1-1

向量的大小叫做向量的模，也称向量的长度.向量 $\overrightarrow{AB}$ 与 $\boldsymbol{a}$ 的模分别记做 $|\overrightarrow{AB}|$ 与 $|\boldsymbol{a}|$.

模等于 1 的向量叫做单位向量，与向量 $\boldsymbol{a}$ 具有同一方向的单位向量叫做向量 $\boldsymbol{a}$ 的单位向量，常用 $\boldsymbol{a}^0$ 来表示.

模等于 0 的向量叫做零向量，记做 $\boldsymbol{0}$，它是始点与终点重合的向量，零向量的方向不定.不是零向量的向量叫做非零向量.

由于在几何中，我们把向量看成是一个有向线段，因此像对待线段一样，下面说到向量 $\boldsymbol{a}$ 与 $\boldsymbol{b}$ 相互平行，意思就是它们所在的直线相互平行，并记做 $\boldsymbol{a}/\!/\boldsymbol{b}$，类似地我们可以说一个向量与一条直线或一个平面平行等.

定义 1.1.2 如果两个向量的模相等且方向相同，那么叫做相等向量，所有的零向量都相等，向量 $\boldsymbol{a}$ 与 $\boldsymbol{b}$ 相等，记做 $\boldsymbol{a}=\boldsymbol{b}$.

根据定义 1.1.2，对于不在一直线上的两个相等的非零向量$\overrightarrow{AB}$与$\overrightarrow{A'B'}$，如果用两线段分别联结它们的一对始点 A 与 A'，一对终点 B 与 B'，那么显然得到一个平行四边形 $ABB'A'$（图1-2）；反过来，如果用这种作图法从两个向量得到一个平行四边形，那么这两向量就相等.

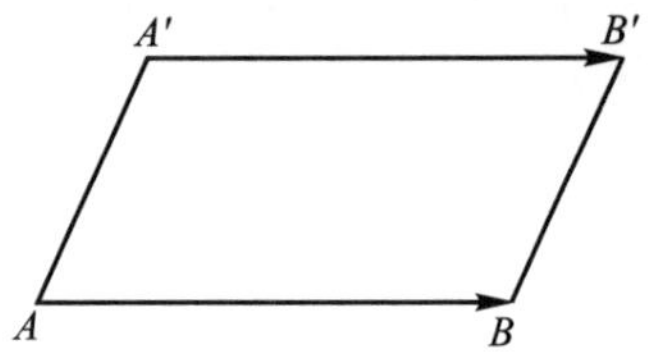

图 1-2

两个向量是否相等与它们的始点无关，只由它们的模和方向决定，我们以后运用的正是这种始点可以任意选取，而只由模和方向决定的向量，这样的向量通常叫做自由向量. 也就是说，自由向量可以任意平行移动，移动后的向量仍然代表原来的向量. 在自由向量的意义下，相等的向量都看作是同一的自由向量. 由于自由向量始点的任意性，按需要我们可以选取某一点作为所研究的一些向量的公共始点，在这种场合，我们就说，把那些向量归结到共同的始点.

必须注意，由于向量不仅有大小，而且还有方向，因此，模相等的两个向量不一定相等，因为它们的方向可能不同.

定义 1.1.3　如果两个向量的模相等，方向相反，那么称它们互为反向量，向量 $\boldsymbol{a}$ 的反向量记做 $-\boldsymbol{a}$.

显然，向量$\overrightarrow{AB}$与$\overrightarrow{BA}$互为反向量，也就是$\overrightarrow{BA}=-\overrightarrow{AB}$，或$\overrightarrow{AB}=-\overrightarrow{BA}$.

如果把彼此平行的一组向量归结到共同的始点，这组向量一定在同一条直线上；同样，如果把平行于同一平面的一组向量归结到共同的始点，这组向量一定在同一个平面上.

定义 1.1.4　平行于同一直线的一组向量叫做共线向量. 零向量与任何共线的向量组共线.

定义 1.1.5　平行于同一平面的一组向量叫做共面向量. 零向量与任何共面的向量组共面.

显然，一组共线向量一定是共面向量，三向量中如果有两向量是共线的，这三向量一定也是共面的.

习　题

1. 下列情形中向量的终点各构成什么图形？

（1）把空间中一切单位向量归结到共同的始点；

（2）把平行于某一平面的一切单位向量归结到共同的始点；

（3）把平行于某一直线的一切向量归结到共同的始点；

（4）把平行于某一直线的一切单位向量归结到共同的始点.

2. 设点 O 是正六边形 $ABCDEF$ 的中心，在向量$\overrightarrow{OA}$，$\overrightarrow{OB}$，$\overrightarrow{OC}$，$\overrightarrow{OD}$，$\overrightarrow{OE}$，$\overrightarrow{OF}$，$\overrightarrow{AB}$，$\overrightarrow{BC}$，$\overrightarrow{CD}$，$\overrightarrow{DE}$，$\overrightarrow{EF}$和$\overrightarrow{FA}$中，哪些向量是相等的？

3. 设在平面上给了一个四边形 $ABCD$，点 K,L,M,N 分别是边 AB,BC,CD,DA 的中点，求证：$\overrightarrow{KL}=\overrightarrow{NM}$. 当 $ABCD$ 是空间四边形时，这等式是否也成立？

4. 设 $ABCD\text{-}EFGH$ 是一个平行六面体(见第 4 题图),在下列各对向量中,找出相等的向量和互为反向量的向量:

(1) $\overrightarrow{AB},\overrightarrow{CD}$;　(2) $\overrightarrow{AE},\overrightarrow{CG}$;　(3) $\overrightarrow{AC},\overrightarrow{EG}$;　(4) $\overrightarrow{AD},\overrightarrow{GF}$;　(5) $\overrightarrow{BE},\overrightarrow{CH}$.

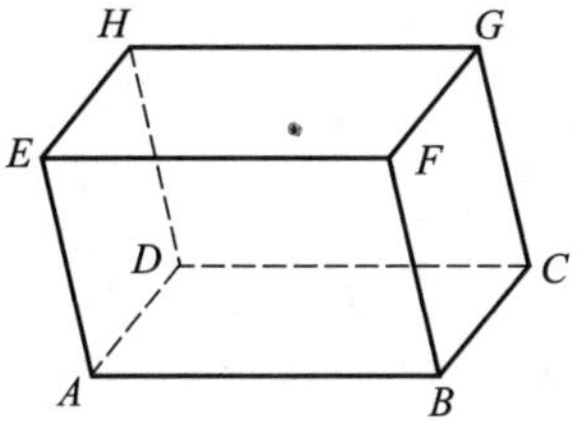

第 4 题图

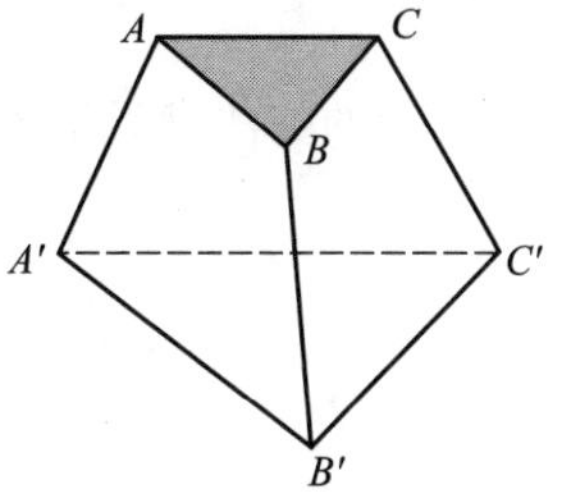

第 5 题图

5. 设 $\triangle ABC$ 和 $\triangle A'B'C'$ 分别是三棱台 $ABC-A'B'C'$ 的上、下底面(见第 5 题图),试在向量 $\overrightarrow{AB}$, $\overrightarrow{BC},\overrightarrow{CA},\overrightarrow{A'B'},\overrightarrow{B'C'},\overrightarrow{C'A'},\overrightarrow{AA'},\overrightarrow{BB'},\overrightarrow{CC'}$ 中找出共线向量和共面向量.

§ 1.2　向量的加法

物理学中的力与位移都是向量.作用于一点的两个不共线的力的合力,可以用“平行四边形法则”求出.如图 1-3 中的两个力 $\overrightarrow{OA},\overrightarrow{OB}$ 的合力,就是以 $\overrightarrow{OA},\overrightarrow{OB}$ 为邻边的平行四边形 $OACB$ 的对角线向量 $\overrightarrow{OC}$.两个位移的合成可以用“三角形法则”求出,如图 1-4 连续两次位移 $\overrightarrow{OA}$ 与 $\overrightarrow{AB}$ 的结果,相当于位移 $\overrightarrow{OB}$.

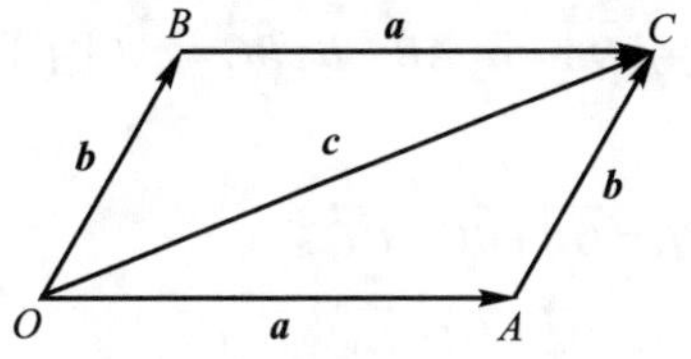

图 1-3

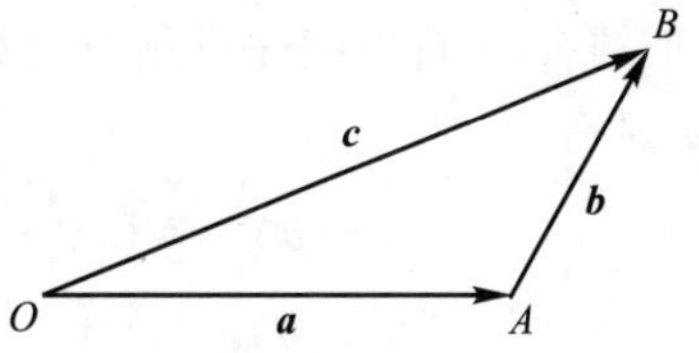

图 1-4

在自由向量的意义下,两向量合成的平行四边形法则可归结为三角形法则,如图 1-3,只要平移向量 $\overrightarrow{OB}$ 到 $\overrightarrow{AC}$ 的位置就行了.

定义 1.2.1　设已知向量 $\boldsymbol{a},\boldsymbol{b}$,以空间任意一点 O 为始点接连作向量 $\overrightarrow{OA}=\boldsymbol{a},\overrightarrow{AB}=\boldsymbol{b}$ 得一折线 OAB,从折线的端点 O 到另一端点 B 的向量 $\overrightarrow{OB}=\boldsymbol{c}$,叫做两向量 $\boldsymbol{a}$ 与 $\boldsymbol{b}$ 的和,记做 $\boldsymbol{c}=\boldsymbol{a}+\boldsymbol{b}$.求两向量 $\boldsymbol{a}$ 与 $\boldsymbol{b}$ 的和 $\boldsymbol{a}+\boldsymbol{b}$ 的运算叫做向量加法.

根据定义 1.2.1,由图 1-4 我们有

$$\overrightarrow{OA}+\overrightarrow{AB}=\overrightarrow{OB}. \tag{1.2-1}$$

这种求两个向量和的方法叫做三角形法则.由此再根据图1-3与定义 1.1.2 可得:

定理 1.2.1　如果以两个向量 $\overrightarrow{OA},\overrightarrow{OB}$ 为邻边组成一个平行四边形 $OACB$,那么对

角线向量$\overrightarrow{OC}=\overrightarrow{OA}+\overrightarrow{OB}$.

这种求两个向量和的方法叫做平行四边形法则.

如果两向量 $\boldsymbol{a}$ 与 $\boldsymbol{b}$ 共线,那么根据定义 1.2.1,读者自己容易求得它们的和向量$\boldsymbol{a}+\boldsymbol{b}$.

定理 1.2.2　向量的加法满足下面的运算规律:

1) 交换律 $$\boldsymbol{a}+\boldsymbol{b}=\boldsymbol{b}+\boldsymbol{a};\tag{1.2-2}$$

2) 结合律 $$(\boldsymbol{a}+\boldsymbol{b})+\boldsymbol{c}=\boldsymbol{a}+(\boldsymbol{b}+\boldsymbol{c});\tag{1.2-3}$$

3) $$\boldsymbol{a}+\boldsymbol{0}=\boldsymbol{a};\tag{1.2-4}$$

4) $$\boldsymbol{a}+(-\boldsymbol{a})=\boldsymbol{0}.\tag{1.2-5}$$

证　1) 先证交换律.对于两向量 $\boldsymbol{a},\boldsymbol{b}$ 不共线的情形,由图1-5 可知

$$\boldsymbol{a}+\boldsymbol{b}=\overrightarrow{OA}+\overrightarrow{AC}=\overrightarrow{OC},$$

$$\boldsymbol{b}+\boldsymbol{a}=\overrightarrow{OB}+\overrightarrow{BC}=\overrightarrow{OC},$$

所以

$$\boldsymbol{a}+\boldsymbol{b}=\boldsymbol{b}+\boldsymbol{a}.$$

对于两向量 $\boldsymbol{a},\boldsymbol{b}$ 共线的情形,留给读者自行证明.

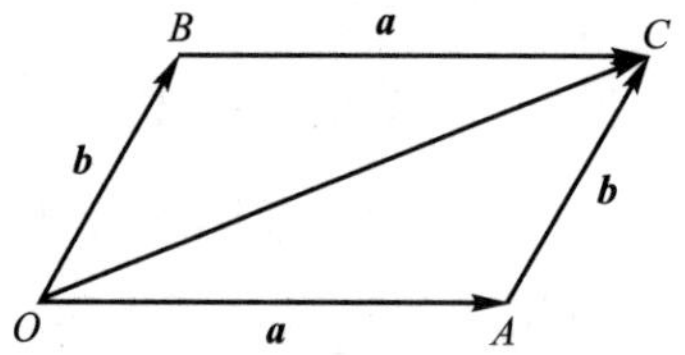

图 1-5

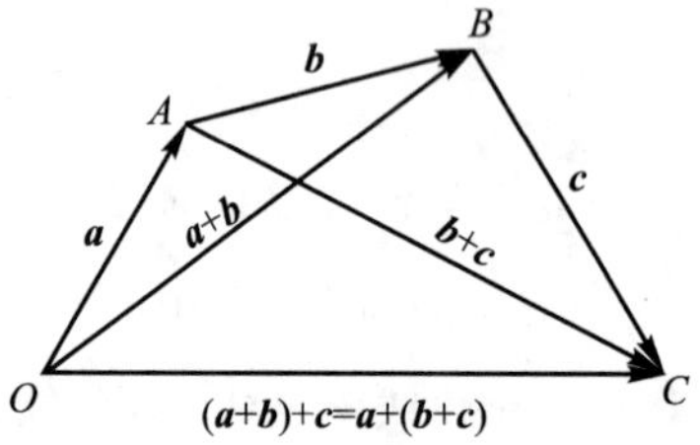

图 1-6

2) 再证结合律.自空间任意点 O 开始依次引$\overrightarrow{OA}=\boldsymbol{a},\overrightarrow{AB}=\boldsymbol{b},\overrightarrow{BC}=\boldsymbol{c}$ (图 1-6),根据向量加法定义有

$$(\boldsymbol{a}+\boldsymbol{b})+\boldsymbol{c}=(\overrightarrow{OA}+\overrightarrow{AB})+\overrightarrow{BC}=\overrightarrow{OB}+\overrightarrow{BC}=\overrightarrow{OC},$$

$$\boldsymbol{a}+(\boldsymbol{b}+\boldsymbol{c})=\overrightarrow{OA}+(\overrightarrow{AB}+\overrightarrow{BC})=\overrightarrow{OA}+\overrightarrow{AC}=\overrightarrow{OC},$$

所以

$$(\boldsymbol{a}+\boldsymbol{b})+\boldsymbol{c}=\boldsymbol{a}+(\boldsymbol{b}+\boldsymbol{c}).$$

3)与 4),根据定义 1.2.1 显然成立.

由于向量的加法满足交换律与结合律,所以三向量 $\boldsymbol{a},\boldsymbol{b},\boldsymbol{c}$ 相加,不论它们的先后顺序与结合顺序如何,它们的和总是相同的,因此可简单地写成

$$\boldsymbol{a}+\boldsymbol{b}+\boldsymbol{c}.$$

推广到任意有限个向量 $\boldsymbol{a}_1,\boldsymbol{a}_2,\cdots,\boldsymbol{a}_n$ 的和,就可以记做

$$\boldsymbol{a}_1+\boldsymbol{a}_2+\cdots+\boldsymbol{a}_n.$$

有限个向量 $\boldsymbol{a}_1,\boldsymbol{a}_2,\cdots,\boldsymbol{a}_n$ 相加的作图法,可以由向量的三角形求和法则推广如下:自任意点 O 开始,依次引$\overrightarrow{OA_1}=\boldsymbol{a}_1,\overrightarrow{A_1A_2}=\boldsymbol{a}_2,\cdots,\overrightarrow{A_{n-1}A_n}=\boldsymbol{a}_n$,由此得一折线 $OA_1A_2\cdots A_n$ (图 1-7),于是向量$\overrightarrow{OA_n}=\boldsymbol{a}$ 就是 n 个向量 $\boldsymbol{a}_1,\boldsymbol{a}_2,\cdots,\boldsymbol{a}_n$ 的和:

$$\boldsymbol{a}=\boldsymbol{a}_1+\boldsymbol{a}_2+\cdots+\boldsymbol{a}_n,$$

即

$$\overrightarrow{OA_n}=\overrightarrow{OA_1}+\overrightarrow{A_1A_2}+\cdots+\overrightarrow{A_{n-1}A_n}. \tag{1.2-6}$$

特别地，当 A_n 与 O 重合时，它们的和为零向量 $\mathbf{0}$.

这种求和的方法叫做多边形法则.

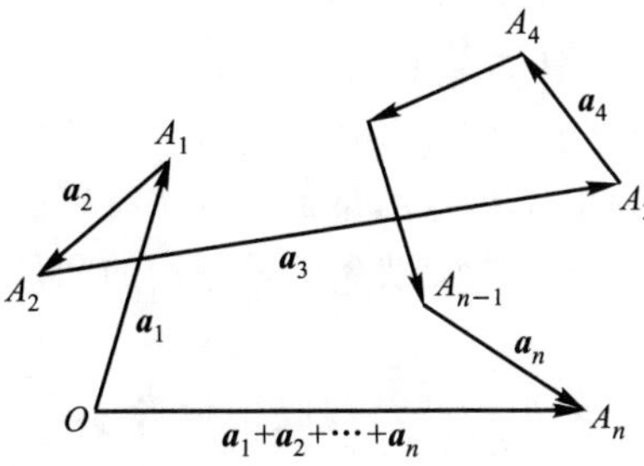

图 1-7

定义 1.2.2 当向量 $\boldsymbol{b}$ 与向量 $\boldsymbol{c}$ 的和等于向量 $\boldsymbol{a}$，即 $\boldsymbol{b}+\boldsymbol{c}=\boldsymbol{a}$ 时，我们把向量 $\boldsymbol{c}$ 叫做向量 $\boldsymbol{a}$ 与 $\boldsymbol{b}$ 的差，并记做 $\boldsymbol{c}=\boldsymbol{a}-\boldsymbol{b}$. 由两向量 $\boldsymbol{a}$ 与 $\boldsymbol{b}$ 求它们的差 $\boldsymbol{a}-\boldsymbol{b}$ 的运算叫做向量减法.

根据向量加法的三角形法则，总有

$$\overrightarrow{OB}+\overrightarrow{BA}=\overrightarrow{OA},$$

所以由定义 1.2.2 得

$$\overrightarrow{BA}=\overrightarrow{OA}-\overrightarrow{OB}. \tag{1.2-7}$$

由此得到向量减法的几何作图法：自空间任意点 O 引向量 $\overrightarrow{OA}=\boldsymbol{a}$，$\overrightarrow{OB}=\boldsymbol{b}$，那么向量 $\overrightarrow{BA}=\boldsymbol{a}-\boldsymbol{b}$（图 1-8）. 如果以 $\overrightarrow{OA}$，$\overrightarrow{OB}$ 为一对邻边构成平行四边形 $OACB$，那么显然它的一条对角线向量 $\overrightarrow{OC}=\boldsymbol{a}+\boldsymbol{b}$，而另一条对角线向量 $\overrightarrow{BA}=\boldsymbol{a}-\boldsymbol{b}$（图 1-9）.

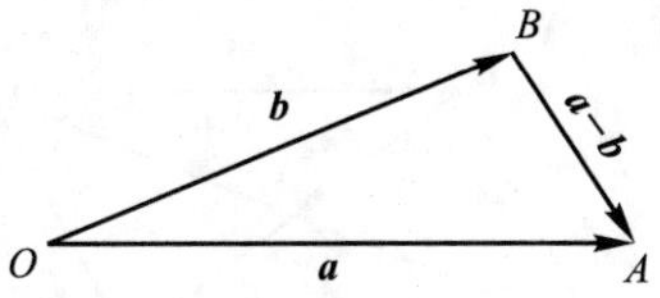

图 1-8

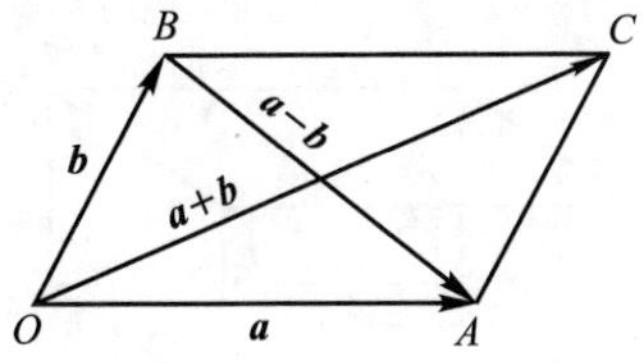

图 1-9

利用反向量，可以把向量的减法运算变为加法运算.

因为如果 $\boldsymbol{c}=\boldsymbol{a}-\boldsymbol{b}$，即 $\boldsymbol{b}+\boldsymbol{c}=\boldsymbol{a}$，在等式两边各加 $\boldsymbol{b}$ 的反向量 $-\boldsymbol{b}$，利用 $\boldsymbol{b}+(-\boldsymbol{b})=\mathbf{0}$，便得 $\boldsymbol{c}=\boldsymbol{a}+(-\boldsymbol{b})$，因此

$$\boldsymbol{a}-\boldsymbol{b}=\boldsymbol{a}+(-\boldsymbol{b}). \tag{1.2-8}$$

这表明求 $\boldsymbol{a}$ 与 $\boldsymbol{b}$ 之差可以变为求 $\boldsymbol{a}$ 与 $\boldsymbol{b}$ 的反向量 $-\boldsymbol{b}$ 之和. 又因为 $-\boldsymbol{b}$ 的反向量就是 $\boldsymbol{b}$，因此又可得

$$\boldsymbol{a}-(-\boldsymbol{b})=\boldsymbol{a}+\boldsymbol{b}. \tag{1.2-9}$$

从向量减法的这个性质,可以得出向量等式的移项法则:在向量等式中,将某一向量从等号的一端移到另一端,只需改变它的符号.例如将等式 $\boldsymbol{a}+\boldsymbol{b}+\boldsymbol{c}=\boldsymbol{d}$ 中的 $\boldsymbol{c}$ 移到另一端,那么有 $\boldsymbol{a}+\boldsymbol{b}=\boldsymbol{d}-\boldsymbol{c}$. 这是因为从等式 $\boldsymbol{a}+\boldsymbol{b}+\boldsymbol{c}=\boldsymbol{d}$ 两边减去 $\boldsymbol{c}$, 即加上 $-\boldsymbol{c}$, 而 $\boldsymbol{c}+(-\boldsymbol{c})=\boldsymbol{0}$.

我们还要指出,对于任何的两向量 $\boldsymbol{a}$ 与 $\boldsymbol{b}$,有下列不等式:

$$|\boldsymbol{a}+\boldsymbol{b}|\leqslant|\boldsymbol{a}|+|\boldsymbol{b}|.$$

这个不等式还可以推广到任意有限多个向量的情况:

$$|\boldsymbol{a}_1+\boldsymbol{a}_2+\cdots+\boldsymbol{a}_n|\leqslant|\boldsymbol{a}_1|+|\boldsymbol{a}_2|+\cdots+|\boldsymbol{a}_n|.$$

例 1　设互不共线的三向量 $\boldsymbol{a},\boldsymbol{b}$ 与 $\boldsymbol{c}$,试证明顺次将它们的终点与始点相连而成一个三角形的充要条件是它们的和是零向量.

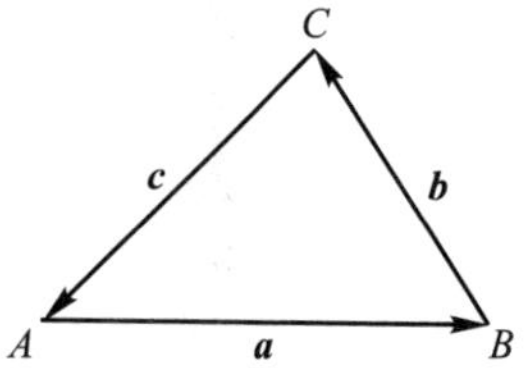

图 1-10

证　必要性　设三向量 $\boldsymbol{a},\boldsymbol{b},\boldsymbol{c}$ 可以构成三角形 ABC,即有 $\overrightarrow{AB}=\boldsymbol{a},\overrightarrow{BC}=\boldsymbol{b},\overrightarrow{CA}=\boldsymbol{c}$ (图 1-10),那么

$$\overrightarrow{AB}+\overrightarrow{BC}+\overrightarrow{CA}=\overrightarrow{AA}=\boldsymbol{0},$$

即

$$\boldsymbol{a}+\boldsymbol{b}+\boldsymbol{c}=\boldsymbol{0}.$$

充分性　设 $\boldsymbol{a}+\boldsymbol{b}+\boldsymbol{c}=\boldsymbol{0}$,作 $\overrightarrow{AB}=\boldsymbol{a},\overrightarrow{BC}=\boldsymbol{b}$,那么 $\overrightarrow{AC}=\boldsymbol{a}+\boldsymbol{b}$,所以 $\overrightarrow{AC}+\boldsymbol{c}=\boldsymbol{0}$,从而 $\boldsymbol{c}$ 是 $\overrightarrow{AC}$ 的反向量,因此 $\boldsymbol{c}=\overrightarrow{CA}$,所以 $\boldsymbol{a},\boldsymbol{b},\boldsymbol{c}$ 可构成一个三角形 ABC.

例 2　如图 1-11,在平行六面体 $ABCD-A_1B_1C_1D_1$ 中,$\overrightarrow{AB}=\boldsymbol{a},\overrightarrow{AD}=\boldsymbol{b},\overrightarrow{AA_1}=\boldsymbol{c}$,试用 $\boldsymbol{a},\boldsymbol{b},\boldsymbol{c}$ 来表示对角线向量 $\overrightarrow{AC_1},\overrightarrow{A_1C}$.

解　1)　$\overrightarrow{AC_1}=\overrightarrow{AB}+\overrightarrow{BC}+\overrightarrow{CC_1}=\overrightarrow{AB}+\overrightarrow{AD}+\overrightarrow{AA_1}=\boldsymbol{a}+\boldsymbol{b}+\boldsymbol{c}$;

2)　$\overrightarrow{A_1C}=\overrightarrow{A_1A}+\overrightarrow{AB}+\overrightarrow{BC}=-\overrightarrow{AA_1}+\overrightarrow{AB}+\overrightarrow{AD}=-\boldsymbol{c}+\boldsymbol{a}+\boldsymbol{b}=\boldsymbol{a}+\boldsymbol{b}-\boldsymbol{c}$,

或者

$$\overrightarrow{A_1C}=\overrightarrow{AC}-\overrightarrow{AA_1}=(\overrightarrow{AB}+\overrightarrow{AD})-\overrightarrow{AA_1}=\boldsymbol{a}+\boldsymbol{b}-\boldsymbol{c}.$$

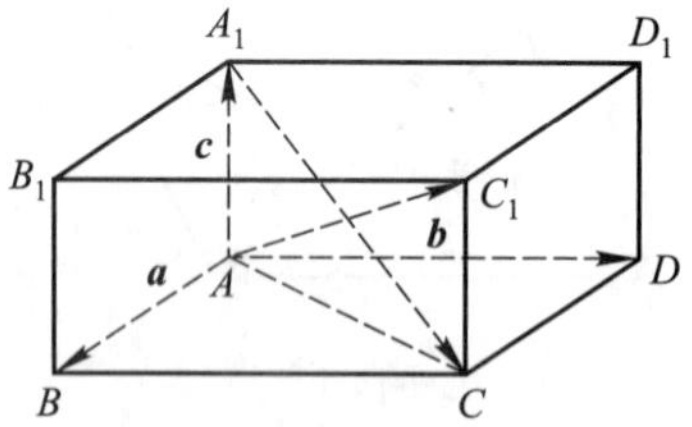

图 1-11

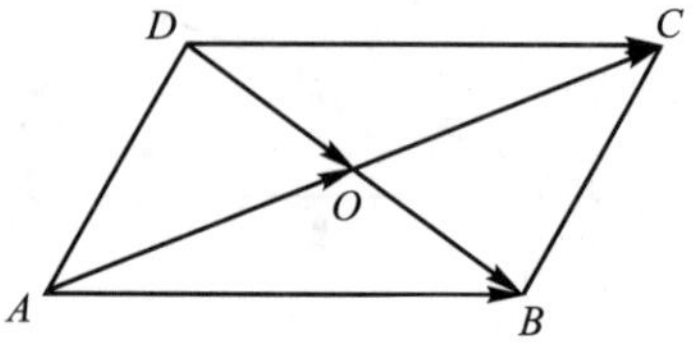

图 1-12

例 3　用向量方法证明:对角线互相平分的四边形是平行四边形.

证　设四边形 $ABCD$ 的对角线 AC,BD 交于 O 点且互相平分(图 1-12),从图可以看出:

$$\overrightarrow{AB}=\overrightarrow{AO}+\overrightarrow{OB}=\overrightarrow{OB}+\overrightarrow{AO}=\overrightarrow{DO}+\overrightarrow{OC}=\overrightarrow{DC},$$

因此,$\overrightarrow{AB}/\!/\overrightarrow{DC}$ 且 $|\overrightarrow{AB}|=|\overrightarrow{DC}|$,即四边形 $ABCD$ 为平行四边形.

§1.3 数量乘向量

我们知道,位移、力、速度与加速度等都是向量,而时间、质量等都是数量,这些向量与数量间常常会发生某些结合的关系,如我们熟知的公式

$$\boldsymbol{f}=m\boldsymbol{a},$$

这里 $\boldsymbol{f}$ 表示力,$\boldsymbol{a}$ 表示加速度,m 表示质量.再如公式

$$\boldsymbol{s}=\boldsymbol{v}t,$$

这里 $\boldsymbol{s}$ 表示位移,$\boldsymbol{v}$ 表示速度,t 表示时间.

在向量的加法中,我们也已看到,n 个向量相加仍然是向量,特别是 n 个相同的非零向量 $\boldsymbol{a}$ 相加的情形,显然这时的和向量的模为 $|\boldsymbol{a}|$ 的 n 倍,方向与 $\boldsymbol{a}$ 相同.n 个 $\boldsymbol{a}$ 相加的和常记做 $n\boldsymbol{a}$ 或 $\boldsymbol{a}n$.

定义 1.3.1 实数 λ 与向量 $\boldsymbol{a}$ 的乘积是一个向量,记做 $\lambda\boldsymbol{a}$,它的模是 $|\lambda\boldsymbol{a}|=|\lambda||\boldsymbol{a}|$;$\lambda\boldsymbol{a}$ 的方向,当 $\lambda>0$ 时与 $\boldsymbol{a}$ 相同,当 $\lambda<0$ 时与 $\boldsymbol{a}$ 相反.我们把这种运算叫做数量与向量的乘法,简称为数乘.

从这个定义我们立刻知道,当 $\lambda=0$ 或 $\boldsymbol{a}=\boldsymbol{0}$ 时,$|\lambda\boldsymbol{a}|=|\lambda|\cdot|\boldsymbol{a}|=0$,所以 $\lambda\boldsymbol{a}=\boldsymbol{0}$,这时就不必讨论它的方向了.当 $\lambda=-1$ 时,$(-1)\boldsymbol{a}$ 就是 $\boldsymbol{a}$ 的反向量,因此我们常常把 $(-1)\boldsymbol{a}$ 简写做 $-\boldsymbol{a}$.

已知向量 $\boldsymbol{a}$ 和它的单位向量 $\boldsymbol{a}^0$,下面的等式显然成立:

$$\boldsymbol{a}=|\boldsymbol{a}|\boldsymbol{a}^0,\quad \text{或}\quad \boldsymbol{a}^0=\frac{\boldsymbol{a}}{|\boldsymbol{a}|}. \tag{1.3-1}$$

由此可知,一个非零向量乘它的模的倒数,结果是一个与它同方向的单位向量.

定理 1.3.1 数量与向量的乘法满足下面的运算规律:

1) $$1\cdot\boldsymbol{a}=\boldsymbol{a}; \tag{1.3-2}$$

2) 结合律 $$\lambda(\mu\boldsymbol{a})=(\lambda\mu)\boldsymbol{a}; \tag{1.3-3}$$

3) 第一分配律 $$(\lambda+\mu)\boldsymbol{a}=\lambda\boldsymbol{a}+\mu\boldsymbol{a}; \tag{1.3-4}$$

4) 第二分配律 $$\lambda(\boldsymbol{a}+\boldsymbol{b})=\lambda\boldsymbol{a}+\lambda\boldsymbol{b}. \tag{1.3-5}$$

这里 $\boldsymbol{a},\boldsymbol{b}$ 为向量,λ,μ 为任意实数.

证 1) 根据定义 1.3.1,(1.3-2)显然成立.

2) 证明结合律 $\lambda(\mu\boldsymbol{a})=(\lambda\mu)\boldsymbol{a}$ 成立.

当 $\boldsymbol{a}=\boldsymbol{0}$ 或 λ,μ 中至少有一为 0 时,(1.3-3)显然成立.当 $\boldsymbol{a}\neq\boldsymbol{0}$,$\lambda\mu\neq0$ 时,向量 $\lambda(\mu\boldsymbol{a})$ 与 $(\lambda\mu)\boldsymbol{a}$ 的模都等于 $|\lambda|\cdot|\mu||\boldsymbol{a}|$,从而它们的模相等;而它们的方向,当 λ 与 μ 同号时,都与 $\boldsymbol{a}$ 的方向一致,当 λ 与 μ 异号时,都与 $\boldsymbol{a}$ 的方向相反,因此向量 $\lambda(\mu\boldsymbol{a})$ 与 $(\lambda\mu)\boldsymbol{a}$ 的方向相同,所以有

$$\lambda(\mu\boldsymbol{a})=(\lambda\mu)\boldsymbol{a}.$$

3) 证明第一分配律 $(\lambda+\mu)\boldsymbol{a}=\lambda\boldsymbol{a}+\mu\boldsymbol{a}$ 成立.

如果 $\boldsymbol{a}=\boldsymbol{0}$,或 λ,μ 及 $\lambda+\mu$ 中至少有一个为 0,那么等式显然成立.因此我们只需证

明当 $\boldsymbol{a}\neq\boldsymbol{0},\lambda\mu\neq 0,\lambda+\mu\neq 0$ 的情形.

(i) 如果 $\lambda\mu>0$,这时显然 $(\lambda+\mu)\boldsymbol{a}$ 与 $\lambda\boldsymbol{a}+\mu\boldsymbol{a}$ 同向,且

$$\begin{aligned}|(\lambda+\mu)\boldsymbol{a}| &= |\lambda+\mu|\,|\boldsymbol{a}| = (|\lambda|+|\mu|)|\boldsymbol{a}| \\ &= |\lambda|\,|\boldsymbol{a}|+|\mu|\,|\boldsymbol{a}| = |\lambda\boldsymbol{a}|+|\mu\boldsymbol{a}| = |\lambda\boldsymbol{a}+\mu\boldsymbol{a}|,\end{aligned}$$

所以(图 1-13)

$$(\lambda+\mu)\boldsymbol{a}=\lambda\boldsymbol{a}+\mu\boldsymbol{a}.$$

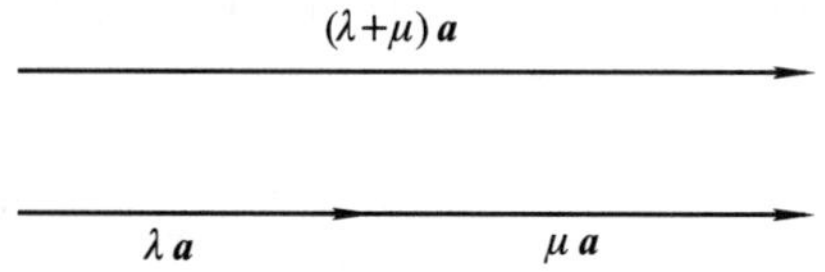

图 1-13

(ii) 如果 $\lambda\mu<0$,不失一般性,可设 $\lambda>0,\mu<0$,再区分 $\lambda+\mu>0$ 和 $\lambda+\mu<0$ 两种情形.下面只证前一种情形,后一种情形可相仿证明.假定 $\lambda>0,\mu<0,\lambda+\mu>0$.这时有 $-\mu(\lambda+\mu)>0$,根据(i)有

$$(\lambda+\mu)\boldsymbol{a}+(-\mu)\boldsymbol{a}=[(\lambda+\mu)+(-\mu)]\boldsymbol{a}=\lambda\boldsymbol{a},$$

所以

$$(\lambda+\mu)\boldsymbol{a}=\lambda\boldsymbol{a}-(-\mu)\boldsymbol{a}=\lambda\boldsymbol{a}+\mu\boldsymbol{a}.$$

4) 证明第二分配律 $\lambda(\boldsymbol{a}+\boldsymbol{b})=\lambda\boldsymbol{a}+\lambda\boldsymbol{b}$ 成立.

如果 $\lambda=0$ 或 $\boldsymbol{a},\boldsymbol{b}$ 之中有一个为 $\boldsymbol{0}$,等式显然成立,因此,这里只需对 $\boldsymbol{a}\neq\boldsymbol{0},\boldsymbol{b}\neq\boldsymbol{0},\lambda\neq 0$ 的情形进行证明.

(i) 如果 $\boldsymbol{a},\boldsymbol{b}$ 共线,当 $\boldsymbol{a},\boldsymbol{b}$ 同向时,取 $m=\dfrac{|\boldsymbol{a}|}{|\boldsymbol{b}|}$;当 $\boldsymbol{a},\boldsymbol{b}$ 反向时,取 $m=-\dfrac{|\boldsymbol{a}|}{|\boldsymbol{b}|}$,这样显然有 $\boldsymbol{a}=m\boldsymbol{b}$,因此根据(1.3-3)与(1.3-4)有

$$\begin{aligned}\lambda(\boldsymbol{a}+\boldsymbol{b}) &= \lambda(m\boldsymbol{b}+\boldsymbol{b}) = \lambda[(m+1)\boldsymbol{b}] = (\lambda m+\lambda)\boldsymbol{b} \\ &= (\lambda m)\boldsymbol{b}+\lambda\boldsymbol{b} = \lambda(m\boldsymbol{b})+\lambda\boldsymbol{b} = \lambda\boldsymbol{a}+\lambda\boldsymbol{b}.\end{aligned}$$

(ii) 如果 $\boldsymbol{a},\boldsymbol{b}$ 不共线,那么如图 1-14 所示,显然由 $\boldsymbol{a},\boldsymbol{b}$ 为两边构成的 $\triangle OAB$ 与由 $\lambda\boldsymbol{a},\lambda\boldsymbol{b}$ 为两边构成的 $\triangle OA_1B_1$ 相似,因此对应的第三边所成向量满足

$$\lambda\overrightarrow{OB}=\overrightarrow{OB_1},$$

但

$$\overrightarrow{OB}=\boldsymbol{a}+\boldsymbol{b},\quad \overrightarrow{OB_1}=\lambda\boldsymbol{a}+\lambda\boldsymbol{b},$$

所以

$$\lambda(\boldsymbol{a}+\boldsymbol{b})=\lambda\boldsymbol{a}+\lambda\boldsymbol{b}.$$

从向量的加法与数乘的运算规律知,对于向量也可以像实数及多项式那样去运算,例如

$$\nu_1(\lambda_1\boldsymbol{a}-\mu_1\boldsymbol{b})+\nu_2(\lambda_2\boldsymbol{a}-\mu_2\boldsymbol{b})=(\lambda_1\nu_1+\lambda_2\nu_2)\boldsymbol{a}-(\mu_1\nu_1+\mu_2\nu_2)\boldsymbol{b}.$$

例 1 设 AM 是 $\triangle ABC$ 的中线,求证

$$\overrightarrow{AM}=\frac{1}{2}(\overrightarrow{AB}+\overrightarrow{AC}).$$

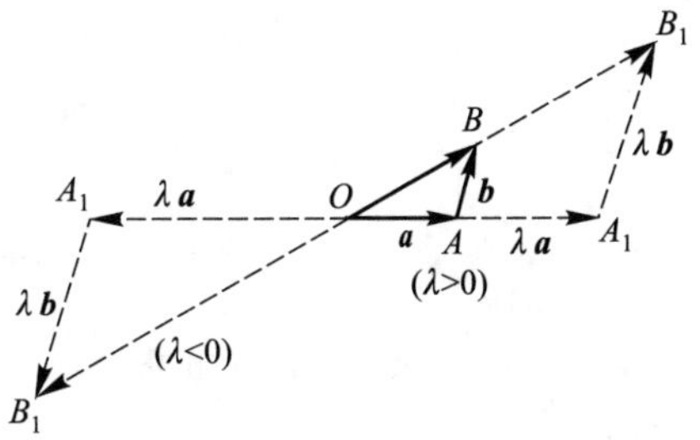

图 1-14

证 如图 1-15 所示,有

$$\overrightarrow{AM}=\overrightarrow{AB}+\overrightarrow{BM},\quad \overrightarrow{AM}=\overrightarrow{AC}+\overrightarrow{CM},$$

所以

$$2\overrightarrow{AM}=(\overrightarrow{AB}+\overrightarrow{AC})+(\overrightarrow{BM}+\overrightarrow{CM}),$$

但

$$\overrightarrow{BM}+\overrightarrow{CM}=\overrightarrow{BM}+\overrightarrow{MB}=\mathbf{0},$$

因而

$$2\overrightarrow{AM}=\overrightarrow{AB}+\overrightarrow{AC},$$

即

$$\overrightarrow{AM}=\frac{1}{2}(\overrightarrow{AB}+\overrightarrow{AC}).$$

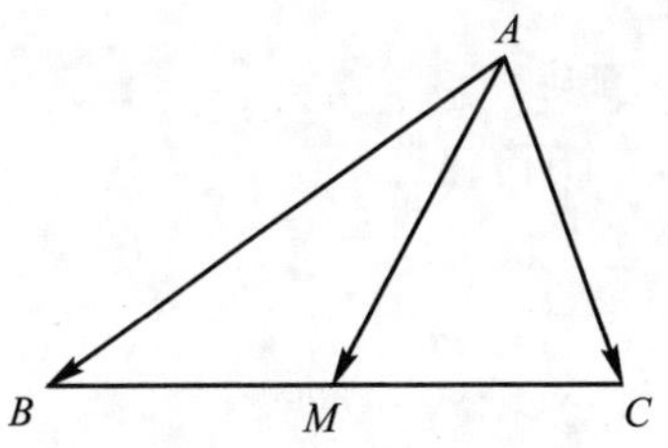

图 1-15

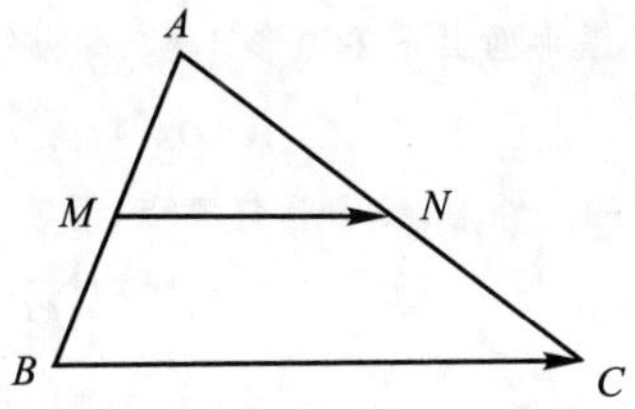

图 1-16

例 2 用向量法证明:联结三角形两边中点的线段平行于第三边且等于第三边的一半.

证 设$\triangle ABC$两边 AB,AC 之中点分别为 M,N (图 1-16),那么

$$\overrightarrow{MN}=\overrightarrow{AN}-\overrightarrow{AM}=\frac{1}{2}\overrightarrow{AC}-\frac{1}{2}\overrightarrow{AB}=\frac{1}{2}(\overrightarrow{AC}-\overrightarrow{AB})=\frac{1}{2}\overrightarrow{BC},$$

所以$\overrightarrow{MN}\parallel\overrightarrow{BC}$,且$|\overrightarrow{MN}|=\frac{1}{2}|\overrightarrow{BC}|$.

由此例可见,利用向量可以比较简洁地证明一些几何命题.

习　题

1. 要使下列各式成立,向量 $\boldsymbol{a},\boldsymbol{b}$ 应满足什么条件?

(1) $|\boldsymbol{a}+\boldsymbol{b}|=|\boldsymbol{a}-\boldsymbol{b}|$；　　(2) $|\boldsymbol{a}+\boldsymbol{b}|=|\boldsymbol{a}|+|\boldsymbol{b}|$；

(3) $|\boldsymbol{a}+\boldsymbol{b}|=|\boldsymbol{a}|-|\boldsymbol{b}|$；　　(4) $|\boldsymbol{a}-\boldsymbol{b}|=|\boldsymbol{a}|+|\boldsymbol{b}|$；

(5) $|\boldsymbol{a}-\boldsymbol{b}|=|\boldsymbol{a}|-|\boldsymbol{b}|$.

2. 试解下列各题：

(1) 化简 $(x-y)(\boldsymbol{a}+\boldsymbol{b})-(x+y)(\boldsymbol{a}-\boldsymbol{b})$；

(2) 已知 $\boldsymbol{a}=\boldsymbol{e}_1+2\boldsymbol{e}_2-\boldsymbol{e}_3$，$\boldsymbol{b}=3\boldsymbol{e}_1-2\boldsymbol{e}_2+2\boldsymbol{e}_3$，求 $\boldsymbol{a}+\boldsymbol{b}$，$\boldsymbol{a}-\boldsymbol{b}$ 和 $3\boldsymbol{a}-2\boldsymbol{b}$；

(3) 从向量方程组 $\begin{cases}3\boldsymbol{x}+4\boldsymbol{y}=\boldsymbol{a},\\2\boldsymbol{x}-3\boldsymbol{y}=\boldsymbol{b},\end{cases}$ 解出向量 $\boldsymbol{x}$，$\boldsymbol{y}$.

3. 已知四边形 $ABCD$ 中，$\overrightarrow{AB}=\boldsymbol{a}-2\boldsymbol{c}$，$\overrightarrow{CD}=5\boldsymbol{a}+6\boldsymbol{b}-8\boldsymbol{c}$，对角线 AC，BD 的中点分别为 E，F，求 $\overrightarrow{EF}$.

4. 设 $\overrightarrow{AB}=\boldsymbol{a}+5\boldsymbol{b}$，$\overrightarrow{BC}=-2\boldsymbol{a}+8\boldsymbol{b}$，$\overrightarrow{CD}=3(\boldsymbol{a}-\boldsymbol{b})$，证明 A，B，D 三点共线.

5. 在四边形 $ABCD$ 中，$\overrightarrow{AB}=\boldsymbol{a}+2\boldsymbol{b}$，$\overrightarrow{BC}=-4\boldsymbol{a}-\boldsymbol{b}$，$\overrightarrow{CD}=-5\boldsymbol{a}-3\boldsymbol{b}$，证明 $ABCD$ 为梯形.

6. 设 L，M，N 分别是 $\triangle ABC$ 三边 BC，CA，AB 的中点，证明三中线向量 $\overrightarrow{AL}$，$\overrightarrow{BM}$，$\overrightarrow{CN}$ 可以构成一个三角形.

7. 设 L，M，N 是 $\triangle ABC$ 三边的中点，O 是任意一点，证明

$$\overrightarrow{OA}+\overrightarrow{OB}+\overrightarrow{OC}=\overrightarrow{OL}+\overrightarrow{OM}+\overrightarrow{ON}.$$

8. 设 M 是平行四边形 $ABCD$ 的中心，O 是任意一点，证明

$$\overrightarrow{OA}+\overrightarrow{OB}+\overrightarrow{OC}+\overrightarrow{OD}=4\overrightarrow{OM}.$$

9. 在平行六面体 $ABCD$-$EFGH$（参看§1.1 习题第 4 题图）中，证明

$$\overrightarrow{AC}+\overrightarrow{AF}+\overrightarrow{AH}=2\overrightarrow{AG}.$$

10. 用向量法证明梯形两腰中点连线平行于上、下两底边且等于它们长度和的一半.

11. 用向量法证明平行四边形对角线互相平分.

12. 设点 O 是平面上正多边形 $A_1A_2\cdots A_n$ 的中心，证明

$$\overrightarrow{OA_1}+\overrightarrow{OA_2}+\overrightarrow{OA_3}+\cdots+\overrightarrow{OA_n}=\boldsymbol{0}.$$

13. 在上题的条件下，设 P 是任意点，证明

$$\overrightarrow{PA_1}+\overrightarrow{PA_2}+\overrightarrow{PA_3}+\cdots+\overrightarrow{PA_n}=n\overrightarrow{PO}.$$

§1.4　向量的线性关系与向量的分解

向量的加法和数量与向量的乘法统称为向量的线性运算.我们知道有限个向量通过线性运算，它的结果仍然是一个向量.

定义 1.4.1　由向量 $\boldsymbol{a}_1,\boldsymbol{a}_2,\cdots,\boldsymbol{a}_n$ 与实数 $\lambda_1,\lambda_2,\cdots,\lambda_n$ 所组成的向量

$$\boldsymbol{a}=\lambda_1\boldsymbol{a}_1+\lambda_2\boldsymbol{a}_2+\cdots+\lambda_n\boldsymbol{a}_n$$

叫做向量 $\boldsymbol{a}_1,\boldsymbol{a}_2,\cdots,\boldsymbol{a}_n$ 的线性组合.

当向量 $\boldsymbol{a}$ 是向量 $\boldsymbol{a}_1,\boldsymbol{a}_2,\cdots,\boldsymbol{a}_n$ 的线性组合时，我们也说：向量 $\boldsymbol{a}$ 可以用向量 $\boldsymbol{a}_1,\boldsymbol{a}_2,\cdots,\boldsymbol{a}_n$ 线性表示.或者说，向量 $\boldsymbol{a}$ 可以分解成向量 $\boldsymbol{a}_1,\boldsymbol{a}_2,\cdots,\boldsymbol{a}_n$ 的线性组合.

我们约定，像 $\lambda\boldsymbol{a}$ 只有一个向量与实数结合的情况，也称它为向量 $\boldsymbol{a}$ 的线性组合.

定理 1.4.1　如果向量 $\boldsymbol{e}\neq\boldsymbol{0}$，那么向量 $\boldsymbol{r}$ 与向量 $\boldsymbol{e}$ 共线的充要条件是 $\boldsymbol{r}$ 可以用向

量 $\boldsymbol{e}$ 线性表示,或者说 $\boldsymbol{r}$ 是 $\boldsymbol{e}$ 的线性组合,即

$$\boldsymbol{r}=x\boldsymbol{e}, \tag{1.4-1}$$

并且系数 x 被 $\boldsymbol{e},\boldsymbol{r}$ 惟一确定.

这时 $\boldsymbol{e}$ 称为用线性组合来表示共线向量的基.

证　如果(1.4-1)成立,即有 $\boldsymbol{r}=x\boldsymbol{e}$,那么由定义 1.3.1 立刻知 $\boldsymbol{r}$ 与 $\boldsymbol{e}$ 共线.反过来,如果 $\boldsymbol{r}$ 与非零向量 $\boldsymbol{e}$ 共线,那么一定存在实数 x,使得 $\boldsymbol{r}=x\boldsymbol{e}$ (见 § 1.3 中(1.3-5)的证明).显然如果 $\boldsymbol{r}=\boldsymbol{0}$,那么 $\boldsymbol{r}=0\cdot\boldsymbol{e}$,即 $x=0$.

最后证明(1.4-1)中的 x 是惟一的.如果 $\boldsymbol{r}=x\boldsymbol{e}=x'\boldsymbol{e}$,那么 $(x-x')\boldsymbol{e}=\boldsymbol{0}$,而 $\boldsymbol{e}\neq\boldsymbol{0}$,所以 $x'=x$.

定理 1.4.2　如果向量 $\boldsymbol{e}_1,\boldsymbol{e}_2$ 不共线,那么向量 $\boldsymbol{r}$ 与 $\boldsymbol{e}_1,\boldsymbol{e}_2$ 共面的充要条件是 $\boldsymbol{r}$ 可以用向量 $\boldsymbol{e}_1,\boldsymbol{e}_2$ 线性表示,或者说向量 $\boldsymbol{r}$ 可以分解成 $\boldsymbol{e}_1,\boldsymbol{e}_2$ 的线性组合,即

$$\boldsymbol{r}=x\boldsymbol{e}_1+y\boldsymbol{e}_2, \tag{1.4-2}$$

并且系数 x,y 被 $\boldsymbol{e}_1,\boldsymbol{e}_2,\boldsymbol{r}$ 惟一确定.

这时 $\boldsymbol{e}_1,\boldsymbol{e}_2$ 叫做平面上向量的基.

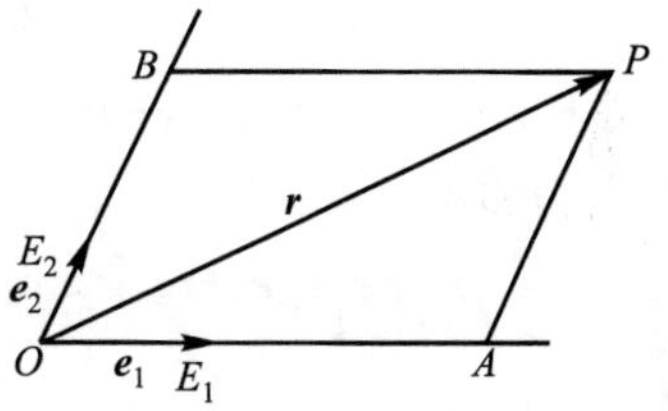

图 1-17

证　首先,因为向量 $\boldsymbol{e}_1$ 与 $\boldsymbol{e}_2$ 不共线,所以根据定义 1.1.4 有 $\boldsymbol{e}_1\neq\boldsymbol{0},\boldsymbol{e}_2\neq\boldsymbol{0}$.设 $\boldsymbol{r}$ 和 $\boldsymbol{e}_1,\boldsymbol{e}_2$ 共面,如果 $\boldsymbol{r}$ 和 $\boldsymbol{e}_1$(或 $\boldsymbol{e}_2$)共线,那么根据定理 1.4.1 有 $\boldsymbol{r}=x\boldsymbol{e}_1+y\boldsymbol{e}_2$,其中 $y=0$(或 $x=0$).如果 $\boldsymbol{r}$ 和 $\boldsymbol{e}_1,\boldsymbol{e}_2$ 都不共线,把它们归结到共同的始点 O,并设 $\overrightarrow{OE_i}=\boldsymbol{e}_i(i=1,2)$,$\overrightarrow{OP}=\boldsymbol{r}$,那么经过 $\boldsymbol{r}$ 的终点 P 分别作 OE_2,OE_1 的平行线依次与直线 OE_1,OE_2 交于 A,B (图 1-17).因为 $\overrightarrow{OA}\parallel\boldsymbol{e}_1$,$\overrightarrow{OB}\parallel\boldsymbol{e}_2$,根据定理 1.4.1,可设 $\overrightarrow{OA}=x\boldsymbol{e}_1$,$\overrightarrow{OB}=y\boldsymbol{e}_2$,所以根据向量加法的平行四边形法则得 $\overrightarrow{OP}=\overrightarrow{OA}+\overrightarrow{OB}$,即

$$\boldsymbol{r}=x\boldsymbol{e}_1+y\boldsymbol{e}_2.$$

反过来,设 $\boldsymbol{r}=x\boldsymbol{e}_1+y\boldsymbol{e}_2$,如果 x,y 有一是零,例如 $x=0$,那么 $\boldsymbol{r}=y\boldsymbol{e}_2$ 与 $\boldsymbol{e}_2$ 共线,因此它与 $\boldsymbol{e}_1,\boldsymbol{e}_2$ 共面.如果 $xy\neq0$,那么 $x\boldsymbol{e}_1\parallel\boldsymbol{e}_1$,$y\boldsymbol{e}_2\parallel\boldsymbol{e}_2$,从两向量相加的平行四边形法则可知 $\boldsymbol{r}$ 与 $x\boldsymbol{e}_1$ 及 $y\boldsymbol{e}_2$ 共面,因此 $\boldsymbol{r}$ 与 $\boldsymbol{e}_1,\boldsymbol{e}_2$ 共面.

最后证明 x,y 由 $\boldsymbol{e}_1,\boldsymbol{e}_2,\boldsymbol{r}$ 惟一确定.因为如果

$$\boldsymbol{r}=x\boldsymbol{e}_1+y\boldsymbol{e}_2=x'\boldsymbol{e}_1+y'\boldsymbol{e}_2,$$

那么

$$(x-x')\boldsymbol{e}_1+(y-y')\boldsymbol{e}_2=\boldsymbol{0},$$

如果 $x\neq x'$,那么 $\boldsymbol{e}_1=-\dfrac{y-y'}{x-x'}\boldsymbol{e}_2$,将有 $\boldsymbol{e}_1\parallel\boldsymbol{e}_2$,这与定理假设矛盾,所以 $x=x'$.同理 $y=y'$,因此 x,y 被惟一确定.

定理 1.4.3　如果向量 $\boldsymbol{e}_1,\boldsymbol{e}_2,\boldsymbol{e}_3$ 不共面,那么空间任意向量 $\boldsymbol{r}$ 可以由向量 $\boldsymbol{e}_1,\boldsymbol{e}_2,\boldsymbol{e}_3$ 线性表示,或者说空间任意向量 $\boldsymbol{r}$ 可以分解成向量 $\boldsymbol{e}_1,\boldsymbol{e}_2,\boldsymbol{e}_3$ 的线性组合,即

$$\boldsymbol{r}=x\boldsymbol{e}_1+y\boldsymbol{e}_2+z\boldsymbol{e}_3, \tag{1.4-3}$$

并且其中系数 x,y,z 被 $\boldsymbol{e}_1,\boldsymbol{e}_2,\boldsymbol{e}_3,\boldsymbol{r}$ 惟一确定.

这时 $\boldsymbol{e}_1,\boldsymbol{e}_2,\boldsymbol{e}_3$ 叫做空间向量的基.

证 首先因为 $\boldsymbol{e}_1,\boldsymbol{e}_2,\boldsymbol{e}_3$ 不共面,所以根据定义 1.1.5 必然有 $\boldsymbol{e}_i\neq\boldsymbol{0}$ $(i=1,2,3)$,且它们彼此不共线.

如果 $\boldsymbol{r}$ 和 $\boldsymbol{e}_1,\boldsymbol{e}_2,\boldsymbol{e}_3$ 之中两个向量共面,那么根据定理 1.4.2 立即可知(1.4-3)成立,例如 $\boldsymbol{r}$ 和 $\boldsymbol{e}_1,\boldsymbol{e}_2$ 共面,那么有 $\boldsymbol{r}=x\boldsymbol{e}_1+y\boldsymbol{e}_2+0\boldsymbol{e}_3$,等等.

如果 $\boldsymbol{r}$ 和 $\boldsymbol{e}_1,\boldsymbol{e}_2,\boldsymbol{e}_3$ 之中任何两个向量都不共面,将向量 $\boldsymbol{r},\boldsymbol{e}_i(i=1,2,3)$ 归结到共同的始点 O,并设 $\overrightarrow{OP}=\boldsymbol{r},\overrightarrow{OE_i}=\boldsymbol{e}_i(i=1,2,3)$,过 $\boldsymbol{r}$ 的终点 P 作三平面分别与平面 OE_2E_3,OE_3E_1,OE_1E_2 平行,且分别和直线 OE_1,OE_2,OE_3 相交于 A,B,C 三点,因此作成了以 $\overrightarrow{OA},\overrightarrow{OB},\overrightarrow{OC}$ 为三棱,$\overrightarrow{OP}$ 为对角线的平行六面体(图 1-18),于是得到

$$\overrightarrow{OP}=\overrightarrow{OA}+\overrightarrow{OB}+\overrightarrow{OC}.$$

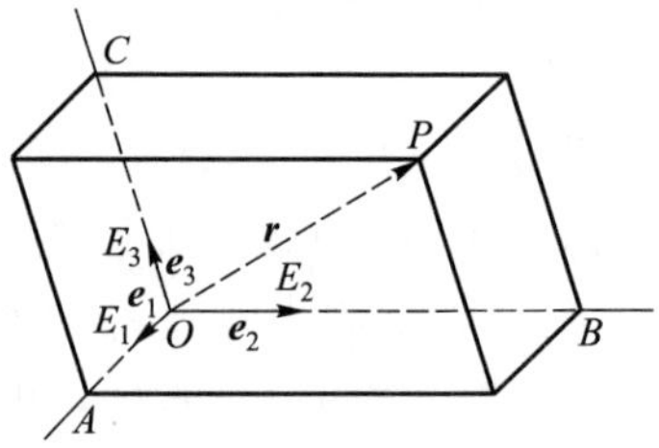

图 1-18

又根据定理 1.4.1,可设 $\overrightarrow{OA}=x\boldsymbol{e}_1,\overrightarrow{OB}=y\boldsymbol{e}_2,\overrightarrow{OC}=z\boldsymbol{e}_3$,所以得到

$$\boldsymbol{r}=x\boldsymbol{e}_1+y\boldsymbol{e}_2+z\boldsymbol{e}_3.$$

下面证明系数 x,y,z 由 $\boldsymbol{e}_i(i=1,2,3),\boldsymbol{r}$ 惟一确定.因为如果

$$\boldsymbol{r}=x\boldsymbol{e}_1+y\boldsymbol{e}_2+z\boldsymbol{e}_3=x'\boldsymbol{e}_1+y'\boldsymbol{e}_2+z'\boldsymbol{e}_3,$$

那么

$$(x-x')\boldsymbol{e}_1+(y-y')\boldsymbol{e}_2+(z-z')\boldsymbol{e}_3=\boldsymbol{0}.$$

如果

$$x\neq x',$$

那么

$$\boldsymbol{e}_1=-\frac{y-y'}{x-x'}\boldsymbol{e}_2-\frac{z-z'}{x-x'}\boldsymbol{e}_3;$$

根据定理 1.4.2 可知 $\boldsymbol{e}_1,\boldsymbol{e}_2,\boldsymbol{e}_3$ 共面,这与定理假设矛盾,所以有 $x=x'$.同理,$y=y',z=z'$,因此 x,y,z 被惟一确定.

例 1 已知三角形 OAB,其中 $\overrightarrow{OA}=\boldsymbol{a},\overrightarrow{OB}=\boldsymbol{b}$,而 M,N 分别是三角形两边 OA,OB 上的点,且有 $\overrightarrow{OM}=\lambda\boldsymbol{a}$ $(0<\lambda<1)$,$\overrightarrow{ON}=\mu\boldsymbol{b}$ $(0<\mu<1)$,设 AN 与 BM 相交于 P(图 1-19),试把向量 $\overrightarrow{OP}=\boldsymbol{p}$ 分解成 $\boldsymbol{a},\boldsymbol{b}$ 的线性组合.

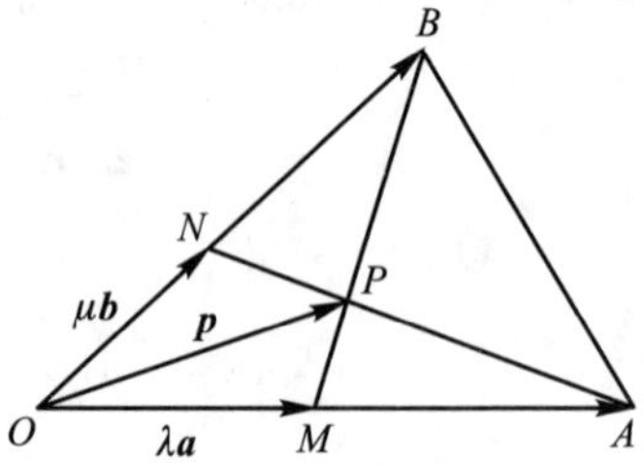

图 1-19

解 因为

$$\boldsymbol{p}=\overrightarrow{OM}+\overrightarrow{MP},$$

或

$$\boldsymbol{p}=\overrightarrow{ON}+\overrightarrow{NP};$$

而

$$\overrightarrow{OM}=\lambda \boldsymbol{a},\quad \overrightarrow{MP}=m\,\overrightarrow{MB}=m(\overrightarrow{OB}-\overrightarrow{OM})=m(\boldsymbol{b}-\lambda\boldsymbol{a}),$$

$$\overrightarrow{ON}=\mu \boldsymbol{b},\quad \overrightarrow{NP}=n\,\overrightarrow{NA}=n(\overrightarrow{OA}-\overrightarrow{ON})=n(\boldsymbol{a}-\mu\boldsymbol{b}),$$

所以

$$\boldsymbol{p}=\lambda\boldsymbol{a}+m(\boldsymbol{b}-\lambda\boldsymbol{a})=\lambda(1-m)\boldsymbol{a}+m\boldsymbol{b},\tag{1}$$

或

$$\boldsymbol{p}=\mu\boldsymbol{b}+n(\boldsymbol{a}-\mu\boldsymbol{b})=n\boldsymbol{a}+\mu(1-n)\boldsymbol{b}.\tag{2}$$

因为 $\boldsymbol{a},\boldsymbol{b}$ 不共线，所以根据定理 1.4.2 且由(1),(2)得

$$\begin{cases}\lambda(1-m)=n,\\ m=\mu(1-n).\end{cases}$$

由上述方程组解得

$$m=\frac{\mu(1-\lambda)}{1-\lambda\mu},\quad n=\frac{\lambda(1-\mu)}{1-\lambda\mu},$$

所以得

$$\boldsymbol{p}=\lambda\left[1-\frac{\mu(1-\lambda)}{1-\lambda\mu}\right]\boldsymbol{a}+\frac{\mu(1-\lambda)}{1-\lambda\mu}\boldsymbol{b},$$

即

$$\boldsymbol{p}=\frac{\lambda(1-\mu)}{1-\lambda\mu}\boldsymbol{a}+\frac{\mu(1-\lambda)}{1-\lambda\mu}\boldsymbol{b}.$$

例 2 证明四面体对边中点的连线交于一点且互相平分.

证 设四面体 $ABCD$ 一组对边 AB,CD 的中点 E,F 的连线为 EF，它的中点为 P_1 (图 1-20)，其余两组对边中点连线的中点分别为 P_2,P_3，下面只要证明 P_1,P_2,P_3 三点重合就可以了.取不共面的三向量 $\overrightarrow{AB}=\boldsymbol{e}_1,\overrightarrow{AC}=\boldsymbol{e}_2,\overrightarrow{AD}=\boldsymbol{e}_3$，先求 $\overrightarrow{AP_1}$ 用 $\boldsymbol{e}_1,\boldsymbol{e}_2,\boldsymbol{e}_3$ 线性表示的关系式.

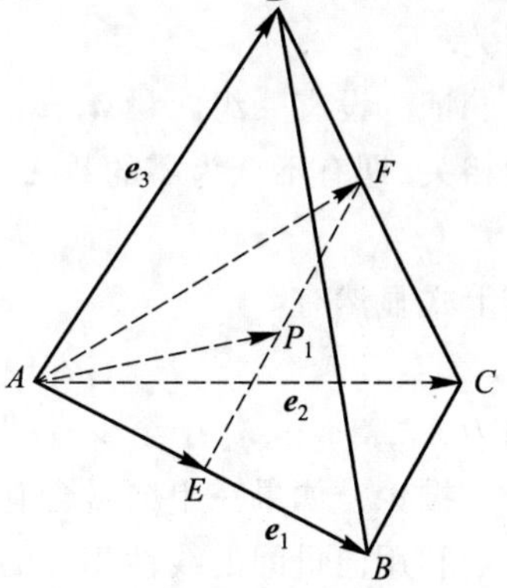

图 1-20

联结 AF，因为 AP_1 是 $\triangle AEF$ 的中线，所以有

$$\overrightarrow{AP_1}=\frac{1}{2}(\overrightarrow{AE}+\overrightarrow{AF}),$$

又因为 AF 是 $\triangle ACD$ 的中线，所以又有

$$\overrightarrow{AF}=\frac{1}{2}(\overrightarrow{AC}+\overrightarrow{AD})=\frac{1}{2}(\boldsymbol{e}_2+\boldsymbol{e}_3),$$

而

$$\overrightarrow{AE}=\frac{1}{2}\overrightarrow{AB}=\frac{1}{2}\boldsymbol{e}_1,$$

从而得

$$\overrightarrow{AP_1}=\frac{1}{2}\left[\frac{1}{2}\boldsymbol{e}_1+\frac{1}{2}(\boldsymbol{e}_2+\boldsymbol{e}_3)\right]=\frac{1}{4}(\boldsymbol{e}_1+\boldsymbol{e}_2+\boldsymbol{e}_3),$$

同理可得

$$\overrightarrow{AP_i}=\frac{1}{4}(\boldsymbol{e}_1+\boldsymbol{e}_2+\boldsymbol{e}_3)\quad(i=2,3),$$

所以

$$\overrightarrow{AP_1}=\overrightarrow{AP_2}=\overrightarrow{AP_3},$$

从而知 P_1,P_2,P_3 三点重合,命题得证.

我们还可以把向量的线性组合的概念加以扩充,引进线性相关和线性无关的概念.

定义 1.4.2 对于 $n\ (n\geqslant 1)$ 个向量 $\boldsymbol{a}_1,\boldsymbol{a}_2,\cdots,\boldsymbol{a}_n$,如果存在不全为零的 n 个数 $\lambda_1,\lambda_2,\cdots,\lambda_n$,使得

$$\lambda_1\boldsymbol{a}_1+\lambda_2\boldsymbol{a}_2+\cdots+\lambda_n\boldsymbol{a}_n=\boldsymbol{0}, \tag{1.4-4}$$

那么 n 个向量 $\boldsymbol{a}_1,\boldsymbol{a}_2,\cdots,\boldsymbol{a}_n$ 称为线性相关的,不是线性相关的向量称为线性无关的.换句话说,向量 $\boldsymbol{a}_1,\boldsymbol{a}_2,\cdots,\boldsymbol{a}_n$ 线性无关就是指:只有当 $\lambda_1=\lambda_2=\cdots=\lambda_n=0$ 时,(1.4-4)才成立.

推论 一个向量 $\boldsymbol{a}$ 线性相关的充要条件为 $\boldsymbol{a}=\boldsymbol{0}$.

定理 1.4.4 当 $n\geqslant 2$ 时,向量 $\boldsymbol{a}_1,\boldsymbol{a}_2,\cdots,\boldsymbol{a}_n$ 线性相关的充要条件是其中有一个向量是其余向量的线性组合.

证 设 $\boldsymbol{a}_1,\boldsymbol{a}_2,\cdots,\boldsymbol{a}_n$ 线性相关,那么(1.4-4)成立,且 $\lambda_1,\lambda_2,\cdots,\lambda_n$ 中至少有一个不等于 0,不妨设 $\lambda_n\neq 0$,那么 $\boldsymbol{a}_n$ 可以写成 $\boldsymbol{a}_1,\boldsymbol{a}_2,\cdots,\boldsymbol{a}_{n-1}$ 的线性组合:

$$\boldsymbol{a}_n=-\frac{\lambda_1}{\lambda_n}\boldsymbol{a}_1-\frac{\lambda_2}{\lambda_n}\boldsymbol{a}_2-\cdots-\frac{\lambda_{n-1}}{\lambda_n}\boldsymbol{a}_{n-1}.$$

反过来,设 $\boldsymbol{a}_1,\boldsymbol{a}_2,\cdots,\boldsymbol{a}_n$ 中有一个向量,不妨设为 $\boldsymbol{a}_n$,它是其余向量的线性组合,即

$$\boldsymbol{a}_n=\lambda_1\boldsymbol{a}_1+\lambda_2\boldsymbol{a}_2+\cdots+\lambda_{n-1}\boldsymbol{a}_{n-1},$$

改写一下,就有

$$\lambda_1\boldsymbol{a}_1+\lambda_2\boldsymbol{a}_2+\cdots+\lambda_{n-1}\boldsymbol{a}_{n-1}+(-1)\boldsymbol{a}_n=\boldsymbol{0}.$$

因为数 $\lambda_1,\lambda_2,\cdots,\lambda_{n-1},-1$ 不全为 0(至少 $-1\neq 0$),所以 $\boldsymbol{a}_1,\boldsymbol{a}_2,\cdots,\boldsymbol{a}_n$ 线性相关.

定理 1.4.5 如果一组向量中的一部分向量线性相关,那么这一组向量就线性相关.

证 设有一组向量 $\boldsymbol{a}_1,\boldsymbol{a}_2,\cdots,\boldsymbol{a}_s,\cdots,\boldsymbol{a}_r\ (s\leqslant r)$,其中一部分比如说 $\boldsymbol{a}_1,\boldsymbol{a}_2,\cdots,\boldsymbol{a}_s$ 线性相关,即有不全为零的数 $\lambda_1,\lambda_2,\cdots,\lambda_s$,使得

$$\lambda_1\boldsymbol{a}_1+\lambda_2\boldsymbol{a}_2+\cdots+\lambda_s\boldsymbol{a}_s=\boldsymbol{0},$$

由上式显然有

$$\lambda_1\boldsymbol{a}_1+\lambda_2\boldsymbol{a}_2+\cdots+\lambda_s\boldsymbol{a}_s+0\ \boldsymbol{a}_{s+1}+\cdots+0\ \boldsymbol{a}_r=\boldsymbol{0},$$

因为 $\lambda_1,\lambda_2,\cdots,\lambda_s$ 中至少有一不等于 0,所以 $\boldsymbol{a}_1,\boldsymbol{a}_2,\cdots,\boldsymbol{a}_r$ 线性相关.

推论 如果一组向量含有零向量,那么这组向量必线性相关.

利用向量间的线性相关的概念,可以把向量间的共线与共面的条件推广到更一般的形式.

定理 1.4.6 两向量共线的充要条件是它们线性相关.

证 设两向量为 $\boldsymbol{a}$ 与 $\boldsymbol{b}$,如果它们线性相关,那么有

$$\lambda\boldsymbol{a}+\mu\boldsymbol{b}=\boldsymbol{0},$$

并且 λ,μ 不全为零,不妨设 $\lambda\neq 0$,从而得

$$\boldsymbol{a}=-\frac{\mu}{\lambda}\boldsymbol{b}.$$

如果 $\boldsymbol{b}\neq\boldsymbol{0}$,由定理 1.4.1 知 $\boldsymbol{a}$ 与 $\boldsymbol{b}$ 共线;如果 $\boldsymbol{b}=\boldsymbol{0}$,显然 $\boldsymbol{a}$ 与 $\boldsymbol{b}$ 共线(定义 1.1.4).

反过来,设 $\boldsymbol{a}$ 与 $\boldsymbol{b}$ 共线,如果 $\boldsymbol{b}\neq\boldsymbol{0}$,那么由定理 1.4.1 知

$$\boldsymbol{a}=x\boldsymbol{b},$$

即

$$\boldsymbol{a}-x\boldsymbol{b}=\boldsymbol{0},$$

所以 $\boldsymbol{a}$ 与 $\boldsymbol{b}$ 线性相关;如果 $\boldsymbol{b}=\boldsymbol{0}$,那么由定理 1.4.5 的推论知,$\boldsymbol{a}$ 与 $\boldsymbol{b}$ 线性相关.定理得证.

这个定理告诉我们,如果要判别两向量 $\boldsymbol{a}$ 与 $\boldsymbol{b}$ 共线,只要判别是否存在不全为零的两个数 λ,μ,使得

$$\lambda\boldsymbol{a}+\mu\boldsymbol{b}=\boldsymbol{0}. \tag{1.4-5}$$

类似地,读者自己可以证明下面的定理.

定理 1.4.7 三向量共面的充要条件是它们线性相关.

按照这个定理,要判别三向量 $\boldsymbol{a},\boldsymbol{b},\boldsymbol{c}$ 是否共面,只要判别是否存在不全为零的三个数 λ,μ,ν,使得

$$\lambda\boldsymbol{a}+\mu\boldsymbol{b}+\nu\boldsymbol{c}=\boldsymbol{0}. \tag{1.4-6}$$

对于空间的任何四个或四个以上的向量,我们有下面的定理与推论.

定理 1.4.8 空间中任何四个向量总是线性相关的.

证 设空间中任意四个向量 $\boldsymbol{a},\boldsymbol{b},\boldsymbol{c},\boldsymbol{d}$,如果 $\boldsymbol{a},\boldsymbol{b},\boldsymbol{c}$ 共面,那么根据定理 1.4.7 知它们线性相关.再根据定理 1.4.5 即知所说四个向量线性相关.如果 $\boldsymbol{a},\boldsymbol{b},\boldsymbol{c}$ 不共面,由定理 1.4.3 可设 $\boldsymbol{d}=\lambda\boldsymbol{a}+\mu\boldsymbol{b}+\nu\boldsymbol{c}$,根据定理 1.4.4 知 $\boldsymbol{a},\boldsymbol{b},\boldsymbol{c},\boldsymbol{d}$ 线性相关.

由本定理结合定理 1.4.5 立即可得:

推论 空间中四个以上向量总是线性相关的.

例 3 设 $\overrightarrow{OP_i}=\boldsymbol{r}_i(i=1,2,3)$,试证 P_1,P_2,P_3 三点共线的充要条件是存在不全为零的实数 $\lambda_1,\lambda_2,\lambda_3$,使得

$$\lambda_1\boldsymbol{r}_1+\lambda_2\boldsymbol{r}_2+\lambda_3\boldsymbol{r}_3=\boldsymbol{0},$$

且

$$\lambda_1+\lambda_2+\lambda_3=0.$$

证 如图 1-21,设 P_1,P_2,P_3 三点共线,那么 $\overrightarrow{P_1P_3},\overrightarrow{P_2P_3}$ 两向量共线,因此两向量 $\overrightarrow{P_1P_3}$ 与 $\overrightarrow{P_2P_3}$ 线性相关,所以存在不全为 0 的数 m,n,使

$$m\,\overrightarrow{P_1P_3}+n\,\overrightarrow{P_2P_3}=\boldsymbol{0},$$

即

$$m(\boldsymbol{r}_3-\boldsymbol{r}_1)+n(\boldsymbol{r}_3-\boldsymbol{r}_2)=\boldsymbol{0}.$$

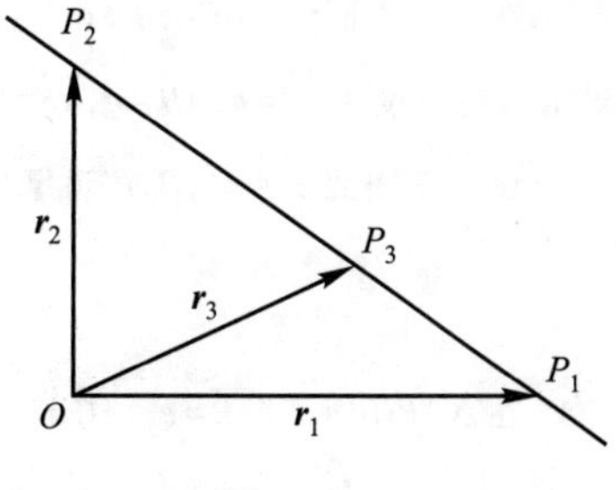

图 1-21

由此得

$$m\boldsymbol{r}_1+n\boldsymbol{r}_2-(m+n)\boldsymbol{r}_3=\boldsymbol{0},$$

令 $\lambda_1=m,\lambda_2=n,\lambda_3=-(m+n)$,那么有 $\lambda_1,\lambda_2,\lambda_3$ 不全为 0,使

$$\lambda_1\boldsymbol{r}_1+\lambda_2\boldsymbol{r}_2+\lambda_3\boldsymbol{r}_3=\boldsymbol{0},\text{且 }\lambda_1+\lambda_2+\lambda_3=0.$$

反过来,设有不全为 0 的数 $\lambda_i(i=1,2,3)$,使

$$\lambda_1\boldsymbol{r}_1+\lambda_2\boldsymbol{r}_2+\lambda_3\boldsymbol{r}_3=\boldsymbol{0},\text{且 }\lambda_1+\lambda_2+\lambda_3=0,$$

根据条件不妨设 $\lambda_3=-(\lambda_1+\lambda_2)\neq 0$，代入上面向量等式整理得

$$\lambda_1(\boldsymbol{r}_3-\boldsymbol{r}_1)+\lambda_2(\boldsymbol{r}_3-\boldsymbol{r}_2)=\boldsymbol{0},$$

即

$$\lambda_1\overrightarrow{P_1P_3}+\lambda_2\overrightarrow{P_2P_3}=\boldsymbol{0},$$

但由 $\lambda_1+\lambda_2\neq 0$ 知 λ_1,λ_2 不全为 0，所以$\overrightarrow{P_1P_3}$，$\overrightarrow{P_2P_3}$共线，也就是 P_1,P_2,P_3 三点共线.

例 4　设 $\boldsymbol{a},\boldsymbol{b}$ 为两不共线向量，证明向量 $\boldsymbol{u}=a_1\boldsymbol{a}+b_1\boldsymbol{b}$，$\boldsymbol{v}=a_2\boldsymbol{a}+b_2\boldsymbol{b}$ 共线的充要条件是 $\begin{vmatrix} a_1 & a_2 \\ b_1 & b_2 \end{vmatrix}=0$.

证　根据定理 1.4.6，$\boldsymbol{u},\boldsymbol{v}$ 两向量共线的充要条件是存在不全为零的数 λ,μ，使

$$\lambda\boldsymbol{u}+\mu\boldsymbol{v}=\boldsymbol{0},$$

即

$$(a_1\lambda+a_2\mu)\boldsymbol{a}+(b_1\lambda+b_2\mu)\boldsymbol{b}=\boldsymbol{0},$$

因为 $\boldsymbol{a},\boldsymbol{b}$ 为两不共线的向量，也就是两向量 $\boldsymbol{a},\boldsymbol{b}$ 线性无关. 所以

$$a_1\lambda+a_2\mu=0,$$
$$b_1\lambda+b_2\mu=0,$$

又因为 λ,μ 不全为零，从而得向量 $\boldsymbol{u}$ 与 $\boldsymbol{v}$ 共线的充要条件为①

$$\begin{vmatrix} a_1 & a_2 \\ b_1 & b_2 \end{vmatrix}=0.$$

习　题

1. 在平行四边形 $ABCD$ 中，

（1）设对角线$\overrightarrow{AC}=\boldsymbol{a}$，$\overrightarrow{BD}=\boldsymbol{b}$，求$\overrightarrow{AB}$，$\overrightarrow{BC}$，$\overrightarrow{CD}$，$\overrightarrow{DA}$；

（2）设边 BC 和 CD 的中点为 M 和 N，且$\overrightarrow{AM}=\boldsymbol{p}$，$\overrightarrow{AN}=\boldsymbol{q}$，求$\overrightarrow{BC}$，$\overrightarrow{CD}$.

2. 在平行六面体 $ABCD\text{-}EFGH$ 中（参看 § 1.1 习题第 4 题图），设$\overrightarrow{AB}=\boldsymbol{e}_1$，$\overrightarrow{AD}=\boldsymbol{e}_2$，$\overrightarrow{AE}=\boldsymbol{e}_3$，三个面上对角线向量设为$\overrightarrow{AC}=\boldsymbol{p}$，$\overrightarrow{AH}=\boldsymbol{q}$，$\overrightarrow{AF}=\boldsymbol{r}$. 试把向量 $\boldsymbol{a}=\lambda\boldsymbol{p}+\mu\boldsymbol{q}+\nu\boldsymbol{r}$ 写成 $\boldsymbol{e}_1,\boldsymbol{e}_2,\boldsymbol{e}_3$ 的线性组合.

3. 设一直线上三点 A,B,P 满足$\overrightarrow{AP}=\lambda\overrightarrow{PB}$（$\lambda\neq-1$），$O$ 是空间任意一点（见第 3 题图），求证：

$$\overrightarrow{OP}=\frac{\overrightarrow{OA}+\lambda\overrightarrow{OB}}{1+\lambda}.$$

4. 在△ABC 中，设$\overrightarrow{AB}=\boldsymbol{e}_1$，$\overrightarrow{AC}=\boldsymbol{e}_2$.

（1）设 D,E 是边 BC 的三等分点，将向量$\overrightarrow{AD}$，$\overrightarrow{AE}$分解为 $\boldsymbol{e}_1,\boldsymbol{e}_2$ 的线性组合；

（2）设 AT 是角 A 的平分线（它与 BC 交于 T 点），将$\overrightarrow{AT}$分解为 $\boldsymbol{e}_1,\boldsymbol{e}_2$ 的线性组合.

5. 在四面体 $OABC$ 中，设点 G 是△ABC 的重心（三中线之交点），求向量$\overrightarrow{OG}$对于向量$\overrightarrow{OA}$，$\overrightarrow{OB}$和$\overrightarrow{OC}$的分解式.

---

① 齐次线性方程组有非零解的充要条件为其系数行列式等于零，见附录.

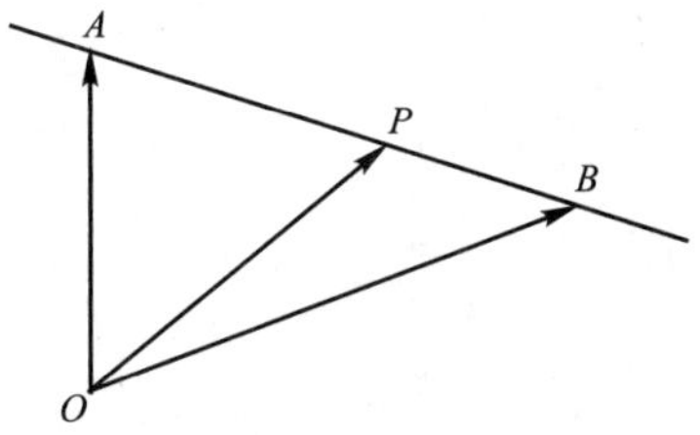

第 3 题图

6. 用向量法证明以下各题：

(1) 三角形三条中线共点；

(2) P 是 $\triangle ABC$ 重心的充要条件是 $\overrightarrow{PA}+\overrightarrow{PB}+\overrightarrow{PC}=\mathbf{0}$.

7. 已知向量 $\boldsymbol{a},\boldsymbol{b}$ 不共线，问 $\boldsymbol{c}=2\boldsymbol{a}-\boldsymbol{b}$ 与 $\boldsymbol{d}=3\boldsymbol{a}-2\boldsymbol{b}$ 是否线性相关？

8. 证明三个向量 $\boldsymbol{a}=-\boldsymbol{e}_1+3\boldsymbol{e}_2+2\boldsymbol{e}_3$，$\boldsymbol{b}=4\boldsymbol{e}_1-6\boldsymbol{e}_2+2\boldsymbol{e}_3$，$\boldsymbol{c}=-3\boldsymbol{e}_1+12\boldsymbol{e}_2+11\boldsymbol{e}_3$ 共面，其中 $\boldsymbol{a}$ 能否用 $\boldsymbol{b},\boldsymbol{c}$ 线性表示？如能表示，写出线性表示关系式.

9. 证明三个向量 $\lambda\boldsymbol{a}-\mu\boldsymbol{b}$，$\mu\boldsymbol{b}-\nu\boldsymbol{c}$，$\nu\boldsymbol{c}-\lambda\boldsymbol{a}$ 共面.

10. 设 $\overrightarrow{OP_i}=\boldsymbol{r}_i(i=1,2,3,4)$，试证 P_1,P_2,P_3,P_4 四点共面的充要条件是存在不全为零的实数 $\lambda_i(i=1,2,3,4)$，使

$$\lambda_1\boldsymbol{r}_1+\lambda_2\boldsymbol{r}_2+\lambda_3\boldsymbol{r}_3+\lambda_4\boldsymbol{r}_4=\mathbf{0}，且 \sum_{i=1}^{4}\lambda_i=0.$$

§ 1.5　标架与坐标

在空间任意取定点 O，从 O 引出三个不共面的向量 $\overrightarrow{OE_1}=\boldsymbol{e}_1$，$\overrightarrow{OE_2}=\boldsymbol{e}_2$，$\overrightarrow{OE_3}=\boldsymbol{e}_3$，那么由定理 1.4.3 知，空间任何向量 $\boldsymbol{r}$ 都可以分解成 $\boldsymbol{e}_1,\boldsymbol{e}_2,\boldsymbol{e}_3$ 的线性组合

$$\boldsymbol{r}=x\boldsymbol{e}_1+y\boldsymbol{e}_2+z\boldsymbol{e}_3, \tag{1}$$

并且这里的 x,y,z 是惟一的一组有序实数.

定义 1.5.1　空间中的一个定点 O，连同三个不共面的有序向量 $\boldsymbol{e}_1,\boldsymbol{e}_2,\boldsymbol{e}_3$ 的全体，叫做空间中的一个标架，记做 $\{O;\boldsymbol{e}_1,\boldsymbol{e}_2,\boldsymbol{e}_3\}$，如果 $\boldsymbol{e}_1,\boldsymbol{e}_2,\boldsymbol{e}_3$ 都是单位向量，那么 $\{O;\boldsymbol{e}_1,\boldsymbol{e}_2,\boldsymbol{e}_3\}$ 叫做笛卡儿标架；$\boldsymbol{e}_1,\boldsymbol{e}_2,\boldsymbol{e}_3$ 两两相互垂直的笛卡儿标架叫做笛卡儿直角标架，简称直角标架；在一般的情况下，$\{O;\boldsymbol{e}_1,\boldsymbol{e}_2,\boldsymbol{e}_3\}$ 叫做仿射标架.

对于标架 $\{O;\boldsymbol{e}_1,\boldsymbol{e}_2,\boldsymbol{e}_3\}$，如果 $\boldsymbol{e}_1,\boldsymbol{e}_2,\boldsymbol{e}_3$ 间的相互关系和右手拇指、食指、中指相同，那么这标架叫做*右旋标架*或称*右手标架*.如果 $\boldsymbol{e}_1,\boldsymbol{e}_2,\boldsymbol{e}_3$ 和左手的拇指、食指、中指相同，那么这个标架叫做*左旋标架*或称*左手标架*(图 1-22).

定义 1.5.2　(1)式中的 x,y,z 叫做向量 $\boldsymbol{r}$ 关于标架 $\{O;\boldsymbol{e}_1,\boldsymbol{e}_2,\boldsymbol{e}_3\}$ 的坐标或称为分量，记做 $\boldsymbol{r}\{x,y,z\}$ 或 $\{x,y,z\}$.

定义 1.5.3　对于取定了标架 $\{O;\boldsymbol{e}_1,\boldsymbol{e}_2,\boldsymbol{e}_3\}$ 的空间中任意点 P，向量 $\overrightarrow{OP}$ 叫做点 P 的向径，或称点 P 的位置向量.向径 $\overrightarrow{OP}$ 关于标架 $\{O;\boldsymbol{e}_1,\boldsymbol{e}_2,\boldsymbol{e}_3\}$ 的坐标 x,y,z 叫做点 P

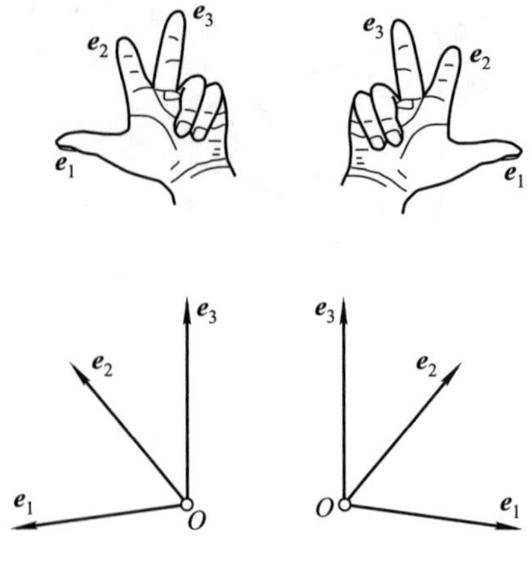

图 1-22

关于标架$\{O;e_1,e_2,e_3\}$的坐标，记做$P(x,y,z)$或(x,y,z).

当空间取定标架$\{O;e_1,e_2,e_3\}$之后，空间全体向量的集合或者全体点的集合与全体有序三数组x,y,z的集合具有一一对应的关系，这种一一对应的关系叫做空间向量或点的一个坐标系，这时，向量或点关于标架$\{O;e_1,e_2,e_3\}$的坐标，也称为该向量或点关于由这标架所确定的坐标系的坐标.

由于空间坐标系由标架$\{O;e_1,e_2,e_3\}$完全决定，因此空间坐标系也常用标架$\{O;e_1,e_2,e_3\}$来表示，这时点 O 叫做*坐标原点*；向量 e_1,e_2,e_3 都叫做*坐标向量*.

由右旋标架决定的坐标系叫做*右旋坐标系*或称*右手坐标系*，由左旋标架决定的坐标系叫做*左旋坐标系*或称*左手坐标系*；仿射标架、笛卡儿标架与直角标架所确定的坐标系分别叫做*仿射坐标系*、*笛卡儿坐标系*与*直角坐标系*.

我们特别约定，以后用到直角坐标系时，坐标向量用单位向量 $\boldsymbol{i},\boldsymbol{j},\boldsymbol{k}$ 表示，即用$\{O;\boldsymbol{i},\boldsymbol{j},\boldsymbol{k}\}$表示直角坐标系.我们以后在讨论空间问题时，所采用的坐标系一般都是空间右手直角坐标系.

过点 O 沿着三坐标向量 e_1,e_2,e_3 的方向引三条轴 Ox,Oy,Oz，这样我们也可以用这三条具有公共点 O 的不共面的轴 Ox,Oy 与 Oz 来表示空间坐标系，并把它记做 $O\text{-}xyz$，这时点 O 叫做空间坐标系的*原点*，三条轴 Ox,Oy 与 Oz 都叫做*坐标轴*，并依次叫做 x 轴，y 轴与 z 轴.每两条坐标轴所决定的平面叫做*坐标面*，按照坐标面所包含的坐标轴，分别叫做 xOy 平面，yOz 平面与 xOz 平面.

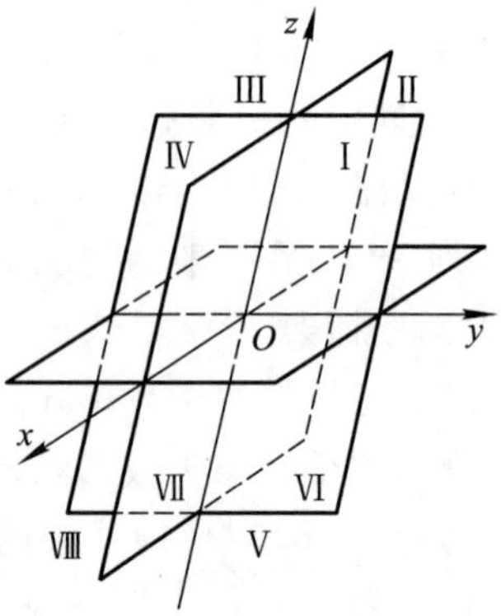

图 1-23

三个坐标面把空间划分成八个区域，每一个区域都叫做*卦限*，如图 1-23 中的八个区域，按排列顺序 Ⅰ，Ⅱ，…，Ⅷ，依次叫做第Ⅰ卦限，第Ⅱ卦限，…，第Ⅷ卦限.

显然在坐标面上的点的坐标有一个为零，例如 xOy 平面上的点的坐标中 $z=0$.在坐标轴上的点的坐标有两个为零，例如 x 轴上的点的坐标中 $y=z=0$.原点的坐标为$(0,0,0)$.

在同一卦限内点的坐标的符号是一致的，但不同卦限内的点的坐标符号就不一样.各卦限内点的坐标(x,y,z)的符号如下表所示.

坐标	卦限							
	Ⅰ	Ⅱ	Ⅲ	Ⅳ	Ⅴ	Ⅵ	Ⅶ	Ⅷ
x	+	−	−	+	+	−	−	+
y	+	+	−	−	+	+	−	−
z	+	+	+	+	−	−	−	−

类似地,利用向量可以引进平面上的标架与坐标的概念.在平面上取定点O与两不共线的向量$\boldsymbol{e}_1,\boldsymbol{e}_2$,那么它们就构成了平面上的标架$\{O;\boldsymbol{e}_1,\boldsymbol{e}_2\}$,通过(1.4-2)就可以在平面上的任意向量$\boldsymbol{r}$与有序实数对$x,y$之间建立一一对应关系,而平面上的任意点$P$,通过向径$\overrightarrow{OP}$由(1.4-2)也可与有序实数对$x,y$建立一一对应,这样由标架$\{O;\boldsymbol{e}_1,\boldsymbol{e}_2\}$就确定了平面上的一个坐标系,并记做$\{O;\boldsymbol{e}_1,\boldsymbol{e}_2\}$,而向量$\boldsymbol{r}$与点$P$的坐标分别记做$\boldsymbol{r}\{x,y\}$与$P(x,y)$.

过点O沿$\boldsymbol{e}_1$与$\boldsymbol{e}_2$的方向分别引两条轴Ox,Oy,这就是坐标轴,O为坐标原点,我们也可以用$O-xy$来记平面坐标系.如果$\boldsymbol{e}_1,\boldsymbol{e}_2$都是单位向量,且$\boldsymbol{e}_1$垂直于$\boldsymbol{e}_2$,那么这时所确定的坐标系,就是我们所熟知的平面直角坐标系.在一般情况下,我们称它为平面仿射坐标系.我们约定,平面直角坐标系的坐标向量$\boldsymbol{e}_1,\boldsymbol{e}_2$改写为单位向量$\boldsymbol{i},\boldsymbol{j}$,并用$\{O;\boldsymbol{i},\boldsymbol{j}\}$来记平面直角坐标系.

下面我们用坐标进行向量的运算.

1) 用向量的始点和终点的坐标表示向量的坐标.

定理 1.5.1 向量的坐标等于其终点的坐标减去其始点的坐标.

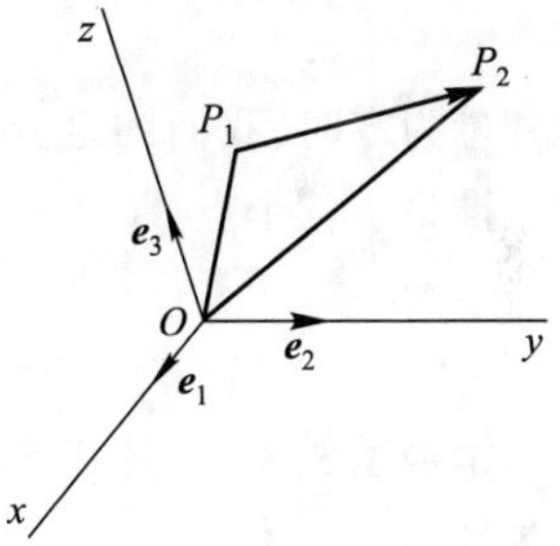

图 1-24

证 设向量$\overrightarrow{P_1P_2}$的始点与终点分别为$P_1(x_1,y_1,z_1)$与$P_2(x_2,y_2,z_2)$(图 1-24),那么

$$\overrightarrow{OP_1}=x_1\boldsymbol{e}_1+y_1\boldsymbol{e}_2+z_1\boldsymbol{e}_3,$$
$$\overrightarrow{OP_2}=x_2\boldsymbol{e}_1+y_2\boldsymbol{e}_2+z_2\boldsymbol{e}_3,$$

所以

$$\begin{aligned}\overrightarrow{P_1P_2}=\overrightarrow{OP_2}-\overrightarrow{OP_1}&=(x_2\boldsymbol{e}_1+y_2\boldsymbol{e}_2+z_2\boldsymbol{e}_3)-(x_1\boldsymbol{e}_1+y_1\boldsymbol{e}_2+z_1\boldsymbol{e}_3)\\&=(x_2-x_1)\boldsymbol{e}_1+(y_2-y_1)\boldsymbol{e}_2+(z_2-z_1)\boldsymbol{e}_3,\end{aligned}$$

即

$$\overrightarrow{P_1P_2}=\{x_2-x_1,y_2-y_1,z_2-z_1\}. \tag{1.5-1}$$

2) 用向量的坐标进行向量的线性运算.

定理 1.5.2 两向量和的坐标等于两向量对应的坐标的和.

证 设$\boldsymbol{a}=\{X_1,Y_1,Z_1\}$,$\boldsymbol{b}=\{X_2,Y_2,Z_2\}$,那么

$$\boldsymbol{a}+\boldsymbol{b}=\{X_1,Y_1,Z_1\}+\{X_2,Y_2,Z_2\}=(X_1\boldsymbol{e}_1+Y_1\boldsymbol{e}_2+Z_1\boldsymbol{e}_3)+(X_2\boldsymbol{e}_1+Y_2\boldsymbol{e}_2+Z_2\boldsymbol{e}_3)$$

$$=(X_1+X_2)\boldsymbol{e}_1+(Y_1+Y_2)\boldsymbol{e}_2+(Z_1+Z_2)\boldsymbol{e}_3,$$

所以

$$\boldsymbol{a}+\boldsymbol{b}=\{X_1+X_2,Y_1+Y_2,Z_1+Z_2\}. \tag{1.5-2}$$

定理 1.5.3 数乘向量的坐标等于这个数与向量的对应坐标的积.

证 设 $\boldsymbol{a}=\{X,Y,Z\}$,那么

$$\lambda\boldsymbol{a}=\lambda\{X,Y,Z\}=\lambda(X\boldsymbol{e}_1+Y\boldsymbol{e}_2+Z\boldsymbol{e}_3)=\lambda X\boldsymbol{e}_1+\lambda Y\boldsymbol{e}_2+\lambda Z\boldsymbol{e}_3,$$

所以

$$\lambda\boldsymbol{a}=\{\lambda X,\lambda Y,\lambda Z\}. \tag{1.5-3}$$

3) 两向量共线的条件,三向量共面的条件.

定理 1.5.4 两个非零向量 $\boldsymbol{a}\{X_1,Y_1,Z_1\}$,$\boldsymbol{b}\{X_2,Y_2,Z_2\}$ 共线的充要条件是对应坐标成比例,即

$$\frac{X_1}{X_2}=\frac{Y_1}{Y_2}=\frac{Z_1}{Z_2}. \tag{1.5-4}$$

证 根据定理 1.4.1,向量 $\boldsymbol{a},\boldsymbol{b}$ 共线的充要条件是其中一向量可用另一向量来线性表示,不妨设 $\boldsymbol{a}=\lambda\boldsymbol{b}$,于是

$$\{X_1,Y_1,Z_1\}=\lambda\{X_2,Y_2,Z_2\}=\{\lambda X_2,\lambda Y_2,\lambda Z_2\},$$

由此得到

$$X_1=\lambda X_2,\quad Y_1=\lambda Y_2,\quad Z_1=\lambda Z_2,$$

所以

$$\frac{X_1}{X_2}=\frac{Y_1}{Y_2}=\frac{Z_1}{Z_2}.$$

当分母为零时,我们约定分子也为零.

推论 三个点 $A(x_1,y_1,z_1)$,$B(x_2,y_2,z_2)$ 和 $C(x_3,y_3,z_3)$ 共线的充要条件是

$$\frac{x_2-x_1}{x_3-x_1}=\frac{y_2-y_1}{y_3-y_1}=\frac{z_2-z_1}{z_3-z_1}. \tag{1.5-5}$$

定理 1.5.5 三个非零向量 $\boldsymbol{a}\{X_1,Y_1,Z_1\}$,$\boldsymbol{b}\{X_2,Y_2,Z_2\}$ 和 $\boldsymbol{c}\{X_3,Y_3,Z_3\}$ 共面的充要条件是

$$\begin{vmatrix} X_1 & Y_1 & Z_1 \\ X_2 & Y_2 & Z_2 \\ X_3 & Y_3 & Z_3 \end{vmatrix}=0. \tag{1.5-6}$$

证 根据定理 1.4.7,三向量 $\boldsymbol{a},\boldsymbol{b},\boldsymbol{c}$ 共面的充要条件是存在不全为 0 的数 λ,μ,ν,使得

$$\lambda\boldsymbol{a}+\mu\boldsymbol{b}+\nu\boldsymbol{c}=\boldsymbol{0},$$

由此可得

$$\lambda X_1+\mu X_2+\nu X_3=0,$$
$$\lambda Y_1+\mu Y_2+\nu Y_3=0,$$
$$\lambda Z_1+\mu Z_2+\nu Z_3=0.$$

因为 λ,μ,ν 不全为零,所以

$$\begin{vmatrix} X_1 & Y_1 & Z_1 \\ X_2 & Y_2 & Z_2 \\ X_3 & Y_3 & Z_3 \end{vmatrix}=0.$$

推论 四个点 $A_i(x_i,y_i,z_i)$ $(i=1,2,3,4)$ 共面的充要条件是

$$\begin{vmatrix} x_2-x_1 & y_2-y_1 & z_2-z_1 \\ x_3-x_1 & y_3-y_1 & z_3-z_1 \\ x_4-x_1 & y_4-y_1 & z_4-z_1 \end{vmatrix}=0, \tag{1.5-7}$$

或

$$\begin{vmatrix} x_1 & y_1 & z_1 & 1 \\ x_2 & y_2 & z_2 & 1 \\ x_3 & y_3 & z_3 & 1 \\ x_4 & y_4 & z_4 & 1 \end{vmatrix}=0. \tag{1.5-7'}$$

4) 线段的定比分点坐标.

对于有向线段 $\overrightarrow{P_1P_2}$ $(P_1\neq P_2)$，如果点 P 满足 $\overrightarrow{P_1P}=\lambda\,\overrightarrow{PP_2}$，我们就称点 P 是把有向线段 $\overrightarrow{P_1P_2}$ 分成定比 λ 的分点.根据上述条件，给定了点 P_1,P_2，分点 P 就由 λ 惟一确定.当 $\lambda>0$ 时，$\overrightarrow{P_1P}$ 和 $\overrightarrow{PP_2}$ 同向，点 P 是线段 P_1P_2 内部的点；当 $\lambda<0$ 时，$\overrightarrow{P_1P}$ 和 $\overrightarrow{PP_2}$ 反向，P 是线段 P_1P_2 外部的点.并且注意，$\lambda\neq-1$，不然，如果 $\overrightarrow{P_1P}=-\overrightarrow{PP_2}$，将有 $\overrightarrow{OP}-\overrightarrow{OP_1}=\overrightarrow{OP}-\overrightarrow{OP_2}$，由此得 $\overrightarrow{OP_1}=\overrightarrow{OP_2}$，导致 $P_1=P_2$，与条件 $P_1\neq P_2$ 矛盾.现在我们来求分已知有向线段 $\overrightarrow{P_1P_2}$ 成定比 λ 的分点 P 的坐标.

定理 1.5.6 设有向线段 $\overrightarrow{P_1P_2}$ 的始点为 $P_1(x_1,y_1,z_1)$，终点为 $P_2(x_2,y_2,z_2)$（图1-25），那么分有向线段 P_1P_2 成定比 λ $(\lambda\neq-1)$ 的分点 P 的坐标是

$$x=\frac{x_1+\lambda x_2}{1+\lambda},\quad y=\frac{y_1+\lambda y_2}{1+\lambda},\quad z=\frac{z_1+\lambda z_2}{1+\lambda}. \tag{1.5-8}$$

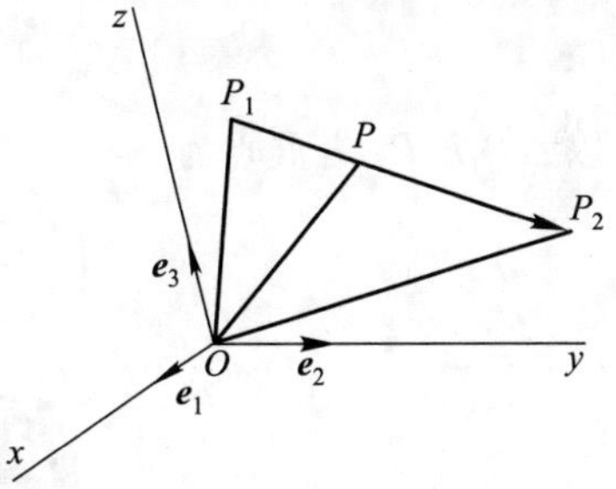

图 1-25

证 由已知条件得

$$\overrightarrow{P_1P}=\lambda\,\overrightarrow{PP_2},$$

而

$$\overrightarrow{P_1P}=\overrightarrow{OP}-\overrightarrow{OP_1},\quad \overrightarrow{PP_2}=\overrightarrow{OP_2}-\overrightarrow{OP},$$

所以

$$\overrightarrow{OP}-\overrightarrow{OP_1}=\lambda(\overrightarrow{OP_2}-\overrightarrow{OP}),$$

从而有

$$\overrightarrow{OP}=\frac{\overrightarrow{OP_1}+\lambda\overrightarrow{OP_2}}{1+\lambda},$$

将 $\overrightarrow{OP_1},\overrightarrow{OP_2},\overrightarrow{OP}$ 的坐标代入，得 P 点的坐标为

$$x=\frac{x_1+\lambda x_2}{1+\lambda},\quad y=\frac{y_1+\lambda y_2}{1+\lambda},\quad z=\frac{z_1+\lambda z_2}{1+\lambda}.$$

推论　设 $P_i(x_i,y_i,z_i)$ $(i=1,2)$，那么线段 P_1P_2 的中点坐标是

$$x=\frac{x_1+x_2}{2},\quad y=\frac{y_1+y_2}{2},\quad z=\frac{z_1+z_2}{2}.\tag{1.5-9}$$

例　已知三角形三顶点为 $P_i(x_i,y_i,z_i)$ $(i=1,2,3)$，求 $\triangle P_1P_2P_3$ 的重心（即三角形三条中线的公共点）的坐标.

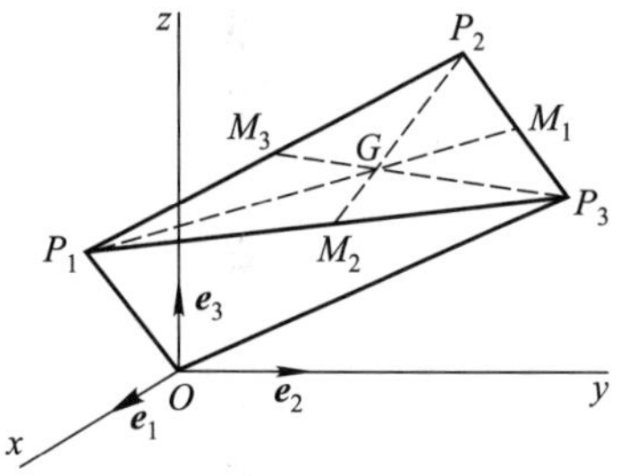

图 1-26

解　如图 1-26，设 $\triangle P_1P_2P_3$ 的三中线为 P_iM_i $(i=1,2,3)$，其中顶点 P_i 的对边上的中点为 $M_i(i=1,2,3)$，三中线的公共点为 $G(x,y,z)$，因此有

$$\overrightarrow{P_1G}=2\,\overrightarrow{GM_1},$$

即重心 G 把中线分成定比 $\lambda=2$.

因为 M_1 为 P_2P_3 的中点，所以根据公式（1.5-9）有

$$M_1\left(\frac{x_2+x_3}{2},\frac{y_2+y_3}{2},\frac{z_2+z_3}{2}\right),$$

再根据公式（1.5-8）可得

$$x=\frac{x_1+2\left(\dfrac{x_2+x_3}{2}\right)}{1+2}=\frac{1}{3}(x_1+x_2+x_3),$$

同理

$$y=\frac{1}{3}(y_1+y_2+y_3),\quad z=\frac{1}{3}(z_1+z_2+z_3),$$

所以 $\triangle P_1P_2P_3$ 之重心为

$$G\left(\frac{x_1+x_2+x_3}{3},\frac{y_1+y_2+y_3}{3},\frac{z_1+z_2+z_3}{3}\right).$$

习　题

1. 如图所示，平行四边形 $ABCD$ 的对角线交于 E 点，$DM=\frac{1}{3}DE$，$EN=\frac{1}{3}EC$，且 $\overrightarrow{AB}=\boldsymbol{e}_1$，$\overrightarrow{AD}=\boldsymbol{e}_2$，$\overrightarrow{CB}=\boldsymbol{e}'_1$，$\overrightarrow{CD}=\boldsymbol{e}'_2$，取标架 $\{A;\boldsymbol{e}_1,\boldsymbol{e}_2\}$ 与标架 $\{C;\boldsymbol{e}'_1,\boldsymbol{e}'_2\}$，求 M,N 两点分别关于标架 $\{A;\boldsymbol{e}_1,\boldsymbol{e}_2\}$ 与 $\{C;\boldsymbol{e}'_1,\boldsymbol{e}'_2\}$ 的坐标，以及向量 $\overrightarrow{MN}$ 关于标架 $\{A;\boldsymbol{e}_1,\boldsymbol{e}_2\}$ 与 $\{C;\boldsymbol{e}'_1,\boldsymbol{e}'_2\}$ 的坐标.

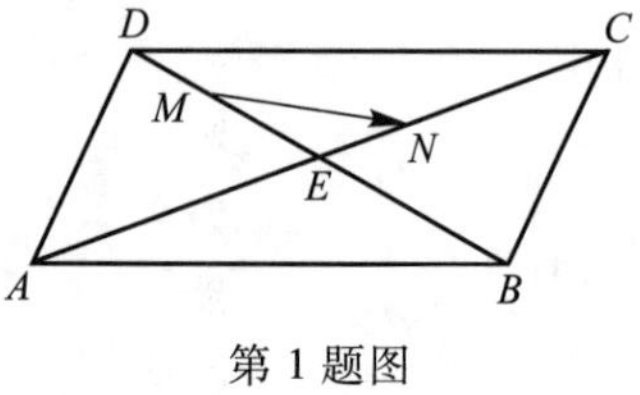

第 1 题图

2. 在平行六面体 $ABCD\text{-}EFGH$ 中（参看 §1.1 习题第 4 题图），平行四边形 $CGHD$ 的中心为 P，并设 $\overrightarrow{AB}=\boldsymbol{e}_1$，$\overrightarrow{AD}=\boldsymbol{e}_2$，$\overrightarrow{AE}=\boldsymbol{e}_3$，试求向量 $\overrightarrow{BP}$，$\overrightarrow{EP}$ 关于标架 $\{A;\boldsymbol{e}_1,\boldsymbol{e}_2,\boldsymbol{e}_3\}$ 的坐标，以及 $\triangle BEP$ 三顶点及其重心关于 $\{A;\boldsymbol{e}_1,\boldsymbol{e}_2,\boldsymbol{e}_3\}$ 的坐标.

3. 在空间直角坐标系 $\{O;\boldsymbol{i},\boldsymbol{j},\boldsymbol{k}\}$ 下，设点 $P(2,-3,-1)$，$M(a,b,c)$，求这两点关于（1）坐标平面，

(2) 坐标轴,(3) 坐标原点的各个对称点的坐标.

4. 设两空间直角坐标系(见第 4 题图),新坐标原点的向径$\overrightarrow{OO'}=\boldsymbol{m}\{a,b,c\}$,对应的坐标轴的正向相同,求空间任一点 P 分别关于旧坐标系和新坐标系的向径 $\boldsymbol{r}\{x,y,z\}$ 和 $\boldsymbol{r}'\{x',y',z'\}$ 之间的关系,并写出新、旧坐标的关系式(即移轴公式).

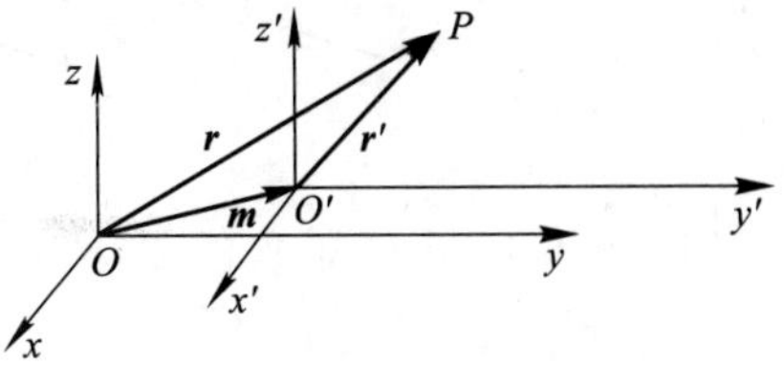

第 4 题图

5. 已知向量 $\boldsymbol{a},\boldsymbol{b},\boldsymbol{c}$ 的坐标如下:

(1) 在标架$\{O;\boldsymbol{e}_1,\boldsymbol{e}_2\}$下,$\boldsymbol{a}=\{0,1\}$,$\boldsymbol{b}=\{-1,0\}$,$\boldsymbol{c}=\{1,-1\}$;

(2) 在标架$\{O;\boldsymbol{e}_1,\boldsymbol{e}_2,\boldsymbol{e}_3\}$下,$\boldsymbol{a}=\{0,-1,0\}$,$\boldsymbol{b}=\{1,2,3\}$,$\boldsymbol{c}=\{2,0,1\}$.

在上述两标架下,求 $\boldsymbol{a}+2\boldsymbol{b}-3\boldsymbol{c}$ 的坐标.

6. 已知平行四边形 $ABCD$ 中三顶点 A,B,C 的坐标如下:

(1) 在标架$\{O;\boldsymbol{e}_1,\boldsymbol{e}_2\}$下,$A(-1,2)$,$B(3,0)$,$C(5,1)$;

(2) 在标架$\{O;\boldsymbol{e}_1,\boldsymbol{e}_2,\boldsymbol{e}_3\}$下,$A(0,-2,0)$,$B(2,0,1)$,$C(0,4,2)$.

在上述两标架下,求第四顶点 D 和对角线交点 M 的坐标.

7. 已知 A,B,C 三点坐标如下:

(1) 在标架$\{O;\boldsymbol{e}_1,\boldsymbol{e}_2\}$下,$A(0,1)$,$B(2,-2)$,$C(-2,4)$;

(2) 在标架$\{O;\boldsymbol{e}_1,\boldsymbol{e}_2,\boldsymbol{e}_3\}$下,$A(0,1,0)$,$B(-1,0,-2)$,$C(-2,3,4)$.

判别它们是否共线? 若共线,写出$\overrightarrow{AB}$和$\overrightarrow{AC}$的线性关系式.

8. 已知向量 $\boldsymbol{a},\boldsymbol{b},\boldsymbol{c}$ 的坐标如下:

(1) $\boldsymbol{a}=\{0,-1,2\}$,$\boldsymbol{b}=\{0,2,-4\}$,$\boldsymbol{c}=\{1,2,-1\}$;

(2) $\boldsymbol{a}=\{1,2,3\}$,$\boldsymbol{b}=\{2,-1,0\}$,$\boldsymbol{c}=\{0,5,6\}$.

试判别它们是否共面? 能否将 $\boldsymbol{c}$ 表示成 $\boldsymbol{a},\boldsymbol{b}$ 的线性组合? 若能表示,写出表示式.

9. 已知线段 AB 被点 $C(2,0,2)$ 和 $D(5,-2,0)$ 三等分,试求这个线段两端点 A 与 B 的坐标.

10. 证明:四面体每一个顶点与对面重心所连的线段共点,且这点到顶点的距离是它到对面重心距离的三倍.用四面体的顶点坐标把交点坐标表示出来.

§ 1.6 向量在轴上的射影

设已知空间的一点 A 与一轴 l,通过 A 作垂直于轴 l 的平面 α,我们把这个平面与轴 l 的交点 A'叫做点 A 在轴 l 上的射影(图 1-27).

定义 1.6.1 设向量$\overrightarrow{AB}$的始点 A 和终点 B 在轴 l 上的射影分别为点 A'和 B',那么向量$\overrightarrow{A'B'}$叫做向量$\overrightarrow{AB}$在轴 l 上的射影向量(图 1-28),记做射影向量$_l\overrightarrow{AB}$.

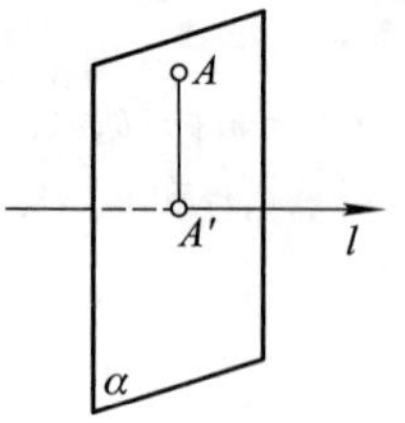

图 1-27

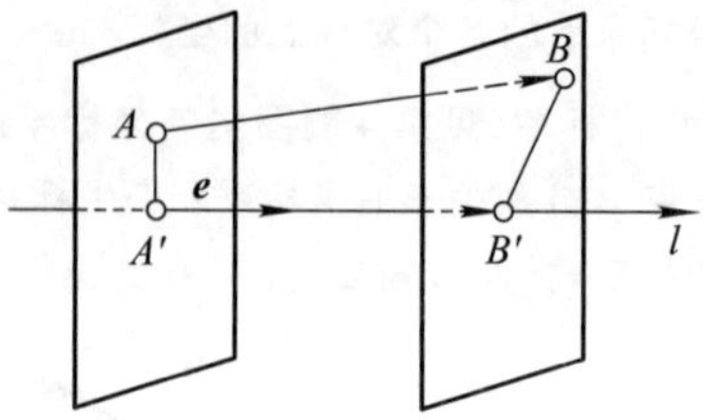

图 1-28

如果在轴上取与轴同方向的单位向量 $\boldsymbol{e}$,那么有

$$射影向量_l\ \overrightarrow{AB}=\overrightarrow{A'B'}=x\boldsymbol{e}.$$

这里的 x 叫做向量$\overrightarrow{AB}$在轴 l 上的射影,记做射影$_l\ \overrightarrow{AB}$,即

$$射影_l\ \overrightarrow{AB}=x.$$

我们也可以把射影向量$_l\ \overrightarrow{AB}$与射影$_l\ \overrightarrow{AB}$分别写成

$$射影向量_{\boldsymbol{e}}\ \overrightarrow{AB}与射影_{\boldsymbol{e}}\ \overrightarrow{AB},$$

并且可以分别叫做$\overrightarrow{AB}$在向量 $\boldsymbol{e}$ 上的射影向量与$\overrightarrow{AB}$在向量 $\boldsymbol{e}$ 上的射影,两者之间的关系是

$$射影向量_{\boldsymbol{e}}\ \overrightarrow{AB}=(射影_{\boldsymbol{e}}\ \overrightarrow{AB})\boldsymbol{e}. \qquad (1.6-1)$$

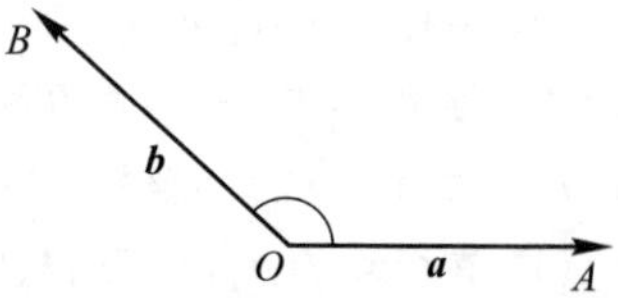

图 1-29

射影$_{\boldsymbol{e}}\ \overrightarrow{AB}$的数值显然与$\overrightarrow{AB}$和 $\boldsymbol{e}$ 的夹角的大小有关,现在来规定两向量的夹角.设 $\boldsymbol{a},\boldsymbol{b}$ 是两个非零向量,自空间任意点 O 作$\overrightarrow{OA}=\boldsymbol{a}$,$\overrightarrow{OB}=\boldsymbol{b}$(图 1-29),我们把由射线 OA 和 OB 构成的角度在 0 与 π 之间的角(显然这角度与点 O 的选取无关),叫做向量 $\boldsymbol{a}$ 与 $\boldsymbol{b}$ 的夹角①,记做$\angle(\boldsymbol{a},\boldsymbol{b})$.按规定,如果 $\boldsymbol{a}$ 与 $\boldsymbol{b}$ 同向,那么$\angle(\boldsymbol{a},\boldsymbol{b})=0$;如果 $\boldsymbol{a}$ 与 $\boldsymbol{b}$ 反向,那么$\angle(\boldsymbol{a},\boldsymbol{b})=\pi$;如果 $\boldsymbol{a}$ 不平行于 $\boldsymbol{b}$,那么$0<\angle(\boldsymbol{a},\boldsymbol{b})<\pi$.

定理 1.6.1 向量$\overrightarrow{AB}$在轴 l 上的射影等于向量的模乘轴与该向量的夹角的余弦:

$$射影_l\ \overrightarrow{AB}=\left|\overrightarrow{AB}\right|\cos\theta,\quad \theta=\angle(l,\overrightarrow{AB}). \qquad (1.6-2)$$

证 当 $\theta=\dfrac{\pi}{2}$时,命题显然成立.当 $\theta\neq\dfrac{\pi}{2}$时,过 A,B 两点分别作垂直于 l 轴的平面 α,β,它们与轴 l 之交点分别是 A',B',那么$\overrightarrow{A'B'}=$射影向量$_l\ \overrightarrow{AB}$.再作$\overrightarrow{A'B_1}=\overrightarrow{AB}$,易知终点 B_1 必在 β 平面上.因为 $\beta\perp l$,所以 $B_1B'\perp l$,$\triangle A'B'B_1$ 为直角三角形,且$\angle(l,\overrightarrow{A'B_1})=$

---

① 在平面上,可以引进从向量 $\boldsymbol{a}$ 到向量 $\boldsymbol{b}$ 的有向角的概念,并记做$\measuredangle(\boldsymbol{a},\boldsymbol{b})$.当 $\boldsymbol{a}$ 不平行于 $\boldsymbol{b}$ 时,以向量 $\boldsymbol{a}$ 扫过向量 $\boldsymbol{a},\boldsymbol{b}$ 之间的夹角$\angle(\boldsymbol{a},\boldsymbol{b})$旋转到与向量 $\boldsymbol{b}$ 同方向的位置时,如果旋转是逆时针方向的,那么$\measuredangle(\boldsymbol{a},\boldsymbol{b})=\angle(\boldsymbol{a},\boldsymbol{b})$;如果是顺时针方向的,那么$\measuredangle(\boldsymbol{a},\boldsymbol{b})=-\angle(\boldsymbol{a},\boldsymbol{b})$.当 $\boldsymbol{a}/\!/\boldsymbol{b}$ 时,$\measuredangle(\boldsymbol{a},\boldsymbol{b})=\angle(\boldsymbol{a},\boldsymbol{b})$.

有向角的值,常常可推广到$\leqslant-\pi$或$>\pi$,这时我们认为相差 2π 整倍数的值代表同一角,对于有向角还有下面的等式:

$$\measuredangle(\boldsymbol{a},\boldsymbol{b})=-\measuredangle(\boldsymbol{b},\boldsymbol{a}),\quad \measuredangle(\boldsymbol{a},\boldsymbol{b})+\measuredangle(\boldsymbol{b},\boldsymbol{c})=\measuredangle(\boldsymbol{a},\boldsymbol{c}).$$

$\angle(l,\overrightarrow{AB})=\theta$（图 1-30）. 设 $\boldsymbol{e}$ 为 l 上与 l 同方向的单位向量，那么

$$\overrightarrow{A'B'}=x\boldsymbol{e},$$

所以

$$x=\text{射影}_l\,\overrightarrow{AB}.$$

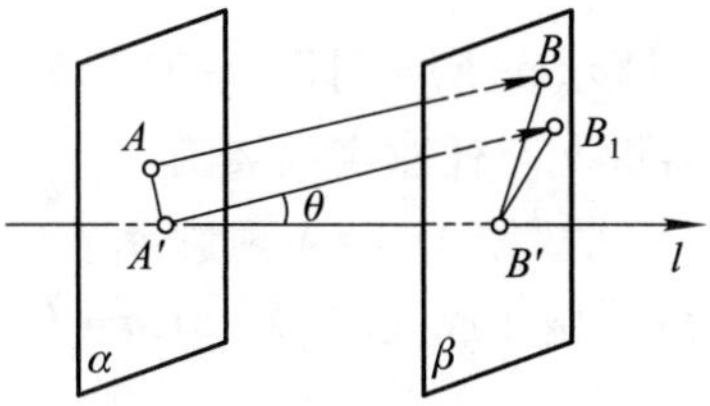

图 1-30

当 $0\leqslant\theta<\dfrac{\pi}{2}$ 时，$\overrightarrow{A'B'}$ 与 $\boldsymbol{e}$ 同向，

$$x=|\overrightarrow{A'B'}|=|\overrightarrow{A'B_1}|\cos\theta=|\overrightarrow{AB}|\cos\theta;$$

当 $\dfrac{\pi}{2}<\theta\leqslant\pi$ 时，$\overrightarrow{A'B'}$ 与 $\boldsymbol{e}$ 反向，

$$x=-|\overrightarrow{A'B'}|=-|\overrightarrow{A'B_1}|\cos(\pi-\theta)=|\overrightarrow{AB}|\cos\theta,$$

从而当 $0\leqslant\theta\leqslant\pi$ 时，总有

$$\text{射影}_l\,\overrightarrow{AB}=|\overrightarrow{AB}|\cos\theta.$$

推论　相等向量在同一轴上的射影相等.

定理 1.6.2　对于任何向量 $\boldsymbol{a},\boldsymbol{b}$，有

$$\text{射影}_l(\boldsymbol{a}+\boldsymbol{b})=\text{射影}_l\boldsymbol{a}+\text{射影}_l\boldsymbol{b}. \tag{1.6-3}$$

证　取 $\overrightarrow{AB}=\boldsymbol{a}$，$\overrightarrow{BC}=\boldsymbol{b}$，那么 $\overrightarrow{AC}=\boldsymbol{a}+\boldsymbol{b}$（图 1-31），设 A',B',C' 分别是 A,B,C 在轴 l 上的射影，那么显然有

$$\overrightarrow{A'C'}=\overrightarrow{A'B'}+\overrightarrow{B'C'},$$

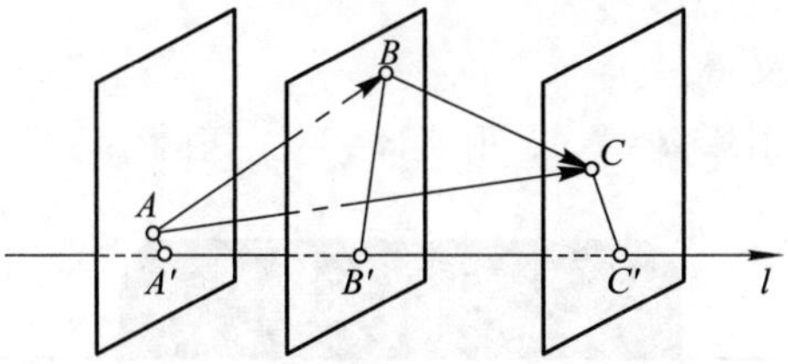

图 1-31

因为

$$\overrightarrow{A'C'}=\text{射影向量}_l\,\overrightarrow{AC},\quad \overrightarrow{A'B'}=\text{射影向量}_l\,\overrightarrow{AB},\quad \overrightarrow{B'C'}=\text{射影向量}_l\,\overrightarrow{BC},$$

所以

$$\text{射影向量}_l\,\overrightarrow{AC}=\text{射影向量}_l\,\overrightarrow{AB}+\text{射影向量}_l\,\overrightarrow{BC}.$$

由(1.6-1)得

$$(\text{射影}_l\,\overrightarrow{AC})\boldsymbol{e}=(\text{射影}_l\,\overrightarrow{AB}+\text{射影}_l\,\overrightarrow{BC})\boldsymbol{e},$$

其中 $\boldsymbol{e}$ 为轴 l 上与 l 同向的单位向量,所以

$$\text{射影}_l\,\overrightarrow{AC}=\text{射影}_l\,\overrightarrow{AB}+\text{射影}_l\,\overrightarrow{BC},$$

或

$$\text{射影}_l(\boldsymbol{a}+\boldsymbol{b})=\text{射影}_l\boldsymbol{a}+\text{射影}_l\boldsymbol{b}.$$

定理 1.6.3　对于任何向量 $\boldsymbol{a}$ 与任意实数 λ 有

$$\text{射影}_l(\lambda\boldsymbol{a})=\lambda\ \text{射影}_l\boldsymbol{a}.\tag{1.6-4}$$

证　如果 $\lambda=0$ 或 $\boldsymbol{a}=\boldsymbol{0}$,命题显然成立.设 $\lambda\neq0,\boldsymbol{a}\neq\boldsymbol{0}$,且 $\theta=\angle(l,\boldsymbol{a})$,那么当 $\lambda>0$ 时,有

$$\angle(l,\lambda\boldsymbol{a})=\angle(l,\boldsymbol{a})=\theta,$$

所以

$$\text{射影}_l(\lambda\boldsymbol{a})=|\lambda\boldsymbol{a}|\cos\theta=\lambda|\boldsymbol{a}|\cos\theta=\lambda\ \text{射影}_l\boldsymbol{a};$$

当 $\lambda<0$ 时,有

$$\angle(l,\lambda\boldsymbol{a})=\pi-\angle(l,\boldsymbol{a})=\pi-\theta,$$

所以

$$\text{射影}_l(\lambda\boldsymbol{a})=|\lambda\boldsymbol{a}|\cos(\pi-\theta)=\lambda|\boldsymbol{a}|\cos\theta=\lambda\ \text{射影}_l\boldsymbol{a}.$$

因此(1.6-4)成立.

例　设在直角坐标系$\{O;\boldsymbol{i},\boldsymbol{j},\boldsymbol{k}\}$下,向量 $\boldsymbol{a}=X\boldsymbol{i}+Y\boldsymbol{j}+Z\boldsymbol{k}$,试证明:

$\text{射影}_{\boldsymbol{i}}\boldsymbol{a}=X$, $\text{射影}_{\boldsymbol{j}}\boldsymbol{a}=Y$, $\text{射影}_{\boldsymbol{k}}\boldsymbol{a}=Z$.

证　设向径 $\overrightarrow{OP}=\boldsymbol{a}$,那么 $\boldsymbol{a}$ 在坐标轴上的射影即为 $\overrightarrow{OP}$ 在坐标轴上的射影.设 P 点在 x 轴,y 轴,z 轴上的射影分别为 A,B,C(图 1-32),那么

$$\text{射影向量}_{\boldsymbol{i}}\boldsymbol{a}=\overrightarrow{OA}=X\boldsymbol{i},$$

$$\text{射影向量}_{\boldsymbol{j}}\boldsymbol{a}=\overrightarrow{OB}=Y\boldsymbol{j},$$

$$\text{射影向量}_{\boldsymbol{k}}\boldsymbol{a}=\overrightarrow{OC}=Z\boldsymbol{k}.$$

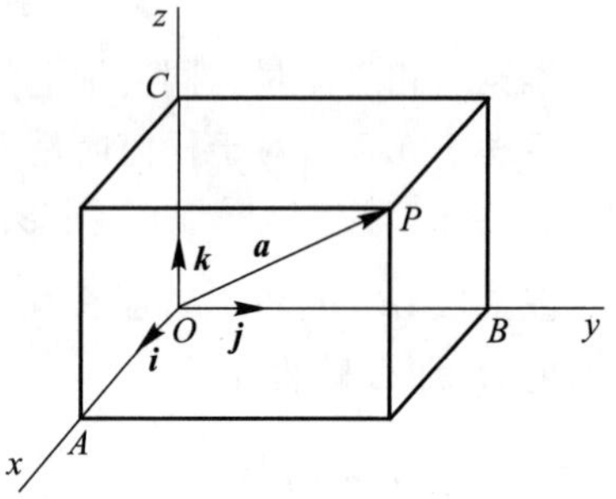

图 1-32

由向量在轴上的射影定义得

$$\text{射影}_{\boldsymbol{i}}\boldsymbol{a}=X,\quad \text{射影}_{\boldsymbol{j}}\boldsymbol{a}=Y,\quad \text{射影}_{\boldsymbol{k}}\boldsymbol{a}=Z.$$

习　题

1. 已知向量 $\overrightarrow{AB}$ 与单位向量 $\boldsymbol{e}$ 的夹角为 150°,且 $|\overrightarrow{AB}|=10$,求射影向量$_{\boldsymbol{e}}\overrightarrow{AB}$ 与射影$_{\boldsymbol{e}}\overrightarrow{AB}$.又如果 $\boldsymbol{e}'=-\boldsymbol{e}$,求射影向量$_{\boldsymbol{e}'}\overrightarrow{AB}$ 与射影$_{\boldsymbol{e}'}\overrightarrow{AB}$.

2. 证明:$\text{射影}_l(\lambda_1\boldsymbol{a}_1+\lambda_2\boldsymbol{a}_2+\cdots+\lambda_n\boldsymbol{a}_n)=\lambda_1\ \text{射影}_l\boldsymbol{a}_1+\lambda_2\ \text{射影}_l\boldsymbol{a}_2+\cdots+\lambda_n\ \text{射影}_l\boldsymbol{a}_n$.

§ 1.7 两向量的数量积

在物理学中，我们知道一个质点在力 $\boldsymbol{f}$ 的作用下，经过位移 $\overrightarrow{PP'}=\boldsymbol{s}$，那么这个力所做的功为

$$W=|\boldsymbol{f}|\,|\boldsymbol{s}|\cos\theta,$$

其中 θ 为 $\boldsymbol{f}$ 和 $\boldsymbol{s}$ 的夹角(图 1-33). 这里的功 W 是由向量 $\boldsymbol{f}$ 和 $\boldsymbol{s}$ 按上式确定的一个数量. 类似的情况在其他问题中也常遇到.

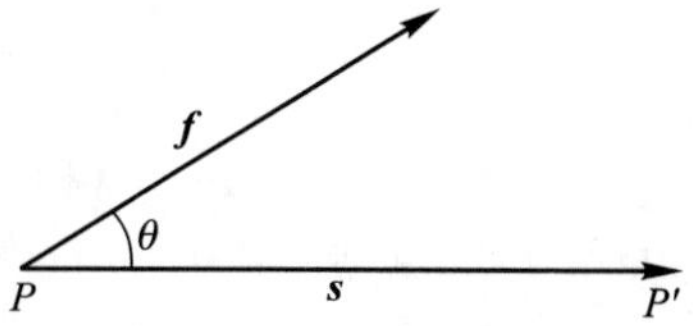

图 1-33

定义 1.7.1 两个向量 $\boldsymbol{a}$ 和 $\boldsymbol{b}$ 的模和它们夹角的余弦的乘积叫做向量 $\boldsymbol{a}$ 和 $\boldsymbol{b}$ 的数量积(也称内积)，记做 $\boldsymbol{a}\cdot\boldsymbol{b}$ 或 $\boldsymbol{ab}$，即

$$\boldsymbol{a}\cdot\boldsymbol{b}=|\boldsymbol{a}|\,|\boldsymbol{b}|\cos\angle(\boldsymbol{a},\boldsymbol{b}). \tag{1.7-1}$$

两向量的数量积是一个数量而不是向量，特别地，当两向量中有一个为零向量时，例如 $\boldsymbol{b}=\boldsymbol{0}$，那么 $|\boldsymbol{b}|=0$，从而有 $\boldsymbol{a}\cdot\boldsymbol{b}=0$.

当 $\boldsymbol{a},\boldsymbol{b}$ 为两非零向量时，根据定理 1.6.1 有

$$|\boldsymbol{b}|\cos\angle(\boldsymbol{a},\boldsymbol{b})=\text{射影}_{\boldsymbol{a}}\boldsymbol{b},$$

$$|\boldsymbol{a}|\cos\angle(\boldsymbol{a},\boldsymbol{b})=\text{射影}_{\boldsymbol{b}}\boldsymbol{a},$$

所以由(1.7-1)立刻得

$$\boldsymbol{a}\cdot\boldsymbol{b}=|\boldsymbol{a}|\,\text{射影}_{\boldsymbol{a}}\boldsymbol{b}=|\boldsymbol{b}|\,\text{射影}_{\boldsymbol{b}}\boldsymbol{a}. \tag{1.7-2}$$

特别地，当 $\boldsymbol{b}$ 为单位向量 $\boldsymbol{e}$ 时，有

$$\boldsymbol{a}\cdot\boldsymbol{e}=\text{射影}_{\boldsymbol{e}}\boldsymbol{a}. \tag{1.7-2$'$}$$

如果(1.7-1)中的 $\boldsymbol{b}=\boldsymbol{a}$，那么有

$$\boldsymbol{a}\cdot\boldsymbol{a}=|\boldsymbol{a}|^2.$$

我们把数量积 $\boldsymbol{a}\cdot\boldsymbol{a}$ 叫做 $\boldsymbol{a}$ 的数量平方，并记做 $\boldsymbol{a}^2$.

定理 1.7.1 两向量 $\boldsymbol{a}$ 与 $\boldsymbol{b}$ 相互垂直的充要条件是 $\boldsymbol{a}\cdot\boldsymbol{b}=0$.

证 当 $\boldsymbol{a}\perp\boldsymbol{b}$ 时，$\cos\angle(\boldsymbol{a},\boldsymbol{b})=0$，于是 $\boldsymbol{a}\cdot\boldsymbol{b}=0$. 反过来，当 $\boldsymbol{a}\cdot\boldsymbol{b}=0$ 时，如果 $\boldsymbol{a},\boldsymbol{b}$ 均为非零向量，那么根据(1.7-1)有

$$\cos\angle(\boldsymbol{a},\boldsymbol{b})=0,$$

从而 $\boldsymbol{a}\perp\boldsymbol{b}$；如果 $\boldsymbol{a},\boldsymbol{b}$ 中有零向量，由于零向量的方向不定，可以把它看成与任意向量垂直，所以有 $\boldsymbol{a}\perp\boldsymbol{b}$，定理得证.

下面我们讨论向量的数量积的运算规律.

定理 1.7.2 向量的数量积满足下面的运算规律：

1) 交换律

$$\boldsymbol{a}\cdot\boldsymbol{b}=\boldsymbol{b}\cdot\boldsymbol{a}; \tag{1.7-3}$$

2) 关于数因子的结合律

$$(\lambda\boldsymbol{a})\cdot\boldsymbol{b}=\lambda(\boldsymbol{a}\cdot\boldsymbol{b})=\boldsymbol{a}\cdot(\lambda\boldsymbol{b}); \tag{1.7-4}$$

3）分配律

$$(\boldsymbol{a}+\boldsymbol{b})\cdot\boldsymbol{c}=\boldsymbol{a}\cdot\boldsymbol{c}+\boldsymbol{b}\cdot\boldsymbol{c};\tag{1.7-5}$$

4）
$$\boldsymbol{a}\cdot\boldsymbol{a}=\boldsymbol{a}^2>0\quad(\boldsymbol{a}\neq\boldsymbol{0}).\tag{1.7-6}$$

证 公式(1.7-3),(1.7-4),(1.7-5)中如果有零向量,那么它们显然成立.下面的证明,假设它们都是非零向量.

1）$\boldsymbol{a}\cdot\boldsymbol{b}=|\boldsymbol{a}|\cdot|\boldsymbol{b}|\cos\angle(\boldsymbol{a},\boldsymbol{b})=|\boldsymbol{b}|\cdot|\boldsymbol{a}|\cos\angle(\boldsymbol{b},\boldsymbol{a})=\boldsymbol{b}\cdot\boldsymbol{a}$.

2）如果 $\lambda=0$,那么(1.7-4)显然成立;如果 $\lambda\neq0$,那么根据(1.7-2),(1.6-4)有

$$\begin{aligned}(\lambda\boldsymbol{a})\cdot\boldsymbol{b}&=|\boldsymbol{b}|\text{射影}_{\boldsymbol{b}}(\lambda\boldsymbol{a})=|\boldsymbol{b}|(\lambda\ \text{射影}_{\boldsymbol{b}}\boldsymbol{a})\\&=\lambda(|\boldsymbol{b}|\text{射影}_{\boldsymbol{b}}\boldsymbol{a})=\lambda(\boldsymbol{a}\cdot\boldsymbol{b}).\end{aligned}$$

而

$$\boldsymbol{a}\cdot(\lambda\boldsymbol{b})=(\lambda\boldsymbol{b})\cdot\boldsymbol{a}=\lambda(\boldsymbol{b}\cdot\boldsymbol{a})=\lambda(\boldsymbol{a}\cdot\boldsymbol{b}).$$

所以(1.7-4)成立.

3）根据(1.7-2),(1.6-3)有

$$\begin{aligned}(\boldsymbol{a}+\boldsymbol{b})\cdot\boldsymbol{c}&=|\boldsymbol{c}|\text{射影}_{\boldsymbol{c}}(\boldsymbol{a}+\boldsymbol{b})=|\boldsymbol{c}|(\text{射影}_{\boldsymbol{c}}\boldsymbol{a}+\text{射影}_{\boldsymbol{c}}\boldsymbol{b})\\&=|\boldsymbol{c}|\text{射影}_{\boldsymbol{c}}\boldsymbol{a}+|\boldsymbol{c}|\text{射影}_{\boldsymbol{c}}\boldsymbol{b}=\boldsymbol{a}\cdot\boldsymbol{c}+\boldsymbol{b}\cdot\boldsymbol{c},\end{aligned}$$

所以(1.7-5)式成立.

4）公式(1.7-6)显然成立.

推论 $(\lambda\boldsymbol{a}+\mu\boldsymbol{b})\cdot\boldsymbol{c}=\lambda(\boldsymbol{a}\cdot\boldsymbol{c})+\mu(\boldsymbol{b}\cdot\boldsymbol{c}).$ (1.7-7)

根据向量的数量积的这些运算规律可知,对于向量数量积的运算,可以像多项式的乘法那样进行展开,例如

$$(\boldsymbol{a}+\boldsymbol{b})(\boldsymbol{a}-\boldsymbol{b})=\boldsymbol{a}^2-\boldsymbol{b}^2,$$

$$(\boldsymbol{a}\pm\boldsymbol{b})^2=\boldsymbol{a}^2\pm2\boldsymbol{a}\cdot\boldsymbol{b}+\boldsymbol{b}^2,$$

$$(2\boldsymbol{a}+3\boldsymbol{b})\cdot(\boldsymbol{c}-4\boldsymbol{d})=2\boldsymbol{a}\cdot\boldsymbol{c}+3\boldsymbol{b}\cdot\boldsymbol{c}-8\boldsymbol{a}\cdot\boldsymbol{d}-12\boldsymbol{b}\cdot\boldsymbol{d}.$$

例 1 证明平行四边形对角线的平方和等于它各边的平方和.

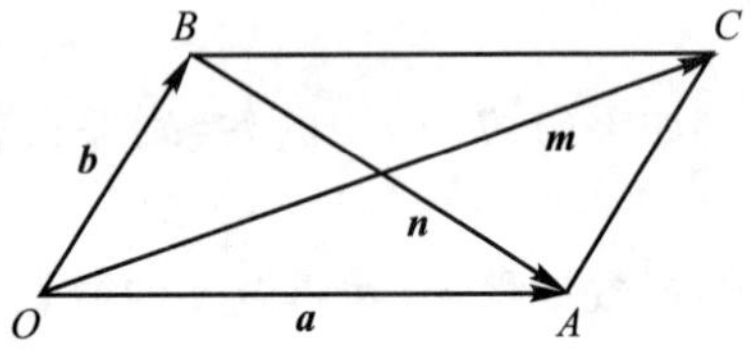

图 1-34

证 如图 1-34,在平行四边形 $OACB$ 中,设两边为 $\overrightarrow{OA}=\boldsymbol{a}$,$\overrightarrow{OB}=\boldsymbol{b}$,对角线 $\overrightarrow{OC}=\boldsymbol{m}$,$\overrightarrow{BA}=\boldsymbol{n}$,那么

$$\boldsymbol{m}=\boldsymbol{a}+\boldsymbol{b},\quad \boldsymbol{n}=\boldsymbol{a}-\boldsymbol{b},$$

于是

$$\boldsymbol{m}^2=(\boldsymbol{a}+\boldsymbol{b})^2=\boldsymbol{a}^2+2\boldsymbol{a}\cdot\boldsymbol{b}+\boldsymbol{b}^2,$$

$$\boldsymbol{n}^2=(\boldsymbol{a}-\boldsymbol{b})^2=\boldsymbol{a}^2-2\boldsymbol{a}\cdot\boldsymbol{b}+\boldsymbol{b}^2,$$

所以

$$\boldsymbol{m}^2+\boldsymbol{n}^2=2(\boldsymbol{a}^2+\boldsymbol{b}^2),$$

即

$$|\boldsymbol{m}|^2+|\boldsymbol{n}|^2=2(|\boldsymbol{a}|^2+|\boldsymbol{b}|^2).$$

这就是所要证明的.

例 2 试证如果一条直线与一个平面内的两条相交直线都垂直,那么它就和平面内任何直线都垂直,即它垂直于平面.

证 设直线 n 与平面 α 内两相交直线 a,b 都垂直(图 1-35),下面证明 n 与 α 内

任意直线 c 垂直.在直线 n,a,b,c 上分别任意取非零向量 $\boldsymbol{n},\boldsymbol{a},\boldsymbol{b},\boldsymbol{c}$,依条件有

$$\boldsymbol{n}\perp\boldsymbol{a},\quad \boldsymbol{n}\perp\boldsymbol{b},$$

所以

$$\boldsymbol{na}=0,\quad \boldsymbol{nb}=0.$$

且根据定理 1.4.2,$\boldsymbol{c}$ 可用 $\boldsymbol{a},\boldsymbol{b}$ 线性表示:$\boldsymbol{c}=\lambda\boldsymbol{a}+\mu\boldsymbol{b}$,因而

$$\boldsymbol{nc}=\boldsymbol{n}(\lambda\boldsymbol{a}+\mu\boldsymbol{b})=\lambda(\boldsymbol{na})+\mu(\boldsymbol{nb})=0.$$

这表明两向量 $\boldsymbol{n}$ 与 $\boldsymbol{c}$ 互相垂直,也就是它们所在直线 n 与 c 互相垂直,从而直线 n 垂直于平面.

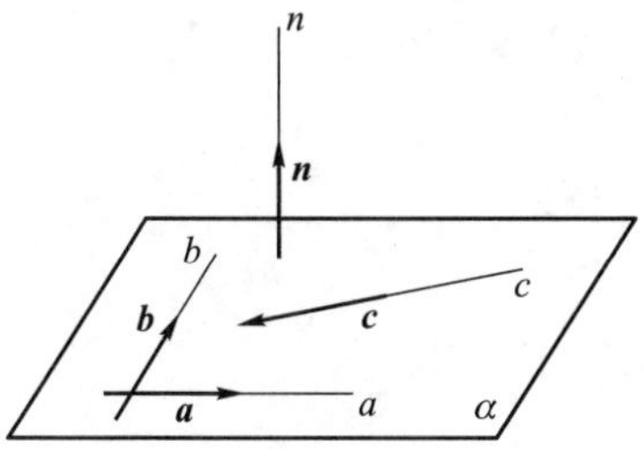

图 1-35

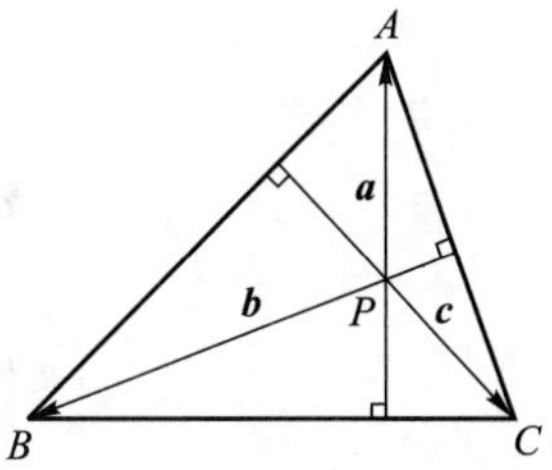

图 1-36

例 3 试证三角形的三条高交于一点.

证 设△ABC 的 BC,CA 两边上的高交于 P 点(图 1-36),再设$\overrightarrow{PA}=\boldsymbol{a}$,$\overrightarrow{PB}=\boldsymbol{b}$,$\overrightarrow{PC}=\boldsymbol{c}$,那么

$$\overrightarrow{AB}=\boldsymbol{b}-\boldsymbol{a},\quad \overrightarrow{BC}=\boldsymbol{c}-\boldsymbol{b},\quad \overrightarrow{CA}=\boldsymbol{a}-\boldsymbol{c};$$

因为$\overrightarrow{PA}\perp\overrightarrow{BC}$,所以 $\boldsymbol{a}\cdot(\boldsymbol{c}-\boldsymbol{b})=0$,即 $\boldsymbol{ac}=\boldsymbol{ab}$;又因为$\overrightarrow{PB}\perp\overrightarrow{CA}$,所以 $\boldsymbol{b}\cdot(\boldsymbol{a}-\boldsymbol{c})=0$,即$\boldsymbol{ab}=\boldsymbol{bc}$;从而 $\boldsymbol{ac}=\boldsymbol{bc}$,即 $\boldsymbol{c}\cdot(\boldsymbol{b}-\boldsymbol{a})=0$,所以

$$\overrightarrow{PC}\perp\overrightarrow{AB}.$$

这就证明了点 P 在△ABC 第三条边 AB 的高线上,所以△ABC 的三条高交于一点 P.

下面在直角坐标系$\{O;\boldsymbol{i},\boldsymbol{j},\boldsymbol{k}\}$下,用向量的坐标表示数量积.

定理 1.7.3 设 $\boldsymbol{a}=X_1\boldsymbol{i}+Y_1\boldsymbol{j}+Z_1\boldsymbol{k}$,$\boldsymbol{b}=X_2\boldsymbol{i}+Y_2\boldsymbol{j}+Z_2\boldsymbol{k}$,那么

$$\boldsymbol{a}\cdot\boldsymbol{b}=X_1X_2+Y_1Y_2+Z_1Z_2. \tag{1.7-8}$$

证
$$\begin{aligned}\boldsymbol{a}\cdot\boldsymbol{b}&=(X_1\boldsymbol{i}+Y_1\boldsymbol{j}+Z_1\boldsymbol{k})\cdot(X_2\boldsymbol{i}+Y_2\boldsymbol{j}+Z_2\boldsymbol{k})\\&=X_1X_2\boldsymbol{i}\cdot\boldsymbol{i}+X_1Y_2\boldsymbol{i}\cdot\boldsymbol{j}+X_1Z_2\boldsymbol{i}\cdot\boldsymbol{k}+Y_1X_2\boldsymbol{j}\cdot\boldsymbol{i}+Y_1Y_2\boldsymbol{j}\cdot\boldsymbol{j}+Y_1Z_2\boldsymbol{j}\cdot\boldsymbol{k}+\\&\quad Z_1X_2\boldsymbol{k}\cdot\boldsymbol{i}+Z_1Y_2\boldsymbol{k}\cdot\boldsymbol{j}+Z_1Z_2\boldsymbol{k}\cdot\boldsymbol{k},\end{aligned}$$

因为 $\boldsymbol{i},\boldsymbol{j},\boldsymbol{k}$ 是两两相互垂直的单位向量,所以

$$\boldsymbol{i}\cdot\boldsymbol{j}=\boldsymbol{j}\cdot\boldsymbol{i}=0,\quad \boldsymbol{i}\cdot\boldsymbol{k}=\boldsymbol{k}\cdot\boldsymbol{i}=0,\quad \boldsymbol{j}\cdot\boldsymbol{k}=\boldsymbol{k}\cdot\boldsymbol{j}=0,$$

且

$$\boldsymbol{i}\cdot\boldsymbol{i}=1,\quad \boldsymbol{j}\cdot\boldsymbol{j}=1,\quad \boldsymbol{k}\cdot\boldsymbol{k}=1,$$

因而

$$\boldsymbol{a}\cdot\boldsymbol{b}=X_1X_2+Y_1Y_2+Z_1Z_2.$$

推论 设 $\boldsymbol{a}=X\boldsymbol{i}+Y\boldsymbol{j}+Z\boldsymbol{k}$,那么

$$\boldsymbol{a}\cdot\boldsymbol{i}=X,\quad \boldsymbol{a}\cdot\boldsymbol{j}=Y,\quad \boldsymbol{a}\cdot\boldsymbol{k}=Z. \tag{1.7-9}$$

利用向量的坐标来表示数量积的公式(1.7-8),将给我们在计算向量的数量积时带来方便.下面在直角坐标系下,利用公式(1.7-8)再来讨论几个问题:

1) 两点距离

因为在(1.7-1)中,当 $\boldsymbol{b}=\boldsymbol{a}$ 时有

$$\boldsymbol{a}\cdot\boldsymbol{a}=|\boldsymbol{a}|^2=\boldsymbol{a}^2,$$

于是

$$\boldsymbol{a}^2=|\boldsymbol{a}|^2,\quad 或\quad |\boldsymbol{a}|=\sqrt{\boldsymbol{a}^2}.$$

定理 1.7.4 设 $\boldsymbol{a}=X\boldsymbol{i}+Y\boldsymbol{j}+Z\boldsymbol{k}$,那么

$$|\boldsymbol{a}|=\sqrt{\boldsymbol{a}^2}=\sqrt{X^2+Y^2+Z^2}. \tag{1.7-10}$$

证 根据(1.7-8)得

$$\boldsymbol{a}^2=X^2+Y^2+Z^2,$$

所以

$$|\boldsymbol{a}|^2=\boldsymbol{a}^2=X^2+Y^2+Z^2,$$

因而(1.7-10)式成立.

定理 1.7.5 空间两点 $P_1(x_1,y_1,z_1)$,$P_2(x_2,y_2,z_2)$间的距离是

$$d=\sqrt{(x_2-x_1)^2+(y_2-y_1)^2+(z_2-z_1)^2}. \tag{1.7-11}$$

证 因为

$$\overrightarrow{P_1P_2}=\{x_2-x_1,y_2-y_1,z_2-z_1\},$$

所以

$$d=|\overrightarrow{P_1P_2}|=\sqrt{(x_2-x_1)^2+(y_2-y_1)^2+(z_2-z_1)^2}.$$

2) 向量的方向余弦

向量与坐标轴(或坐标向量)所成的角叫做向量的*方向角*,方向角的余弦叫做向量的*方向余弦*.一个向量的方向完全可由它的方向角来决定.

向量的方向余弦也可用向量的坐标来表示.

定理 1.7.6 非零向量 $\boldsymbol{a}=X\boldsymbol{i}+Y\boldsymbol{j}+Z\boldsymbol{k}$ 的方向余弦是

$$\left.\begin{aligned}\cos\alpha&=\frac{X}{|\boldsymbol{a}|}=\frac{X}{\sqrt{X^2+Y^2+Z^2}},\\ \cos\beta&=\frac{Y}{|\boldsymbol{a}|}=\frac{Y}{\sqrt{X^2+Y^2+Z^2}},\\ \cos\gamma&=\frac{Z}{|\boldsymbol{a}|}=\frac{Z}{\sqrt{X^2+Y^2+Z^2}};\end{aligned}\right\} \tag{1.7-12}$$

且

$$\cos^2\alpha+\cos^2\beta+\cos^2\gamma=1, \tag{1.7-13}$$

式中的 α,β,γ 分别为向量 $\boldsymbol{a}$ 与 x 轴,y 轴,z 轴的交角,即向量 $\boldsymbol{a}$ 的三个方向角.

证 因为 $\boldsymbol{a}\cdot\boldsymbol{i}=|\boldsymbol{a}|\cos\alpha$,且 $\boldsymbol{a}\cdot\boldsymbol{i}=X$,所以

$$|\boldsymbol{a}|\cos\alpha=X,$$

从而

$$\cos\alpha=\frac{X}{|\boldsymbol{a}|}=\frac{X}{\sqrt{X^2+Y^2+Z^2}}.$$

同理可证(1.7-12)的其余两式成立.由(1.7-12)立即可知(1.7-13)成立.

从定理 1.7.6 可以看出,空间的每一个向量都可以由它的模与方向余弦决定,特别地,单位向量的方向余弦等于它的坐标,即有

$$\boldsymbol{a}^0=\{\cos\alpha,\cos\beta,\cos\gamma\}. \tag{1.7-14}$$

3) 两向量的交角

定理 1.7.7 设空间中两个非零向量为 $\boldsymbol{a}\{X_1,Y_1,Z_1\}$ 和 $\boldsymbol{b}\{X_2,Y_2,Z_2\}$,那么它们夹角的余弦是

$$\cos\angle(\boldsymbol{a},\boldsymbol{b})=\frac{\boldsymbol{a}\cdot\boldsymbol{b}}{|\boldsymbol{a}|\,|\boldsymbol{b}|}=\frac{X_1X_2+Y_1Y_2+Z_1Z_2}{\sqrt{X_1^2+Y_1^2+Z_1^2}\cdot\sqrt{X_2^2+Y_2^2+Z_2^2}}. \tag{1.7-15}$$

证 因为

$$\boldsymbol{a}\cdot\boldsymbol{b}=|\boldsymbol{a}|\,|\boldsymbol{b}|\cos\angle(\boldsymbol{a},\boldsymbol{b}),\quad |\boldsymbol{a}|\,|\boldsymbol{b}|\neq 0,$$

所以

$$\cos\angle(\boldsymbol{a},\boldsymbol{b})=\frac{\boldsymbol{a}\cdot\boldsymbol{b}}{|\boldsymbol{a}|\,|\boldsymbol{b}|},$$

但是

$$\boldsymbol{a}\cdot\boldsymbol{b}=X_1X_2+Y_1Y_2+Z_1Z_2,$$

$$|\boldsymbol{a}|=\sqrt{X_1^2+Y_1^2+Z_1^2},\quad |\boldsymbol{b}|=\sqrt{X_2^2+Y_2^2+Z_2^2},$$

所以(1.7-15)成立.

推论 向量 $\boldsymbol{a}\{X_1,Y_1,Z_1\}$ 与 $\boldsymbol{b}\{X_2,Y_2,Z_2\}$ 相互垂直的充要条件是

$$X_1X_2+Y_1Y_2+Z_1Z_2=0. \tag{1.7-16}$$

在平面直角坐标系下,平面上的向量也有完全类似的结论.设平面上的两向量为 $\boldsymbol{a}\{X_1,Y_1\}$,$\boldsymbol{b}\{X_2,Y_2\}$,那么有

$$\boldsymbol{a}\cdot\boldsymbol{b}=X_1X_2+Y_1Y_2; \tag{1.7-8$'$}$$

$$\boldsymbol{a}\cdot\boldsymbol{i}=X_1,\quad \boldsymbol{a}\cdot\boldsymbol{j}=Y_1; \tag{1.7-9$'$}$$

$$|\boldsymbol{a}|=\sqrt{X_1^2+Y_1^2}. \tag{1.7-10$'$}$$

平面上两点 $P_1(x_1,y_1)$,$P_2(x_2,y_2)$ 间的距离为

$$d=|\overrightarrow{P_1P_2}|=\sqrt{(x_2-x_1)^2+(y_2-y_1)^2}. \tag{1.7-11$'$}$$

向量 $\boldsymbol{a}$ 的方向余弦 $\cos\alpha$,$\cos\beta$ 可以表示为

$$\left.\begin{aligned}\cos\alpha&=\frac{X_1}{|\boldsymbol{a}|}=\frac{X_1}{\sqrt{X_1^2+Y_1^2}},\\ \cos\beta&=\frac{Y_1}{|\boldsymbol{a}|}=\frac{Y_1}{\sqrt{X_1^2+Y_1^2}},\end{aligned}\right\} \tag{1.7-12$'$}$$

且

$$\cos^2\alpha+\cos^2\beta=1. \tag{1.7-13$'$}$$

在平面上的情形，我们还可以单独用从 $\boldsymbol{i}$ 到 $\boldsymbol{a}$ 的有向角[①]来决定向量 $\boldsymbol{a}$ 的方向. 设 $\measuredangle(\boldsymbol{i},\boldsymbol{a})=\varphi$（图 1-37），那么

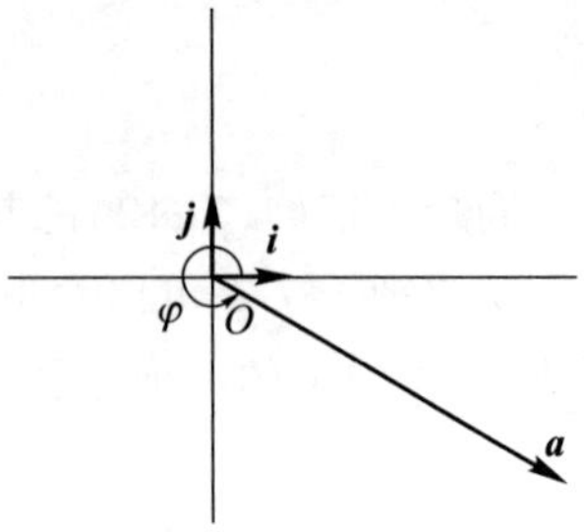

图 1-37

$$\cos\alpha=\cos\varphi,$$

$$\cos\beta=\cos\angle(\boldsymbol{j},\boldsymbol{a})=\cos\measuredangle(\boldsymbol{j},\boldsymbol{a})$$

$$=\cos(\measuredangle(\boldsymbol{j},\boldsymbol{i})+\measuredangle(\boldsymbol{i},\boldsymbol{a}))=\cos\left(-\frac{\pi}{2}+\varphi\right)=\sin\varphi.$$

因此，平面上的非零向量 $\boldsymbol{a}$ 的方向，完全可由 x 轴（或坐标向量 $\boldsymbol{i}$）到向量 $\boldsymbol{a}$ 的有向角 φ 来决定，所以平面上的向量 $\boldsymbol{a}$ 可写成

$$\boldsymbol{a}=|\boldsymbol{a}|(\boldsymbol{i}\cos\varphi+\boldsymbol{j}\sin\varphi).\tag{1.7-14'}$$

向量 $\boldsymbol{a}$ 与 $\boldsymbol{b}$ 的交角的余弦为

$$\cos\angle(\boldsymbol{a},\boldsymbol{b})=\frac{X_1X_2+Y_1Y_2}{\sqrt{X_1^2+Y_1^2}\cdot\sqrt{X_2^2+Y_2^2}};\tag{1.7-15'}$$

向量 $\boldsymbol{a}$ 与 $\boldsymbol{b}$ 垂直的充要条件为

$$X_1X_2+Y_1Y_2=0.\tag{1.7-16'}$$

例 4　已知三点 $A(1,0,0)$，$B(3,1,1)$，$C(2,0,1)$，且 $\overrightarrow{BC}=\boldsymbol{a}$，$\overrightarrow{CA}=\boldsymbol{b}$，$\overrightarrow{AB}=\boldsymbol{c}$，求：

（1）$\boldsymbol{a}$ 与 $\boldsymbol{b}$ 的夹角；

（2）$\boldsymbol{a}$ 在 $\boldsymbol{c}$ 上的射影.

解　利用(1.5-1)，(1.7-10)可得

$$\boldsymbol{a}=\overrightarrow{BC}=\{-1,-1,0\},\quad |\boldsymbol{a}|=\sqrt{2};$$

$$\boldsymbol{b}=\overrightarrow{CA}=\{-1,0,-1\},\quad |\boldsymbol{b}|=\sqrt{2};$$

$$\boldsymbol{c}=\overrightarrow{AB}=\{2,1,1\},\quad |\boldsymbol{c}|=\sqrt{6};$$

利用(1.7-8)可得

$$\boldsymbol{a}\cdot\boldsymbol{b}=(-1)(-1)+(-1)\cdot 0+0\cdot(-1)=1,$$

$$\boldsymbol{a}\cdot\boldsymbol{c}=(-1)\cdot 2+(-1)\cdot 1+0\cdot 1=-3,$$

因而可得

（1）$\cos\angle(\boldsymbol{a},\boldsymbol{b})=\dfrac{\boldsymbol{a}\cdot\boldsymbol{b}}{|\boldsymbol{a}||\boldsymbol{b}|}=\dfrac{1}{\sqrt{2}\times\sqrt{2}}=\dfrac{1}{2}$，所以 $\angle(\boldsymbol{a},\boldsymbol{b})=\dfrac{\pi}{3}$.

（2）射影$_{\boldsymbol{c}}\boldsymbol{a}=\dfrac{\boldsymbol{a}\cdot\boldsymbol{c}}{|\boldsymbol{c}|}=\dfrac{-3}{\sqrt{6}}=-\dfrac{\sqrt{6}}{2}$.

例 5　利用两向量的数量积证明柯西-施瓦茨(Cauchy-Schwarz)不等式

$$\left(\sum_{i=1}^{3}a_ib_i\right)^2\leqslant\sum_{i=1}^{3}a_i^2\sum_{i=1}^{3}b_i^2.$$

证　设 $\boldsymbol{a}=\{a_1,a_2,a_3\}$，$\boldsymbol{b}=\{b_1,b_2,b_3\}$，因为

$$\boldsymbol{a}\cdot\boldsymbol{b}=|\boldsymbol{a}|\cdot|\boldsymbol{b}|\cos\angle(\boldsymbol{a},\boldsymbol{b}),$$

而

---

①　有向角的概念，可以参阅第 24 页的脚注.

$$-1 \leqslant \cos\angle(\boldsymbol{a},\boldsymbol{b}) \leqslant 1,$$

所以

$$|\boldsymbol{a}\cdot\boldsymbol{b}| \leqslant |\boldsymbol{a}|\cdot|\boldsymbol{b}|,$$

从而得

$$\left|\sum_{i=1}^{3} a_i b_i\right| \leqslant \sqrt{\sum_{i=1}^{3} a_i^2}\sqrt{\sum_{i=1}^{3} b_i^2},$$

所以

$$\left(\sum_{i=1}^{3} a_i b_i\right)^2 \leqslant \sum_{i=1}^{3} a_i^2 \sum_{i=1}^{3} b_i^2.$$

习　题

1. 证明：

(1) 向量 $\boldsymbol{a}$ 垂直于向量 $(\boldsymbol{a}\cdot\boldsymbol{b})\boldsymbol{c}-(\boldsymbol{a}\cdot\boldsymbol{c})\boldsymbol{b}$；

(2) 在平面上如果 $\boldsymbol{m}_1$ 不平行于 $\boldsymbol{m}_2$，且 $\boldsymbol{a}\cdot\boldsymbol{m}_i=\boldsymbol{b}\cdot\boldsymbol{m}_i(i=1,2)$，那么就有 $\boldsymbol{a}=\boldsymbol{b}$；

(3) $\overrightarrow{AB}\cdot\overrightarrow{CD}+\overrightarrow{BC}\cdot\overrightarrow{AD}+\overrightarrow{CA}\cdot\overrightarrow{BD}=0$.

2. 已知向量 $\boldsymbol{a},\boldsymbol{b}$ 互相垂直，向量 $\boldsymbol{c}$ 与 $\boldsymbol{a},\boldsymbol{b}$ 的夹角都为 $60°$，且 $|\boldsymbol{a}|=1$，$|\boldsymbol{b}|=2$，$|\boldsymbol{c}|=3$，计算：

(1) $(\boldsymbol{a}+\boldsymbol{b})^2$；　　(2) $(\boldsymbol{a}+\boldsymbol{b})(\boldsymbol{a}-\boldsymbol{b})$；

(3) $(3\boldsymbol{a}-2\boldsymbol{b})(\boldsymbol{b}-3\boldsymbol{c})$；　　(4) $(\boldsymbol{a}+2\boldsymbol{b}-\boldsymbol{c})^2$.

3. 计算下列各题：

(1) 已知等边三角形 ABC 的边长为 1，且 $\overrightarrow{BC}=\boldsymbol{a}$，$\overrightarrow{CA}=\boldsymbol{b}$，$\overrightarrow{AB}=\boldsymbol{c}$，求 $\boldsymbol{a}\cdot\boldsymbol{b}+\boldsymbol{b}\cdot\boldsymbol{c}+\boldsymbol{c}\cdot\boldsymbol{a}$；

(2) 已知 $\boldsymbol{a},\boldsymbol{b},\boldsymbol{c}$ 两两垂直，且 $|\boldsymbol{a}|=1$，$|\boldsymbol{b}|=2$，$|\boldsymbol{c}|=3$，求 $\boldsymbol{r}=\boldsymbol{a}+\boldsymbol{b}+\boldsymbol{c}$ 的长和它与 $\boldsymbol{a},\boldsymbol{b},\boldsymbol{c}$ 的夹角；

(3) 已知 $\boldsymbol{a}+3\boldsymbol{b}$ 与 $7\boldsymbol{a}-5\boldsymbol{b}$ 垂直，且 $\boldsymbol{a}-4\boldsymbol{b}$ 与 $7\boldsymbol{a}-2\boldsymbol{b}$ 垂直，求 $\boldsymbol{a},\boldsymbol{b}$ 的夹角；

(4) 已知 $|\boldsymbol{a}|=2$，$|\boldsymbol{b}|=5$，$\angle(\boldsymbol{a},\boldsymbol{b})=\dfrac{2}{3}\pi$，$\boldsymbol{p}=3\boldsymbol{a}-\boldsymbol{b}$，$\boldsymbol{q}=\lambda\boldsymbol{a}+17\boldsymbol{b}$，问系数 λ 取何值时 $\boldsymbol{p}$ 与 $\boldsymbol{q}$ 垂直？

4. 用向量法证明以下各题：

(1) 三角形的余弦定理 $a^2=b^2+c^2-2bc\cos A$；

(2) 平行四边形成为菱形的充要条件是对角线互相垂直；

(3) 内接于半圆且以直径为一边的三角形为直角三角形；

(4) 三角形各边的垂直平分线共点且这点到各顶点等距；

(5) 空间四边形对角线互相垂直的充要条件是对边平方和相等.

5. 已知平行四边形以 $\boldsymbol{a}=\{2,1,-1\}$，$\boldsymbol{b}=\{1,-2,1\}$ 为两边.

(1) 求它的边长和内角；

(2) 求它的两对角线的长和夹角.

6. 已知 $\triangle ABC$ 三顶点 $A(0,0,3)$，$B(4,0,0)$，$C(0,8,-3)$，试求：

(1) 三角形三边长；

(2) 三角形三内角；

(3) 三角形三中线长；

(4) 角 A 的角平分线向量$\overrightarrow{AD}$（终点 D 在 BC 边上），并求$\overrightarrow{AD}$的方向余弦和它的单位向量.

§1.8　两向量的向量积

定义 1.8.1　两向量 $\boldsymbol{a}$ 与 $\boldsymbol{b}$ 的向量积（也称外积）是一个向量，记做 $\boldsymbol{a}\times\boldsymbol{b}$ 或 $[\boldsymbol{ab}]$，它的模是

$$|\boldsymbol{a}\times\boldsymbol{b}|=|\boldsymbol{a}||\boldsymbol{b}|\sin\angle(\boldsymbol{a},\boldsymbol{b}),\tag{1.8-1}$$

它的方向与 $\boldsymbol{a}$ 和 $\boldsymbol{b}$ 都垂直，并且按 $\boldsymbol{a},\boldsymbol{b},\boldsymbol{a}\times\boldsymbol{b}$ 这个顺序构成右手标架 $\{O;\boldsymbol{a},\boldsymbol{b},\boldsymbol{a}\times\boldsymbol{b}\}$（图 1-38）.

物理学中的力矩是一个向量，这是两个向量的向量积的实例，如图 1-39，如果力 $\boldsymbol{f}$ 的作用点是 A，$\overrightarrow{OA}=\boldsymbol{r}$，那么力矩 $\boldsymbol{m}=\boldsymbol{r}\times\boldsymbol{f}$.

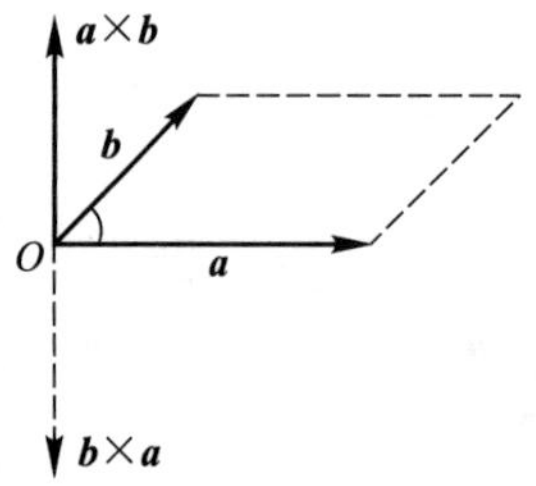

图 1-38

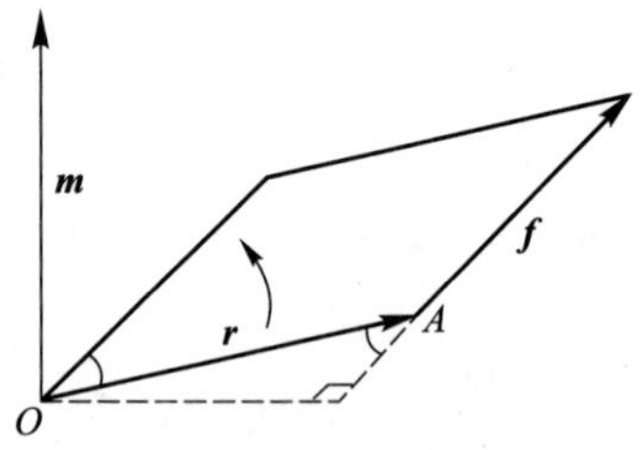

图 1-39

因为平行四边形的面积等于它两邻边长的积乘夹角的正弦，所以由(1.8-1)得：

定理 1.8.1　两不共线向量 $\boldsymbol{a}$ 与 $\boldsymbol{b}$ 的向量积的模，等于以 $\boldsymbol{a}$ 与 $\boldsymbol{b}$ 为边所构成的平行四边形的面积.

定理 1.8.2　两向量 $\boldsymbol{a}$ 与 $\boldsymbol{b}$ 共线的充要条件是 $\boldsymbol{a}\times\boldsymbol{b}=\boldsymbol{0}$.

证　当 $\boldsymbol{a}$ 与 $\boldsymbol{b}$ 共线时（包括 $\boldsymbol{a}$ 或 $\boldsymbol{b}$ 为零向量的情形），由(1.8-1)知 $|\boldsymbol{a}\times\boldsymbol{b}|=0$，从而 $\boldsymbol{a}\times\boldsymbol{b}=\boldsymbol{0}$；反过来，当 $\boldsymbol{a}\times\boldsymbol{b}=\boldsymbol{0}$ 时，那么由(1.8-1)知，或 $\boldsymbol{a}=\boldsymbol{0}$，或 $\boldsymbol{b}=\boldsymbol{0}$，或 $\boldsymbol{a}/\!/\boldsymbol{b}$，因为零向量可以看成与任何向量共线，所以总有 $\boldsymbol{a}/\!/\boldsymbol{b}$，定理得证.

向量的向量积满足下面的运算规律：

定理 1.8.3　向量积是反交换的，即

$$\boldsymbol{a}\times\boldsymbol{b}=-(\boldsymbol{b}\times\boldsymbol{a}).\tag{1.8-2}$$

证　如果 $\boldsymbol{a}$ 与 $\boldsymbol{b}$ 共线，那么 $\boldsymbol{a}\times\boldsymbol{b}$ 与 $\boldsymbol{b}\times\boldsymbol{a}$ 都是零向量（定理 1.8.2），这时定理 1.8.3 显然成立.如果 $\boldsymbol{a}$ 与 $\boldsymbol{b}$ 不共线，那么 $|\boldsymbol{a}\times\boldsymbol{b}|=|\boldsymbol{a}||\boldsymbol{b}|\sin\angle(\boldsymbol{a},\boldsymbol{b})=|\boldsymbol{b}||\boldsymbol{a}|\sin\angle(\boldsymbol{b},\boldsymbol{a})$，即 $\boldsymbol{a}\times\boldsymbol{b}$ 与 $\boldsymbol{b}\times\boldsymbol{a}$ 的模相等；又根据向量积的定义，$\boldsymbol{a}\times\boldsymbol{b}$ 与 $\boldsymbol{b}\times\boldsymbol{a}$ 都同时垂直于 $\boldsymbol{a}$ 与 $\boldsymbol{b}$，因此 $\boldsymbol{a}\times\boldsymbol{b}$ 与 $\boldsymbol{b}\times\boldsymbol{a}$ 是两共线向量，其次由于按顺序 $\boldsymbol{a},\boldsymbol{b},\boldsymbol{a}\times\boldsymbol{b}$ 与 $\boldsymbol{b},\boldsymbol{a},\boldsymbol{b}\times\boldsymbol{a}$ 分别构成右手标架 $\{O;\boldsymbol{a},\boldsymbol{b},\boldsymbol{a}\times\boldsymbol{b}\}$ 与 $\{O;\boldsymbol{b},\boldsymbol{a},\boldsymbol{b}\times\boldsymbol{a}\}$（图 1-38），所以 $\boldsymbol{a}\times\boldsymbol{b}$ 与 $\boldsymbol{b}\times\boldsymbol{a}$ 的方向相反，从而得

$$\boldsymbol{a}\times\boldsymbol{b}=-(\boldsymbol{b}\times\boldsymbol{a}).$$

定理 1.8.4　向量积满足关于数因子的结合律，即

$$\lambda(\boldsymbol{a}\times\boldsymbol{b})=(\lambda\boldsymbol{a})\times\boldsymbol{b}=\boldsymbol{a}\times(\lambda\boldsymbol{b}). \tag{1.8-3}$$

式中 $\boldsymbol{a},\boldsymbol{b}$ 为任意向量，λ 为任意实数.

证 如果 $\lambda=0$ 或者 $\boldsymbol{a},\boldsymbol{b}$ 共线，(1.8-3) 显然成立. 如果 $\lambda\neq0$，且 $\boldsymbol{a},\boldsymbol{b}$ 不共线，那么因为

$$|\lambda(\boldsymbol{a}\times\boldsymbol{b})|=|\lambda|\,|\boldsymbol{a}|\,|\boldsymbol{b}|\sin\angle(\boldsymbol{a},\boldsymbol{b}),$$
$$|(\lambda\boldsymbol{a})\times\boldsymbol{b}|=|\lambda\boldsymbol{a}|\,|\boldsymbol{b}|\sin\angle(\lambda\boldsymbol{a},\boldsymbol{b}),$$
$$|\boldsymbol{a}\times(\lambda\boldsymbol{b})|=|\boldsymbol{a}|\,|\lambda\boldsymbol{b}|\sin\angle(\boldsymbol{a},\lambda\boldsymbol{b}).$$

所以三个向量 $\lambda(\boldsymbol{a}\times\boldsymbol{b}),(\lambda\boldsymbol{a})\times\boldsymbol{b},\boldsymbol{a}\times(\lambda\boldsymbol{b})$ 的模相等，其次容易知道，这三个向量当 $\lambda>0$ 时，都和 $\boldsymbol{a}\times\boldsymbol{b}$ 的方向相同，当 $\lambda<0$ 时，都和 $\boldsymbol{a}\times\boldsymbol{b}$ 的方向相反，因此三个向量方向也相同，从而 (1.8-3) 成立.

推论 设 λ,μ 为任意实数，那么

$$(\lambda\boldsymbol{a})\times(\mu\boldsymbol{b})=(\lambda\mu)(\boldsymbol{a}\times\boldsymbol{b}). \tag{1.8-4}$$

定理 1.8.5 向量积满足分配律，即

$$(\boldsymbol{a}+\boldsymbol{b})\times\boldsymbol{c}=\boldsymbol{a}\times\boldsymbol{c}+\boldsymbol{b}\times\boldsymbol{c}. \tag{1.8-5}$$

证 如果 $\boldsymbol{a},\boldsymbol{b},\boldsymbol{c}$ 中至少有一个是零向量或 $\boldsymbol{a},\boldsymbol{b},\boldsymbol{c}$ 为一组共线向量，(1.8-5) 显然成立. 现在假设不是上述情况，我们来证明 (1.8-5) 也成立.

设 $\boldsymbol{c}^0$ 为 $\boldsymbol{c}$ 的单位向量，先证明下式成立：

$$(\boldsymbol{a}+\boldsymbol{b})\times\boldsymbol{c}^0=\boldsymbol{a}\times\boldsymbol{c}^0+\boldsymbol{b}\times\boldsymbol{c}^0. \tag{1}$$

首先，我们可用下面的作图法作出向量 $\boldsymbol{a}\times\boldsymbol{c}^0$.

通过向量 $\boldsymbol{a}$ 与 $\boldsymbol{c}^0$ 的公共始点 O 作平面 π 垂直于 $\boldsymbol{c}^0$（图1-40），自向量 $\boldsymbol{a}$ 的终点 A 引 $AA_1\perp\pi$，A_1 为垂足，由此得向量 $\boldsymbol{a}$ 在 π 上的射影向量 $\overrightarrow{OA_1}$，再将 $\overrightarrow{OA_1}$ 在平面 π 上绕 O 点依顺时针方向（自 $\boldsymbol{c}^0$ 的终点看平面 π）旋转 $90°$，得 $\overrightarrow{OA_2}$，那么 $\overrightarrow{OA_2}=\boldsymbol{a}\times\boldsymbol{c}^0$.

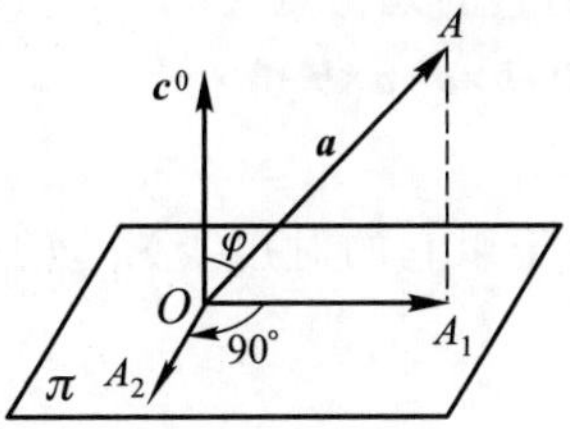

图 1-40

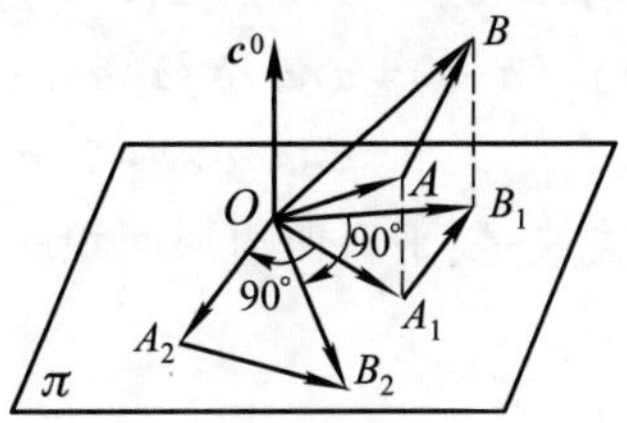

图 1-41

事实上，由作图法知 $\overrightarrow{OA_2}\perp\boldsymbol{a}$，$\overrightarrow{OA_2}\perp\boldsymbol{c}^0$，且 $\{O;\boldsymbol{a},\boldsymbol{c}^0,\overrightarrow{OA_2}\}$ 构成右手标架，所以 $\overrightarrow{OA_2}$ 与 $\boldsymbol{a}\times\boldsymbol{c}^0$ 同方向；如果设 $\angle(\boldsymbol{a},\boldsymbol{c}^0)=\varphi$，那么 $\left|\overrightarrow{OA_2}\right|=\left|\overrightarrow{OA_1}\right|=|\boldsymbol{a}|\sin\varphi=|\boldsymbol{a}|\cdot|\boldsymbol{c}^0|\cdot\sin\angle(\boldsymbol{a},\boldsymbol{c}^0)$，所以 $\overrightarrow{OA_2}=\boldsymbol{a}\times\boldsymbol{c}^0$.

现在来证明 (1) 式，如图 1-41 所示，设 $\overrightarrow{OA}=\boldsymbol{a}$，$\overrightarrow{AB}=\boldsymbol{b}$，那么 $\overrightarrow{OB}=\boldsymbol{a}+\boldsymbol{b}$. 并设 $\overrightarrow{OA_1}$，$\overrightarrow{A_1B_1}$，$\overrightarrow{OB_1}$ 分别为 $\overrightarrow{OA}$，$\overrightarrow{AB}$，$\overrightarrow{OB}$ 在垂直于 $\boldsymbol{c}^0$ 的平面 π 上的射影向量，再将 $\overrightarrow{OA_1}$，$\overrightarrow{A_1B_1}$，$\overrightarrow{OB_1}$ 在平面 π 内分别绕点 O 依顺时针方向（自 $\boldsymbol{c}^0$ 的终点看平面 π）旋转 $90°$ 得 $\overrightarrow{OA_2}$，$\overrightarrow{A_2B_2}$，$\overrightarrow{OB_2}$，依上述作图法可知

$$\overrightarrow{OA_2}=\boldsymbol{a}\times\boldsymbol{c}^0,\quad \overrightarrow{A_2B_2}=\boldsymbol{b}\times\boldsymbol{c}^0,\quad \overrightarrow{OB_2}=(\boldsymbol{a}+\boldsymbol{b})\times\boldsymbol{c}^0,$$

而

$$\overrightarrow{OB_2}=\overrightarrow{OA_2}+\overrightarrow{A_2B_2},$$

所以

$$(\boldsymbol{a}+\boldsymbol{b})\times\boldsymbol{c}^0=\boldsymbol{a}\times\boldsymbol{c}^0+\boldsymbol{b}\times\boldsymbol{c}^0.$$

现在我们来证明(1.8-5)成立.

将(1)式两边乘$|\boldsymbol{c}|$,利用(1.8-3)得

$$(\boldsymbol{a}+\boldsymbol{b})\times|\boldsymbol{c}|\boldsymbol{c}^0=\boldsymbol{a}\times|\boldsymbol{c}|\boldsymbol{c}^0+\boldsymbol{b}\times|\boldsymbol{c}|\boldsymbol{c}^0,$$

但

$$\boldsymbol{c}=|\boldsymbol{c}|\boldsymbol{c}^0,$$

所以

$$(\boldsymbol{a}+\boldsymbol{b})\times\boldsymbol{c}=\boldsymbol{a}\times\boldsymbol{c}+\boldsymbol{b}\times\boldsymbol{c}.$$

推论

$$\boldsymbol{c}\times(\boldsymbol{a}+\boldsymbol{b})=\boldsymbol{c}\times\boldsymbol{a}+\boldsymbol{c}\times\boldsymbol{b}. \tag{1.8-6}$$

证　$\boldsymbol{c}\times(\boldsymbol{a}+\boldsymbol{b})=-(\boldsymbol{a}+\boldsymbol{b})\times\boldsymbol{c}=-\boldsymbol{a}\times\boldsymbol{c}-\boldsymbol{b}\times\boldsymbol{c}=\boldsymbol{c}\times\boldsymbol{a}+\boldsymbol{c}\times\boldsymbol{b}.$

由于向量的向量积满足这些运算规律,因此它与向量的数量积一样,也可以像多项式的乘法那样进行展开,例如

$$\begin{aligned}&(\lambda_1\boldsymbol{a}_1+\lambda_2\boldsymbol{a}_2)\times(\lambda_3\boldsymbol{a}_3+\lambda_4\boldsymbol{a}_4)\\&=\lambda_1\lambda_3(\boldsymbol{a}_1\times\boldsymbol{a}_3)+\lambda_1\lambda_4(\boldsymbol{a}_1\times\boldsymbol{a}_4)+\lambda_2\lambda_3(\boldsymbol{a}_2\times\boldsymbol{a}_3)+\lambda_2\lambda_4(\boldsymbol{a}_2\times\boldsymbol{a}_4).\end{aligned}$$

但是必须注意向量积不满足交换律,而具有反交换律,所以在向量积的运算过程中,其因子向量的次序不可以任意颠倒,如果交换向量积的两个因子向量,就必须改变符号,即换成它的反向量.

例 1　证明$(\boldsymbol{a}-\boldsymbol{b})\times(\boldsymbol{a}+\boldsymbol{b})=2(\boldsymbol{a}\times\boldsymbol{b})$,并说明它的几何意义.

证

$$\begin{aligned}(\boldsymbol{a}-\boldsymbol{b})\times(\boldsymbol{a}+\boldsymbol{b})&=\boldsymbol{a}\times\boldsymbol{a}-\boldsymbol{b}\times\boldsymbol{a}+\boldsymbol{a}\times\boldsymbol{b}-\boldsymbol{b}\times\boldsymbol{b}=\boldsymbol{0}-\boldsymbol{b}\times\boldsymbol{a}+\boldsymbol{a}\times\boldsymbol{b}-\boldsymbol{0}\\&=\boldsymbol{a}\times\boldsymbol{b}+\boldsymbol{a}\times\boldsymbol{b}=2(\boldsymbol{a}\times\boldsymbol{b}).\end{aligned}$$

它的几何意义是:平行四边形面积的两倍等于以它的对角线为边的平行四边形的面积.

例 2　证明

$$(\boldsymbol{a}\times\boldsymbol{b})^2+(\boldsymbol{a}\cdot\boldsymbol{b})^2=\boldsymbol{a}^2\boldsymbol{b}^2. \tag{1.8-7}$$

证　因为

$$(\boldsymbol{a}\times\boldsymbol{b})^2=\boldsymbol{a}^2\boldsymbol{b}^2\sin^2\angle(\boldsymbol{a},\boldsymbol{b}),$$
$$(\boldsymbol{a}\cdot\boldsymbol{b})^2=\boldsymbol{a}^2\boldsymbol{b}^2\cos^2\angle(\boldsymbol{a},\boldsymbol{b}),$$

所以

$$(\boldsymbol{a}\times\boldsymbol{b})^2+(\boldsymbol{a}\cdot\boldsymbol{b})^2=\boldsymbol{a}^2\boldsymbol{b}^2[\sin^2\angle(\boldsymbol{a},\boldsymbol{b})+\cos^2\angle(\boldsymbol{a},\boldsymbol{b})]=\boldsymbol{a}^2\boldsymbol{b}^2.$$

下面我们在右手直角坐标系$\{O;\boldsymbol{i},\boldsymbol{j},\boldsymbol{k}\}$下,用向量的坐标表示向量积.

定理 1.8.6　如果$\boldsymbol{a}=X_1\boldsymbol{i}+Y_1\boldsymbol{j}+Z_1\boldsymbol{k}$,$\boldsymbol{b}=X_2\boldsymbol{i}+Y_2\boldsymbol{j}+Z_2\boldsymbol{k}$,那么

$$\boldsymbol{a}\times\boldsymbol{b}=\begin{vmatrix}Y_1&Z_1\\Y_2&Z_2\end{vmatrix}\boldsymbol{i}+\begin{vmatrix}Z_1&X_1\\Z_2&X_2\end{vmatrix}\boldsymbol{j}+\begin{vmatrix}X_1&Y_1\\X_2&Y_2\end{vmatrix}\boldsymbol{k}, \tag{1.8-8}$$

或写成

$$\boldsymbol{a}\times\boldsymbol{b}=\begin{vmatrix}\boldsymbol{i}&\boldsymbol{j}&\boldsymbol{k}\\X_1&Y_1&Z_1\\X_2&Y_2&Z_2\end{vmatrix}.\tag{1.8-9}$$

证　因为

$$\begin{aligned}\boldsymbol{a}\times\boldsymbol{b}&=(X_1\boldsymbol{i}+Y_1\boldsymbol{j}+Z_1\boldsymbol{k})\times(X_2\boldsymbol{i}+Y_2\boldsymbol{j}+Z_2\boldsymbol{k})\\&=X_1X_2(\boldsymbol{i}\times\boldsymbol{i})+X_1Y_2(\boldsymbol{i}\times\boldsymbol{j})+X_1Z_2(\boldsymbol{i}\times\boldsymbol{k})+\\&\quad Y_1X_2(\boldsymbol{j}\times\boldsymbol{i})+Y_1Y_2(\boldsymbol{j}\times\boldsymbol{j})+Y_1Z_2(\boldsymbol{j}\times\boldsymbol{k})+\\&\quad Z_1X_2(\boldsymbol{k}\times\boldsymbol{i})+Z_1Y_2(\boldsymbol{k}\times\boldsymbol{j})+Z_1Z_2(\boldsymbol{k}\times\boldsymbol{k}),\end{aligned}$$

又因为坐标向量 $\boldsymbol{i},\boldsymbol{j},\boldsymbol{k}$ 是三个两两互相垂直的单位向量,所以有关系式

$$\begin{aligned}&\boldsymbol{i}\times\boldsymbol{i}=\boldsymbol{0},\quad \boldsymbol{j}\times\boldsymbol{j}=\boldsymbol{0},\quad \boldsymbol{k}\times\boldsymbol{k}=\boldsymbol{0},\\&\boldsymbol{i}\times\boldsymbol{j}=\boldsymbol{k},\quad \boldsymbol{j}\times\boldsymbol{k}=\boldsymbol{i},\quad \boldsymbol{k}\times\boldsymbol{i}=\boldsymbol{j},\\&\boldsymbol{j}\times\boldsymbol{i}=-\boldsymbol{k},\quad \boldsymbol{k}\times\boldsymbol{j}=-\boldsymbol{i},\quad \boldsymbol{i}\times\boldsymbol{k}=-\boldsymbol{j}.\end{aligned}\tag{1.8-10}$$

从而得

$$\boldsymbol{a}\times\boldsymbol{b}=(Y_1Z_2-Y_2Z_1)\boldsymbol{i}+(Z_1X_2-Z_2X_1)\boldsymbol{j}+(X_1Y_2-X_2Y_1)\boldsymbol{k},$$

此即(1.8-8)式,利用三阶行列式可写成(1.8-9).

例 3　已知空间三点 $A\ (1,2,3)$,$B\ (2,-1,5)$,$C\ (3,2,-5)$,试求

(1) $\triangle ABC$ 的面积;

(2) $\triangle ABC$的 AB 边上的高.

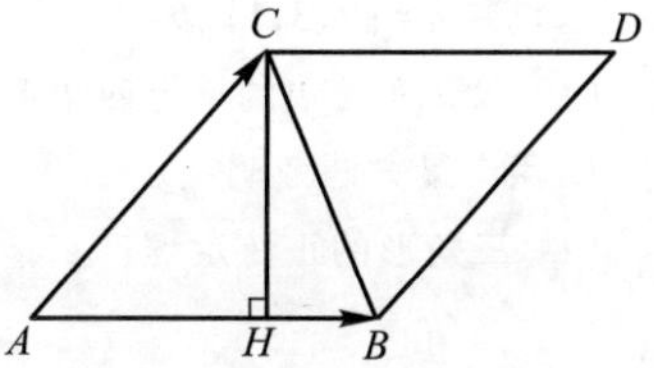

图 1-42

解　(1) $\triangle ABC$ 的面积 $=\dfrac{1}{2}\square ABDC$ 的面积 $=\dfrac{1}{2}\left|\overrightarrow{AB}\times\overrightarrow{AC}\right|$(如图 1-42).

$$\overrightarrow{AB}=\{1,-3,2\},\quad \overrightarrow{AC}=\{2,0,-8\},$$

所以

$$\overrightarrow{AB}\times\overrightarrow{AC}=\begin{vmatrix}\boldsymbol{i}&\boldsymbol{j}&\boldsymbol{k}\\1&-3&2\\2&0&-8\end{vmatrix}=24\boldsymbol{i}+12\boldsymbol{j}+6\boldsymbol{k},$$

从而

$$\left|\overrightarrow{AB}\times\overrightarrow{AC}\right|=\sqrt{24^2+12^2+6^2}=6\sqrt{21},$$

所以$\triangle ABC$ 的面积$=3\sqrt{21}$.

(2) 因为$\triangle ABC$ 的 AB 边上的高 CH 即是$\square ABDC$ 的 AB 边上的高,所以

$$\left|\overrightarrow{CH}\right|=\frac{\square ABDC\text{ 的面积}}{\left|\overrightarrow{AB}\right|}=\frac{\left|\overrightarrow{AB}\times\overrightarrow{AC}\right|}{\left|\overrightarrow{AB}\right|},$$

又因为

$$\left|\overrightarrow{AB}\right|=\sqrt{1^2+(-3)^2+2^2}=\sqrt{14},$$

所以

$$|\overrightarrow{CH}|=\frac{|\overrightarrow{AB}\times\overrightarrow{AC}|}{|\overrightarrow{AB}|}=\frac{6\sqrt{21}}{\sqrt{14}}=3\sqrt{6}.$$

习　题

1. 已知 $|\boldsymbol{a}|=1$, $|\boldsymbol{b}|=5$, $\boldsymbol{a}\cdot\boldsymbol{b}=3$,试求:

(1) $|\boldsymbol{a}\times\boldsymbol{b}|$;　(2) $[(\boldsymbol{a}+\boldsymbol{b})\times(\boldsymbol{a}-\boldsymbol{b})]^2$;　(3) $[(\boldsymbol{a}-2\boldsymbol{b})\times(\boldsymbol{b}-2\boldsymbol{a})]^2$.

2. 证明:

(1) $(\boldsymbol{a}\times\boldsymbol{b})^2\leqslant\boldsymbol{a}^2\cdot\boldsymbol{b}^2$,并说明在什么情形下等号成立;

(2) 如果 $\boldsymbol{a}+\boldsymbol{b}+\boldsymbol{c}=\boldsymbol{0}$,那么 $\boldsymbol{a}\times\boldsymbol{b}=\boldsymbol{b}\times\boldsymbol{c}=\boldsymbol{c}\times\boldsymbol{a}$,并说明它的几何意义;

(3) 如果 $\boldsymbol{a}\times\boldsymbol{b}=\boldsymbol{c}\times\boldsymbol{d}$, $\boldsymbol{a}\times\boldsymbol{c}=\boldsymbol{b}\times\boldsymbol{d}$,那么 $\boldsymbol{a}-\boldsymbol{d}$ 与 $\boldsymbol{b}-\boldsymbol{c}$ 共线;

(4) 如果 $\boldsymbol{a}=\boldsymbol{p}\times\boldsymbol{n}$, $\boldsymbol{b}=\boldsymbol{q}\times\boldsymbol{n}$, $\boldsymbol{c}=\boldsymbol{r}\times\boldsymbol{n}$,那么 $\boldsymbol{a},\boldsymbol{b},\boldsymbol{c}$ 共面.

3. 如果非零向量 $\boldsymbol{r}_i(i=1,2,3)$ 满足 $\boldsymbol{r}_1=\boldsymbol{r}_2\times\boldsymbol{r}_3$, $\boldsymbol{r}_2=\boldsymbol{r}_3\times\boldsymbol{r}_1$, $\boldsymbol{r}_3=\boldsymbol{r}_1\times\boldsymbol{r}_2$,证明 $\boldsymbol{r}_1,\boldsymbol{r}_2,\boldsymbol{r}_3$ 是彼此垂直的单位向量,并且按这次序构成右手系.

4. 已知 $\boldsymbol{a}=\{2,-3,1\}$, $\boldsymbol{b}=\{1,-2,3\}$,求与 $\boldsymbol{a},\boldsymbol{b}$ 都垂直,且满足如下之一条件的向量 $\boldsymbol{c}$:

(1) $\boldsymbol{c}$ 为单位向量;　(2) $\boldsymbol{c}\cdot\boldsymbol{d}=10$,其中 $\boldsymbol{d}=\{2,1,-7\}$.

5. 在直角坐标系内已知三点 $A(5,1,-1)$, $B(0,-4,3)$, $C(1,-3,7)$,试求:

(1) 三角形 ABC 的面积;　(2) 三角形 ABC 的三条高的长.

6. 已知 $\boldsymbol{a}=\{2,3,1\}$, $\boldsymbol{b}=\{5,6,4\}$,试求

(1) 以 $\boldsymbol{a},\boldsymbol{b}$ 为边的平行四边形的面积;　(2) 这平行四边形的两条高的长.

7. 用向量方法证明:

(1) 三角形的正弦定理:

$$\frac{a}{\sin A}=\frac{b}{\sin B}=\frac{c}{\sin C};$$

(2) 三角形面积的海伦(Heron)公式:$\Delta^2=p(p-a)(p-b)(p-c)$.

式中的 a,b,c 依次为三角形三个角 A,B,C 所对的边的边长,$p=\frac{1}{2}(a+b+c)$,Δ 为三角形的面积.

§1.9　三向量的混合积

在研究两个向量的数量积和向量积的基础上,现在我们来研究三个向量的乘积. 如果我们先把向量 $\boldsymbol{a},\boldsymbol{b}$ 作出数量积,然后再和第三个向量 $\boldsymbol{c}$ 相乘,那么得到与向量 $\boldsymbol{c}$ 共线的向量,因此这样相乘的情况,不必再讨论.

如果我们先把向量 $\boldsymbol{a}$ 和 $\boldsymbol{b}$ 作出向量积 $\boldsymbol{a}\times\boldsymbol{b}$,那么这个向量还可以与第三个向量 $\boldsymbol{c}$ 再作数量积或向量积,在前一种情形,我们得到 $(\boldsymbol{a}\times\boldsymbol{b})\cdot\boldsymbol{c}$,在后一种情形,我们得到 $(\boldsymbol{a}\times\boldsymbol{b})\times\boldsymbol{c}$.下一节我们将讨论 $(\boldsymbol{a}\times\boldsymbol{b})\times\boldsymbol{c}$,在这一节我们先讨论 $(\boldsymbol{a}\times\boldsymbol{b})\cdot\boldsymbol{c}$ 的性质.

定义 1.9.1　给定空间的三个向量 $\boldsymbol{a},\boldsymbol{b},\boldsymbol{c}$,如果先作前两个向量 $\boldsymbol{a}$ 与 $\boldsymbol{b}$ 的向量积,再作所得的向量与第三个向量 $\boldsymbol{c}$ 的数量积,最后得到的这个数叫做三向量 $\boldsymbol{a},\boldsymbol{b},\boldsymbol{c}$ 的混

合积,记做$(\boldsymbol{a}\times\boldsymbol{b})\cdot\boldsymbol{c}$或$(\boldsymbol{a},\boldsymbol{b},\boldsymbol{c})$或$(\boldsymbol{abc})$.

混合积具有下列性质:

定理 1.9.1 三个不共面向量$\boldsymbol{a},\boldsymbol{b},\boldsymbol{c}$的混合积的绝对值等于以$\boldsymbol{a},\boldsymbol{b},\boldsymbol{c}$为棱的平行六面体的体积$V$,并且当$\boldsymbol{a},\boldsymbol{b},\boldsymbol{c}$构成右手系时混合积是正数;当$\boldsymbol{a},\boldsymbol{b},\boldsymbol{c}$构成左手系时,混合积是负数.也就是有

$$(\boldsymbol{abc})=\varepsilon V, \tag{1.9-1}$$

当$\boldsymbol{a},\boldsymbol{b},\boldsymbol{c}$是右手系时$\varepsilon=1$;当$\boldsymbol{a},\boldsymbol{b},\boldsymbol{c}$是左手系时$\varepsilon=-1$.

证 由于$\boldsymbol{a},\boldsymbol{b},\boldsymbol{c}$三向量不共面,把它们归结到共同的始点$O$可以构成以$\boldsymbol{a},\boldsymbol{b},\boldsymbol{c}$为棱的平行六面体(图 1-43),它的底面是以$\boldsymbol{a},\boldsymbol{b}$为边的平行四边形,面积为$S=|\boldsymbol{a}\times\boldsymbol{b}|$,它的高$|\overrightarrow{OH}|=h$,它的体积为$V=S\cdot h$.

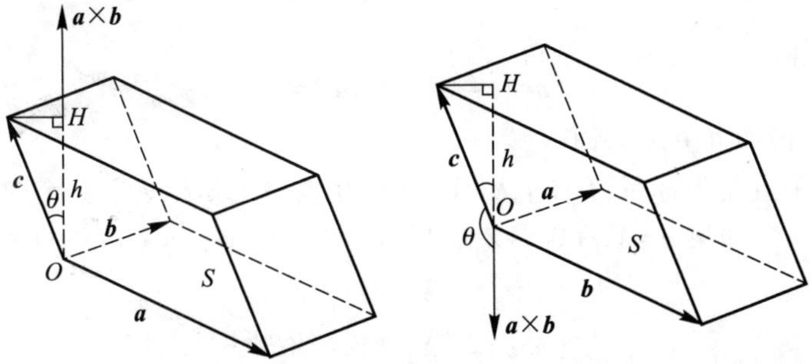

图 1-43

根据数量积定义

$$(\boldsymbol{a}\times\boldsymbol{b})\cdot\boldsymbol{c}=|\boldsymbol{a}\times\boldsymbol{b}||\boldsymbol{c}|\cos\theta=S\cdot|\boldsymbol{c}|\cos\theta, \tag{1}$$

其中θ是$\boldsymbol{a}\times\boldsymbol{b}$和$\boldsymbol{c}$的夹角.

当$\{O;\boldsymbol{a},\boldsymbol{b},\boldsymbol{c}\}$成右手系时,$0\leqslant\theta<\dfrac{\pi}{2}$,$h=|\boldsymbol{c}|\cos\theta$,因而由(1)得

$$(\boldsymbol{a}\times\boldsymbol{b})\cdot\boldsymbol{c}=S\cdot h=V.$$

当$\{O;\boldsymbol{a},\boldsymbol{b},\boldsymbol{c}\}$成左手系时,$\dfrac{\pi}{2}<\theta\leqslant\pi$,$h=|\boldsymbol{c}|\cos(\pi-\theta)=-|\boldsymbol{c}|\cos\theta$,因而由(1)得

$$(\boldsymbol{a}\times\boldsymbol{b})\cdot\boldsymbol{c}=-Sh=-V.$$

定理 1.9.2 三向量$\boldsymbol{a},\boldsymbol{b},\boldsymbol{c}$共面的充要条件是$(\boldsymbol{abc})=0$.

证 当$\boldsymbol{a}$与$\boldsymbol{b}$共线,即$\boldsymbol{a}\times\boldsymbol{b}=\boldsymbol{0}$时,或$\boldsymbol{c}=\boldsymbol{0}$时,显然$\boldsymbol{a},\boldsymbol{b},\boldsymbol{c}$共面且又有$(\boldsymbol{abc})=0$.下面假设$\boldsymbol{a}$与$\boldsymbol{b}$不共线,且$\boldsymbol{c}\neq\boldsymbol{0}$,我们来证明定理 1.9.2 也成立.

如果$(\boldsymbol{abc})=0$,即$(\boldsymbol{a}\times\boldsymbol{b})\cdot\boldsymbol{c}=\boldsymbol{0}$,那么根据定理 1.7.1 有$(\boldsymbol{a}\times\boldsymbol{b})\perp\boldsymbol{c}$,另一方面,由向量积的定义知$(\boldsymbol{a}\times\boldsymbol{b})\perp\boldsymbol{a}$,$(\boldsymbol{a}\times\boldsymbol{b})\perp\boldsymbol{b}$,所以$\boldsymbol{a},\boldsymbol{b},\boldsymbol{c}$三向量共面.

反过来,如果$\boldsymbol{a},\boldsymbol{b},\boldsymbol{c}$共面,那么由$(\boldsymbol{a}\times\boldsymbol{b})\perp\boldsymbol{a}$,$(\boldsymbol{a}\times\boldsymbol{b})\perp\boldsymbol{b}$(定义 1.8.1)知$(\boldsymbol{a}\times\boldsymbol{b})\perp\boldsymbol{c}$,于是$(\boldsymbol{a}\times\boldsymbol{b})\cdot\boldsymbol{c}=0$(定理 1.7.1),即$(\boldsymbol{abc})=0$.

定理 1.9.3 轮换混合积的三个因子,并不改变它的值,对调任何两个因子要改变乘积符号,即

$$(\boldsymbol{abc})=(\boldsymbol{bca})=(\boldsymbol{cab})=-(\boldsymbol{bac})=-(\boldsymbol{cba})=-(\boldsymbol{acb}). \tag{1.9-2}$$

证　当 $\boldsymbol{a},\boldsymbol{b},\boldsymbol{c}$ 共面时，定理显然成立；当 $\boldsymbol{a},\boldsymbol{b},\boldsymbol{c}$ 不共面时，轮换因子或对调因子，混合积的绝对值都等于以 $\boldsymbol{a},\boldsymbol{b},\boldsymbol{c}$ 为棱的平行六面体的体积（定理 1.9.1）.又因为轮换 $\boldsymbol{a},\boldsymbol{b},\boldsymbol{c}$ 的顺序时，绝不会把右手系变为左手系，也不会把左手系变为右手系，因而混合积不变，而当对调任意两个因子的位置时，就将右手系变成左手系，或将左手系变成右手系，所以这时混合积要改变符号.

推论

$$(\boldsymbol{a}\times\boldsymbol{b})\cdot\boldsymbol{c}=\boldsymbol{a}\cdot(\boldsymbol{b}\times\boldsymbol{c}). \tag{1.9-3}$$

证　$(\boldsymbol{a}\times\boldsymbol{b})\cdot\boldsymbol{c}=(\boldsymbol{abc})=(\boldsymbol{bca})=(\boldsymbol{b}\times\boldsymbol{c})\cdot\boldsymbol{a}=\boldsymbol{a}\cdot(\boldsymbol{b}\times\boldsymbol{c})$.

例 1　设三向量 $\boldsymbol{a},\boldsymbol{b},\boldsymbol{c}$ 满足 $\boldsymbol{a}\times\boldsymbol{b}+\boldsymbol{b}\times\boldsymbol{c}+\boldsymbol{c}\times\boldsymbol{a}=\boldsymbol{0}$，试证三向量 $\boldsymbol{a},\boldsymbol{b},\boldsymbol{c}$ 共面.

证　由 $\boldsymbol{a}\times\boldsymbol{b}+\boldsymbol{b}\times\boldsymbol{c}+\boldsymbol{c}\times\boldsymbol{a}=\boldsymbol{0}$ 两边与 $\boldsymbol{c}$ 作数量积，得

$$(\boldsymbol{abc})+(\boldsymbol{bcc})+(\boldsymbol{cac})=0,$$

但

$$(\boldsymbol{bcc})=0,\quad(\boldsymbol{cac})=0,$$

所以 $(\boldsymbol{abc})=0$，因而 $\boldsymbol{a},\boldsymbol{b},\boldsymbol{c}$ 共面.

下面在右手直角坐标系 $\{O;\boldsymbol{i},\boldsymbol{j},\boldsymbol{k}\}$ 下，我们用向量的坐标表示三个向量的混合积.

定理 1.9.4　如果 $\boldsymbol{a}=X_1\boldsymbol{i}+Y_1\boldsymbol{j}+Z_1\boldsymbol{k}$，$\boldsymbol{b}=X_2\boldsymbol{i}+Y_2\boldsymbol{j}+Z_2\boldsymbol{k}$，$\boldsymbol{c}=X_3\boldsymbol{i}+Y_3\boldsymbol{j}+Z_3\boldsymbol{k}$，那么

$$(\boldsymbol{abc})=\begin{vmatrix}X_1&Y_1&Z_1\\X_2&Y_2&Z_2\\X_3&Y_3&Z_3\end{vmatrix}. \tag{1.9-4}$$

证　因为根据(1.8-8)

$$\boldsymbol{a}\times\boldsymbol{b}=\begin{vmatrix}Y_1&Z_1\\Y_2&Z_2\end{vmatrix}\boldsymbol{i}+\begin{vmatrix}Z_1&X_1\\Z_2&X_2\end{vmatrix}\boldsymbol{j}+\begin{vmatrix}X_1&Y_1\\X_2&Y_2\end{vmatrix}\boldsymbol{k},$$

根据数量积的坐标表示法，得

$$(\boldsymbol{abc})=(\boldsymbol{a}\times\boldsymbol{b})\cdot\boldsymbol{c}=X_3\begin{vmatrix}Y_1&Z_1\\Y_2&Z_2\end{vmatrix}+Y_3\begin{vmatrix}Z_1&X_1\\Z_2&X_2\end{vmatrix}+Z_3\begin{vmatrix}X_1&Y_1\\X_2&Y_2\end{vmatrix},$$

所以(1.9-4)成立.

根据定理 1.9.2，从(1.9-4)式，立即可得：

三个向量 $\boldsymbol{a}=\{X_1,Y_1,Z_1\}$，$\boldsymbol{b}=\{X_2,Y_2,Z_2\}$，$\boldsymbol{c}=\{X_3,Y_3,Z_3\}$ 共面的充要条件是

$$\begin{vmatrix}X_1&Y_1&Z_1\\X_2&Y_2&Z_2\\X_3&Y_3&Z_3\end{vmatrix}=0.$$

这个结论就是定理 1.5.5 的内容.

例 2　已知四面体 $ABCD$ 的顶点坐标 $A(0,0,0)$，$B(6,0,6)$，$C(4,3,0)$，$D(2,-1,3)$，求它的体积.

解　由初等几何知道，四面体 $ABCD$ 的体积 V 等于以 AB，AC 和 AD 为棱的平行六面体的体积的六分之一，因此

$$V=\frac{1}{6}\left|(\overrightarrow{AB},\overrightarrow{AC},\overrightarrow{AD})\right|;$$

但

$$\overrightarrow{AB}=\{6,0,6\},\quad \overrightarrow{AC}=\{4,3,0\},\quad \overrightarrow{AD}=\{2,-1,3\},$$

所以

$$(\overrightarrow{AB},\overrightarrow{AC},\overrightarrow{AD})=\begin{vmatrix}6 & 0 & 6\\ 4 & 3 & 0\\ 2 & -1 & 3\end{vmatrix}=-6,$$

从而

$$V=\frac{1}{6}\left|(\overrightarrow{AB},\overrightarrow{AC},\overrightarrow{AD})\right|=1.$$

例 3　设 $\boldsymbol{a},\boldsymbol{b},\boldsymbol{c}$ 为三个不共面的向量,求向量 $\boldsymbol{d}$ 对于 $\boldsymbol{a},\boldsymbol{b},\boldsymbol{c}$ 的分解式.

解　因为 $\boldsymbol{a},\boldsymbol{b},\boldsymbol{c}$ 不共面,所以根据定理 1.4.3,总有

$$\boldsymbol{d}=x\boldsymbol{a}+y\boldsymbol{b}+z\boldsymbol{c},$$

为了要决定 x 的值,可在等式两边分别与向量 $\boldsymbol{b}\times\boldsymbol{c}$ 作数量积,即在等式两边分别与 $\boldsymbol{b},\boldsymbol{c}$ 作混合积,那么有

$$(\boldsymbol{dbc})=x(\boldsymbol{abc})+y(\boldsymbol{bbc})+z(\boldsymbol{cbc}),$$

而

$$(\boldsymbol{bbc})=(\boldsymbol{cbc})=0,$$

所以

$$(\boldsymbol{dbc})=x(\boldsymbol{abc}),$$

因为 $\boldsymbol{a},\boldsymbol{b},\boldsymbol{c}$ 不共面,所以 $(\boldsymbol{abc})\neq 0$,因此

$$x=\frac{(\boldsymbol{dbc})}{(\boldsymbol{abc})},$$

同理可求得 y 与 z 的值为

$$y=\frac{(\boldsymbol{adc})}{(\boldsymbol{abc})},\quad z=\frac{(\boldsymbol{abd})}{(\boldsymbol{abc})}.$$

如果取直角坐标系,并设 $\boldsymbol{a},\boldsymbol{b},\boldsymbol{c},\boldsymbol{d}$ 的坐标分别为

$$\boldsymbol{a}=\{a_1,a_2,a_3\},\quad \boldsymbol{b}=\{b_1,b_2,b_3\},\quad \boldsymbol{c}=\{c_1,c_2,c_3\},\quad \boldsymbol{d}=\{d_1,d_2,d_3\},$$

将这些坐标代入上面的 $\boldsymbol{d}$ 对 $\boldsymbol{a},\boldsymbol{b},\boldsymbol{c}$ 的分解式与 x,y,z 的表达式,那么容易看出,上面的解法就是解线性方程组

$$\begin{cases}a_1x+b_1y+c_1z=d_1,\\ a_2x+b_2y+c_2z=d_2,\\ a_3x+b_3y+c_3z=d_3\end{cases}$$

的克拉默(Cramer)法则.

习　题

1. 证明下列各题:

(1) $(\boldsymbol{a},\boldsymbol{b},\lambda\boldsymbol{c})=\lambda(\boldsymbol{a},\boldsymbol{b},\boldsymbol{c})$;　(2) $(\boldsymbol{a},\boldsymbol{b},\boldsymbol{c}_1+\boldsymbol{c}_2)=(\boldsymbol{a},\boldsymbol{b},\boldsymbol{c}_1)+(\boldsymbol{a},\boldsymbol{b},\boldsymbol{c}_2)$;

(3) $(\boldsymbol{a},\boldsymbol{b},\boldsymbol{c}+\lambda\boldsymbol{a}+\mu\boldsymbol{b})=(\boldsymbol{a},\boldsymbol{b},\boldsymbol{c})$;　(4) $(\boldsymbol{a}+\boldsymbol{b},\boldsymbol{b}+\boldsymbol{c},\boldsymbol{c}+\boldsymbol{a})=2(\boldsymbol{a},\boldsymbol{b},\boldsymbol{c})$.

2. 设向径 $\overrightarrow{OA}=\boldsymbol{r}_1,\overrightarrow{OB}=\boldsymbol{r}_2,\overrightarrow{OC}=\boldsymbol{r}_3$,证明 $\boldsymbol{R}=(\boldsymbol{r}_1\times\boldsymbol{r}_2)+(\boldsymbol{r}_2\times\boldsymbol{r}_3)+(\boldsymbol{r}_3\times\boldsymbol{r}_1)$ 垂直于 ABC 平面.

3. 设 $\boldsymbol{u}=a_1\boldsymbol{e}_1+b_1\boldsymbol{e}_2+c_1\boldsymbol{e}_3,\boldsymbol{v}=a_2\boldsymbol{e}_1+b_2\boldsymbol{e}_2+c_2\boldsymbol{e}_3,\boldsymbol{w}=a_3\boldsymbol{e}_1+b_3\boldsymbol{e}_2+c_3\boldsymbol{e}_3$,试证明

$$(\boldsymbol{u},\boldsymbol{v},\boldsymbol{w})=\begin{vmatrix}a_1&b_1&c_1\\a_2&b_2&c_2\\a_3&b_3&c_3\end{vmatrix}(\boldsymbol{e}_1,\boldsymbol{e}_2,\boldsymbol{e}_3).$$

4. 已知直角坐标系内向量 $\boldsymbol{a},\boldsymbol{b},\boldsymbol{c}$ 的坐标,判别这些向量是否共面?如果不共面,求出以它们为邻边作成的平行六面体的体积.

(1) $\boldsymbol{a}\{3,4,5\}$, $\boldsymbol{b}\{1,2,2\}$, $\boldsymbol{c}\{9,14,16\}$; (2) $\boldsymbol{a}\{3,0,-1\}$, $\boldsymbol{b}\{2,-4,3\}$, $\boldsymbol{c}\{-1,-2,2\}$.

5. 已知直角坐标系内 A,B,C,D 四点坐标,判别它们是否共面?如果不共面,求以它们为顶点的四面体的体积和从顶点 D 所引出的高的长.

(1) $A(1,0,1)$, $B(4,4,6)$, $C(2,2,3)$, $D(10,14,17)$;

(2) $A(2,3,1)$, $B(4,1,-2)$, $C(6,3,7)$, $D(-5,4,8)$.

§1.10　三向量的双重向量积

现在我们来研究三个向量的另一种乘积.

定义 1.10.1　给定空间三向量,先作其中两个向量的向量积,再作所得向量与第三个向量的向量积,那么最后的结果仍然是一向量,叫做所给三向量的*双重向量积*.

例如 $(\boldsymbol{a}\times\boldsymbol{b})\times\boldsymbol{c}$ 就是三向量 $\boldsymbol{a},\boldsymbol{b},\boldsymbol{c}$ 的一个双重向量积.

首先我们可以明确:$(\boldsymbol{a}\times\boldsymbol{b})\times\boldsymbol{c}$ 是和 $\boldsymbol{a},\boldsymbol{b}$ 共面且垂直于 $\boldsymbol{c}$ 的向量,这是因为根据向量积的定义,立即知道 $(\boldsymbol{a}\times\boldsymbol{b})\times\boldsymbol{c}$ 与向量 $\boldsymbol{c}$ 垂直,并且它与 $\boldsymbol{a}\times\boldsymbol{b}$ 垂直,而 $\boldsymbol{a},\boldsymbol{b}$ 也与 $\boldsymbol{a}\times\boldsymbol{b}$ 垂直,所以 $(\boldsymbol{a}\times\boldsymbol{b})\times\boldsymbol{c}$ 和 $\boldsymbol{a},\boldsymbol{b}$ 共面.

双重向量积的上述几何关系可以概括为下面一个定理:

定理 1.10.1

$$(\boldsymbol{a}\times\boldsymbol{b})\times\boldsymbol{c}=(\boldsymbol{a}\cdot\boldsymbol{c})\boldsymbol{b}-(\boldsymbol{b}\cdot\boldsymbol{c})\boldsymbol{a}. \tag{1.10-1}$$

证　如果 $\boldsymbol{a},\boldsymbol{b},\boldsymbol{c}$ 中有一为零向量,或 $\boldsymbol{a}$ 与 $\boldsymbol{b}$ 共线,或 $\boldsymbol{c}$ 与 $\boldsymbol{a},\boldsymbol{b}$ 都垂直,那么(1.10-1)两边都为零向量,定理显然成立.

现在设 $\boldsymbol{a},\boldsymbol{b},\boldsymbol{c}$ 为三个非零向量,且 $\boldsymbol{a}$ 与 $\boldsymbol{b}$ 不共线,为了证明这时(1.10-1)也成立,我们先证明(1.10-1)中当 $\boldsymbol{c}=\boldsymbol{a}$ 时成立,即有

$$(\boldsymbol{a}\times\boldsymbol{b})\times\boldsymbol{a}=(\boldsymbol{a}^2)\boldsymbol{b}-(\boldsymbol{a}\cdot\boldsymbol{b})\boldsymbol{a}. \tag{1}$$

由于 $(\boldsymbol{a}\times\boldsymbol{b})\times\boldsymbol{a},\boldsymbol{a},\boldsymbol{b}$ 共面,而 $\boldsymbol{a}$ 与 $\boldsymbol{b}$ 不共线,从而可设

$$(\boldsymbol{a}\times\boldsymbol{b})\times\boldsymbol{a}=\lambda\boldsymbol{a}+\mu\boldsymbol{b}, \tag{2}$$

(2)式两边先后与 $\boldsymbol{a},\boldsymbol{b}$ 作数量积得

$$\lambda(\boldsymbol{a}^2)+\mu(\boldsymbol{a}\cdot\boldsymbol{b})=0, \tag{3}$$

$$\lambda(\boldsymbol{a}\boldsymbol{b})+\mu(\boldsymbol{b}^2)=(\boldsymbol{a}\times\boldsymbol{b})^2. \tag{4}$$

利用公式(1.8-7),由(3),(4)解得

$$\lambda=-\boldsymbol{a}\cdot\boldsymbol{b},\quad \mu=\boldsymbol{a}^2, \tag{5}$$

(5)代入(2)即得(1).

下面证(1.10-1)成立,因为三向量 $\boldsymbol{a},\boldsymbol{b},\boldsymbol{a}\times\boldsymbol{b}$ 不共面,所以对于空间的任意向量 $\boldsymbol{c}$,根据(1.4-3)总有

$$\boldsymbol{c}=\alpha\boldsymbol{a}+\beta\boldsymbol{b}+\gamma(\boldsymbol{a}\times\boldsymbol{b}),\tag{6}$$

从而有

$$\begin{aligned}(\boldsymbol{a}\times\boldsymbol{b})\times\boldsymbol{c}&=(\boldsymbol{a}\times\boldsymbol{b})\times[\alpha\boldsymbol{a}+\beta\boldsymbol{b}+\gamma(\boldsymbol{a}\times\boldsymbol{b})]\\&=\alpha[(\boldsymbol{a}\times\boldsymbol{b})\times\boldsymbol{a}]-\beta[(\boldsymbol{b}\times\boldsymbol{a})\times\boldsymbol{b}],\end{aligned}$$

利用(1)式可得

$$\begin{aligned}(\boldsymbol{a}\times\boldsymbol{b})\times\boldsymbol{c}&=\alpha[(\boldsymbol{a}^2)\boldsymbol{b}-(\boldsymbol{a}\cdot\boldsymbol{b})\boldsymbol{a}]-\beta[(\boldsymbol{b}^2)\boldsymbol{a}-(\boldsymbol{a}\cdot\boldsymbol{b})\boldsymbol{b}]\\&=[\alpha(\boldsymbol{a}^2)+\beta(\boldsymbol{a}\cdot\boldsymbol{b})]\boldsymbol{b}-[\alpha(\boldsymbol{a}\cdot\boldsymbol{b})+\beta(\boldsymbol{b}^2)]\boldsymbol{a}\\&=\{\boldsymbol{a}\cdot[\alpha\boldsymbol{a}+\beta\boldsymbol{b}+\gamma(\boldsymbol{a}\times\boldsymbol{b})]\}\boldsymbol{b}-\{\boldsymbol{b}\cdot[\alpha\boldsymbol{a}+\beta\boldsymbol{b}+\gamma(\boldsymbol{a}\times\boldsymbol{b})]\}\boldsymbol{a}\\&=(\boldsymbol{a}\cdot\boldsymbol{c})\boldsymbol{b}-(\boldsymbol{b}\cdot\boldsymbol{c})\boldsymbol{a}.\end{aligned}$$

即(1.10-1)成立,定理证毕.

必须指出,在一般情况下

$$(\boldsymbol{a}\times\boldsymbol{b})\times\boldsymbol{c}\neq\boldsymbol{a}\times(\boldsymbol{b}\times\boldsymbol{c}),$$

这是因为

$$\boldsymbol{a}\times(\boldsymbol{b}\times\boldsymbol{c})=-(\boldsymbol{b}\times\boldsymbol{c})\times\boldsymbol{a}=(\boldsymbol{c}\times\boldsymbol{b})\times\boldsymbol{a}=(\boldsymbol{a}\cdot\boldsymbol{c})\boldsymbol{b}-(\boldsymbol{a}\cdot\boldsymbol{b})\boldsymbol{c},$$

所以

$$\boldsymbol{a}\times(\boldsymbol{b}\times\boldsymbol{c})=(\boldsymbol{a}\cdot\boldsymbol{c})\boldsymbol{b}-(\boldsymbol{a}\cdot\boldsymbol{b})\boldsymbol{c}.\tag{1.10-2}$$

比较公式(1.10-1)和(1.10-2)可知,$\boldsymbol{a}\times(\boldsymbol{b}\times\boldsymbol{c})$ 和 $(\boldsymbol{a}\times\boldsymbol{b})\times\boldsymbol{c}$ 在一般情况下是两个不同的向量,因此向量积不满足结合律.

但公式(1.10-1)和(1.10-2)有共同的易于记忆的规律:三向量的双重向量积等于中间的向量与其余两向量的数量积的乘积减去括弧中另一个向量与其余两向量的数量积的乘积.

利用公式(1.10-1)可以证明拉格朗日(Lagrange)恒等式

$$(\boldsymbol{a}\times\boldsymbol{b})\cdot(\boldsymbol{a}'\times\boldsymbol{b}')=\begin{vmatrix}\boldsymbol{a}\cdot\boldsymbol{a}' & \boldsymbol{a}\cdot\boldsymbol{b}'\\ \boldsymbol{b}\cdot\boldsymbol{a}' & \boldsymbol{b}\cdot\boldsymbol{b}'\end{vmatrix}.\tag{1.10-3}$$

这是因为由公式(1.9-3),(1.10-1)得

$$\begin{aligned}(\boldsymbol{a}\times\boldsymbol{b})\cdot(\boldsymbol{a}'\times\boldsymbol{b}')&=[(\boldsymbol{a}\times\boldsymbol{b})\times\boldsymbol{a}']\boldsymbol{b}'=[(\boldsymbol{a}\cdot\boldsymbol{a}')\boldsymbol{b}-(\boldsymbol{b}\cdot\boldsymbol{a}')\boldsymbol{a}]\boldsymbol{b}'\\&=(\boldsymbol{a}\cdot\boldsymbol{a}')(\boldsymbol{b}\cdot\boldsymbol{b}')-(\boldsymbol{a}\cdot\boldsymbol{b}')(\boldsymbol{b}\cdot\boldsymbol{a}'),\end{aligned}$$

这就是(1.10-3).

拉格朗日恒等式的一个特殊情况是

$$(\boldsymbol{a}\times\boldsymbol{b})^2=\boldsymbol{a}^2\boldsymbol{b}^2-(\boldsymbol{a}\cdot\boldsymbol{b})^2.$$

这就是(1.8-7).

例 1 试证雅可比(Jacobi)恒等式

$$(\boldsymbol{a}\times\boldsymbol{b})\times\boldsymbol{c}+(\boldsymbol{b}\times\boldsymbol{c})\times\boldsymbol{a}+(\boldsymbol{c}\times\boldsymbol{a})\times\boldsymbol{b}=\boldsymbol{0}.$$

证 因为

$$\begin{aligned}(\boldsymbol{a}\times\boldsymbol{b})\times\boldsymbol{c}&=(\boldsymbol{a}\cdot\boldsymbol{c})\boldsymbol{b}-(\boldsymbol{b}\cdot\boldsymbol{c})\boldsymbol{a},\\(\boldsymbol{b}\times\boldsymbol{c})\times\boldsymbol{a}&=(\boldsymbol{a}\cdot\boldsymbol{b})\boldsymbol{c}-(\boldsymbol{a}\cdot\boldsymbol{c})\boldsymbol{b},\\(\boldsymbol{c}\times\boldsymbol{a})\times\boldsymbol{b}&=(\boldsymbol{b}\cdot\boldsymbol{c})\boldsymbol{a}-(\boldsymbol{a}\cdot\boldsymbol{b})\boldsymbol{c},\end{aligned}$$

三式相加得$(\boldsymbol{a}\times\boldsymbol{b})\times\boldsymbol{c}+(\boldsymbol{b}\times\boldsymbol{c})\times\boldsymbol{a}+(\boldsymbol{c}\times\boldsymbol{a})\times\boldsymbol{b}=\boldsymbol{0}$.

例 2 证明

$$(\boldsymbol{a}\times\boldsymbol{b})\times(\boldsymbol{a}'\times\boldsymbol{b}')=(\boldsymbol{abb}')\boldsymbol{a}'-(\boldsymbol{aba}')\boldsymbol{b}'=(\boldsymbol{aa}'\boldsymbol{b}')\boldsymbol{b}-(\boldsymbol{ba}'\boldsymbol{b}')\boldsymbol{a}.$$

证 (1) 设$\boldsymbol{a}\times\boldsymbol{b}=\boldsymbol{e}$,于是

$$\begin{aligned}(\boldsymbol{a}\times\boldsymbol{b})\times(\boldsymbol{a}'\times\boldsymbol{b}')&=\boldsymbol{e}\times(\boldsymbol{a}'\times\boldsymbol{b}')=(\boldsymbol{e}\cdot\boldsymbol{b}')\boldsymbol{a}'-(\boldsymbol{e}\cdot\boldsymbol{a}')\boldsymbol{b}'\\&=[(\boldsymbol{a}\times\boldsymbol{b})\cdot\boldsymbol{b}']\boldsymbol{a}'-[(\boldsymbol{a}\times\boldsymbol{b})\cdot\boldsymbol{a}']\boldsymbol{b}'=(\boldsymbol{abb}')\boldsymbol{a}'-(\boldsymbol{aba}')\boldsymbol{b}'.\end{aligned}$$

(2) $$\begin{aligned}(\boldsymbol{a}\times\boldsymbol{b})\times(\boldsymbol{a}'\times\boldsymbol{b}')&=-(\boldsymbol{a}'\times\boldsymbol{b}')\times(\boldsymbol{a}\times\boldsymbol{b})=-[(\boldsymbol{a}'\boldsymbol{b}'\boldsymbol{b})\boldsymbol{a}-(\boldsymbol{a}'\boldsymbol{b}'\boldsymbol{a})\boldsymbol{b}]\\&=(\boldsymbol{aa}'\boldsymbol{b}')\boldsymbol{b}-(\boldsymbol{ba}'\boldsymbol{b}')\boldsymbol{a}.\end{aligned}$$

习 题

1. 在直角坐标系内已经知道$\boldsymbol{a}\{1,0,-1\}$,$\boldsymbol{b}\{1,-2,0\}$,$\boldsymbol{c}\{-1,2,1\}$,求$(\boldsymbol{a}\times\boldsymbol{b})\times\boldsymbol{c}$和$\boldsymbol{a}\times(\boldsymbol{b}\times\boldsymbol{c})$.
2. 证明对于任意向量$\boldsymbol{r}_i(i=1,2,3,4)$,下式成立:
$$(\boldsymbol{r}_1\times\boldsymbol{r}_2)\cdot(\boldsymbol{r}_3\times\boldsymbol{r}_4)+(\boldsymbol{r}_1\times\boldsymbol{r}_3)\cdot(\boldsymbol{r}_4\times\boldsymbol{r}_2)+(\boldsymbol{r}_1\times\boldsymbol{r}_4)\cdot(\boldsymbol{r}_2\times\boldsymbol{r}_3)=0.$$
3. 证明$(\boldsymbol{a}\times\boldsymbol{b})\times(\boldsymbol{a}\times\boldsymbol{d})=(\boldsymbol{abd})\boldsymbol{a}$.
4. 证明$(\boldsymbol{a}\times\boldsymbol{b},\boldsymbol{c}\times\boldsymbol{d},\boldsymbol{e}\times\boldsymbol{f})=(\boldsymbol{abd})(\boldsymbol{cef})-(\boldsymbol{abc})(\boldsymbol{def})$.
5. 证明$\boldsymbol{a},\boldsymbol{b},\boldsymbol{c}$共面的充要条件是$\boldsymbol{b}\times\boldsymbol{c},\boldsymbol{c}\times\boldsymbol{a},\boldsymbol{a}\times\boldsymbol{b}$共面.
6. 对于任意$\boldsymbol{a},\boldsymbol{b},\boldsymbol{c},\boldsymbol{d}$,证明
$$(\boldsymbol{bcd})\boldsymbol{a}-(\boldsymbol{cda})\boldsymbol{b}+(\boldsymbol{dab})\boldsymbol{c}-(\boldsymbol{abc})\boldsymbol{d}=\boldsymbol{0}.$$

结 束 语

解析几何是用代数的方法来研究几何问题,从而把几何问题的讨论,从定性的研究推进到可以计算的定量的层面.为了把代数的方法引入到几何中来,就必须把空间的几何结构代数化,这也是解析几何的基础.在这一章里,我们系统地介绍了向量代数的基本知识,它实质上是一个使空间几何结构代数化的过程.

我们知道,当空间取定一点O后,空间的任意点P就与它的向径$\overrightarrow{OP}$成一一对应,这样关于点的几何问题就与向量联系起来了,由于向量可以进行运算,因此通过向量也就把代数运算引入到几何中来了.

对于向量的运算,我们首先介绍了向量的线性运算,即向量的加法与数乘(即实数乘向量),对于向量的加法,它具有下面的运算规律:

1) $\boldsymbol{a}+\boldsymbol{b}=\boldsymbol{b}+\boldsymbol{a}$;

2) $(\boldsymbol{a}+\boldsymbol{b})+\boldsymbol{c}=\boldsymbol{a}+(\boldsymbol{b}+\boldsymbol{c})$;

3) $\boldsymbol{a}+\boldsymbol{0}=\boldsymbol{a}$;

4) $\boldsymbol{a}+(-\boldsymbol{a})=\boldsymbol{0}$;

对于数乘,它具有下面的运算规律:

5) $1\cdot\boldsymbol{a}=\boldsymbol{a}$;

6) $\lambda(\mu)\boldsymbol{a}=(\lambda\mu)\boldsymbol{a}$;

7) $(\lambda+\mu)\boldsymbol{a}=\lambda\boldsymbol{a}+\mu\boldsymbol{a}$;

8) $\lambda(\boldsymbol{a}+\boldsymbol{b})=\lambda\boldsymbol{a}+\lambda\boldsymbol{b}$.

利用向量的线性运算,就可以解决几何中的与共线、共面、定比分点等有关的仿射性质的几何问题;为了解决几何中的与长度、交角等有关的度量问题,我们又介绍了两向量 $\boldsymbol{a}$ 与 $\boldsymbol{b}$ 的数量积,即内积:

$$\boldsymbol{a}\cdot\boldsymbol{b}=|\boldsymbol{a}|\cdot|\boldsymbol{b}|\cos\angle(\boldsymbol{a},\boldsymbol{b}).$$

数量积具有下面的运算规律:

9) $\boldsymbol{a}\cdot\boldsymbol{b}=\boldsymbol{b}\cdot\boldsymbol{a}$;

10) $(\lambda\boldsymbol{a}+\mu\boldsymbol{b})\cdot\boldsymbol{c}=\lambda(\boldsymbol{a}\cdot\boldsymbol{c})+\mu(\boldsymbol{b}\cdot\boldsymbol{c})$①;

11) $\boldsymbol{a}\cdot\boldsymbol{a}=\boldsymbol{a}^2>0\quad(\boldsymbol{a}\neq\boldsymbol{0})$.

为了解决空间的几何问题,我们还介绍了两向量的向量积,即外积,三向量的混合积,最后介绍的三向量的双重向量积,它的公式

$$(\boldsymbol{a}\times\boldsymbol{b})\times\boldsymbol{c}=(\boldsymbol{a}\cdot\boldsymbol{c})\boldsymbol{b}-(\boldsymbol{b}\cdot\boldsymbol{c})\boldsymbol{a}$$

就使得三个以上向量的相乘总可以转化为三向量的相乘,从而我们就没有必要讨论三个以上的向量相乘了.

我们在这里所说的向量,都可以理解为有向线段,如果我们不考虑向量的这种具体的含义,而只考虑 $\boldsymbol{a},\boldsymbol{b},\boldsymbol{c}$ 等元素构成的集合 V,在这集合中规定了满足 1)—4) 的加法与满足 5)—8) 的数乘两种运算,其中 λ,μ 都是实数,那么我们在高等代数里可以看到,集合 V 就称为实数域上的向量空间(或称线性空间),如果我们在这个集合 V 里再规定满足 9)—11) 的数量积,那么我们就称 V 为欧几里得向量空间.因此,我们在这一章中,在空间引进了以有向线段来表示的向量与满足 1)—4) 的向量的加法,满足 5)—8) 的向量的数乘,以及满足 9)—11) 的向量的数量积,它实际上是把空间的几何结构代数化为欧几里得向量空间的一个具体的模型.我们所说的用向量方法来处理几何问题,实际上就是把几何学的一些推理转化为在这个欧几里得向量空间模型上的以向量的运算规律为基础的代数的演算,这样,代数的方法也就引入到几何中来了.

在这一章中,我们又通过向量引进了标架与坐标的概念,这样就使得向量与有序实数组(即坐标或称分量),点与有序实数组(即坐标)建立了一一对应的关系,也就使得空间的几何结构数量化了,从而向量的运算,就转化为数的运算,这给我们在计算上带来很大的方便,但是必须注意,在解决实际问题时,必须适当地选取坐标系,使计算简化.

在这里还要指出,我们在这一章中所介绍的向量运算的定义与运算的规律,是和坐标系的选取无关的.向量运算的坐标表达式,因选取不同的坐标系将会出现不同的表达式,例如两向量 $\boldsymbol{a},\boldsymbol{b}$ 的数量积在直角坐标系下为

$$\boldsymbol{a}\cdot\boldsymbol{b}=X_1X_2+Y_1Y_2+Z_1Z_2,\tag{1}$$

其中 X_1,Y_1,Z_1 与 X_2,Y_2,Z_2 分别为 $\boldsymbol{a}$ 与 $\boldsymbol{b}$ 的直角坐标.但是如果选取一般的仿射坐标系,设

① $(\lambda\boldsymbol{a}+\mu\boldsymbol{b})\cdot\boldsymbol{c}=\lambda(\boldsymbol{a}\cdot\boldsymbol{c})+\mu(\boldsymbol{b}\cdot\boldsymbol{c})$ 等价于下列两式:$(\lambda\boldsymbol{a})\cdot\boldsymbol{b}=\lambda(\boldsymbol{a}\cdot\boldsymbol{b})$,$(\boldsymbol{a}+\boldsymbol{b})\cdot\boldsymbol{c}=\boldsymbol{a}\cdot\boldsymbol{c}+\boldsymbol{b}\cdot\boldsymbol{c}$.

$$\boldsymbol{a}=X_1\boldsymbol{e}_1+Y_1\boldsymbol{e}_2+Z_1\boldsymbol{e}_3,\quad \boldsymbol{b}=X_2\boldsymbol{e}_1+Y_2\boldsymbol{e}_2+Z_2\boldsymbol{e}_3,$$

那么根据数量积的运算规律有

$$\boldsymbol{a}\cdot\boldsymbol{b}=X_1X_2\boldsymbol{e}_1^2+Y_1Y_2\boldsymbol{e}_2^2+Z_1Z_2\boldsymbol{e}_3^2+(X_1Y_2+X_2Y_1)\boldsymbol{e}_1\boldsymbol{e}_2+(X_1Z_2+X_2Z_1)\boldsymbol{e}_1\boldsymbol{e}_3+(Y_1Z_2+Y_2Z_1)\boldsymbol{e}_2\boldsymbol{e}_3,\qquad(2)$$

它的值决定于坐标系的基 $\boldsymbol{e}_1,\boldsymbol{e}_2,\boldsymbol{e}_3$ 间的数量积,这对给定的坐标系都是已知的.对于向量的模与两点间的距离也可以得出类似的公式.比较(1),(2)两式,十分清楚,(1)式要简单得多.因此我们在讨论长度、角度等度量问题时,总是尽可能采用直角坐标系,以简化我们的公式,但是在涉及相交、共线、共面等仿射性质问题时,采用直角坐标系与一般仿射坐标系,其结论是相同的,有时采用仿射坐标系将会更方便.

复习与测试

第二章 轨迹与方程

学习要求

在平面上或空间取定了坐标系之后,平面上或空间的点就与有序实数组(x,y)或(x,y,z)建立了一一对应的关系.在此基础上,我们将进一步建立作为点的轨迹的曲线、曲面与其方程之间的联系,把研究曲线与曲面的几何问题,归结为研究其方程的代数问题,从而为用代数的方法对一些曲线与曲面进行研究创造条件.

§2.1 平面曲线的方程

在这里,平面上的曲线(包括直线)都看成具有某种特征性质的点的集合.曲线上点的特征性质,包含着两方面的意思,就是:① 曲线上的点都具有这些性质;② 具有这些性质的点都在曲线上.因此曲线上点的特征性质,也可以说成是点在曲线上的充要条件.

曲线上点的特征性质,在建立了坐标系的平面上,反映为曲线上点的两个坐标 x 与 y 所应满足的相互制约条件,一般用方程

$$F(x,y)=0$$

或

$$y=f(x)$$

来表达.

定义 2.1.1 当平面上取定了坐标系之后,如果一个方程与一条曲线有着关系:① 满足方程的(x,y)必是曲线上某一点的坐标;② 曲线上任何一点的坐标(x,y)满足这个方程,那么这个方程就叫做这条*曲线的方程*,而这条曲线叫做这个方程的图形.

为了方便起见,“点的坐标满足方程”这句话常说成“点满足方程”.

根据曲线方程的定义,曲线上的点与其方程的解之间有着一一对应关系.这样,研究曲线的几何问题,就可以转化为研究其方程的代数问题了.

对于一条给定的曲线,要求出它的方程,实际上就是在给定的坐标系下,将这条曲线上的点的特征性质,用关于曲线上的点的两个坐标 x,y 的方程来表达.下面采用的都是直角坐标系,现举例说明于下:

例 1 求圆心在原点,半径为 R 的圆的方程.

解 根据圆的定义,圆上任意点 $M(x,y)$ 的特征性质,即 $M(x,y)$ 在圆上的充要条件是 M 到圆心 O 的距离等于半径 R,即

$$|\overrightarrow{OM}|=R.$$

应用两点距离公式，得

$$\sqrt{x^2+y^2}=R, \tag{1}$$

两边平方得

$$x^2+y^2=R^2, \tag{2.1-1}$$

由于方程(2.1-1)与(1)同解，所以(2.1-1)即为所求圆的方程.

完全类似地，可以求得圆心在(a,b)，半径为R的圆的方程是

$$(x-a)^2+(y-b)^2=R^2. \tag{2.1-2}$$

求曲线的方程，有时在化简过程中，会增添不属于给定条件的内容.这时，必须从方程开始检查一下，把方程中代表那些不符合给定条件的点去除掉.

例 2　已知两点$A(-2,-2)$和$B(2,2)$，求满足条件$|\overrightarrow{MA}|-|\overrightarrow{MB}|=4$的动点$M$的轨迹方程.

解　动点M在轨迹上的充要条件是

$$|\overrightarrow{MA}|-|\overrightarrow{MB}|=4,$$

用点M的坐标(x,y)来表达就是

$$\sqrt{(x+2)^2+(y+2)^2}-\sqrt{(x-2)^2+(y-2)^2}=4, \tag{2}$$

移项得

$$\sqrt{(x+2)^2+(y+2)^2}=\sqrt{(x-2)^2+(y-2)^2}+4,$$

两边平方整理得

$$\sqrt{(x-2)^2+(y-2)^2}=x+y-2, \tag{3}$$

再两边平方整理得

$$xy=2. \tag{4}$$

因为方程(2)与(3)同解，而方程(4)与(3)却不同解，但当方程(4)附加了条件$x+y-2\geqslant 0$，即$x+y\geqslant 2$后，方程(4)与(3)同解，从而方程(4)与(2)同解，所以方程

$$xy=2\quad (x+y\geqslant 2)$$

为所求动点M的轨迹方程.

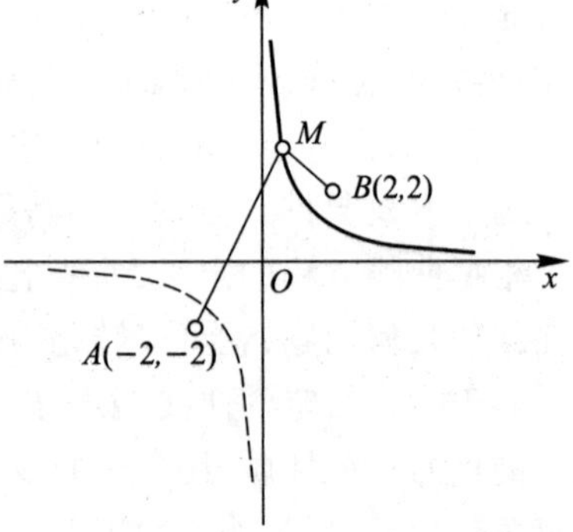

图 2-1

这里在方程$xy=2$中附加了条件$x+y\geqslant 2$，其意思就是在方程$xy=2$中除去使$x+y<2$的解，因为这些是不符合给定条件的多余的部分.所求的轨迹是反比函数$y=\dfrac{2}{x}$的图像——双曲线的一支，即第一象限中的部分(图2-1中的实线部分).

在解析几何中，曲线又常常表现为一个动点运动的轨迹，但是运动的规律往往不是直接反映为动点的两个坐标x与y之间的关系，而是直接表现为动点的位置随着时间t改变的规律.当动点按照某种规律运动时，与它对应的向径也将随着时间t的不同而改变(模与方向的改变)，这样的向径，我们称它为变向量，记做$\boldsymbol{r}(t)$.如果参数$t(a\leqslant t\leqslant b)$的每一个值对应于变

向量 $\boldsymbol{r}$ 的一个完全确定的值(模与方向)$\boldsymbol{r}(t)$,那么我们就说 $\boldsymbol{r}$ 是参数 t 的向量函数,并把它记做

$$\boldsymbol{r}=\boldsymbol{r}(t),a\leqslant t\leqslant b. \tag{2.1-3}$$

显然当 t 变化时,向量 $\boldsymbol{r}$ 的模与方向一般也都随着改变.

设平面上取定的坐标系为 $\{O;\boldsymbol{e}_1,\boldsymbol{e}_2\}$,向量就可用它的坐标来表达,这样向量函数(2.1-3)就可以写为

$$\boldsymbol{r}(t)=x(t)\boldsymbol{e}_1+y(t)\boldsymbol{e}_2\quad(a\leqslant t\leqslant b), \tag{2.1-4}$$

其中 $x(t)$,$y(t)$ 是 $\boldsymbol{r}(t)$ 的坐标,它们分别是参数 t 的函数.

定义 2.1.2 若取 $t(a\leqslant t\leqslant b)$ 的一切可能取的值,由(2.1-4)表示的向径 $\boldsymbol{r}(t)$ 的终点总在一条曲线上;反过来,在这条曲线上的任意点,总对应着以它为终点的向径,而这向径可由 t 的某一值 $t_0(a\leqslant t_0\leqslant b)$ 通过(2.1-4)完全决定,那么就把表达式(2.1-4)叫做曲线的向量式参数方程,其中的 t 为参数.

换句话说,(2.1-4)叫做一条曲线的向量式参数方程,如果当 t 在区间 $a\leqslant t\leqslant b$ 内变动时,向径 $\boldsymbol{r}(t)$ 的终点 $P(x(t),y(t))$ 就描绘出这条曲线来(图 2-2).

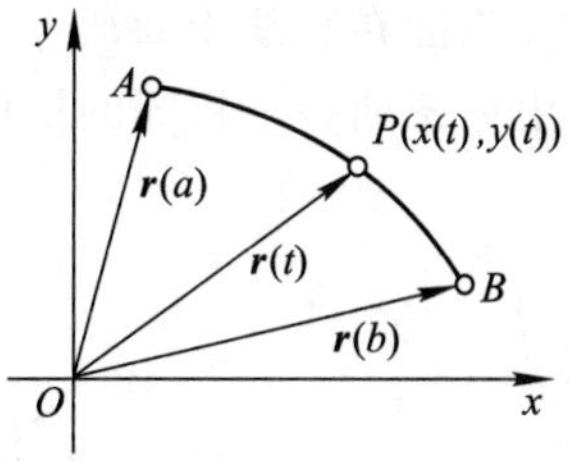

图 2-2

因为曲线上点的向径 $\boldsymbol{r}(t)$ 的坐标为 $x(t)$,$y(t)$,所以曲线的参数方程也常写成下列形式:

$$\begin{cases}x=x(t),\\ y=y(t)\end{cases}(a\leqslant t\leqslant b). \tag{2.1-5}$$

我们把表达式(2.1-5)叫做曲线的坐标式参数方程.

如果从(2.1-5)中消去参数 t(如果可能的话),那么就能得出曲线的普通方程

$$F(x,y)=0.$$

例 3 一个圆在一直线上无滑动地滚动,求圆周上的一点的轨迹.

解 取直角坐标系,设半径为 a 的圆在 x 轴上滚动,开始时点 P 恰好在原点 O(图 2-3),经过一段时间的滚动,圆与直线(x 轴)的切点移到 A 点,圆心移到 C 的位置,这时有

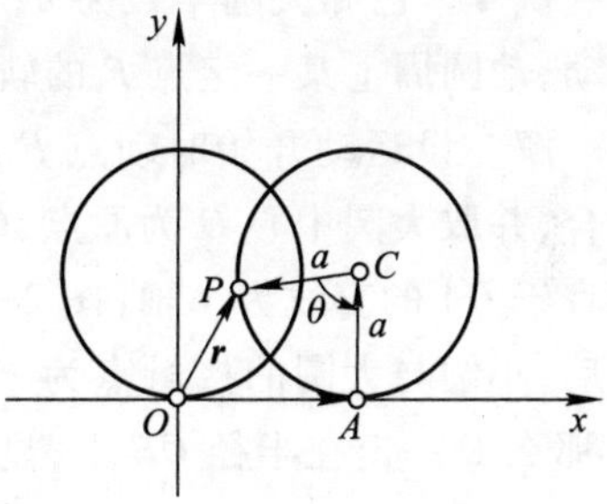

图 2-3

$$\boldsymbol{r}=\overrightarrow{OP}=\overrightarrow{OA}+\overrightarrow{AC}+\overrightarrow{CP}.$$

设 $\theta=\measuredangle(\overrightarrow{CP},\overrightarrow{CA})$,于是向量 $\overrightarrow{CP}$ 对 x 轴所成的有向角为

$$\measuredangle(\boldsymbol{i},\overrightarrow{CP})=-\left(\frac{\pi}{2}+\theta\right),$$

则

$$\overrightarrow{CP}=\boldsymbol{i}a\cos\left(-\frac{\pi}{2}-\theta\right)+\boldsymbol{j}a\sin\left(-\frac{\pi}{2}-\theta\right)=(-a\sin\theta)\boldsymbol{i}+(-a\cos\theta)\boldsymbol{j}.$$

又因为

$$\left|\overrightarrow{OA}\right|=\overset{\frown}{AP}=a\theta,$$

所以

$$\overrightarrow{OA}=a\theta\boldsymbol{i},\quad \overrightarrow{AC}=a\boldsymbol{j},$$

所以

$$\boldsymbol{r}=a(\theta-\sin\theta)\boldsymbol{i}+a(1-\cos\theta)\boldsymbol{j}. \tag{2.1-6}$$

(2.1-6)是 P 点轨迹的向量式参数方程,其中 θ $(-\infty<\theta<+\infty)$ 为参数.设 P 点的坐标为 (x,y),那么由(2.1-6)式容易得 P 点的坐标式参数方程为

$$\begin{cases}x=a(\theta-\sin\theta),\\ y=a(1-\cos\theta)\end{cases}(-\infty<\theta<+\infty). \tag{2.1-7}$$

取 $0\leqslant\theta\leqslant\pi$ 时,消去参数 θ,便得到 P 点轨迹在 $0\leqslant\theta\leqslant\pi$ 时的一段的普通方程

$$x=a\arccos\frac{a-y}{a}-\sqrt{2ay-y^2}. \tag{2.1-8}$$

这个方程要比参数方程(2.1-7)复杂得多.

当圆在直线上每转动一周时,点 P 在一周前后的运动情况总是相同的,因此曲线是由一系列完全相同的拱形曲线组成的(图2-4),这种曲线叫做旋轮线或称为摆线.

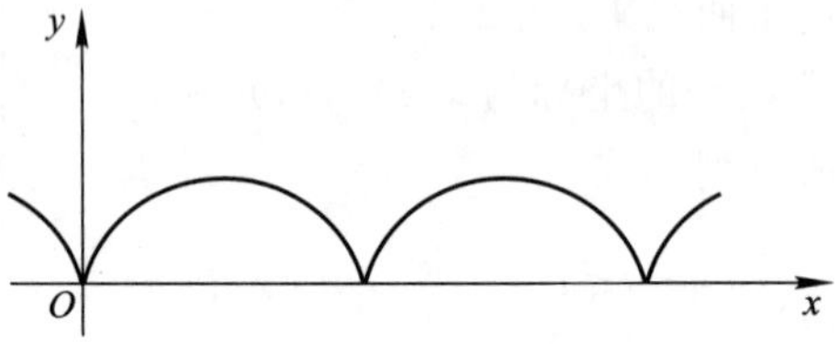

图 2-4

例 4　已知大圆半径为 a,小圆半径为 b,设大圆不动,而小圆在大圆内无滑动地滚动,动圆周上某一定点 P 的轨迹叫做内旋轮线(或称内摆线),求内旋轮线的方程.

解　设运动开始时动点 P 与大圆周上的点 A 重合,并取大圆中心 O 为原点,OA 为 x 轴,过 O 点垂直于 OA 的直线为 y 轴(图 2-5),经过某一过程之后,小圆与大圆的接触点为 B,并设小圆中心为 C,那么 C 一定在半径 OB 上,显然有

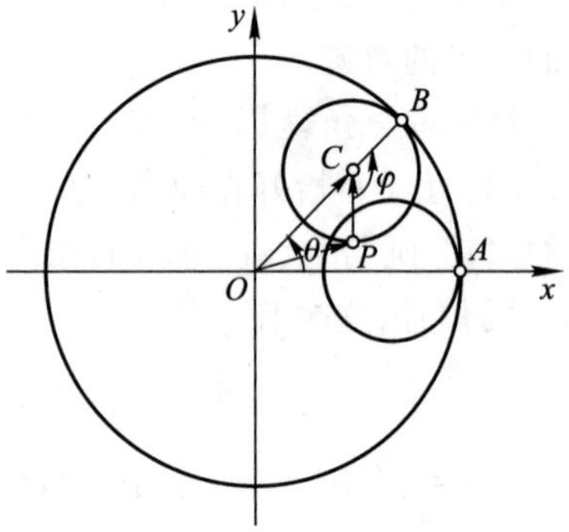

图 2-5

$$\boldsymbol{r}=\overrightarrow{OP}=\overrightarrow{OC}+\overrightarrow{CP},$$

设

$$\theta=\measuredangle(\boldsymbol{i},\overrightarrow{OC}),\quad \varphi=\measuredangle(\overrightarrow{CP},\overrightarrow{CB}),$$

那么

$$\overrightarrow{OC}=\boldsymbol{i}(a-b)\cos\theta+\boldsymbol{j}(a-b)\sin\theta,$$

且有

$$a\theta=\overset{\frown}{AB}=\overset{\frown}{PB}=b\varphi,$$

所以

$$\varphi=\frac{a}{b}\theta,$$

向量$\overrightarrow{CP}$对 x 轴所成的有向角为

$$\angle(\boldsymbol{i},\overrightarrow{CP})=\theta-\varphi=\frac{b-a}{b}\theta,$$

由于 $|\overrightarrow{CP}|=b$,所以

$$\overrightarrow{CP}=\boldsymbol{i}b\cos\frac{b-a}{b}\theta+\boldsymbol{j}b\sin\frac{b-a}{b}\theta=\boldsymbol{i}b\cos\frac{a-b}{b}\theta-\boldsymbol{j}b\sin\frac{a-b}{b}\theta,$$

$$\boldsymbol{r}=\left[(a-b)\cos\theta+b\cos\frac{a-b}{b}\theta\right]\boldsymbol{i}+\left[(a-b)\sin\theta-b\sin\frac{a-b}{b}\theta\right]\boldsymbol{j}.\qquad(2.1-9)$$

此式就是内旋轮线的向量式参数方程,式中 θ $(-\infty<\theta<+\infty)$为参数.设 P 点的坐标为(x,y),那么由(2.1-9)式容易得内旋轮线的坐标式参数方程为

$$\begin{cases}x=(a-b)\cos\theta+b\cos\dfrac{a-b}{b}\theta,\\ y=(a-b)\sin\theta-b\sin\dfrac{a-b}{b}\theta\end{cases}\quad(-\infty<\theta<+\infty).\qquad(2.1-10)$$

特殊地,当 $a=4b$ 时,应用公式

$$\cos 3\theta=4\cos^3\theta-3\cos\theta,$$
$$\sin 3\theta=3\sin\theta-4\sin^3\theta,$$

曲线方程(2.1-10)便化为

$$\begin{cases}x=a\cos^3\theta,\\ y=a\sin^3\theta.\end{cases}\qquad(2.1-11)$$

这条曲线叫做*四尖点星形线*(图 2-6).

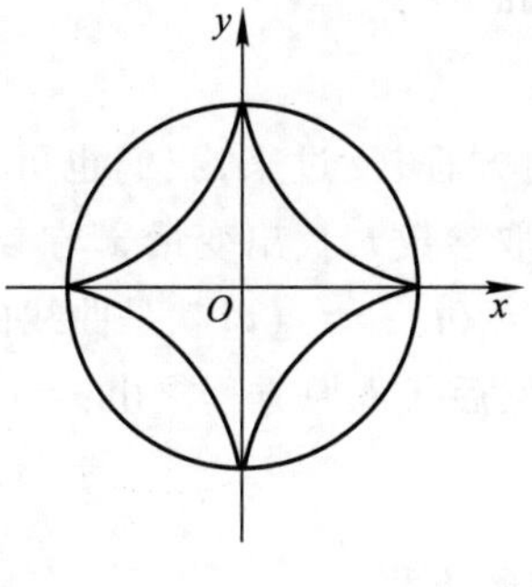

图 2-6

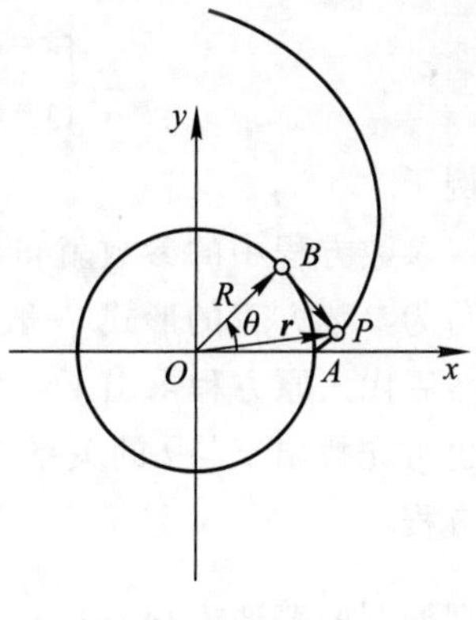

图 2-7

例 5　把线绕在一个固定圆周上,将线头拉紧后向反方向旋转,以把线从圆周上解放出来,使放出来的部分成为圆的切线,求线头的轨迹.

解　设圆的半径为 R,线头 P 的最初位置是圆周上的点 A,以圆心为原点,OA 为x轴,经过某一过程后,切点移至 B,PB 为切线(图 2-7),那么

$$\boldsymbol{r}=\overrightarrow{OP}=\overrightarrow{OB}+\overrightarrow{BP}.$$

设 $\theta=\angle(\boldsymbol{i},\overrightarrow{OB})$,那么

$$\overrightarrow{OB}=R(\boldsymbol{i}\cos\theta+\boldsymbol{j}\sin\theta),$$

且向量$\overrightarrow{BP}$对 x 轴所成的有向角为

$$\measuredangle(\boldsymbol{i},\overrightarrow{BP})=\theta-\frac{\pi}{2},$$

而

$$|\overrightarrow{BP}|=\overset{\frown}{BA}=R\theta,$$

所以

$$\overrightarrow{BP}=|\overrightarrow{BP}|\left[\boldsymbol{i}\cos\left(\theta-\frac{\pi}{2}\right)+\boldsymbol{j}\sin\left(\theta-\frac{\pi}{2}\right)\right]=R\theta(\boldsymbol{i}\sin\theta-\boldsymbol{j}\cos\theta),$$

所以

$$\boldsymbol{r}=R(\cos\theta+\theta\sin\theta)\boldsymbol{i}+R(\sin\theta-\theta\cos\theta)\boldsymbol{j}, \tag{2.1-12}$$

(2.1-12)就是所求 P 点轨迹的向量式参数方程,其中 θ 为参数.如果设 P 的坐标为(x,y),那么由(2.1-12)得该轨迹的坐标式参数方程为

$$\begin{cases}x=R(\cos\theta+\theta\sin\theta),\\ y=R(\sin\theta-\theta\cos\theta).\end{cases} \tag{2.1-13}$$

由(2.1-12)或(2.1-13)表示的曲线,叫做圆的渐伸线或称切展线,这种曲线在工业上常被采用为齿廓曲线.

曲线的参数方程是解析几何联系实际的一个重要的工具,有的时候运用参数方程来表达曲线,要比普通方程简单得多,甚至有的曲线只能用参数方程表示,而不能用普通方程表示,即不能用 x,y 的初等函数来表示,例如参数方程

$$\begin{cases}x=\mathrm{e}^t+t+\lg t^2,\\ y=t+\sin t+\arcsin t\end{cases}$$

便是这样的例子.

消去曲线参数方程中的参数就得曲线的普通方程,反过来,我们也可以把曲线的普通方程改写为参数方程的形式.一般地,适当选取参数 t,找出变量 x 与参数 t 的关系式 $x=x(t)$,然后代入原方程求出 $y=y(t)$,那么 $x=x(t)$,$y=y(t)$就是曲线的参数方程.在这里当然也可先找出 y 与 t 的关系式 $y=y(t)$,然后代入原方程求出 $x=x(t)$,从而得曲线的参数方程.

例 6　把椭圆的普通方程$\frac{x^2}{a^2}+\frac{y^2}{b^2}=1$改写为参数方程.

解　设 $x=a\cos\theta$,代入原方程得

$$y=\pm b\sin\theta,$$

如果取 $y=-b\sin\theta$,令 $\theta=-t$,那么

$$x=a\cos\theta,\quad y=-b\sin\theta$$

可以变形为

$$x=a\cos t,\quad y=b\sin t,$$

所以取 θ 为参数,且$-\pi<\theta\leqslant\pi$,那么椭圆的参数方程为

$$\begin{cases}x=a\cos\theta,\\ y=b\sin\theta\end{cases}\quad(-\pi<\theta\leqslant\pi).$$

在化曲线的普通方程为参数方程时，由于选取的参数不是惟一的，所以关系式 $x=x(t)$ 可以有不同的形式，从而同一条曲线的参数方程也可以有多种表达形式. 例如在例 6 中，如果设

$$y=tx+b,$$

代入原方程得

$$\frac{x^2}{a^2}+\frac{(tx+b)^2}{b^2}=1.$$

由此解得

$$x=0,\ x=-\frac{2a^2bt}{b^2+a^2t^2}.$$

在第二式中取 $t=0$，得 $x=0$，所以舍去第一式，取

$$x=-\frac{2a^2bt}{b^2+a^2t^2},$$

从而得

$$y=\frac{b(b^2-a^2t^2)}{b^2+a^2t^2}.$$

如果令 $u=-t$，那么有

$$x=\frac{2a^2bu}{b^2+a^2u^2},\quad y=\frac{b(b^2-a^2u^2)}{b^2+a^2u^2},$$

所以椭圆的参数方程的另一种表达形式为

$$\begin{cases}x=\dfrac{2a^2bt}{b^2+a^2t^2},\\ y=\dfrac{b(b^2-a^2t^2)}{b^2+a^2t^2}\end{cases}\quad(-\infty<t<+\infty).$$

在第二种解法中，我们设 $y=tx+b$，它实际上是在椭圆 $\dfrac{x^2}{a^2}+\dfrac{y^2}{b^2}=1$ 上取定一点 $(0,b)$，作以点 $(0,b)$ 为中心的直线束，而这时的椭圆的参数方程恰为直线束中的直线与椭圆交点的坐标的一般表达式. 由于这时过点 $(0,b)$ 的 y 轴的斜率不存在，因此尚需补上点 $(0,-b)$，或者把它看成当 $t\to\infty$ 时的交点. 仿此，在化方程

$$y^2(2a-x)=x^3\quad(a>0)$$

为参数方程时，我们只要设 $y=tx$，就能求得它的参数方程为

$$\begin{cases}x=\dfrac{2at^2}{1+t^2},\\ y=\dfrac{2at^3}{1+t^2}\end{cases}\quad(-\infty<t<+\infty).$$

在曲线的参数方程与普通方程互化时，必须注意两种不同形式的方程应该等价，因为它们代表同一条曲线. 但是在互化时，往往由于变量的允许值可能产生变化，因而

可能导致两者所表示的曲线不完全一样,例如化方程 $y=2x^2+1$ 为参数方程时,如果令 $x=\cos\theta$,那么参数方程为

$$\begin{cases}x=\cos\theta,\\ y=2+\cos 2\theta\end{cases}\quad(0\leqslant\theta<2\pi).$$

因为 $-1\leqslant\cos n\theta\leqslant1$,所以有 $-1\leqslant x\leqslant1,1\leqslant y\leqslant3$.因此,这时参数方程所表示的曲线只是原曲线的一部分,两方程不等价.但如果令 $x=t$,代入原方程得

$$\begin{cases}x=t,\\ y=2t^2+1\end{cases}\quad(-\infty<t<+\infty).$$

这参数方程所表示的曲线与原曲线一致,所以它与原方程等价,也就是说它是原曲线的参数方程.

再如参数方程 $x=t^4,y=t^2$,由于 $x\geqslant0,y\geqslant0$,所以表示的曲线只是第一象限里的部分,而消去参数后得普通方程为 $y^2=x$,它表示整条抛物线,与原曲线比较增添了第四象限里的部分.但是如果附加了条件 $y\geqslant0$,那么两方程就等价了,因此它的普通方程应写成

$$y^2=x\ (y\geqslant0).$$

习　题

1. 一动点 M 到 $A(3,0)$ 的距离恒等于它到点 $B(-6,0)$ 的距离的一半,求此动点 M 的轨迹方程,并指出此轨迹是什么图形.

2. 有一长度为 $2a\ (a>0)$ 的线段,它的两端点分别在 x 轴正半轴与 y 轴的正半轴上移动,试求此线段中点的轨迹.

3. 一动点到两定点的距离的乘积等于定值 m^2,求此动点的轨迹(这轨迹叫做卡西尼卵形线).

4. 设 P,Q,R 是等轴双曲线上任意三点,求证 $\triangle PQR$ 的垂心 H 必在同一等轴双曲线上.

5. 设直线 l 通过定点 $M_0(x_0,y_0)$,并且与非零向量 $\boldsymbol{v}=\{X,Y\}$ 共线,试证直线 l 的向量式参数方程为

$$\boldsymbol{r}=\boldsymbol{r}_0+t\boldsymbol{v}\quad(-\infty<t<+\infty),$$

其中 $\boldsymbol{r}_0=\overrightarrow{OM_0}$,$t$ 为参数;坐标式参数方程为

$$\begin{cases}x=x_0+Xt,\\ y=y_0+Yt\end{cases}\quad(-\infty<t<+\infty),$$

对称式(或称标准式)方程为

$$\frac{x-x_0}{X}=\frac{y-y_0}{Y}.$$

6. 求旋轮线

$$\begin{cases}x=t-\sin t,\\ y=1-\cos t\end{cases}\quad(0\leqslant t\leqslant2\pi)$$

的弧与直线 $y=\dfrac{3}{2}$ 的交点.

7. 消去下面的平面曲线的参数方程中的参数 t,化为普通方程.

(1) $\begin{cases}x=at^2,\\y=2at\end{cases}$ $(-\infty<t<+\infty)$; (2) $\begin{cases}x=\sin t+5,\\y=-2\cos t-1\end{cases}$ $(0\leqslant t<2\pi)$;

(3) $\begin{cases}x=r(3\cos t+\cos 3t),\\y=r(3\sin t-\sin 3t)\end{cases}$ $(0\leqslant t<2\pi)$.

8. 把下面的平面曲线的普通方程化为参数方程.

(1) $y^2=x^3$; (2) $x^{\frac{1}{2}}+y^{\frac{1}{2}}=a^{\frac{1}{2}}\ (a>0)$;

(3) $x^3+y^3-3axy=0\ (a>0)$.

9. 当一圆沿着一个定圆的外部作无滑动的滚动时,动圆上一点的轨迹叫做外旋轮线.如果我们用 a 与 b 分别表示定圆与动圆的半径,试导出其参数方程(当 $a=b$ 时,曲线叫做心脏线).

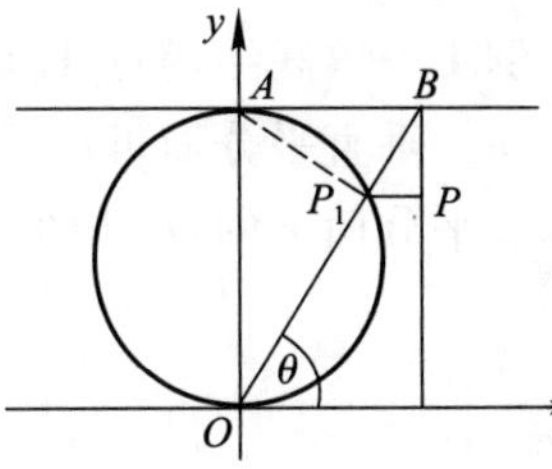

第 10 题图

10. 设 $OA=a$ 为一圆的直径,过 O 任意作一直线 OB,与圆上 A 点的切线相交于 B 点,设 OB 与圆交于另一点 P_1(见第 10 题图),过 P_1 及 B 作相交于 P 点的直线,使 $P_1P\perp OA$,$BP/\!/OA$,求 P 点的轨迹(这轨迹叫做箕舌线).

§ 2.2 曲面的方程

1. 曲面的方程

空间曲面方程的意义和平面曲线的方程是一样的,那就是在空间建立坐标系之后,把曲面(作为点的轨迹)上的点的特征性质,用点的坐标 x,y 与 z 之间的关系式来表达,一般是用方程

$$F(x,y,z)=0 \tag{1}$$

或

$$z=f(x,y) \tag{1'}$$

来表达;反过来,每一个形如(1)或(1′)的方程通常表示空间的一个曲面.例如在空间取定一个坐标系后,满足(1′)的任意一组解 (x,y,z) 就确定一个点,而当 $x,y\ (a\leqslant x\leqslant b,\ c\leqslant y\leqslant d)$ 连续变动时,点 $(x,y,f(x,y))$ 就画出一个图形来(图 2-8),这就是(1′)的图形,一般地它是一个曲面.

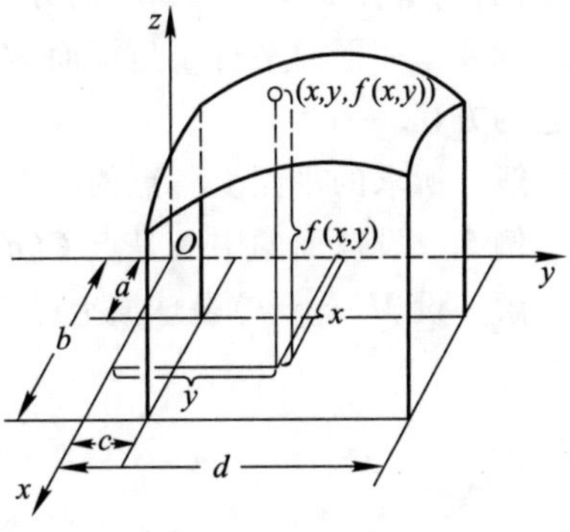

图 2-8

定义 2.2.1 如果一个方程(1)或(1′)与一个曲面 Σ 有着关系:① 满足方程(1)或(1′)的 (x,y,z) 是曲面 Σ 上的点的坐标;② 曲面 Σ 上的任何一点的坐标 (x,y,z) 满足方程(1)或(1′),那么方程(1)或(1′)就叫做曲面 Σ 的方程,而曲面 Σ 叫做方程(1)或(1′)的图形.

曲面的方程有时没有实点满足它,这时方程不表示任何实图形,我们称它为虚曲面,如 $x^2+y^2+z^2+1=0$;有时只有一个实点满足它,例如方程 $x^2+y^2+z^2=0$,只有点(0,0,0)满足它,因此它只表

示坐标原点；也有时代表一条曲线，例如方程 $x^2+y^2=0$，只有当 $x=0, y=0$ 的点 $(0,0,z)$ 能满足它，因而它表示 z 轴，是一条直线.

下面我们在直角坐标系下，举例说明怎样从曲面（作为点的轨迹）上点的特征性质来导出曲面的方程.

例 1 求联结两点 $A(1,2,3)$ 和 $B(2,-1,4)$ 的线段的垂直平分面的方程.

解 垂直平分面可以看成到两定点 A 和 B 为等距离的动点 $M(x,y,z)$ 的轨迹，因此垂直平分面上的点 M 的特征性质为

$$\left|\overrightarrow{AM}\right|=\left|\overrightarrow{BM}\right|,$$

而

$$\left|\overrightarrow{AM}\right|=\sqrt{(x-1)^2+(y-2)^2+(z-3)^2},$$

$$\left|\overrightarrow{BM}\right|=\sqrt{(x-2)^2+(y+1)^2+(z-4)^2},$$

从而得

$$\sqrt{(x-1)^2+(y-2)^2+(z-3)^2}=\sqrt{(x-2)^2+(y+1)^2+(z-4)^2},$$

化简得

$$2x-6y+2z-7=0,$$

即为所求的垂直平分面的方程.

例 2 求两坐标面 xOz 和 yOz 所成二面角的平分面方程.

解 因为所求的平分面是与两坐标面 xOz 和 yOz 有等距离的点的轨迹，因此点 $M(x,y,z)$ 在平分面上的充要条件是

$$|y|=|x|,$$

所以

$$y=\pm x，或写成\ x\pm y=0;$$

因此所求的平分面的方程是

$$x+y=0 \quad 与 \quad x-y=0.$$

例 3 求坐标面 yOz 的方程.

解 很明显，这平面是 x 坐标为零的点的轨迹，因此它的方程是 $x=0$.

同样，坐标面 xOz 与 xOy 的方程分别是 $y=0$ 与 $z=0$.

例 4 一平面平行于坐标面 xOz，且在 y 轴的正向一侧与平面 xOz 相隔距离为 k，求它的方程.

解 所求的平面上各点的 y 坐标都等于 k，所以平面方程为 $y=k$.

例 5 设球面的中心是点 $C(a,b,c)$，而且半径等于 r，求它的方程.

解 设 $M(x,y,z)$ 是球面上的任意点，那么根据球的定义，球面上的点 M 的特征性质是

$$\left|\overrightarrow{CM}\right|=r,$$

而

$$\left|\overrightarrow{CM}\right|=\sqrt{(x-a)^2+(y-b)^2+(z-c)^2},$$

得所求的球面方程

$$(x-a)^2+(y-b)^2+(z-c)^2=r^2. \tag{2.2-1}$$

特别地，以原点为球心的球面方程是

$$x^2+y^2+z^2=r^2. \tag{2.2-2}$$

将(2.2-1)展开后得

$$x^2+y^2+z^2-2ax-2by-2cz+(a^2+b^2+c^2-r^2)=0,$$

因此球面方程是一个三元二次方程，它的所有平方项的系数相等，交叉项消失.

反过来，如果三元二次方程

$$Ax^2+By^2+Cz^2+Dxy+Eyz+Fzx+Gx+Hy+Kz+L=0,$$

当 $A=B=C\neq 0, D=E=F=0$ 时，方程可化为

$$x^2+y^2+z^2+2gx+2hy+2kz+l=0 \tag{2.2-3}$$

的形式，配方得

$$(x+g)^2+(y+h)^2+(z+k)^2=g^2+h^2+k^2-l.$$

如果 $g^2+h^2+k^2-l>0$，那么(2.2-3)表示实球面.

如果 $g^2+h^2+k^2-l=0$，那么(2.2-3)表示空间一点.

如果 $g^2+h^2+k^2-l<0$，那么(2.2-3)无实图形.

习惯上，我们把上面的点叫做点球，无实图形时叫做虚球面，这三种情形统称为球面.因此球面的方程是一个平方项系数相等而交叉项消失的三元二次方程；反过来，任何一个三元二次方程，如果它的二次项系数相等，而且交叉项消失，那么它一定表示一个球面（实球面、点或虚球面）.

2. 曲面的参数方程

我们知道，平面曲线的参数方程是以单参数的向量函数

$$\boldsymbol{r}=\boldsymbol{r}(t)$$

或

$$\boldsymbol{r}(t)=x(t)\boldsymbol{e}_1+y(t)\boldsymbol{e}_2$$

定义的（§2.1），空间曲面的参数方程与平面曲线的参数方程非常类似.设在两个变量 u,v 的变动区域内定义了双参数向量函数

$$\boldsymbol{r}=\boldsymbol{r}(u,v) \tag{2.2-4}$$

或

$$\boldsymbol{r}(u,v)=x(u,v)\boldsymbol{e}_1+y(u,v)\boldsymbol{e}_2+z(u,v)\boldsymbol{e}_3, \tag{2.2-5}$$

这里 $x(u,v), y(u,v), z(u,v)$ 是变向量 $\boldsymbol{r}(u,v)$ 的坐标，它们都是变量 u,v 的函数.当 u,v 取遍变动区域的一切值时，向径

$$\overrightarrow{OM}=\boldsymbol{r}(u,v)=x(u,v)\boldsymbol{e}_1+y(u,v)\boldsymbol{e}_2+z(u,v)\boldsymbol{e}_3$$

的终点 $M(x(u,v),y(u,v),z(u,v))$ 所画成的轨迹，一般为一张曲面（图 2-9）.

定义 2.2.2 如果取 u,v $(a\leqslant u\leqslant b,c\leqslant v\leqslant d)$ 的一切可能取的值，由(2.2-5)表示的向径 $\boldsymbol{r}(u,v)$ 的终点 M 总在一个曲面上；反过来，在这个曲面上的任意点 M 总对应着以它为终点的向径，而这向径可由 u,v 的值 $(a\leqslant u\leqslant b,c\leqslant v\leqslant d)$ 通过(2.2-5)完全决定，那么我们就把表达式(2.2-5)叫做曲面的向量式参数方程，其中 u,v 为参数.

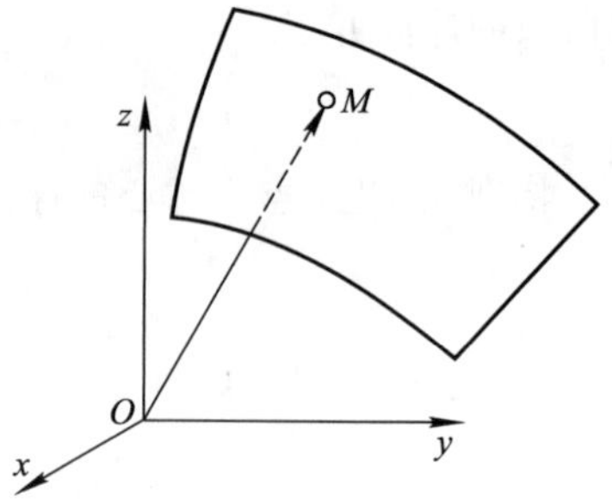

图 2-9

因为向径 $\boldsymbol{r}(u,v)$ 的坐标为 $\{x(u,v),y(u,v),z(u,v)\}$，所以曲面的参数方程也常写成

$$\begin{cases}x=x(u,v),\\y=y(u,v),\\z=z(u,v).\end{cases}\tag{2.2-6}$$

表达式(2.2-6)叫做曲面的坐标式参数方程.

例 6 求球心在原点，半径为 r 的球面的参数方程.

解 设 M 是以坐标原点为球心、r 为半径的球面上的任一点，M 在 xOy 坐标面上的射影为 P，而 P 在 x 轴上的射影为 Q. 又设在坐标面上的有向角 $\measuredangle(\boldsymbol{i},\overrightarrow{OP})=\varphi$，$\overrightarrow{OP}$ 与 $\overrightarrow{OM}$ 的交角 $\angle POM=\theta$（图 2-10），当点 M 在 xOy 坐标面的上方，即 z 轴正向所指的一侧时，θ 取正值；当点 M 在 xOy 坐标面的另一侧时，θ 取负值. 那么

$$\boldsymbol{r}=\overrightarrow{OM}=\overrightarrow{OQ}+\overrightarrow{QP}+\overrightarrow{PM},$$

而

$$\overrightarrow{PM}=(r\sin\theta)\boldsymbol{k},$$
$$\overrightarrow{QP}=\left(\left|\overrightarrow{OP}\right|\sin\varphi\right)\boldsymbol{j}=(r\cos\theta\sin\varphi)\boldsymbol{j},$$
$$\overrightarrow{OQ}=\left(\left|\overrightarrow{OP}\right|\cos\varphi\right)\boldsymbol{i}=(r\cos\theta\cos\varphi)\boldsymbol{i},$$

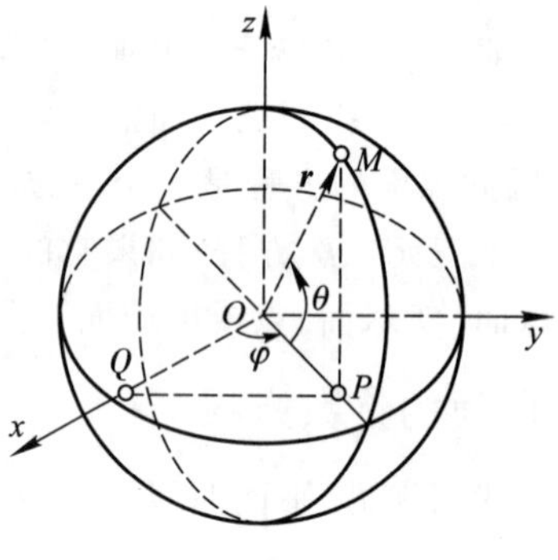

图 2-10

所以

$$\boldsymbol{r}=(r\cos\theta\cos\varphi)\boldsymbol{i}+(r\cos\theta\sin\varphi)\boldsymbol{j}+(r\sin\theta)\boldsymbol{k}.\tag{2.2-7}$$

这就是球心在原点、半径为 r 的球面的向量式参数方程. 它的坐标式参数方程为

$$\begin{cases}x=r\cos\theta\cos\varphi,\\y=r\cos\theta\sin\varphi,\\z=r\sin\theta.\end{cases}\tag{2.2-8}$$

(2.2-7)或(2.2-8)中的 φ 与 θ 为参数，它们的取值范围分别是

$$-\pi<\varphi\leqslant\pi,\quad -\frac{\pi}{2}\leqslant\theta\leqslant\frac{\pi}{2}.$$

从上文可以看到，球面上除掉 $\theta=\pm\frac{\pi}{2}$ 时的两点 $(0,0,\pm r)$（这两点称为极点）以外，

其余所有的点与有序实数对 φ,θ（其中 $-\pi<\varphi\leqslant\pi,-\dfrac{\pi}{2}<\theta<\dfrac{\pi}{2}$）之间有一个一一对应的关系，所以我们可以把 φ 与 θ 叫做球面上点的坐标，这种坐标实际上就是我们在地球上定地理位置的地理坐标.地理坐标中的经度就是 φ 的值，经度分东经和西经，这就相当于 φ 的正值和负值；地理坐标中的纬度就是 θ 的值，纬度分北纬和南纬，就相当于 θ 的正值和负值；地球上的南北两极，就是上面我们提到的两个极点.

从球面的参数方程(2.2-8)消去参数 φ,θ，就得它的普通方程为

$$x^2+y^2+z^2=r^2.$$

例 7 求以 z 轴为对称轴，半径为 R 的圆柱面的参数方程.

解 设 M 是圆柱面上的任意一点，M 在 xOy 坐标面上的射影为 P（图 2-11）.再设 xOy 面上的有向角 $\varphi=\measuredangle(\boldsymbol{i},\overrightarrow{OP})$，$P$ 在 x 轴上的射影为 Q，那么

$$\boldsymbol{r}=\overrightarrow{OM}=\overrightarrow{OQ}+\overrightarrow{QP}+\overrightarrow{PM},$$

而

$$\overrightarrow{OQ}=(R\cos\varphi)\boldsymbol{i},\quad \overrightarrow{QP}=(R\sin\varphi)\boldsymbol{j},\quad \overrightarrow{PM}=u\boldsymbol{k},$$

所以

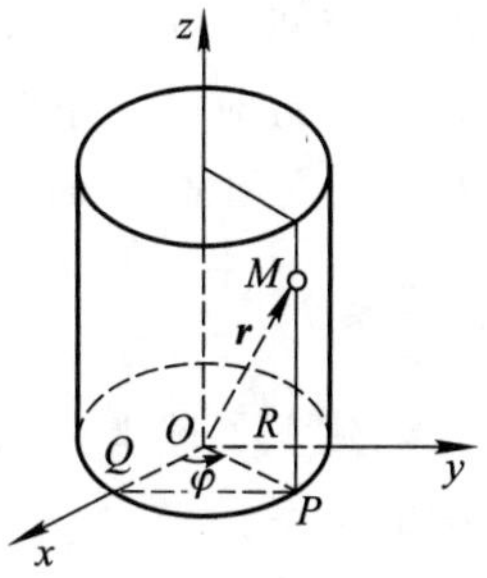

图 2-11

$$\boldsymbol{r}=(R\cos\varphi)\boldsymbol{i}+(R\sin\varphi)\boldsymbol{j}+u\boldsymbol{k}. \tag{2.2-9}$$

这就是圆柱面的向量式参数方程，它的坐标式参数方程为

$$\begin{cases}x=R\cos\varphi,\\ y=R\sin\varphi,\\ z=u.\end{cases} \tag{2.2-10}$$

(2.2-9)或(2.2-10)中的 φ 与 u 为参数，它们的取值范围分别是 $-\pi<\varphi\leqslant\pi,-\infty<u<+\infty$.

从圆柱面的参数方程(2.2-10)消去参数 φ 与 u，就得圆柱面的普通方程为

$$x^2+y^2=R^2. \tag{2.2-11}$$

空间曲面的参数方程与平面上曲线的参数方程一样，它的表达式也不是惟一的，例如例 6 中球面的参数方程，如果把参数 θ 改为 $\overrightarrow{OM}$ 与 z 轴的交角，那么球面的参数方程为

$$\begin{cases}x=r\sin\theta\cos\varphi,\\ y=r\sin\theta\sin\varphi,\\ z=r\cos\theta\end{cases}\quad\left(\begin{matrix}-\pi<\varphi\leqslant\pi,\\ 0\leqslant\theta\leqslant\pi\end{matrix}\right).$$

3. 球坐标系与柱坐标系

空间中与坐标原点的距离为 r 的任意点，总可以把它看成在以原点为中心、半径为 r 的球面上，因此当我们把球面半径 r 看成变量时，公式(2.2-8)就说明了空间一点 M 的位置，如图2-10所示，如果这时把变量 r 改写成 ρ，并设

$$\left|\overrightarrow{OM}\right|=\rho\ (\rho\geqslant0),$$

$$\angle QOP=\varphi\ (-\pi<\varphi\leqslant\pi),$$

$$\angle POM=\theta\left(-\frac{\pi}{2}\leqslant\theta\leqslant\frac{\pi}{2}\right)$$

的值都确定,那么便有

$$x=\rho\cos\theta\cos\varphi,$$
$$y=\rho\cos\theta\sin\varphi,$$
$$z=\rho\sin\theta,$$

M 点的位置也就被确定了;反过来,空间 M 点的位置如果已确定,那么三个值 ρ,φ,θ 也就确定了(如果 M 是原点,那么 $\rho=0$,φ 与 θ 分别在 $-\pi$ 到 π 与 $-\frac{\pi}{2}$ 到 $\frac{\pi}{2}$ 内任意取定;如果 M 在 z 轴上,但不是原点,那么这时 φ 可在 $-\pi$ 到 π 内任意取定,而 $\theta=\frac{\pi}{2}$ 或 $-\frac{\pi}{2}$).这样就使空间中除去 z 轴上的点,其余的点与有序三数组 ρ,φ,θ 建立了一一对应的关系,这种一一对应的关系叫做空间点的球坐标系,或称空间极坐标系,并把有序三数组 ρ,φ,θ 叫做空间点 M 的球坐标或称空间极坐标,记做 $M(\rho,\varphi,\theta)$,这里的 $\rho\geqslant 0,-\pi<\varphi\leqslant\pi,-\frac{\pi}{2}\leqslant\theta\leqslant\frac{\pi}{2}$.

当建立了球坐标系后,空间中点的直角坐标 (x,y,z) 与球坐标 (ρ,φ,θ) 之间就有了下面的关系:

$$\begin{cases}x=\rho\cos\theta\cos\varphi,\\ y=\rho\cos\theta\sin\varphi,\\ z=\rho\sin\theta\end{cases}\quad\left(\begin{array}{l}\rho\geqslant 0,\\ -\pi<\varphi\leqslant\pi,\\ -\frac{\pi}{2}\leqslant\theta\leqslant\frac{\pi}{2}\end{array}\right),\tag{2.2-12}$$

反过来,又有关系

$$\begin{cases}\rho=\sqrt{x^2+y^2+z^2},\\ \cos\varphi=\dfrac{x}{\sqrt{x^2+y^2}},\quad \sin\varphi=\dfrac{y}{\sqrt{x^2+y^2}},\\ \theta=\arcsin\dfrac{z}{\sqrt{x^2+y^2+z^2}}.\end{cases}\tag{2.2-13}$$

在空间建立了球坐标系后,空间的某些曲面在球坐标系里的方程将非常简单,例如在直角坐标系里由方程

$$x^2+y^2+z^2=a^2$$

决定的球面,在球坐标系里的方程是

$$\rho=a;$$

而在球坐标系里的方程

$$\varphi=\alpha\ (\text{常数})$$

表示一个半平面,方程

$$\theta=\theta_0\ (\text{常数})$$

表示一个圆锥面(只有一腔).

下面介绍柱坐标系.

空间中与 z 轴的距离为 R 的点,总可以把它看成在以 z 轴为轴,半径为 R 的圆柱面(2.2-10)上,因此当我们把圆柱面半径 R 看成变量,并改用 ρ $(\rho\geqslant 0)$ 来表示时,那么由

(2.2-10)可知 ρ,φ,u 的值可以确定空间一点 M 的位置;反过来,如果 M 点的位置确定,那么 ρ,φ,u 的值也就确定(如果 M 在 z 轴上,那么 φ 可以任意确定),这样我们在空间建立了另一种空间的点(除去 z 轴上的点外)与有序三数组 ρ,φ,u 的一一对应关系,这里 $\rho\geqslant 0,-\pi<\varphi\leqslant\pi,-\infty<u<+\infty$,这种一一对应的关系叫做柱坐标系,或称空间半极坐标系,并把有序三数组 ρ,φ,u 叫做点 M 的柱坐标或称半极坐标,记做 $M(\rho,\varphi,u)$.

空间点的直角坐标 (x,y,z) 与柱坐标 (ρ,φ,u) 有着下面的关系

$$\begin{cases} x=\rho\cos\varphi, \\ y=\rho\sin\varphi, \quad (\rho\geqslant 0,-\pi<\varphi\leqslant\pi,-\infty<u<+\infty). \\ z=u \end{cases} \tag{2.2-14}$$

反过来,又有关系

$$\begin{cases} \rho=\sqrt{x^2+y^2}, \\ \cos\varphi=\dfrac{x}{\sqrt{x^2+y^2}},\quad \sin\varphi=\dfrac{y}{\sqrt{x^2+y^2}}, \\ u=z. \end{cases} \tag{2.2-15}$$

与球坐标系一样,某些曲面的方程,在柱坐标系里比较简单,例如圆柱面方程(2.2-11),即

$$x^2+y^2=a^2$$

在柱坐标系里的方程是

$$\rho=a;$$

而柱坐标系里的方程

$$\varphi=\alpha\ (\text{常数})$$

所表示的轨迹是一个半平面.

习 题

1. 一动点移动时,与 $A(4,0,0)$ 及 xOy 平面等距离,求该动点的轨迹方程.

2. 在空间,选取适当的坐标系,求下列点的轨迹方程:

(1) 到两定点距离之比等于常数的点的轨迹;

(2) 到两定点距离之和等于常数的点的轨迹;

(3) 到两定点距离之差等于常数的点的轨迹;

(4) 到一定点和一定平面距离之比等于常数的点的轨迹.

3. 求下列各球面的方程:

(1) 球心为 $(2,-1,3)$,半径为 $R=6$;

(2) 球心在原点,且经过点 $(6,-2,3)$;

(3) 一条直径的两个端点是 $(2,-3,5)$ 与 $(4,1,-3)$;

(4) 通过原点与 $(4,0,0)$,$(1,3,0)$,$(0,0,-4)$.

4. 求下列球面的球心与半径:

(1) $x^2+y^2+z^2-6x+8y+2z+10=0$;　　(2) $x^2+y^2+z^2+2x-4y-4=0$;

(3) $36x^2+36y^2+36z^2-36x+24y-72z-95=0$.

5. 试求球心在 $C(a,b,c)$,半径为 r 的球面的参数方程.

6. 消去下面的曲面参数方程中的参数 u,v,化为普通方程:

(1) $\begin{cases}x=u,\\ y=v,\\ z=\sqrt{1-u^2-v^2}\end{cases}$ $(u^2+v^2\leqslant 1)$; (2) $\begin{cases}x=a\cos u,\\ y=b\sin u,\\ z=v\end{cases}$ $\left(\begin{matrix}0\leqslant u<2\pi,\\ -\infty<v<+\infty\end{matrix}\right)$.

7. 证明下列两个参数方程

$$\begin{cases}x=u\cos v,\\ y=u\sin v,\\ z=u^2\end{cases}\left(\begin{matrix}-\infty<u<+\infty,\\ 0\leqslant v<2\pi\end{matrix}\right) \quad 与 \quad \begin{cases}x=\dfrac{u}{u^2+v^2},\\ y=\dfrac{v}{u^2+v^2},\\ z=\dfrac{1}{u^2+v^2}\end{cases}\left(\begin{matrix}-\infty<u,v<+\infty\\ u^2+v^2\neq 0\end{matrix}\right)$$

是同一曲面的两种不同形式的参数方程.

8. 点 A 的直角坐标是$\left(-\dfrac{\sqrt{3}}{4},-\dfrac{3}{4},\dfrac{1}{2}\right)$,求它的球坐标与柱坐标.

9. 在球坐标系中,下列方程表示什么图形?

(1) $\rho=3$; (2) $\varphi=\dfrac{\pi}{2}$; (3) $\theta=\dfrac{\pi}{3}$.

10. 在柱坐标系中,下列方程代表何种图形?

(1) $\rho=2$; (2) $\varphi=\dfrac{\pi}{4}$; (3) $u=-1$.

§2.3 空间曲线的方程

空间曲线可以看成两个曲面的交线.

设

$$\begin{cases}F_1(x,y,z)=0,\\ F_2(x,y,z)=0\end{cases} \tag{2.3-1}$$

是这样的两个曲面方程,它们相交于曲线 L.这样,曲线 L 上的任意点,同时在这两曲面上,它的坐标就满足方程组(2.3-1);反过来满足方程组(2.3-1)的任何一组解所决定的点,同时在这两曲面上,即在这两曲面的交线上,因此方程组(2.3-1)表示一条空间曲线 L 的方程,我们把它叫做空间曲线的一般方程.

从代数上知道,任何方程组的解,也一定是与它等价的方程组的解,这说明空间曲线 L 可以用不同形式的方程组来表达.

例 1 写出 z 轴的方程.

解 z 轴可以看成是两坐标面 yOz 与 xOz 的交线,所以 z 轴的方程可以写成

$$\begin{cases}x=0,\\ y=0.\end{cases} \tag{1}$$

由于方程组(1)与方程组

$$\begin{cases}x+y=0,\\x-y=0\end{cases}\tag{2}$$

同解，所以 z 轴的方程也可用(2)来表示.

例 2 求在 xOy 坐标面上，半径等于 R，圆心为原点的圆的方程.

解 因为空间的圆总可以看成是球面与平面的交线，在这里可以把所求的圆看成是以原点 O 为球心，半径为 R 的球面与坐标面 xOy 的交线，所以所求的圆的方程为

$$\begin{cases}x^2+y^2+z^2=R^2,\\z=0.\end{cases}\tag{3}$$

因方程组(3)与方程组

$$\begin{cases}x^2+y^2=R^2,\\z=0\end{cases}\tag{4}$$

同解，所以所求圆的方程也可以用(4)来表达.

空间曲线也像平面曲线那样，可用它的参数方程来表达，这是另一种表示空间曲线的常用方法，特别是把空间曲线看做质点的运动轨迹时，一般常采用参数表示法.

空间曲线的参数方程与平面曲线的参数方程完全类同.在空间建立了坐标系后，设向量函数

$$\boldsymbol{r}=\boldsymbol{r}(t)\tag{2.3-2}$$

或

$$\boldsymbol{r}(t)=x(t)\boldsymbol{e}_1+y(t)\boldsymbol{e}_2+z(t)\boldsymbol{e}_3,\tag{2.3-3}$$

当 t 在区间 $[a,b]$ 内变动时，$\boldsymbol{r}(t)$ 的终点 $M(x(t),y(t),z(t))$ 全部都在空间曲线 L 上；反过来，空间曲线 L 上的任意点的向径都可由 t 的某个值通过(2.3-2)或(2.3-3)来表示，那么(2.3-2)或(2.3-3)就叫做空间曲线 L 的向量式参数方程，其中 $t(a\leqslant t\leqslant b)$ 为参数.

因为空间曲线上点的向径 $\boldsymbol{r}(t)$ 的坐标为 $\{x(t),y(t),z(t)\}$，所以空间曲线的参数方程常写成

$$\begin{cases}x=x(t),\\y=y(t),\quad(a\leqslant t\leqslant b).\\z=z(t)\end{cases}\tag{2.3-4}$$

表达式(2.3-4)叫做空间曲线的坐标式参数方程，其中 t 为参数.

例 3 一个质点一方面绕一条轴线作等角速度的圆周运动，另一方面作平行于轴线的等速直线运动，其速度与角速度成正比，求这个质点运动的轨迹方程.

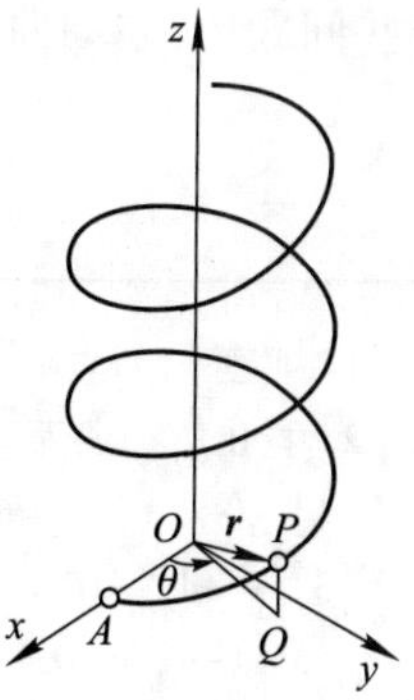

图 2-12

解 在空间取坐标系 $\{O;\boldsymbol{i},\boldsymbol{j},\boldsymbol{k}\}$，使 z 轴重合于轴线，并设质点运动的起点为 $A(a,0,0)$，质点作圆周运动的角速度为 ω，那么在 t s 后质点从起点 A 运动到 P 的位置(图 2-12)，P 在 xOy 坐标面上的射影为 Q，那么

$$\measuredangle(\boldsymbol{i},\overrightarrow{OQ})=\omega t,\quad \overrightarrow{QP}=b\omega t\boldsymbol{k}$$

$\left(\text{这里假设直线运动速度 } v \text{ 与角速度 } \omega \text{ 之比为 } b\text{，即}\dfrac{v}{\omega}=b\right)$，因此有

$$r=\overrightarrow{OP}=\overrightarrow{OQ}+\overrightarrow{QP},$$

所以

$$\boldsymbol{r}=\boldsymbol{i}a\cos\ \omega t+\boldsymbol{j}a\sin\ \omega t+\boldsymbol{k}b\omega t\ (-\infty<t<+\infty). \tag{2. 3-5}$$

这就是质点运动轨迹的向量式参数方程，其中 t 为参数，它的坐标式参数方程为

$$\begin{cases}x=a\cos\ \omega t,\\ y=a\sin\ \omega t,\\ z=b\omega t\end{cases}\quad(-\infty<t<+\infty). \tag{2. 3-6}$$

设 $\omega t=\theta$，那么（2. 3-5），（2. 3-6）分别写成

$$\boldsymbol{r}=\boldsymbol{i}a\cos\ \theta+\boldsymbol{j}a\sin\ \theta+\boldsymbol{k}b\theta\quad(-\infty<\theta<+\infty) \tag{2. 3-5′}$$

与

$$\begin{cases}x=a\cos\ \theta,\\ y=a\sin\ \theta,\\ z=b\theta\end{cases}\quad(-\infty<\theta<+\infty), \tag{2. 3-6′}$$

其中 θ 为参数，曲线的形状像弹簧（图 2-12）.

把（2. 3-6′）的第三式代入一、二两式消去参数 θ，可以得曲线方程的一般式

$$\begin{cases}x=a\cos\ \dfrac{z}{b},\\ y=a\sin\ \dfrac{z}{b}.\end{cases} \tag{2.3-7}$$

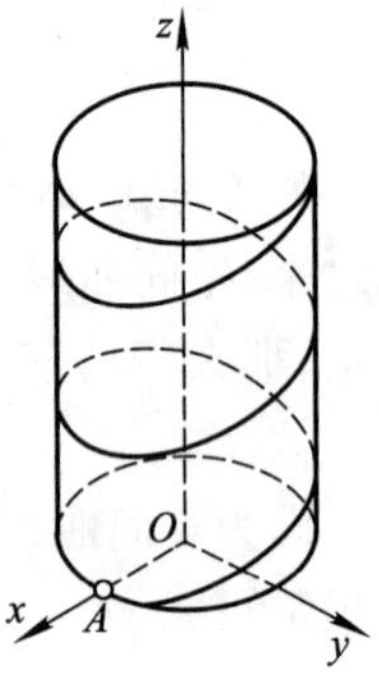

图 2-13

由（2. 3-6′）的前两式，我们又可得

$$x^2+y^2=a^2,$$

这就是（2.2-11），它是一个圆柱面.这说明这条曲线在这个圆柱面上，我们也常把它的图形画成图 2-13，说明它是圆柱面上的曲线，这条曲线通常叫做圆柱螺线.

比较（2. 3-6′）与（2. 3-7），我们可以看出参数方程（2. 3-6′）不仅表示出明确的质点运动的意义，而且从它也比较容易想象出轨迹的图形.因此在有些问题中，空间曲线的参数方程将显示出它的优越性.

习　题

1. 平面 $x=C$ 与 $x^2+y^2-2x=0$ 的公共点组成怎样的轨迹？
2. 指出下列曲面与三个坐标面的交线分别是什么曲线：

（1）$x^2+y^2+16z^2=64$；　　（2）$x^2+4y^2-16z^2=64$；

（3）$x^2-4y^2-16z^2=64$；　　（4）$x^2+9y^2=10z$；

（5）$x^2-9y^2=10z$；　　（6）$x^2+4y^2-16z^2=0$.

3. 试求出下列曲线与曲面的交点：

（1）$\boldsymbol{r}(t)=\boldsymbol{i}t\cos\ \pi t+\boldsymbol{j}t\sin\ \pi t+\boldsymbol{k}t$ 与 $x^2+y^2=4$；

（2）$\boldsymbol{r}(t)=\boldsymbol{i}\cos\ \pi t+\boldsymbol{j}\sin\ \pi t+\boldsymbol{k}t$ 与 $x^2+y^2+z^2=10$.

4. 要证明空间曲线 $x=f(t),y=\varphi(t),z=\psi(t)$ 完全在曲面 $F(x,y,z)=0$ 上，我们可用什么办法？试用这个法则证明 $x=t,y=2t,z=2t^2$ 所表示的曲线完全在曲面 $2(x^2+y^2)=5z$ 上.

5. 把下列曲线的参数方程化为一般方程：

(1) $\begin{cases}x=6t+1,\\ y=(t+1)^2,\\ z=2t\end{cases}$ $(-\infty<t<+\infty)$；　(2) $\begin{cases}x=3\sin t,\\ y=5\sin t,\\ z=4\cos t\end{cases}$ $(0\leqslant t<2\pi)$.

6. 求空间曲线

$$\begin{cases}y^2-4z=0,\\ x+z^2=0\end{cases}$$

的参数方程.

7. 有一质点，沿着已知圆锥面的一条直母线自圆锥的顶点起，作等速直线运动，另一方面这条母线在圆锥面上，过圆锥的顶点绕圆锥的轴（旋转轴）作等速的转动，这时质点在圆锥面上的轨迹叫做圆锥螺线.试建立圆锥螺线的方程.

8. 有两条互相正交的直线 l_1 与 l_2，其中 l_1 绕 l_2 作螺旋运动，即 l_1 一方面绕 l_2 作等速转动，另一方面又沿着 l_2 作等速直线运动，在运动中 l_1 永远保持与 l_2 正交，这样由 l_1 所画出的曲面叫做螺旋面.试建立螺旋面的方程.

结 束 语

在上一章已经建立起来的空间的点与向径的对应和空间的点与有序实数组的对应的基础上，这一章进一步建立了轨迹与其方程的对应.空间轨迹要比平面轨迹复杂得多，但从其方程的建立以及某些问题的处理等方面来看，两者却是非常相似的，我们只要将平面轨迹（平面曲线）的问题搞清楚了，空间轨迹（曲面与空间曲线）的问题也就不难了.因此，在这一章里，我们先介绍平面曲线的方程，然后迅速地过渡到曲面与空间曲线方程的研究，这样不仅使我们对平面轨迹的问题作了复习并有了提高，而且使得一些看来较为复杂的空间轨迹问题也迎刃而解了.

对于空间曲线的一般方程的定义，要充分理解它的意义，这里特别强调用两个通过曲线 L 的曲面方程

$$F_1(x,y,z)=0$$

与

$$F_2(x,y,z)=0$$

来表示，这两个曲面除去曲线 L 上的点是它们的公共点之外，再也没有别的公共点；反过来，联立任意给定的两个曲面方程，它们可能不表示任何空间曲线.例如给定两球面方程 $x^2+y^2+z^2=1$ 与 $x^2+y^2+z^2=2$，方程组

$$\begin{cases}x^2+y^2+z^2=1,\\ x^2+y^2+z^2=2\end{cases}$$

不表示任何空间曲线，因为这是两个同心球面，没有任何的公共点.

通过轨迹方程的建立，就把几何问题归结为代数问题，从而可用代数的方法来解

决几何问题，例如求三曲面的公共点的问题就归结为求三曲面方程的公共解，也就是解三元联立方程组的问题，例如方程组

$$\begin{cases}F_1(x,y,z)=0,\\F_2(x,y,z)=0,\\F_3(x,y,z)=0\end{cases}$$

如果有实数解，那么三曲面 $F_1(x,y,z)=0$，$F_2(x,y,z)=0$ 与 $F_3(x,y,z)=0$ 有公共点，它的解就是公共点的坐标；如果方程组无解，那么就意味着三曲面没有公共点.

一个曲面方程 $F(x,y,z)=0$ 的左端，如果能分解因式，比如 $F(x,y,z)=f(x,y,z)\cdot\varphi(x,y,z)$，那么方程 $F(x,y,z)=0$ 所表示的曲面是两个曲面，它们的方程分别为 $f(x,y,z)=0$ 与 $\varphi(x,y,z)=0$.在这里不可把它写成方程组的形式，因为方程组

$$\begin{cases}f(x,y,z)=0,\\\varphi(x,y,z)=0\end{cases}$$

表示两曲面的交线（如果存在的话）.例如方程 $xy=0$ 表示两个坐标面 $x=0$ 与 $y=0$，而方程组

$$\begin{cases}x=0,\\y=0\end{cases}$$

却表示两个坐标面 yOz 与 xOz 的交线，即 z 轴了.

复习与测试

第三章 平面与空间直线

学习要求

§ 3.1 平面的方程

1. 由平面上一点与平面的方位向量决定的平面方程

在空间给定了一点 M_0 与两个不共线的向量 $\boldsymbol{a},\boldsymbol{b}$,那么通过点 M_0 且与向量 $\boldsymbol{a},\boldsymbol{b}$ 平行的平面 π 就惟一地被确定,向量 $\boldsymbol{a},\boldsymbol{b}$ 叫做平面 π 的方位向量,显然任何一对与平面 π 平行的不共线向量都可以作为平面 π 的方位向量.

在空间,取仿射坐标系 $\{O;\boldsymbol{e}_1,\boldsymbol{e}_2,\boldsymbol{e}_3\}$,并设点 M_0 的向径 $\overrightarrow{OM_0}=\boldsymbol{r}_0$,平面 π 上的任意一点 M 的向径为 $\overrightarrow{OM}=\boldsymbol{r}$(图 3-1),显然点 M 在平面 π 上的充要条件为向量 $\overrightarrow{M_0M}$ 与 $\boldsymbol{a},\boldsymbol{b}$ 共面.因为 $\boldsymbol{a},\boldsymbol{b}$ 不共线,所以这个共面的条件可以写成

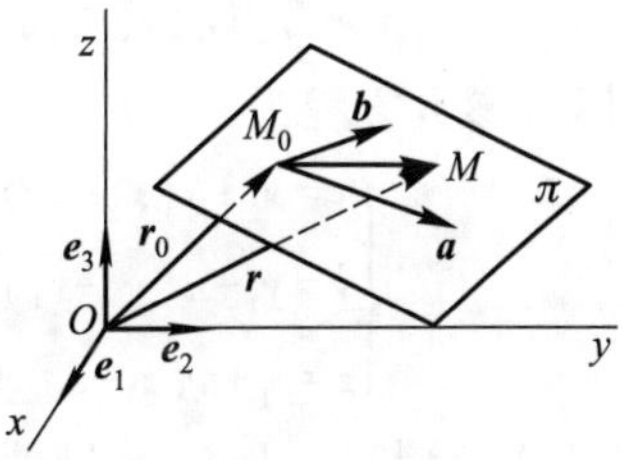

图 3-1

$$\overrightarrow{M_0M}=u\boldsymbol{a}+v\boldsymbol{b},$$

又因为 $\overrightarrow{M_0M}=\boldsymbol{r}-\boldsymbol{r}_0$,所以上式可改写为

$$\boldsymbol{r}-\boldsymbol{r}_0=u\boldsymbol{a}+v\boldsymbol{b}$$

即

$$\boldsymbol{r}=\boldsymbol{r}_0+u\boldsymbol{a}+v\boldsymbol{b}, \tag{3.1-1}$$

方程(3.1-1)叫做平面 π 的向量式参数方程,其中 u,v 为参数.

如果设点 M_0,M 的坐标分别为 (x_0,y_0,z_0),(x,y,z),那么

$$\boldsymbol{r}_0=\{x_0,y_0,z_0\},\ \boldsymbol{r}=\{x,y,z\};$$

并设

$$\boldsymbol{a}=\{X_1,Y_1,Z_1\},\ \boldsymbol{b}=\{X_2,Y_2,Z_2\},$$

那么由(3.1-1)得

$$\begin{cases}x=x_0+X_1u+X_2v,\\ y=y_0+Y_1u+Y_2v,\\ z=z_0+Z_1u+Z_2v.\end{cases} \tag{3.1-2}$$

(3.1-2)叫做平面 π 的坐标式参数方程,其中 u,v 为参数.

将(3.1-1)或 $\boldsymbol{r}-\boldsymbol{r}_0=u\boldsymbol{a}+v\boldsymbol{b}$ 两边与 $\boldsymbol{a}\times\boldsymbol{b}$ 作数量积,消去参数 u,v 得

$$(\boldsymbol{r}-\boldsymbol{r}_0,\boldsymbol{a},\boldsymbol{b})=0, \qquad (3.1-3)$$

从(3.1-2)消去参数 u,v 得

$$\begin{vmatrix} x-x_0 & y-y_0 & z-z_0 \\ X_1 & Y_1 & Z_1 \\ X_2 & Y_2 & Z_2 \end{vmatrix}=0, \qquad (3.1-4)$$

(3.1-1),(3.1-2),(3.1-3),(3.1-4)都叫做平面的点位式方程.

例 1 已知不共线三点 $M_1(x_1,y_1,z_1)$,$M_2(x_2,y_2,z_2)$,$M_3(x_3,y_3,z_3)$,求通过 M_1,M_2,M_3 三点的平面 π 的方程.

解 取平面 π 的方位向量 $\boldsymbol{a}=\overrightarrow{M_1M_2}$,$\boldsymbol{b}=\overrightarrow{M_1M_3}$,并设点 $M(x,y,z)$ 为平面 π 上的任意一点(图 3-2),那么

$$\boldsymbol{r}=\overrightarrow{OM}=\{x,y,z\},$$

$$\boldsymbol{r}_i=\overrightarrow{OM_i}=\{x_i,y_i,z_i\}\ (i=1,2,3),$$

$$\boldsymbol{a}=\overrightarrow{M_1M_2}=\boldsymbol{r}_2-\boldsymbol{r}_1=\{x_2-x_1,y_2-y_1,z_2-z_1\},$$

$$\boldsymbol{b}=\overrightarrow{M_1M_3}=\boldsymbol{r}_3-\boldsymbol{r}_1=\{x_3-x_1,y_3-y_1,z_3-z_1\},$$

因此平面 π 的向量式参数方程为

$$\boldsymbol{r}=\boldsymbol{r}_1+u(\boldsymbol{r}_2-\boldsymbol{r}_1)+v(\boldsymbol{r}_3-\boldsymbol{r}_1); \qquad (3.1-5)$$

坐标式参数方程为

$$\begin{cases} x=x_1+u(x_2-x_1)+v(x_3-x_1), \\ y=y_1+u(y_2-y_1)+v(y_3-y_1), \\ z=z_1+u(z_2-z_1)+v(z_3-z_1); \end{cases} \qquad (3.1-6)$$

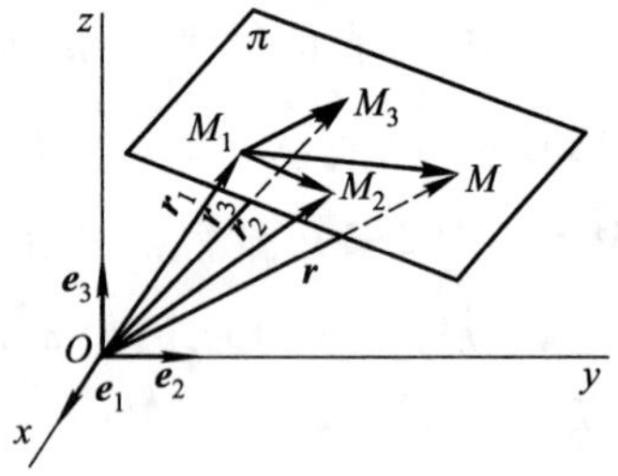

图 3-2

从(3.1-5)与(3.1-6)分别消去参数 u,v 得

$$(\boldsymbol{r}-\boldsymbol{r}_1,\boldsymbol{r}_2-\boldsymbol{r}_1,\boldsymbol{r}_3-\boldsymbol{r}_1)=0 \qquad (3.1-7)$$

与

$$\begin{vmatrix} x-x_1 & y-y_1 & z-z_1 \\ x_2-x_1 & y_2-y_1 & z_2-z_1 \\ x_3-x_1 & y_3-y_1 & z_3-z_1 \end{vmatrix}=0; \qquad (3.1-8)$$

(3.1-8)又可改写为

$$\begin{vmatrix} x & y & z & 1 \\ x_1 & y_1 & z_1 & 1 \\ x_2 & y_2 & z_2 & 1 \\ x_3 & y_3 & z_3 & 1 \end{vmatrix}=0. \qquad (3.1-8')$$

方程(3.1-5)—(3.1-8′)都叫做平面的三点式方程.

作为三点式的特例,如果已知三点为平面与三坐标轴的交点 $M_1(a,0,0)$,$M_2(0,b,0)$,$M_3(0,0,c)$(其中 $abc\neq0$)(图 3-3),那么由(3.1-8)得

$$\begin{vmatrix} x-a & y & z \\ -a & b & 0 \\ -a & 0 & c \end{vmatrix}=0,$$

把它展开可写成

$$bcx+acy+abz=abc,$$

由于 $abc\neq 0$,上式可改写为

$$\frac{x}{a}+\frac{y}{b}+\frac{z}{c}=1. \qquad (3.1-9)$$

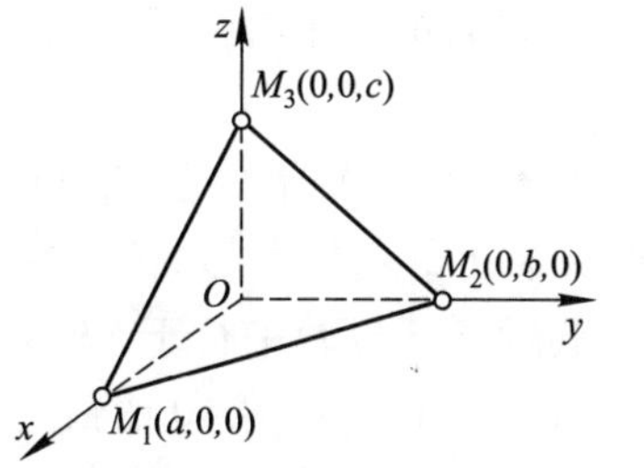

图 3-3

(3.1-9)叫做平面的截距式方程,其中 a,b,c 分别叫做平面在三坐标轴上的截距.

2. 平面的一般方程

因为空间任一平面都可以用它上面的一点 $M_0(x_0,y_0,z_0)$ 和它的方位向量 $\boldsymbol{a}=\{X_1,Y_1,Z_1\}$,$\boldsymbol{b}=\{X_2,Y_2,Z_2\}$ 确定,因而任一平面都可以用方程(3.1-4)表示,把(3.1-4)展开就可写成

$$Ax+By+Cz+D=0, \qquad (3.1-10)$$

其中 $A=\begin{vmatrix} Y_1 & Z_1 \\ Y_2 & Z_2 \end{vmatrix}, B=\begin{vmatrix} Z_1 & X_1 \\ Z_2 & X_2 \end{vmatrix}, C=\begin{vmatrix} X_1 & Y_1 \\ X_2 & Y_2 \end{vmatrix}, D=-\begin{vmatrix} x_0 & y_0 & z_0 \\ X_1 & Y_1 & Z_1 \\ X_2 & Y_2 & Z_2 \end{vmatrix}.$

因为 $\boldsymbol{a},\boldsymbol{b}$ 不共线,所以 A,B,C 不全为零,这表明空间任一平面都可以用关于 x,y,z 的三元一次方程来表示.

反过来,也可证明,任一关于变元 x,y,z 的一次方程(3.1-10)都表示一个平面.事实上,因为 A,B,C 不全为零,不失一般性,可设 $A\neq 0$.那么(3.1-10)可改写成

$$A^2\left(x+\frac{D}{A}\right)+ABy+ACz=0,$$

即

$$\begin{vmatrix} x+\frac{D}{A} & y & z \\ B & -A & 0 \\ C & 0 & -A \end{vmatrix}=0,$$

显然,它表示由点 $M_0\left(-\frac{D}{A},0,0\right)$ 和两个不共线向量 $\{B,-A,0\}$ 和 $\{C,0,-A\}$ 所决定的平面,因此我们证明了关于空间中平面的基本定理:

定理 3.1.1 空间中任一平面的方程都可表示成一个关于变量 x,y,z 的一次方程;反过来,每一个关于变量 x,y,z 的一次方程都表示一个平面.

方程(3.1-10)叫做平面的一般方程.

现在来讨论(3.1-10)的几种特殊情况,也就是当(3.1-10)中的某些系数或常数项等于零时,平面对坐标系来说具有某种特殊位置的情况.

1° $D=0$,(3.1-10)变为 $Ax+By+Cz=0$,此时原点(0,0,0)满足方程,因此平面通过原点;反过来,如果平面(3.1-10)通过原点,那么显然有 $D=0$.

2° A,B,C 中有一为零,例如 $C=0$,(3.1-10)就变为

$$Ax+By+D=0,$$

当 $D\neq0$ 时,z 轴上的任意点 $(0,0,z)$ 都不满足方程,所以平面与 z 轴平行;而当 $D=0$ 时,z 轴上的每一点都满足方程,这时 z 轴在平面上,即平面通过 z 轴.反过来容易知道,当平面(3.1-10)平行于 z 轴时 $D\neq0,C=0$;当(3.1-10)通过 z 轴时,$D=C=0$.

对于 $A=0$ 或 $B=0$ 的情况,可以得出类似的结论.

因此,由 1°与 2°我们有:

当且仅当 $D=0$,平面(3.1-10)通过原点.

当且仅当 $D\neq0,C=0$ ($B=0$ 或 $A=0$),平面(3.1-10)平行于 z 轴(y 轴或 x 轴);当且仅当 $D=0,C=0$ ($B=0$ 或 $A=0$),平面(3.1-10)通过 z 轴(y 轴或 x 轴).

3° A,B,C 中有两个为零的情况,我们由 1°与 2°立刻可得下面的结论:

当且仅当 $D\neq0,B=C=0$ ($A=C=0$ 或 $A=B=0$),平面(3.1-10)平行于 yOz 坐标面(xOz 面或 xOy 面);当且仅当 $D=0,B=C=0$ ($A=C=0$ 或 $A=B=0$),平面(3.1-10)即为 yOz 坐标面(xOz 面或 xOy 面).

例 2 求通过点 $M_1(2,-1,1)$ 与 $M_2(3,-2,1)$,且平行于 z 轴的平面的方程.

解 设平行于 z 轴的平面方程为

$$Ax+By+D=0,$$

因为它又要通过 $M_1(2,-1,1)$ 与 $M_2(3,-2,1)$,所以有

$$2A-B+D=0,\quad 3A-2B+D=0,$$

由上两式得

$$A:B:D=\begin{vmatrix}-1&1\\-2&1\end{vmatrix}:\begin{vmatrix}1&2\\1&3\end{vmatrix}:\begin{vmatrix}2&-1\\3&-2\end{vmatrix}=1:1:(-1).$$

所以所求的平面方程为

$$x+y-1=0.$$

3. 平面的法式方程

如果在空间给定一点 M_0 和一个非零向量 $\boldsymbol{n}$,那么通过点 M_0 且与向量 $\boldsymbol{n}$ 垂直的平面也惟一地被确定.我们把与平面垂直的非零向量 $\boldsymbol{n}$ 叫做平面的法向量.

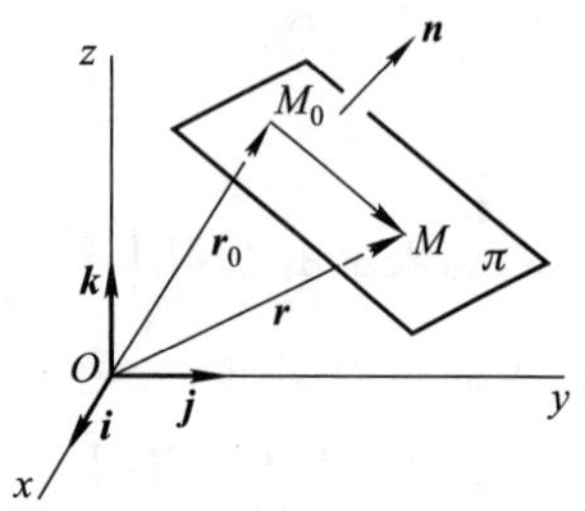

图 3-4

取空间直角坐标系 $\{O;\boldsymbol{i},\boldsymbol{j},\boldsymbol{k}\}$,设点 M_0 的向径为 $\overrightarrow{OM_0}=\boldsymbol{r}_0$,平面 π 上的任意一点 M 的向径为 $\overrightarrow{OM}=\boldsymbol{r}$ (图 3-4).显然点 M 在平面 π 上的充要条件是向量 $\overrightarrow{M_0M}=\boldsymbol{r}-\boldsymbol{r}_0$ 与 $\boldsymbol{n}$ 垂直,这个条件可写成

$$\boldsymbol{n}\cdot(\boldsymbol{r}-\boldsymbol{r}_0)=0. \tag{3.1-11}$$

如果设 $\boldsymbol{n}=\{A,B,C\}$,$M_0(x_0,y_0,z_0)$,$M(x,y,z)$,那么

$$\boldsymbol{r}_0=\{x_0,y_0,z_0\},\quad \boldsymbol{r}=\{x,y,z\},\quad \boldsymbol{r}-\boldsymbol{r}_0=\{x-x_0,y-y_0,z-z_0\},$$

于是(3.1-11)又可表示成

$$A(x-x_0)+B(y-y_0)+C(z-z_0)=0. \tag{3.1-12}$$

方程(3.1-11)与(3.1-12)都叫做平面的点法式方程.

如果记 $D=-(Ax_0+By_0+Cz_0)$，那么(3.1-12)即成为

$$Ax+By+Cz+D=0.$$

由此可见，在直角坐标系下，平面 π 的一般方程(3.1-10)中一次项系数 A,B,C 有简明的几何意义，它们是平面 π 的一个法向量 $\boldsymbol{n}$ 的坐标.

如果平面上的点 M_0 特殊地取自原点 O 向平面 π 所引垂线的垂足 P，而 π 的法向量取单位法向量 $\boldsymbol{n}^0$，当平面不过原点时，$\boldsymbol{n}^0$ 的正向取作与向量$\overrightarrow{OP}$相同(图3-5)；当平面通过原点时，$\boldsymbol{n}^0$ 的正向在垂直于平面的两个方向中任意取定一个，设

$$|\overrightarrow{OP}|=p,$$

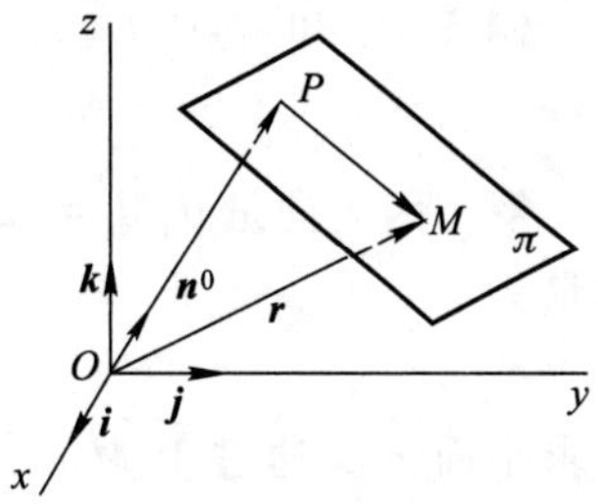

图 3-5

那么点 P 的向径 $\overrightarrow{OP}=p\boldsymbol{n}^0$，因此根据(3.1-11)，由点 P 和法向量 $\boldsymbol{n}^0$ 决定的平面 π 的方程为

$$\boldsymbol{n}^0\cdot(\boldsymbol{r}-p\boldsymbol{n}^0)=0,$$

式中 $\boldsymbol{r}$ 是平面 π 上任意点M 的向径. 因为 $\boldsymbol{n}^0\cdot\boldsymbol{n}^0=1$，所以上式可写成

$$\boldsymbol{n}^0\cdot\boldsymbol{r}-p=0, \tag{3.1-13}$$

(3.1-13)叫做平面的向量式法式方程.

如果设

$$\boldsymbol{r}=\{x,y,z\},\quad \boldsymbol{n}^0=\{\cos\alpha,\cos\beta,\cos\gamma\},$$

那么由(3.1-13)得

$$x\cos\alpha+y\cos\beta+z\cos\gamma-p=0. \tag{3.1-14}$$

(3.1-14)叫做平面的坐标式法式方程或简称法式方程.

平面的法式方程(3.1-14)是具有下列两个特征的一种一般方程：① 一次项的系数是单位法向量的坐标，它们的平方和等于1；② 因为 p 是原点 O 到平面 π 的距离，所以常数项 $-p\leqslant 0$.

根据平面的法式方程的两个特征，我们不难把平面的一般方程(3.1-10)，即 $Ax+By+Cz+D=0$ 化为平面的法式方程. 事实上，$\boldsymbol{n}=\{A,B,C\}$ 是平面的法向量，而 $\boldsymbol{r}=\overrightarrow{OM}=\{x,y,z\}$，所以(3.1-10)可写成

$$\boldsymbol{n}\cdot\boldsymbol{r}+D=0, \tag{3.1-15}$$

把(3.1-15)与(3.1-13)比较可知，只要以

$$\lambda=\frac{1}{\pm|\boldsymbol{n}|}=\frac{1}{\pm\sqrt{A^2+B^2+C^2}}$$

乘(3.1-10)就可得法式方程

$$\frac{Ax}{\pm\sqrt{A^2+B^2+C^2}}+\frac{By}{\pm\sqrt{A^2+B^2+C^2}}+\frac{Cz}{\pm\sqrt{A^2+B^2+C^2}}+\frac{D}{\pm\sqrt{A^2+B^2+C^2}}=0, \tag{3.1-16}$$

其中λ 的正负号选取一个，使它满足 $\lambda D=-p\leqslant 0$，或者说当 $D\neq 0$ 时，取 λ 的符号与 D 异号；当 $D=0$ 时，λ 的符号可以任意选取(正的或负的).

我们在前面已指出，在直角坐标系下，平面的一般方程(3.1-10)中一次项的系数 A,B,C 为平面的一个法向量的坐标，在这里我们又看到$-\lambda D=p$ 等于原点到这平面的

距离.平面的一般方程(3.1-10)乘上取定符号的 λ 以后,便可得到平面的法式方程(3.1-16),通常我们称这个变形为方程(3.1-10)的法式化,而因子

$$\lambda=\frac{1}{\pm\sqrt{A^2+B^2+C^2}}\ (\text{在取定符号后})$$

就叫做法式化因子.

例 3　已知两点 $M_1(1,-2,3)$ 与 $M_2(3,0,-1)$,求线段 M_1M_2 的垂直平分面 π 的方程.

解　因为向量 $\overrightarrow{M_1M_2}=\{2,2,-4\}=2\{1,1,-2\}$ 垂直于平面 π,所以平面 π 的一个法向量为

$$\boldsymbol{n}=\{1,1,-2\},$$

所求平面 π 又通过 M_1M_2 的中点 $M_0(2,-1,1)$,因此平面 π 的点法式方程为

$$(x-2)+(y+1)-2(z-1)=0,$$

化简整理得所求平面 π 的方程为

$$x+y-2z+1=0.$$

例 4　把平面 π 的方程 $3x-2y+6z+14=0$ 化为法式方程,求自原点指向平面 π 的单位法向量及其方向余弦,并求原点到平面的距离.

解　因为 $A=3,B=-2,C=6,D=14>0$,所以取法式化因子

$$\lambda=\frac{1}{-\sqrt{A^2+B^2+C^2}}=\frac{1}{-\sqrt{3^2+(-2)^2+6^2}}=-\frac{1}{7},$$

将已知的一般方程乘上 $\lambda=-\frac{1}{7}$,即得法式方程

$$-\frac{3}{7}x+\frac{2}{7}y-\frac{6}{7}z-2=0.$$

原点指向平面 π 的单位法向量为 $\boldsymbol{n}^0=\left\{-\frac{3}{7},\frac{2}{7},-\frac{6}{7}\right\}$,它的方向余弦为 $\cos\alpha=-\frac{3}{7}$, $\cos\beta=\frac{2}{7}$, $\cos\gamma=-\frac{6}{7}$,原点 O 到平面 π 的距离为 $p=2$.

习　题

1. 求下列各平面的坐标式参数方程和一般方程:

(1) 通过点 $M_1(3,1,-1)$ 和 $M_2(1,-1,0)$ 且平行于向量 $\{-1,0,2\}$ 的平面;

(2) 通过点 $M_1(1,-5,1)$ 和 $M_2(3,2,-2)$ 且垂直于 xOy 坐标面的平面;

(3) 已知四点 $A(5,1,3)$, $B(1,6,2)$, $C(5,0,4)$, $D(4,0,6)$,求通过直线 AB 且平行于直线 CD 的平面,并求通过直线 AB 且与 $\triangle ABC$ 所在平面垂直的平面.

2. 化平面方程 $x+2y-z+4=0$ 为截距式与参数式.

3. 证明向量 $\boldsymbol{v}=\{X,Y,Z\}$ 平行于平面 $Ax+By+Cz+D=0$ 的充要条件为:$AX+BY+CZ=0$.

4. 已知联结两点 $A(3,10,-5)$ 和 $B(0,12,z)$ 的线段平行于平面 $7x+4y-z-1=0$,求 B 点的 z 坐标.

5. 求下列平面的一般方程:

(1) 通过点 $M_1(2,-1,1)$ 和 $M_2(3,-2,1)$ 且分别平行于三坐标轴的三个平面;

(2) 过点 $M(3,2,-4)$ 且在 x 轴和 y 轴上截距分别为 -2 和 -3 的平面；

(3) 与平面 $5x+y-2z+3=0$ 垂直且分别通过三个坐标轴的三个平面；

(4) 已知两点 $M_1(3,-1,2)$，$M_2(4,-2,-1)$，通过 M_1 且垂直于 M_1M_2 的平面；

(5) 原点 O 在所求平面上的正投影为 $P(2,9,-6)$；

(6) 过点 $M_1(3,-5,1)$ 和 $M_2(4,1,2)$ 且垂直于平面 $x-8y+3z-1=0$ 的平面.

6. 将下列平面的一般方程化为法式方程：

(1) $x-2y+5z-3=0$；　(2) $x-y+1=0$；

(3) $x+2=0$；　(4) $4x-4y+7z=0$.

7. 求自坐标原点向以下各平面所引垂线的长和指向平面的单位法向量的方向余弦：

(1) $2x+3y+6z-35=0$；　(2) $x-2y+2z+21=0$.

8. 已知三角形顶点为 $A(0,-7,0)$，$B(2,-1,1)$，$C(2,2,2)$，求平行于 $\triangle ABC$ 所在的平面且与它相距为 2 个单位的平面方程.

9. 求与原点距离为 6 个单位，且在三坐标轴 x 轴，y 轴与 z 轴上的截距之比为 $a:b:c=-1:3:2$ 的平面.

10. 平面 $\frac{x}{a}+\frac{y}{b}+\frac{z}{c}=1$ 分别与三个坐标轴交于点 A,B,C，求 $\triangle ABC$ 的面积.

11. 设从坐标原点到平面 $\frac{x}{a}+\frac{y}{b}+\frac{z}{c}=1$ 的距离为 p，求证：

$$\frac{1}{a^2}+\frac{1}{b^2}+\frac{1}{c^2}=\frac{1}{p^2}.$$

§3.2　平面与点的相关位置

空间中平面与点的相关位置，有且只有两种情况，就是点在平面上，或点不在平面上.点在平面上的条件是点的坐标满足平面的方程.下面我们在直角坐标系下来讨论点不在平面上的情况.

1. 点与平面间的距离

定义 3.2.1　一点与平面上的点之间的最短距离，叫做该点与平面之间的*距离*.

显然，如果过该点引平面的垂线得垂足，那么该点与垂足间的距离即为该点与平面间的距离.如图3-6，$MM'\perp$ 平面 π，M' 为垂足，P 为平面 π 上的任意点，那么总有

$$\left|\overrightarrow{MM'}\right|\leqslant\left|\overrightarrow{MP}\right|,$$

当且仅当点 P 与 M' 重合时，式中的等号成立，所以 $\left|\overrightarrow{MM'}\right|$ 为点 M 与平面 π 间的距离.

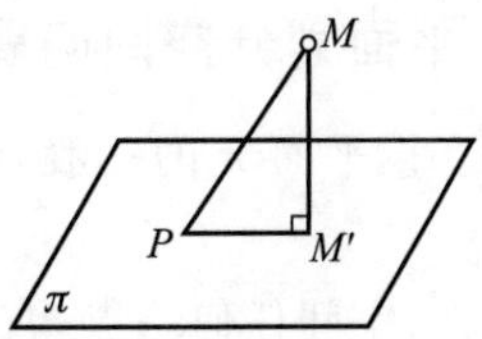

图 3-6

在求点与平面间的距离的计算公式之前，我们先引进点关于平面的离差的概念.

定义 3.2.2　如果自点 M_0 到平面 π 引垂线，其垂足为 Q，那么向量 $\overrightarrow{QM_0}$ 在平面 π 的单位法向量 $\boldsymbol{n}^0$ 上的射影叫做点 M_0 与平面 π 间的*离差*，记做

$$\delta=射影_{n^0}\overrightarrow{QM_0}. \tag{3.2-1}$$

容易看出,空间的点与平面间的离差,当且仅当点 M_0 位于平面 π 的单位法向量 $\boldsymbol{n}^0$ 所指向的一侧,$\overrightarrow{QM_0}$与 $\boldsymbol{n}^0$ 同向(图 3-7),离差 $\delta>0$;在平面 π 的另一侧,$\overrightarrow{QM_0}$与 $\boldsymbol{n}^0$ 方向相反(图 3-8),离差 $\delta<0$;当且仅当 M_0 在平面 π 上时,离差 $\delta=0$.

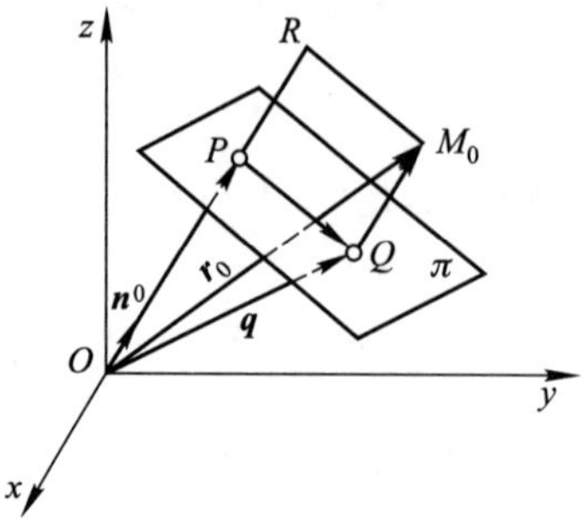

图 3-7

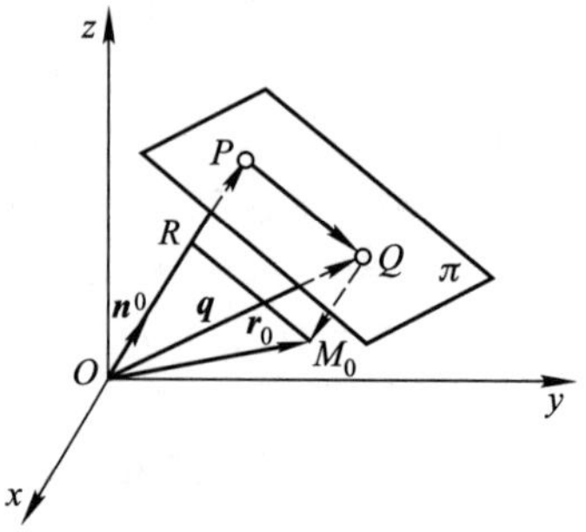

图 3-8

显然,离差的绝对值 $|\delta|$,就是点 M_0 与平面 π 之间的距离 d.

定理 3.2.1 点 M_0 与平面(3.1-13)间的离差为

$$\delta=\boldsymbol{n}^0\cdot\boldsymbol{r}_0-p, \tag{3.2-2}$$

这里 $\boldsymbol{r}_0=\overrightarrow{OM_0}$,$p=\left|\overrightarrow{OP}\right|$.

证 根据定义 3.2.2(图 3-7 或图 3-8)得

$$\delta=射影_{n^0}\overrightarrow{QM_0}=\boldsymbol{n}^0\cdot(\overrightarrow{OM_0}-\overrightarrow{OQ})=\boldsymbol{n}^0\cdot(\boldsymbol{r}_0-\boldsymbol{q})=\boldsymbol{n}^0\cdot\boldsymbol{r}_0-\boldsymbol{n}^0\cdot\boldsymbol{q},$$

其中 $\boldsymbol{q}=\overrightarrow{OQ}$, 而 Q 在平面(3.1-13)上,因此 $\boldsymbol{n}^0\cdot\boldsymbol{q}=p$,所以

$$\delta=\boldsymbol{n}^0\cdot\boldsymbol{r}_0-p.$$

推论 1 点 $M_0(x_0,y_0,z_0)$与平面(3.1-14)间的离差是

$$\delta=x_0\cos\alpha+y_0\cos\beta+z_0\cos\gamma-p. \tag{3.2-3}$$

推论 2 点 $M_0(x_0,y_0,z_0)$与平面 $Ax+By+Cz+D=0$ 间的距离为

$$d=\frac{|Ax_0+By_0+Cz_0+D|}{\sqrt{A^2+B^2+C^2}}. \tag{3.2-4}$$

2. 平面划分空间问题,三元一次不等式的几何意义

设平面 π 的一般方程为

$$Ax+By+Cz+D=0,$$

那么,空间任何一点 $M(x,y,z)$对平面的离差为

$$\delta=\lambda(Ax+By+Cz+D),$$

式中 λ 为平面 π 的法式化因子,所以有

$$Ax+By+Cz+D=\frac{1}{\lambda}\delta. \tag{3.2-5}$$

对于平面 π 同侧的点,δ 的符号相同;对于在 π 异侧的点,δ 有不同的符号.这是因

为当 M_1 与 M_2 是 π 同侧的点时，$\overrightarrow{Q_1M_1}$ 与 $\overrightarrow{Q_2M_2}$ 同向（图 3-9）；当 M_1 与 M_2 是 π 异侧的点时，$\overrightarrow{Q_1M_1}$ 与 $\overrightarrow{Q_2M_2}$ 方向相反（图 3-10）．因此由（3.2-5）式可以知道平面 $\pi: Ax+By+Cz+D=0$ 把空间划分为两部分，对于某一部分的点，$Ax+By+Cz+D>0$；而对于另一部分的点，则有 $Ax+By+Cz+D<0$．在平面 π 上的点，$Ax+By+Cz+D=0$．

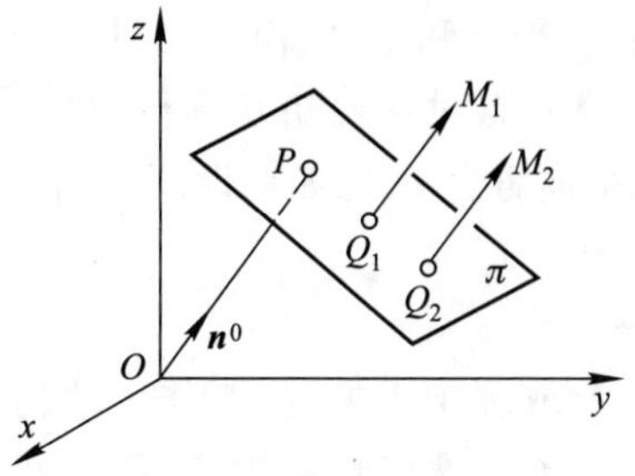

图 3-9

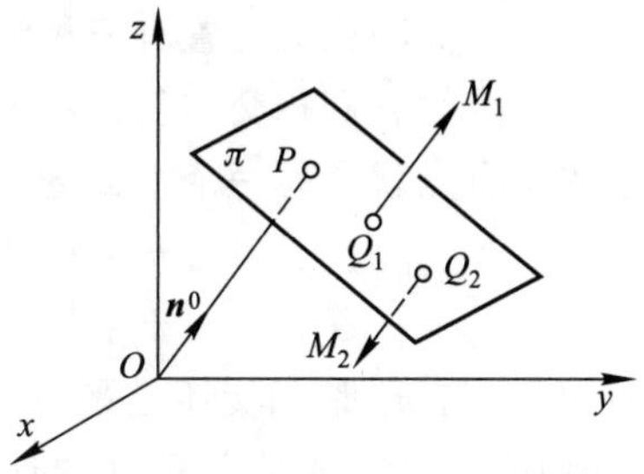

图 3-10

习　题

1. 计算下列点和平面间的离差和距离：

（1）$M(-2,4,3)$，$\pi: 2x-y+2z+3=0$；　　（2）$M(1,2,-3)$，$\pi: 5x-3y+z+4=0$.

2. 求下列各点坐标：

（1）在 y 轴上且到平面 $x+2y-2z-2=0$ 距离等于 4 个单位的点；

（2）在 z 轴上且到点 $M(1,-2,0)$ 与到平面 $3x-2y+6z-9=0$ 距离相等的点；

（3）在 x 轴上且到平面 $12x-16y+15z+1=0$ 和 $2x+2y-z-1=0$ 距离相等的点.

3. 已知四面体的四个顶点为 $S(0,6,4)$，$A(3,5,3)$，$B(-2,11,-5)$，$C(1,-1,4)$．计算从顶点 S 向底面 ABC 所引的高.

4. 求球心在 $C(3,-5,-2)$ 且与平面 $2x-y-3z+11=0$ 相切的球面方程.

5. 求通过 x 轴且与点 $M(5,4,13)$ 相距 8 个单位的平面方程.

6. 求与下列各对平面距离相等的点的轨迹：

（1）$3x+6y-2z-7=0$ 和 $4x-3y-5=0$；　　（2）$9x-y+2z-14=0$ 和 $9x-y+2z+6=0$.

7. 设平面 π 为 $Ax+By+Cz+D=0$，它与联结两点 $M_1(x_1,y_1,z_1)$ 和 $M_2(x_2,y_2,z_2)$ 的直线相交于点 M，且 $\overrightarrow{M_1M}=\lambda\,\overrightarrow{MM_2}$，求证：

$$\lambda=-\frac{Ax_1+By_1+Cz_1+D}{Ax_2+By_2+Cz_2+D}.$$

8. 已知平面 $\pi: x+2y-3z+4=0$，点 $O(0,0,0)$，$A(1,1,4)$，$B(1,0,-2)$，$C(2,0,2)$，$D(0,0,4)$，$E(1,3,0)$，$F(-1,0,1)$，试区分上述各点哪些在平面 π 的某一侧，哪些在 π 的另一侧，哪些点在平面上.

9. 判别点 $M(2,-1,1)$ 和 $N(1,2,-3)$ 在由下列相交平面所构成的同一个二面角内，还是分别在相邻二面角内，或是在对顶的二面角内.

（1）$\pi_1: 3x-y+2z-3=0$ 与 $\pi_2: x-2y-z+4=0$；　　（2）$\pi_1: 2x-y+5z-1=0$ 与 $\pi_2: 3x-2y+6z-1=0$.

10. 试求由平面 $\pi_1: 2x-y+2z-3=0$ 与 $\pi_2: 3x+2y-6z-1=0$ 所构成的二面角的角平分面的方程，在此二面角内有点 $M(1,2,-3)$.

§3.3　两平面的相关位置

空间两个平面的相关位置有三种情形，即相交、平行和重合，而且当且仅当两平面有一部分公共点时它们相交，当且仅当两平面无公共点时它们相互平行，当且仅当一个平面上的所有点就是另一个平面的点时，这两平面重合.因此如果设两平面的方程为

$$\pi_1: A_1x+B_1y+C_1z+D_1=0, \tag{1}$$

$$\pi_2: A_2x+B_2y+C_2z+D_2=0, \tag{2}$$

那么两平面 π_1 与 π_2 是相交还是平行或是重合，就取决于由方程(1)与(2)构成的方程组是有解还是无解，或是方程(1)与(2)仅相差一个不为零的数因子，因此我们就得到了下面的定理.

定理 3.3.1　两平面(1)与(2)相交的充要条件是

$$A_1:B_1:C_1\neq A_2:B_2:C_2, \tag{3.3-1}$$

平行的充要条件是

$$\frac{A_1}{A_2}=\frac{B_1}{B_2}=\frac{C_1}{C_2}\neq\frac{D_1}{D_2}, \tag{3.3-2}$$

重合的充要条件是

$$\frac{A_1}{A_2}=\frac{B_1}{B_2}=\frac{C_1}{C_2}=\frac{D_1}{D_2}. \tag{3.3-3}$$

在直角坐标系下，由于两平面 π_1 与 π_2 的法向量分别为

$$\boldsymbol{n}_1=\{A_1,B_1,C_1\} \text{ 与 } \boldsymbol{n}_2=\{A_2,B_2,C_2\},$$

而当且仅当 $\boldsymbol{n}_1$ 不平行于 $\boldsymbol{n}_2$ 时，π_1 与 π_2 相交；当且仅当 $\boldsymbol{n}_1/\!/\boldsymbol{n}_2$ 时，π_1 与 π_2 平行或重合.因此我们同样可得两平面 π_1 与 π_2 相交的充要条件是(3.3-1)，平行或重合的充要条件是

$$\frac{A_1}{A_2}=\frac{B_1}{B_2}=\frac{C_1}{C_2}. \tag{3.3-4}$$

现在让我们在直角坐标系下来研究两平面的交角.

设两平面 π_1 与 π_2 间的二面角用 $\angle(\pi_1,\pi_2)$ 来表示，而两平面的法向量 $\boldsymbol{n}_1$ 与 $\boldsymbol{n}_2$ 的夹角记为 $\theta=\angle(\boldsymbol{n}_1,\boldsymbol{n}_2)$，那么显然有(图 3-11)

$$\angle(\pi_1,\pi_2)=\theta \text{ 或 } \pi-\theta.$$

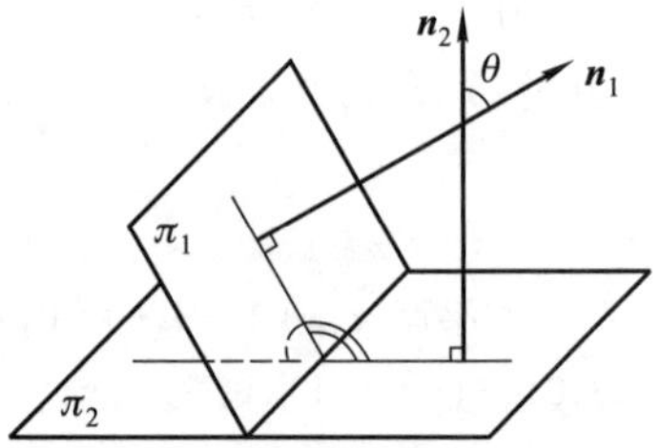

图 3-11

因此我们得到

$$\cos\angle(\pi_1,\pi_2)=\pm\cos\theta=\pm\frac{\boldsymbol{n}_1\cdot\boldsymbol{n}_2}{|\boldsymbol{n}_1||\boldsymbol{n}_2|}$$

$$=\pm\frac{A_1A_2+B_1B_2+C_1C_2}{\sqrt{A_1^2+B_1^2+C_1^2}\sqrt{A_2^2+B_2^2+C_2^2}}. \tag{3.3-5}$$

显然平面 π_1 与 π_2 互相垂直的充分必要条件为 $\angle(\pi_1,\pi_2)=\frac{\pi}{2}$，即 $\cos\angle(\pi_1,\pi_2)=$

0，因此从(3.3-5)我们得

定理 3.3.2　两平面(1)与(2)相互垂直的充要条件是

$$A_1A_2+B_1B_2+C_1C_2=0. \tag{3.3-6}$$

习　题

1. 判别下列各对平面的相关位置：

(1) $x+2y-4z+1=0$ 与 $\frac{x}{4}+\frac{y}{2}-z-3=0$；　(2) $2x-y-2z-5=0$ 与 $x+3y-z-1=0$；

(3) $6x+2y-4z+3=0$ 与 $9x+3y-6z-\frac{9}{2}=0$.

2. 分别在下列条件下确定 l,m,n 的值：

(1) 使 $(l-3)x+(m+1)y+(n-3)z+8=0$ 和 $(m+3)x+(n-9)y+(l-3)z-16=0$ 表示同一平面；

(2) 使 $2x+my+3z-5=0$ 与 $lx-6y-6z+2=0$ 表示两平行平面；

(3) 使 $lx+y-3z+1=0$ 与 $7x-2y-z=0$ 表示两互相垂直的平面.

3. 求下列两平行平面间的距离：

(1) $19x-4y+8z+21=0,19x-4y+8z+42=0$；　(2) $3x+6y-2z-7=0,3x+6y-2z+14=0$.

4. 求下列各组平面所成的角：

(1) $x+y-11=0,3x+8=0$；　(2) $2x-3y+6z-12=0,x+2y+2z-7=0$.

5. 求下列平面的方程：

(1) 通过点 $M_1(0,0,1)$ 和 $M_2(3,0,0)$ 且与坐标面 xOy 成 $60°$ 角的平面；

(2) 过 z 轴且与平面 $2x+y-\sqrt{5}z-7=0$ 成 $60°$ 角的平面.

6. 设三平行平面 $\pi_i: Ax+By+Cz+D_i=0\ (i=1,2,3)$，$L,M,N$ 依次是平面 π_1,π_2,π_3 上的任意点，求 $\triangle LMN$ 的重心的轨迹.

§ 3.4　空间直线的方程

1. 由直线上一点与直线的方向所决定的直线方程

在空间给定了一点 M_0 与一个非零向量 $\boldsymbol{v}$，那么通过点 M_0 且与向量 $\boldsymbol{v}$ 平行的直线 l 就惟一地被确定，向量 $\boldsymbol{v}$ 叫做直线 l 的方向向量. 显然，任何一个与直线 l 平行的非零向量都可以作为直线 l 的方向向量.

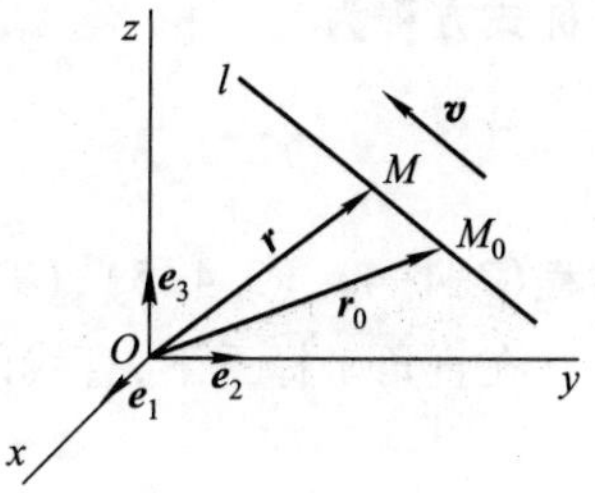

图 3-12

现按给定条件导出直线的方程. 在空间取仿射坐标系 $\{O;\boldsymbol{e}_1,\boldsymbol{e}_2,\boldsymbol{e}_3\}$，并设点 M_0 的向径为 $\overrightarrow{OM_0}=\boldsymbol{r}_0$，直线 l 上的任意点 M 的向径为 $\overrightarrow{OM}=\boldsymbol{r}$ (图 3-12)，那么，显然点 M 在直线 l 上的充要条件为 $\overrightarrow{M_0M}$ 与 $\boldsymbol{v}\neq\boldsymbol{0}$ 共线，也就是

$$\overrightarrow{M_0M}=t\boldsymbol{v},$$

即

$$\boldsymbol{r}-\boldsymbol{r}_0=t\boldsymbol{v},$$

所以

$$\boldsymbol{r}=\boldsymbol{r}_0+t\boldsymbol{v}. \tag{3.4-1}$$

(3.4-1)叫做直线 l 的向量式参数方程,其中 t 为参数.

如果设点 $M_0(x_0,y_0,z_0)$,$M(x,y,z)$,那么 $\boldsymbol{r}_0=\{x_0,y_0,z_0\}$,$\boldsymbol{r}=\{x,y,z\}$;又设 $\boldsymbol{v}=\{X,Y,Z\}$,那么由(3.4-1)式得

$$\begin{cases}x=x_0+Xt,\\ y=y_0+Yt,\\ z=z_0+Zt.\end{cases} \tag{3.4-2}$$

(3.4-2)叫做直线 l 的坐标式参数方程.

由(3.4-2)消去参数 t,那么得到

$$\frac{x-x_0}{X}=\frac{y-y_0}{Y}=\frac{z-z_0}{Z}. \tag{3.4-3}$$

(3.4-3)叫做直线 l 的对称式方程或称直线 l 的标准方程.

例 1　求通过空间两点 $M_1(x_1,y_1,z_1)$ 和 $M_2(x_2,y_2,z_2)$ 的直线 l 的方程.

解　取 $\boldsymbol{v}=\overrightarrow{M_1M_2}$ 作为直线 l 的方向向量,设 $M(x,y,z)$ 为直线 l 上的任意点(图 3-13),那么

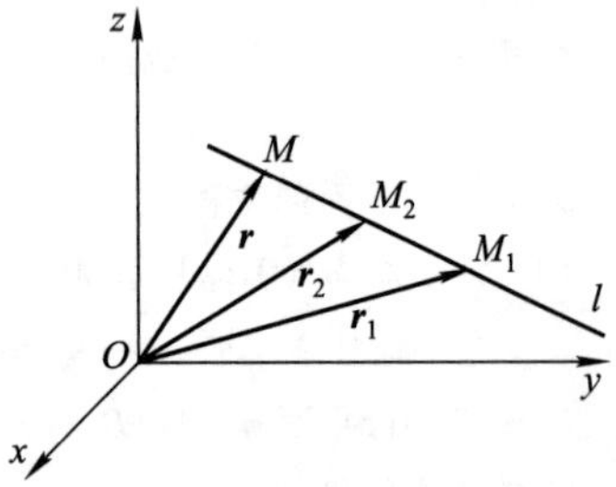

图 3-13

$$\boldsymbol{r}=\overrightarrow{OM}=\{x,y,z\},$$

$$\boldsymbol{r}_i=\overrightarrow{OM_i}=\{x_i,y_i,z_i\}\ (i=1,2),$$

$$\boldsymbol{v}=\overrightarrow{M_1M_2}=\boldsymbol{r}_2-\boldsymbol{r}_1=\{x_2-x_1,y_2-y_1,z_2-z_1\},$$

所以直线 l 的向量式参数方程为

$$\boldsymbol{r}=\boldsymbol{r}_1+t(\boldsymbol{r}_2-\boldsymbol{r}_1); \tag{3.4-4}$$

坐标式参数方程为

$$\begin{cases}x=x_1+t(x_2-x_1),\\ y=y_1+t(y_2-y_1),\\ z=z_1+t(z_2-z_1);\end{cases} \tag{3.4-5}$$

对称式方程为

$$\frac{x-x_1}{x_2-x_1}=\frac{y-y_1}{y_2-y_1}=\frac{z-z_1}{z_2-z_1}. \tag{3.4-6}$$

方程(3.4-4),(3.4-5),(3.4-6)都叫做直线 l 的两点式方程.

在直角坐标系下,直线的方向向量常常取单位向量

$$\boldsymbol{v}^0=\{\cos\alpha,\cos\beta,\cos\gamma\},$$

这时直线 l 的参数方程为

$$\boldsymbol{r}=\boldsymbol{r}_0+t\boldsymbol{v}^0, \tag{3.4-7}$$

或

$$\begin{cases}x=x_0+t\cos\alpha,\\y=y_0+t\cos\beta,\\z=z_0+t\cos\gamma,\end{cases}\tag{3.4-8}$$

直线 l 的对称式方程为

$$\frac{x-x_0}{\cos\alpha}=\frac{y-y_0}{\cos\beta}=\frac{z-z_0}{\cos\gamma},\tag{3.4-9}$$

这时(3.4-7)中的 t 的绝对值恰好是直线 l 上的两点 M_0 与 M 间的距离,这是因为

$$|t|=|\boldsymbol{r}-\boldsymbol{r}_0|=|\overrightarrow{MM_0}|.$$

直线的方向向量的方向角 α,β,γ 与方向余弦 $\cos\alpha,\cos\beta,\cos\gamma$ 分别叫做*直线的方向角与方向余弦*;直线的方向向量的坐标 X,Y,Z 或与它成比例的一组数 l,m,n ($l:m:n=X:Y:Z$)叫做*直线的方向数*.由于与直线共线的任何非零向量,都可以作为直线的方向向量,因此 $\pi-\alpha,\pi-\beta,\pi-\gamma$ 以及 $\cos(\pi-\alpha)=-\cos\alpha,\cos(\pi-\beta)=-\cos\beta,\cos(\pi-\gamma)=-\cos\gamma$,也可以分别看作是直线的方向角与方向余弦.显然直线的方向余弦与方向数之间有着下面的关系:

$$\cos\alpha=\frac{l}{\sqrt{l^2+m^2+n^2}},\quad\cos\beta=\frac{m}{\sqrt{l^2+m^2+n^2}},\quad\cos\gamma=\frac{n}{\sqrt{l^2+m^2+n^2}};\tag{3.4-10}$$

或

$$\cos\alpha=-\frac{l}{\sqrt{l^2+m^2+n^2}},\quad\cos\beta=-\frac{m}{\sqrt{l^2+m^2+n^2}},\quad\cos\gamma=-\frac{n}{\sqrt{l^2+m^2+n^2}}.\tag{3.4-10$'$}$$

由于这里所讨论的直线,一般都不是有向直线,而且两非零向量 $\{X,Y,Z\}$ 与 $\{X',Y',Z'\}$ 共线的充要条件为

$$\frac{X}{X'}=\frac{Y}{Y'}=\frac{Z}{Z'},$$

或写成

$$X:Y:Z=X':Y':Z',$$

所以我们将用 $X:Y:Z$ 来表示与非零向量 $\{X,Y,Z\}$ 共线的直线的方向(数);同样,在平面上用 $X:Y$ 表示与向量 $\{X,Y\}$ 共线的直线的方向(数).

2. 直线的一般方程

设有两个平面 π_1 和 π_2 的方程为

$$\left.\begin{aligned}\pi_1:\quad A_1x+B_1y+C_1z+D_1=0,\\\pi_2:\quad A_2x+B_2y+C_2z+D_2=0.\end{aligned}\right\}\tag{3.4-11}$$

如果 $A_1:B_1:C_1\neq A_2:B_2:C_2$,即方程组(3.4-11)中的系数行列式

$$\begin{vmatrix}B_1&C_1\\B_2&C_2\end{vmatrix},\quad\begin{vmatrix}C_1&A_1\\C_2&A_2\end{vmatrix},\quad\begin{vmatrix}A_1&B_1\\A_2&B_2\end{vmatrix}$$

不全为零,那么平面 π_1 与 π_2 相交,它们的交线设为直线 l,因为直线 l 上的任意一点同在这两平面上,所以它的坐标必满足方程组(3.4-11);反过来,坐标满足方程组

(3.4-11)的点同在两平面上,因而一定在这两平面的交线即直线 l 上.因此方程组(3.4-11)表示直线 l 的方程,我们把它叫做**直线的一般方程**.

直线的标准方程(3.4-3)是一般方程的特殊情形.事实上,我们总可以将标准方程(3.4-3)表示为一般方程的形式,这是因为在(3.4-3)中 X,Y,Z 不全为零,不妨设 $Z\neq 0$,那么(3.4-3)可先改写成

$$\begin{cases}\dfrac{x-x_0}{X}=\dfrac{z-z_0}{Z},\\ \dfrac{y-y_0}{Y}=\dfrac{z-z_0}{Z},\end{cases}$$

经过整理得下列形式

$$\begin{cases}x=az+c,\\ y=bz+d,\end{cases}\tag{3.4-12}$$

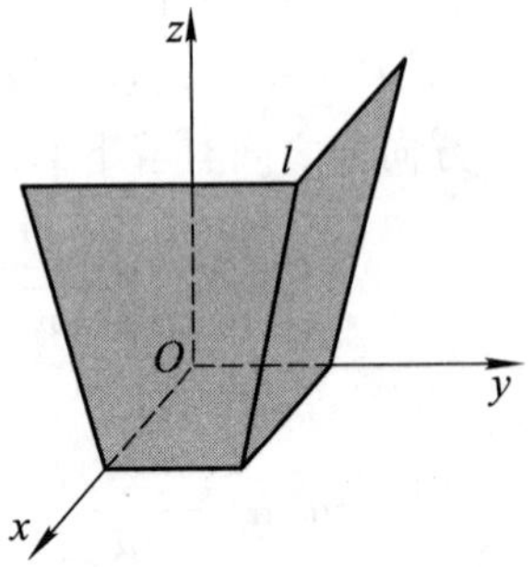

图 3-14

式中 $a=\dfrac{X}{Z},b=\dfrac{Y}{Z},c=x_0-\dfrac{X}{Z}z_0,d=y_0-\dfrac{Y}{Z}z_0$,显然这是一种特殊的一般方程.(3.4-3)表示的直线 l 可以看作是用(3.4-12)中两个方程表示的两个平面的交线,而这两个平面是通过该直线且分别平行于 y 轴与 x 轴的平面,在直角坐标系下它们又分别垂直于坐标面 xOz 与 yOz (图 3-14),我们把(3.4-12)叫做**直线 l 的射影式方程**.

反过来,直线的一般方程(3.4-11)也总可以化为标准方程(3.4-3)的形式,这是因为(3.4-11)中三个系数行列式

$$\begin{vmatrix}B_1 & C_1\\ B_2 & C_2\end{vmatrix},\quad \begin{vmatrix}C_1 & A_1\\ C_2 & A_2\end{vmatrix},\quad \begin{vmatrix}A_1 & B_1\\ A_2 & B_2\end{vmatrix}$$

不全为零,不失一般性,设

$$\begin{vmatrix}A_1 & B_1\\ A_2 & B_2\end{vmatrix}\neq 0.$$

那么由(3.4-11)中的两式分别消去 y 与 x 得直线的射影式方程为

$$\begin{cases}x=\dfrac{\begin{vmatrix}B_1 & C_1\\ B_2 & C_2\end{vmatrix}}{\begin{vmatrix}A_1 & B_1\\ A_2 & B_2\end{vmatrix}}z+\dfrac{\begin{vmatrix}B_1 & D_1\\ B_2 & D_2\end{vmatrix}}{\begin{vmatrix}A_1 & B_1\\ A_2 & B_2\end{vmatrix}},\\ y=\dfrac{\begin{vmatrix}C_1 & A_1\\ C_2 & A_2\end{vmatrix}}{\begin{vmatrix}A_1 & B_1\\ A_2 & B_2\end{vmatrix}}z+\dfrac{\begin{vmatrix}D_1 & A_1\\ D_2 & A_2\end{vmatrix}}{\begin{vmatrix}A_1 & B_1\\ A_2 & B_2\end{vmatrix}},\end{cases}$$

从而得直线的标准方程为

$$\frac{x-x_0}{\begin{vmatrix} B_1 & C_1 \\ B_2 & C_2 \end{vmatrix}}=\frac{y-y_0}{\begin{vmatrix} C_1 & A_1 \\ C_2 & A_2 \end{vmatrix}}=\frac{z-z_0}{\begin{vmatrix} A_1 & B_1 \\ A_2 & B_2 \end{vmatrix}}.$$

式中

$$x_0=\frac{\begin{vmatrix} B_1 & D_1 \\ B_2 & D_2 \end{vmatrix}}{\begin{vmatrix} A_1 & B_1 \\ A_2 & B_2 \end{vmatrix}},\quad y_0=\frac{\begin{vmatrix} D_1 & A_1 \\ D_2 & A_2 \end{vmatrix}}{\begin{vmatrix} A_1 & B_1 \\ A_2 & B_2 \end{vmatrix}},\quad z_0=0.$$

从上可以看出，给定了直线的一般方程(3.4-11)，我们立刻可以写出它的一组方向数，这就是方程组(3.4-11)的三个二阶系数行列式

$$\begin{vmatrix} B_1 & C_1 \\ B_2 & C_2 \end{vmatrix},\quad \begin{vmatrix} C_1 & A_1 \\ C_2 & A_2 \end{vmatrix},\quad \begin{vmatrix} A_1 & B_1 \\ A_2 & B_2 \end{vmatrix}.$$

由于这三个二阶行列式不能全为零，例如$\begin{vmatrix} A_1 & B_1 \\ A_2 & B_2 \end{vmatrix}\neq 0$，那么我们就可使 z 取任意指定的值 $z=z_0$（特别地，可取 $z=0$），解方程组(3.4-11)得 $x=x_0$，$y=y_0$，那么(x_0,y_0,z_0)为方程组(3.4-11)的一个特解，点 $M_0(x_0,y_0,z_0)$ 就是直线上的一点，于是同样地得到了直线(3.4-11)的标准方程为

$$\frac{x-x_0}{\begin{vmatrix} B_1 & C_1 \\ B_2 & C_2 \end{vmatrix}}=\frac{y-y_0}{\begin{vmatrix} C_1 & A_1 \\ C_2 & A_2 \end{vmatrix}}=\frac{z-z_0}{\begin{vmatrix} A_1 & B_1 \\ A_2 & B_2 \end{vmatrix}}.$$

例 2　化直线 l 的一般方程

$$\begin{cases} 2x+y+z-5=0, \\ 2x+y-3z-1=0 \end{cases}$$

为标准方程.

解法一　因为 y,z 的系数行列式$\begin{vmatrix} 1 & 1 \\ 1 & -3 \end{vmatrix}\neq 0$，所以可由原方程组分别消去 z 和 y，得直线 l 的射影式方程为

$$\begin{cases} y=-2x+4, \\ z=1, \end{cases}$$

所以直线 l 的标准方程为

$$\frac{x}{1}=\frac{y-4}{-2}=\frac{z-1}{0}.$$

解法二　因为直线 l 的方向数为

$$\begin{vmatrix} 1 & 1 \\ 1 & -3 \end{vmatrix}:\begin{vmatrix} 1 & 2 \\ -3 & 2 \end{vmatrix}:\begin{vmatrix} 2 & 1 \\ 2 & 1 \end{vmatrix}=-4:8:0=1:(-2):0.$$

再设 $x=0$，解得 $y=4$，$z=1$.那么$(0,4,1)$为直线上的一点①，所以直线 l 的标准方程为

---

① 化直线的一般方程为标准方程，可取直线上任意指定的点.

$$\frac{x}{1}=\frac{y-4}{-2}=\frac{z-1}{0}.$$

在直角坐标系下，(3.4-11)中的两平面的法向量分别为

$$\boldsymbol{n}_1=\{A_1,B_1,C_1\},\quad \boldsymbol{n}_2=\{A_2,B_2,C_2\},$$

所以直线 l 的方向向量可取为

$$\boldsymbol{v}=\boldsymbol{n}_1\times\boldsymbol{n}_2=\left\{\begin{vmatrix}B_1 & C_1\\ B_2 & C_2\end{vmatrix},\begin{vmatrix}C_1 & A_1\\ C_2 & A_2\end{vmatrix},\begin{vmatrix}A_1 & B_1\\ A_2 & B_2\end{vmatrix}\right\}.$$

例 3　把直线 l 的一般方程

$$\begin{cases}x-2y+3z-4=0,\\ x-2y-z=0\end{cases}$$

化为标准方程.

解　因直线 l 平行于向量

$$\boldsymbol{n}_1\times\boldsymbol{n}_2=\{1,-2,3\}\times\{1,-2,-1\}=\{8,4,0\}=4\{2,1,0\},$$

所以向量 $\boldsymbol{v}=\{2,1,0\}$ 为直线 l 的方向向量.其次由于

$$\begin{vmatrix}1 & 3\\ 1 & -1\end{vmatrix}\neq 0,$$

因此令 $y=0$，解方程组得 $x=1,z=1$，那么 $(1,0,1)$ 为直线 l 上的一点，所以直线 l 的标准方程为

$$\frac{x-1}{2}=\frac{y}{1}=\frac{z-1}{0}.$$

习　题

1. 求下列各直线的方程：

(1) 通过点 $A(-3,0,1)$ 和 $B(2,-5,1)$ 的直线；

(2) 通过点 $M_0(x_0,y_0,z_0)$ 且平行于两相交平面 π_i: $A_ix+B_iy+C_iz+D_i=0\ (i=1,2)$ 的直线；

(3) 通过点 $M(1,-5,3)$ 且与 x,y,z 三轴分别成角 $60°,45°,120°$ 的直线；

(4) 通过点 $M(1,0,-2)$ 且与两直线 $\frac{x-1}{1}=\frac{y}{1}=\frac{z+1}{-1}$ 和 $\frac{x}{1}=\frac{y-1}{-1}=\frac{z+1}{0}$ 垂直的直线；

(5) 通过点 $M(2,-3,-5)$ 且与平面 $6x-3y-5z+2=0$ 垂直的直线.

2. 求以下各点的坐标：

(1) 在直线 $\frac{x-1}{2}=\frac{y-8}{1}=\frac{z-8}{3}$ 上与原点相距 25 个单位的点；

(2) 关于直线 $\begin{cases}x-y-4z+12=0,\\ 2x+y-2z+3=0\end{cases}$ 与点 $P(2,0,-1)$ 对称的点.

3. 求下列各平面的方程：

(1) 通过点 $P(2,0,-1)$，且又通过直线 $\frac{x+1}{2}=\frac{y}{-1}=\frac{z-2}{3}$ 的平面；

(2) 通过直线 $\frac{x-2}{1}=\frac{y+3}{-5}=\frac{z+1}{-1}$ 且与直线 $\begin{cases}2x-y+z-3=0,\\ x+2y-z-5=0\end{cases}$ 平行的平面；

(3) 通过直线$\frac{x-1}{2}=\frac{y+2}{-3}=\frac{z-2}{2}$且与平面 $3x+2y-z-5=0$ 垂直的平面;

(4) 通过直线$\begin{cases}5x+8y-3z+9=0,\\2x-4y+z-1=0\end{cases}$向三坐标面所引的三个射影平面.

4. 化下列直线的一般方程为射影式方程与标准方程,并求出直线的方向余弦:

(1) $\begin{cases}2x+y-z+1=0,\\3x-y-2z-3=0;\end{cases}$

(2) $\begin{cases}x+z-6=0,\\2x-4y-z+6=0;\end{cases}$

(3) $\begin{cases}x+y-z=0,\\x=2.\end{cases}$

5. 一直线与三坐标轴间的角分别为 α,β,γ,证明

$$\sin^2\alpha+\sin^2\beta+\sin^2\gamma=2.$$

§ 3.5 直线与平面的相关位置

空间直线与平面的相关位置有直线与平面相交,直线与平面平行和直线在平面上的三种情况,现在我们来求直线与平面相关位置成立的条件.设直线 l 与平面 π 的方程分别为

$$l:\quad \frac{x-x_0}{X}=\frac{y-y_0}{Y}=\frac{z-z_0}{Z},\tag{1}$$

$$\pi:\quad Ax+By+Cz+D=0,\tag{2}$$

为了求出直线 l 与平面 π 相互位置关系的条件,我们来求直线 l 与 π 的交点,为此将直线 l 的方程改写为参数式

$$\begin{cases}x=x_0+Xt,\\y=y_0+Yt,\\z=z_0+Zt;\end{cases}\tag{3}$$

(3)代入(2),经整理可得

$$(AX+BY+CZ)t=-(Ax_0+By_0+Cz_0+D).\tag{4}$$

因此,当且仅当 $AX+BY+CZ\neq0$ 时,(4)有惟一解

$$t=-\frac{Ax_0+By_0+Cz_0+D}{AX+BY+CZ},$$

这时直线 l 与平面 π 有惟一公共点;当且仅当 $AX+BY+CZ=0,Ax_0+By_0+Cz_0+D\neq0$ 时,方程(4)无解,这时直线 l 与平面 π 没有公共点;当且仅当 $AX+BY+CZ=0,Ax_0+By_0+Cz_0+D=0$ 时,方程(4)有无数解,这时直线 l 与平面 π 有无数公共点,即直线 l 在平面 π 上.这样我们就得到了下面的定理:

定理 3.5.1 直线(1)与平面(2)的相互位置关系有下面的充要条件:

1° 相交:

$$AX+BY+CZ\neq0;\tag{3.5-1}$$

2° 平行:

$$AX+BY+CZ=0,$$
$$Ax_0+By_0+Cz_0+D\neq0;\tag{3.5-2}$$

3° 直线在平面上：

$$AX+BY+CZ=0,$$
$$Ax_0+By_0+Cz_0+D=0. \qquad (3.5-3)$$

由于直线 l 的方向向量为 $\boldsymbol{v}=\{X,Y,Z\}$，而在直角坐标系下，平面 π 的法向量为 $\boldsymbol{n}=\{A,B,C\}$，因此在直角坐标系下，直线 l 与平面 π 的相互位置关系，从几何上看，直线 l 与平面 π 的相交条件

$$AX+BY+CZ\neq 0$$

就是 $\boldsymbol{v}$ 不垂直于 $\boldsymbol{n}$；直线 l 与平面 π 平行的条件

$$AX+BY+CZ=0,\quad Ax_0+By_0+Cz_0+D\neq 0$$

就是 $\boldsymbol{v}\perp\boldsymbol{n}$，且直线 l 上的点 (x_0,y_0,z_0) 不在平面 π 上；直线 l 在平面 π 上的条件

$$AX+BY+CZ=0,\quad Ax_0+By_0+Cz_0+D=0$$

就是 $\boldsymbol{v}\perp\boldsymbol{n}$，且直线 l 上的点 (x_0,y_0,z_0) 在平面 π 上.

当直线 l 与平面 π 相交时，我们在直角坐标系下再来求它们的交角.

根据初等几何里的定义，当直线不和平面垂直时，直线与平面间的角 φ 是指这直线和它在这平面上的射影所构成的锐角(图 3-15)；当直线垂直于平面时，这直线垂直于平面内所有直线，这时我们规定直线与平面间的角 φ 为直角.

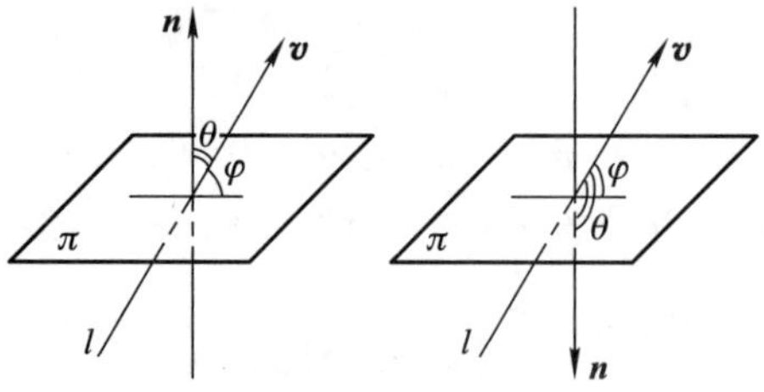

图 3-15

直线 l 与平面 π 间的角 φ 可以由直线 l 的方向向量 $\boldsymbol{v}$ 和平面 π 的法向量 $\boldsymbol{n}$ 来决定.如果设 $\boldsymbol{n}$ 和 $\boldsymbol{v}$ 的夹角为 $\angle(\boldsymbol{n},\boldsymbol{v})=\theta\ (0\leqslant\theta\leqslant\pi)$，那么 $\varphi=\left|\dfrac{\pi}{2}-\theta\right|$，因而

$$\sin\varphi=|\cos\theta|=\frac{|\boldsymbol{n}\cdot\boldsymbol{v}|}{|\boldsymbol{n}|\cdot|\boldsymbol{v}|}=\frac{|AX+BY+CZ|}{\sqrt{A^2+B^2+C^2}\cdot\sqrt{X^2+Y^2+Z^2}}. \qquad (3.5-4)$$

从(3.5-4)直接可以得到直线 l 和平面 π 平行或 l 在平面 π 上的充要条件是

$$AX+BY+CZ=0; \qquad (3.5-5)$$

而直线 l 与平面 π 垂直的充要条件显然是 $\boldsymbol{v}/\!/\boldsymbol{n}$，即

$$\frac{A}{X}=\frac{B}{Y}=\frac{C}{Z}. \qquad (3.5-6)$$

习　题

1. 判别下列直线与平面的相关位置：

（1）$\frac{x-3}{-2}=\frac{y+4}{-7}=\frac{z}{3}$与 $4x-2y-2z=3$；（2）$\frac{x}{3}=\frac{y}{-2}=\frac{z}{7}$与 $3x-2y+7z=8$；

（3）$\begin{cases}5x-3y+2z-5=0,\\2x-y-z-1=0\end{cases}$与 $4x-3y+7z-7=0$；（4）$\begin{cases}x=t,\\y=-2t+9,\\z=9t-4\end{cases}$与 $3x-4y+7z-10=0$.

2. 试验证直线 l：$\frac{x}{-1}=\frac{y-1}{1}=\frac{z-1}{2}$与平面 π：$2x+y-z-3=0$ 相交，并求出它们的交点和交角.

3. 确定 l,m 的值使

（1）直线$\frac{x-1}{4}=\frac{y+2}{3}=\frac{z}{1}$与平面 $lx+3y-5z+1=0$ 平行；

（2）直线$\begin{cases}x=2t+2,\\y=-4t-5,\\z=3t-1\end{cases}$与平面 $lx+my+6z-7=0$ 垂直.

4. 判定直线$\begin{cases}A_1x+B_1y+C_1z=0,\\A_2x+B_2y+C_2z=0\end{cases}$和平面 $(A_1+A_2)x+(B_1+B_2)y+(C_1+C_2)z=0$ 的相互位置.

5. 设直线与三坐标面的交角为 λ,μ,ν，试证：

$$\cos^2\lambda+\cos^2\mu+\cos^2\nu=2.$$

6. 求下列球面的方程：

（1）与平面 $x+2y+2z+3=0$ 相切于点 $M(1,1,-3)$ 且半径 $r=3$ 的球面；

（2）与两平行平面 $6x-3y-2z-35=0$ 和 $6x-3y-2z+63=0$ 都相切且与其中之一相切于点 $M(5,-1,-1)$ 的球面.

§3.6 空间直线与点的相关位置

空间直线与点的相关位置有两种情况，即点在直线上与点不在直线上，点在直线上的条件是点的坐标满足直线的方程.当点不在直线上时，我们来求点到直线的距离.

定义 3.6.1 一点与空间直线上的点之间的最短距离叫做该点与空间直线间的距离.

和点与平面间的距离一样，过该点作与空间直线垂直相交的直线，得垂足，那么该点与垂足之间的距离即为该点与空间直线间的距离，证明留给读者.

在空间直角坐标系下，给定空间一点 $M_0(x_0,y_0,z_0)$ 与直线

$$l:\ \frac{x-x_1}{X}=\frac{y-y_1}{Y}=\frac{z-z_1}{Z}.$$

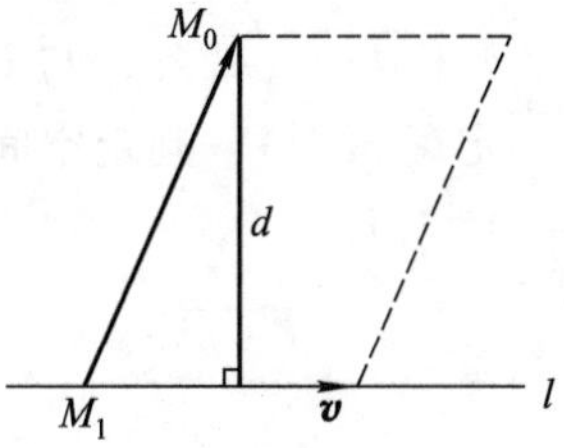

图 3-16

这里设 $M_1(x_1,y_1,z_1)$ 为直线 l 上的一点，$\boldsymbol{v}=\{X,Y,Z\}$ 为直线 l 的方向向量.我们考虑以 $\boldsymbol{v}$ 和向量 $\overrightarrow{M_1M_0}$ 为两边构成的平行四边形，这个平行四边形的面积等于 $|\boldsymbol{v}\times\overrightarrow{M_1M_0}|$，显然点 M_0 到 l 的距离 d 就是这平行四边形的对应于以 $|\boldsymbol{v}|$ 为底的高（图 3-16），因此我

们有

$$d=\frac{|\boldsymbol{v}\times\overrightarrow{M_1M_0}|}{|\boldsymbol{v}|}=\frac{\sqrt{\begin{vmatrix}y_0-y_1 & z_0-z_1\\ Y & Z\end{vmatrix}^2+\begin{vmatrix}z_0-z_1 & x_0-x_1\\ Z & X\end{vmatrix}^2+\begin{vmatrix}x_0-x_1 & y_0-y_1\\ X & Y\end{vmatrix}^2}}{\sqrt{X^2+Y^2+Z^2}}. \quad (3.6-1)$$

习 题

1. 直线$\begin{cases}A_1x+B_1y+C_1z+D_1=0,\\ A_2x+B_2y+C_2z+D_2=0\end{cases}$通过原点的条件是什么?

2. 求点 $P(2,3,-1)$ 到直线$\begin{cases}2x-2y+z+3=0,\\ 3x-2y+2z+17=0\end{cases}$的距离.

§3.7 空间两直线的相关位置

1. 空间两直线的相关位置

空间两直线的相关位置有异面与共面,在共面中又有相交、平行与重合的三种情况.现在我们来导出这些相关位置成立的条件.

设两直线 l_1 与 l_2 的方程为

$$l_1:\quad \frac{x-x_1}{X_1}=\frac{y-y_1}{Y_1}=\frac{z-z_1}{Z_1}, \quad (1)$$

$$l_2:\quad \frac{x-x_2}{X_2}=\frac{y-y_2}{Y_2}=\frac{z-z_2}{Z_2}, \quad (2)$$

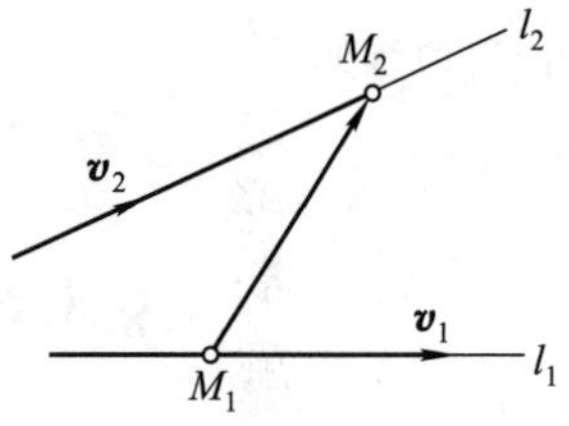

图 3-17

这里的直线 l_1 是由点 $M_1(x_1,y_1,z_1)$ 与向量 $\boldsymbol{v}_1=\{X_1,Y_1,Z_1\}$ 决定的,l_2 是由点 $M_2(x_2,y_2,z_2)$ 与向量 $\boldsymbol{v}_2=\{X_2,Y_2,Z_2\}$ 决定的.从图 3-17 容易看出,两直线 l_1 与 l_2 的相关位置决定于三向量$\overrightarrow{M_1M_2}$,$\boldsymbol{v}_1$,$\boldsymbol{v}_2$ 的相互关系.当且仅当三向量$\overrightarrow{M_1M_2}$,$\boldsymbol{v}_1$,$\boldsymbol{v}_2$ 异面时,l_1 与 l_2 异面;当且仅当三向量$\overrightarrow{M_1M_2}$,$\boldsymbol{v}_1$,$\boldsymbol{v}_2$ 共面时,l_1 与 l_2 共面.在共面的情况下,如果$\boldsymbol{v}_1$不平行于 $\boldsymbol{v}_2$,那么 l_1 与 l_2 相交;如果 $\boldsymbol{v}_1/\!/\boldsymbol{v}_2$ 但不平行于$\overrightarrow{M_1M_2}$,那么直线 l_1 与 l_2 平行;如果 $\boldsymbol{v}_1/\!/\boldsymbol{v}_2/\!/\overrightarrow{M_1M_2}$,那么 l_1 与 l_2 重合.因此我们就得到了下面的定理.

定理 3.7.1 判定空间两直线(1)与(2)的相关位置的充要条件为

1° 异面:

$$\Delta=\begin{vmatrix}x_2-x_1 & y_2-y_1 & z_2-z_1\\ X_1 & Y_1 & Z_1\\ X_2 & Y_2 & Z_2\end{vmatrix}\neq 0; \quad (3.7-1)$$

2° 相交:

$$\Delta=0,\quad X_1:Y_1:Z_1\neq X_2:Y_2:Z_2; \quad (3.7-2)$$

3° 平行：

$$X_1:Y_1:Z_1=X_2:Y_2:Z_2\neq(x_2-x_1):(y_2-y_1):(z_2-z_1);\tag{3.7-3}$$

4° 重合：

$$X_1:Y_1:Z_1=X_2:Y_2:Z_2=(x_2-x_1):(y_2-y_1):(z_2-z_1).\tag{3.7-4}$$

2. 空间两直线的夹角

定义 3.7.1　平行于空间两直线的两向量间的角，叫做空间两直线的夹角.两直线 l_1 与 l_2 间的角记做$\angle(l_1,l_2)$.

空间两直线 l_1 与 l_2 的夹角，如果用它们的方向向量 $\boldsymbol{v}_1$ 与 $\boldsymbol{v}_2$ 之间的角来表示，就是

$$\angle(l_1,l_2)=\angle(\boldsymbol{v}_1,\boldsymbol{v}_2)$$

或

$$\angle(l_1,l_2)=\pi-\angle(\boldsymbol{v}_1,\boldsymbol{v}_2),$$

所以得：

定理 3.7.2　在直角坐标系里，空间两直线(1)与(2)夹角的余弦为

$$\cos\angle(l_1,l_2)=\pm\frac{X_1X_2+Y_1Y_2+Z_1Z_2}{\sqrt{X_1^2+Y_1^2+Z_1^2}\cdot\sqrt{X_2^2+Y_2^2+Z_2^2}}.\tag{3.7-5}$$

推论　两直线(1)与(2)垂直的充要条件是

$$X_1X_2+Y_1Y_2+Z_1Z_2=0.\tag{3.7-6}$$

3. 两异面直线间的距离与公垂线的方程

下面采用的坐标系仍然是空间直角坐标系.

定义 3.7.2　空间两直线上的点之间的最短距离，叫做这两条直线之间的距离.

显然，两相交直线或两重合直线间的距离为零，两平行直线间的距离等于其中一直线上的任意点到另一直线的距离.

定义 3.7.3　与两条异面直线都垂直相交的直线，叫做两异面直线的公垂线，两个交点之间的线段长叫做公垂线的长.

定理 3.7.3　两异面直线间的距离等于它们公垂线的长.

证　设两异面直线 l_1,l_2 与它们的公垂线 l_0 的交点分别为 N_1,N_2(图 3-18)，而 M_1 与 M_2 分别为直线 l_1 与 l_2 上的任意点，于是公垂线的长

$$\left|\overrightarrow{N_1N_2}\right|=\left|射影_{l_0}\overrightarrow{M_1M_2}\right|=\left|\overrightarrow{M_1M_2}\right|\cdot\left|\cos\angle(l_0,\overrightarrow{M_1M_2})\right|\leqslant\left|\overrightarrow{M_1M_2}\right|,$$

于是由定义 3.7.2 知，$\left|\overrightarrow{N_1N_2}\right|$ 为两异面直线 l_1 与 l_2 之间的距离.

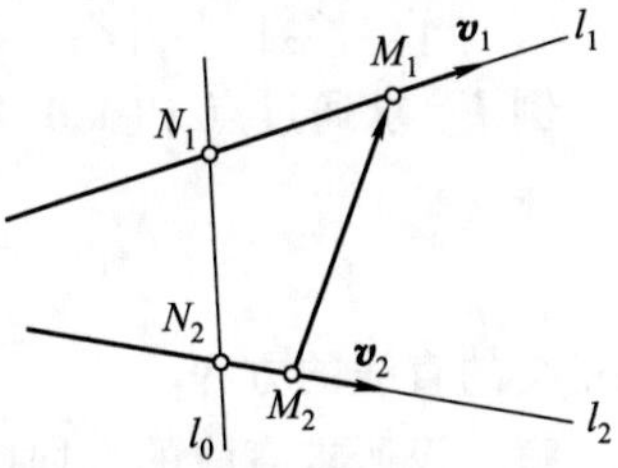

图 3-18

定理 3.7.4　两异面直线(1)与(2)之间的距离计算公式是

$$d=\frac{\left|(\overrightarrow{M_1M_2},\boldsymbol{v}_1,\boldsymbol{v}_2)\right|}{|\boldsymbol{v}_1\times\boldsymbol{v}_2|}.\tag{3.7-7}$$

证　因为两异面直线(1)与(2)之间的距离 d 等于它们公垂线的长，即

$$d=\left|\overrightarrow{N_1N_2}\right|=\left|射影_{l_0}\overrightarrow{M_1M_2}\right|,$$

其中 $M_1(x_1,y_1,z_1)$，$M_2(x_2,y_2,z_2)$ 分别为两异面直线(1)与(2)上的已知点(图 3-18)，而两异面直线(1)与(2)的方向向量 $\boldsymbol{v}_1=\{X_1,Y_1,Z_1\}$ 与 $\boldsymbol{v}_2=\{X_2,Y_2,Z_2\}$ 的向量积 $\boldsymbol{v}_1\times\boldsymbol{v}_2$ 显然平行于公垂线 l_0，所以 $\boldsymbol{v}_1\times\boldsymbol{v}_2$ 是公垂线 l_0 的一个方向向量，因此有

$$d=\left|射影_{\boldsymbol{v}_1\times\boldsymbol{v}_2}\overrightarrow{M_1M_2}\right|=\frac{\left|\overrightarrow{M_1M_2}\cdot(\boldsymbol{v}_1\times\boldsymbol{v}_2)\right|}{|\boldsymbol{v}_1\times\boldsymbol{v}_2|},\tag{3.7-8}$$

如果用坐标表示就是

$$d=\left|\frac{\begin{vmatrix}x_2-x_1 & y_2-y_1 & z_2-z_1\\ X_1 & Y_1 & Z_1\\ X_2 & Y_2 & Z_2\end{vmatrix}}{\sqrt{\begin{vmatrix}Y_1 & Z_1\\ Y_2 & Z_2\end{vmatrix}^2+\begin{vmatrix}Z_1 & X_1\\ Z_2 & X_2\end{vmatrix}^2+\begin{vmatrix}X_1 & Y_1\\ X_2 & Y_2\end{vmatrix}^2}}\right|.\tag{3.7-8′}$$

因为 $\left|\overrightarrow{M_1M_2}\cdot(\boldsymbol{v}_1\times\boldsymbol{v}_2)\right|$ 为由三向量 $\overrightarrow{M_1M_2}$，$\boldsymbol{v}_1$，$\boldsymbol{v}_2$ 构成的平行六面体的体积，而 $|\boldsymbol{v}_1\times\boldsymbol{v}_2|$ 为由两向量 $\boldsymbol{v}_1$，$\boldsymbol{v}_2$ 构成的平行四边形的面积，也就是上述平行六面体的一个面的面积，因此由公式(3.7-8)或(3.7-8′)容易知道两异面直线间的距离 d 恰为三向量 $\overrightarrow{M_1M_2}$，$\boldsymbol{v}_1$，$\boldsymbol{v}_2$ 构成的平行六面体在两向量 $\boldsymbol{v}_1$，$\boldsymbol{v}_2$ 构成的平行四边形底面上的高.

现在来求两异面直线(1)，(2)的公垂线方程. 如图 3-18，公垂线 l_0 的方向向量可以取作 $\boldsymbol{v}_1\times\boldsymbol{v}_2$，而公垂线 l_0 可以看做由过 l_1 上的点 M_1，以 $\boldsymbol{v}_1$，$\boldsymbol{v}_1\times\boldsymbol{v}_2$ 为方位向量的平面与过 l_2 上的点 M_2，以 $\boldsymbol{v}_2$，$\boldsymbol{v}_1\times\boldsymbol{v}_2$ 为方位向量的平面的交线，因此由(3.1-4)得公垂线 l_0 的方程为

$$\begin{cases}\begin{vmatrix}x-x_1 & y-y_1 & z-z_1\\ X_1 & Y_1 & Z_1\\ X & Y & Z\end{vmatrix}=0,\\[2ex] \begin{vmatrix}x-x_2 & y-y_2 & z-z_2\\ X_2 & Y_2 & Z_2\\ X & Y & Z\end{vmatrix}=0,\end{cases}\tag{3.7-9}$$

式中 $X=\begin{vmatrix}Y_1 & Z_1\\ Y_2 & Z_2\end{vmatrix}$，$Y=\begin{vmatrix}Z_1 & X_1\\ Z_2 & X_2\end{vmatrix}$，$Z=\begin{vmatrix}X_1 & Y_1\\ X_2 & Y_2\end{vmatrix}$ 是向量 $\boldsymbol{v}_1\times\boldsymbol{v}_2$ 的坐标，即 l_0 的方向数.

例 1　求通过点 $P(1,1,1)$ 且与两直线

$$l_1:\quad \frac{x}{1}=\frac{y}{2}=\frac{z}{3},\quad l_2:\quad \frac{x-1}{2}=\frac{y-2}{1}=\frac{z-3}{4}$$

都相交的直线的方程.

解　设所求直线的方向向量为 $\boldsymbol{v}=\{X,Y,Z\}$，那么所求直线 l 的方程可写成

$$\frac{x-1}{X}=\frac{y-1}{Y}=\frac{z-1}{Z}.$$

因为 l 与 l_1, l_2 都相交，而且 l_1 过点 $M_1(0,0,0)$，方向向量为 $\boldsymbol{v}_1=\{1,2,3\}$，$l_2$ 过点 $M_2(1,2,3)$，方向向量为 $\boldsymbol{v}_2=\{2,1,4\}$，所以有

$$(\overrightarrow{M_1P},\boldsymbol{v}_1,\boldsymbol{v})=\begin{vmatrix}1&1&1\\1&2&3\\X&Y&Z\end{vmatrix}=0,\text{即 } X-2Y+Z=0,$$

$$(\overrightarrow{M_2P},\boldsymbol{v}_2,\boldsymbol{v})=\begin{vmatrix}0&-1&-2\\2&1&4\\X&Y&Z\end{vmatrix}=0,\text{即 } X+2Y-Z=0,$$

由上两式得

$$X:Y:Z=0:2:4=0:1:2,$$

显然又有

$$0:1:2\neq1:2:3,\text{即 } \boldsymbol{v}\nparallel\boldsymbol{v}_1,$$
$$0:1:2\neq2:1:4,\text{即 } \boldsymbol{v}\nparallel\boldsymbol{v}_2.$$

所以所求直线 l 的方程为

$$\frac{x-1}{0}=\frac{y-1}{1}=\frac{z-1}{2}.$$

例 2 已知两直线

$$l_1:\frac{x}{1}=\frac{y}{-1}=\frac{z+1}{0},\quad l_2:\frac{x-1}{1}=\frac{y-1}{1}=\frac{z-1}{0},$$

试证明两直线 l_1 与 l_2 为异面直线，并求 l_1 与 l_2 间的距离与它们的公垂线方程.

解 因为直线 l_1 过点 $M_1(0,0,-1)$，方向向量为 $\boldsymbol{v}_1=\{1,-1,0\}$，而直线 l_2 过点 $M_2(1,1,1)$，方向向量为 $\boldsymbol{v}_2=\{1,1,0\}$，从而有

$$\Delta=(\overrightarrow{M_1M_2},\boldsymbol{v}_1,\boldsymbol{v}_2)=\begin{vmatrix}1&1&2\\1&-1&0\\1&1&0\end{vmatrix}=4\neq0.$$

所以 l_1 与 l_2 为两异面直线.

又因为 l_1 与 l_2 的公垂线 l_0 的方向向量可取为

$$\boldsymbol{v}_1\times\boldsymbol{v}_2=\{0,0,2\},$$

所以 l_1 与 l_2 之间的距离为

$$d=\frac{|(\overrightarrow{M_1M_2},\boldsymbol{v}_1,\boldsymbol{v}_2)|}{|\boldsymbol{v}_1\times\boldsymbol{v}_2|}=\frac{4}{2}=2.$$

根据(3.7-9)得公垂线 l_0 的方程为

$$\begin{cases}\begin{vmatrix}x&y&z+1\\1&-1&0\\0&0&2\end{vmatrix}=0,\\[2ex]\begin{vmatrix}x-1&y-1&z-1\\1&1&0\\0&0&2\end{vmatrix}=0,\end{cases}$$

即

$$\begin{cases}x+y=0,\\x-y=0.\end{cases}$$

这条公垂线的方程又可写成

$$\begin{cases}x=0,\\y=0,\end{cases}$$

显然它就是 z 轴.

习　题

1. 直线方程 $\begin{cases}A_1x+B_1y+C_1z+D_1=0,\\A_2x+B_2y+C_2z+D_2=0\end{cases}$ 的系数满足什么条件才能使

(1) 直线与 x 轴相交;(2) 直线与 x 轴平行;(3) 直线与 x 轴重合.

2. 确定 λ 值使下列两直线相交:

(1) $\begin{cases}3x-y+2z-6=0,\\x+4y+\lambda z-15=0\end{cases}$ 与 z 轴;　　(2) $\dfrac{x-1}{1}=\dfrac{y+1}{2}=\dfrac{z-1}{\lambda}$ 与 $x+1=y-1=z$.

3. 判别下列各对直线的相互位置,如果是相交的或平行的两直线,求出它们所在的平面;如果是异面直线,求出它们之间的距离.

(1) $\begin{cases}x-2y+2z=0,\\3x+2y-6=0\end{cases}$ 与 $\begin{cases}x+2y-z-11=0,\\2x+z-14=0;\end{cases}$　　(2) $\dfrac{x-3}{3}=\dfrac{y-8}{-1}=\dfrac{z-3}{1}$ 与 $\dfrac{x+3}{-3}=\dfrac{y+7}{2}=\dfrac{z-6}{4}$;

(3) $\begin{cases}x=t,\\y=2t+1,\\z=-t-2\end{cases}$ 与 $\dfrac{x-1}{4}=\dfrac{y-4}{7}=\dfrac{z+2}{-5}$.

4. 给定两异面直线

$$\frac{x-3}{2}=\frac{y}{1}=\frac{z-1}{0}\text{与}\frac{x+1}{1}=\frac{y-2}{0}=\frac{z}{1},$$

试求它们的公垂线的方程.

5. 求下列各对直线间夹角的余弦:

(1) $\dfrac{x-1}{3}=\dfrac{y+2}{6}=\dfrac{z-5}{2}$ 与 $\dfrac{x}{2}=\dfrac{y-3}{9}=\dfrac{z+1}{6}$;　　(2) $\begin{cases}3x-4y-2z=0,\\2x+y-2z=0\end{cases}$ 与 $\begin{cases}4x+y-6z-2=0,\\y-3z+2=0.\end{cases}$

6. 设 d 和 d' 分别是坐标原点到点 $M(a,b,c)$ 和 $M'(a',b',c')$ 的距离,证明当 $aa'+bb'+cc'=dd'$ 时,直线 MM' 通过原点.

7. 求通过点 $P(1,0,-2)$ 而与平面 $3x-y+2z-1=0$ 平行,且与直线

$$\frac{x-1}{4}=\frac{y-3}{-2}=\frac{z}{1}$$

相交的直线方程.

8. 求通过点 $P(4,0,-1)$ 且与两直线

$$\begin{cases}x+y+z=1,\\2x-y-z=2\end{cases}\text{与}\begin{cases}x-y-z=3,\\2x+4y-z=4\end{cases}$$

都相交的直线.

9. 求与直线 $\dfrac{x+2}{8}=\dfrac{y-1}{7}=\dfrac{z-3}{1}$ 平行且和下列给定两直线相交的直线.

（1）$\begin{cases}z=5x-6,\\z=4x+3\end{cases}$ 与 $\begin{cases}z=2x-4,\\z=3y+5;\end{cases}$　　（2）$\begin{cases}x=2t-3,\\y=3t+5,\\z=t\end{cases}$ 与 $\begin{cases}x=5t+10,\\y=4t-7,\\z=t.\end{cases}$

10. 求过点 $P(2,1,0)$ 且与直线 $\frac{x-5}{3}=\frac{y}{2}=\frac{z+25}{-2}$ 垂直相交的直线.

§3.8 平面束

定义 3.8.1　空间中通过同一条直线的所有平面的集合叫做有轴平面束,那条直线叫做平面束的轴.

定义 3.8.2　空间中平行于同一个平面的所有平面的集合叫做平行平面束.

定理 3.8.1　如果两个平面

$$\pi_1: A_1x+B_1y+C_1z+D_1=0, \tag{1}$$

$$\pi_2: A_2x+B_2y+C_2z+D_2=0 \tag{2}$$

交于一条直线 L,那么以直线 L 为轴的有轴平面束的方程是

$$l(A_1x+B_1y+C_1z+D_1)+m(A_2x+B_2y+C_2z+D_2)=0, \tag{3.8-1}$$

其中 l,m 是不全为零的任意实数.

证　首先证明,当任取两不全为零的 l,m 的值时,(3.8-1)表示一个平面.把(3.8-1)改写为

$$(lA_1+mA_2)x+(lB_1+mB_2)y+(lC_1+mC_2)z+(lD_1+mD_2)=0, \tag{3.8-1'}$$

这里的系数 $lA_1+mA_2, lB_1+mB_2, lC_1+mC_2$ 不能全为零.这是因为如果全为零,即

$$lA_1+mA_2=0,\quad lB_1+mB_2=0,\quad lC_1+mC_2=0,$$

那么得

$$\frac{A_1}{A_2}=\frac{B_1}{B_2}=\frac{C_1}{C_2},$$

这和 π_1 与 π_2 是两相交平面的假设矛盾,因此(3.8-1′)是一个关于 x,y,z 的一次方程,所以(3.8-1′)或(3.8-1)表示一个平面.

因为平面 π_1 与 π_2 的交线 L 上的点的坐标同时满足方程(1)与(2),从而必满足方程(3.8-1),所以(3.8-1)总代表通过直线 L 的平面,也就是(3.8-1)总表示以直线 L 为轴的平面束中的平面.

反过来,可以证明对于以直线 L 为轴的平面束中的任意一个平面 π,我们都能确定 l,m 使平面 π 的方程为(3.8-1)的形式.为此只要在平面 π 上选取不属于轴 L 的任一点 (x_0,y_0,z_0),那么由(3.8-1)表示的平面要通过点 (x_0,y_0,z_0) 的条件是

$$l(A_1x_0+B_1y_0+C_1z_0+D_1)+m(A_2x_0+B_2y_0+C_2z_0+D_2)=0,$$

所以

$$l:m=(A_2x_0+B_2y_0+C_2z_0+D_2):[-(A_1x_0+B_1y_0+C_1z_0+D_1)],$$

而 (x_0,y_0,z_0) 不在轴 L 上,所以 $A_1x_0+B_1y_0+C_1z_0+D_1, A_2x_0+B_2y_0+C_2z_0+D_2$ 不能全为零,

因此平面 π 的方程可写为(3.8-1)的形式

$$(A_2x_0+B_2y_0+C_2z_0+D_2)(A_1x+B_1y+C_1z+D_1)-(A_1x_0+B_1y_0+C_1z_0+D_1)(A_2x+B_2y+C_2z+D_2)=0.$$

定理 3.8.2 如果两个平面

$$\pi_1: A_1x+B_1y+C_1z+D_1=0,$$

$$\pi_2: A_2x+B_2y+C_2z+D_2=0$$

为平行平面,即 $A_1:A_2=B_1:B_2=C_1:C_2$,那么方程(3.8-1),即

$$l(A_1x+B_1y+C_1z+D_1)+m(A_2x+B_2y+C_2z+D_2)=0$$

表示平行平面束,平面束里任何一个平面都和平面 π_1 或 π_2 平行,其中 l,m 是不全为零的任意实数,且

$$-m:l\neq A_1:A_2=B_1:B_2=C_1:C_2.$$

这个定理的证明类似于定理 3.8.1,它的证明留给读者.

推论 由平面 $\pi:Ax+By+Cz+D=0$ 决定的平行平面束(即与平面 π 平行的全体平面)的方程是

$$Ax+By+Cz+\lambda=0, \tag{3.8-2}$$

其中 λ 是任意实数.

例 1 求通过直线 $\begin{cases}2x+y-2z+1=0,\\x+2y-z-2=0\end{cases}$ 且与平面 $x+y+z-1=0$ 垂直的平面方程.

解 设所求平面方程为

$$l(2x+y-2z+1)+m(x+2y-z-2)=0,$$

即

$$(2l+m)x+(l+2m)y+(-2l-m)z+(l-2m)=0,$$

由两平面垂直的条件得

$$(2l+m)+(l+2m)+(-2l-m)=0,$$

即

$$l+2m=0,$$

因此

$$l:m=2:(-1),$$

所求平面方程为

$$2(2x+y-2z+1)-(x+2y-z-2)=0,$$

即

$$3x-3z+4=0.$$

例 2 求与平面 $3x+y-z+4=0$ 平行且在 z 轴上截距等于 -2 的平面方程.

解 可设所求平面方程为

$$3x+y-z+\lambda=0,$$

因这平面在 z 轴上截距为 -2,所以这平面通过点 $(0,0,-2)$,由此得

$$2+\lambda=0,$$

所以

$$\lambda=-2,$$

因此所求方程为

$$3x+y-z-2=0.$$

例 3 试证两直线

$$l_1:\begin{cases}A_1x+B_1y+C_1z+D_1=0,\\A_2x+B_2y+C_2z+D_2=0\end{cases}$$

与

$$l_2:\begin{cases}A_3x+B_3y+C_3z+D_3=0,\\A_4x+B_4y+C_4z+D_4=0\end{cases}$$

在同一平面上的充要条件是

$$\begin{vmatrix}A_1&B_1&C_1&D_1\\A_2&B_2&C_2&D_2\\A_3&B_3&C_3&D_3\\A_4&B_4&C_4&D_4\end{vmatrix}=0. \tag{3.8-3}$$

证 因为通过 l_1 的任意平面为

$$\lambda_1(A_1x+B_1y+C_1z+D_1)+\lambda_2(A_2x+B_2y+C_2z+D_2)=0, \tag{3}$$

其中 λ_1,λ_2 是不全为零的任意实数;而通过 l_2 的任意平面为

$$\lambda_3(A_3x+B_3y+C_3z+D_3)+\lambda_4(A_4x+B_4y+C_4z+D_4)=0, \tag{4}$$

其中 λ_3,λ_4 是不全为零的任意实数.因此两直线 l_1 与 l_2 在同一平面上的充要条件是存在不全为零的实数 λ_1,λ_2 与 λ_3,λ_4 使(3)与(4)代表同一平面,也就是(3)与(4)的左端仅相差一个不为零的数因子 m,即

$$\begin{aligned}&\lambda_1(A_1x+B_1y+C_1z+D_1)+\lambda_2(A_2x+B_2y+C_2z+D_2)\\&\equiv m[\lambda_3(A_3x+B_3y+C_3z+D_3)+\lambda_4(A_4x+B_4y+C_4z+D_4)],\end{aligned}$$

化简整理得

$$\begin{aligned}&(\lambda_1A_1+\lambda_2A_2-m\lambda_3A_3-m\lambda_4A_4)x+(\lambda_1B_1+\lambda_2B_2-m\lambda_3B_3-m\lambda_4B_4)y+\\&(\lambda_1C_1+\lambda_2C_2-m\lambda_3C_3-m\lambda_4C_4)z+(\lambda_1D_1+\lambda_2D_2-m\lambda_3D_3-m\lambda_4D_4)\equiv 0,\end{aligned}$$

所以

$$\begin{aligned}&\lambda_1A_1+\lambda_2A_2-m\lambda_3A_3-m\lambda_4A_4=0,\\&\lambda_1B_1+\lambda_2B_2-m\lambda_3B_3-m\lambda_4B_4=0,\\&\lambda_1C_1+\lambda_2C_2-m\lambda_3C_3-m\lambda_4C_4=0,\\&\lambda_1D_1+\lambda_2D_2-m\lambda_3D_3-m\lambda_4D_4=0;\end{aligned}$$

因为 $\lambda_1,\lambda_2,\lambda_3,\lambda_4$ 不全为零,所以得

$$\begin{vmatrix}A_1&A_2&-mA_3&-mA_4\\B_1&B_2&-mB_3&-mB_4\\C_1&C_2&-mC_3&-mC_4\\D_1&D_2&-mD_3&-mD_4\end{vmatrix}=0,$$

而 $m\neq 0$,因此两直线 l_1 与 l_2 共面的充要条件为

$$\begin{vmatrix} A_1 & A_2 & A_3 & A_4 \\ B_1 & B_2 & B_3 & B_4 \\ C_1 & C_2 & C_3 & C_4 \\ D_1 & D_2 & D_3 & D_4 \end{vmatrix}=0,$$

即

$$\begin{vmatrix} A_1 & B_1 & C_1 & D_1 \\ A_2 & B_2 & C_2 & D_2 \\ A_3 & B_3 & C_3 & D_3 \\ A_4 & B_4 & C_4 & D_4 \end{vmatrix}=0.$$

习　题

1. 求通过平面 $4x-y+3z-1=0$ 和 $x+5y-z+2=0$ 的交线且满足下列条件之一的平面：

（1）通过原点；　　（2）与 y 轴平行；

（3）与平面 $2x-y+5z-3=0$ 垂直.

2. 求平面束 $(x+3y-5)+\lambda(x-y-2z+4)=0$ 中在 x,y 两轴上截距相等的平面.

3. 求通过直线 $\begin{cases} x+5y+z=0, \\ x-z+4=0 \end{cases}$ 且与平面 $x-4y-8z+12=0$ 成 $\frac{\pi}{4}$ 角的平面.

4. 求通过直线 $\frac{x+1}{0}=\frac{y+2}{2}=\frac{z-2}{-3}$ 且与点 $P(4,1,2)$ 的距离等于 3 的平面.

5. 求与平面 $x-2y+3z-4=0$ 平行，且满足下列条件之一的平面：

（1）通过点 $(1,-2,3)$；　　（2）在 y 轴上截距等于 -3；

（3）与原点距离等于 1.

6. 设一平面与平面 $x+3y+2z=0$ 平行，且与三坐标面围成的四面体体积为 6，求这平面的方程.

7. 平面上通过一点的所有直线的集合，叫做**中心直线束**，这个点叫做**直线束的中心**.具有固定方向的所有直线的集合叫做**平行直线束**，固定方向叫做**直线束的方向**.如果给定了平面上的两直线

$$L_1:\ A_1x+B_1y+C_1=0,$$
$$L_2:\ A_2x+B_2y+C_2=0,$$

试证明方程

$$l(A_1x+B_1y+C_1)+m(A_2x+B_2y+C_2)=0$$

（其中 l,m 为不全为零的两任意实数）当 L_1 与 L_2 相交时，表示以 L_1 与 L_2 的交点为中心的中心直线束；当 $L_1 /\!/ L_2$ 且 $-m:l\neq A_1:A_2=B_1:B_2$ 时，表示平行直线束，它的方向与 L_1（或 L_2）相同.

8. 直线方程

$$\begin{cases} A_1x+B_1y+C_1z+D_1=0, \\ A_2x+B_2y+C_2z+D_2=0 \end{cases}$$

的系数应满足什么条件才能使该直线在坐标面 xOz 内？

结　束　语

本章是本课程的主要内容之一，在这一章中，我们用代数的方法定量地研究了空

间最简单而又最基本的图形——平面与空间直线，建立了它们的各种形式的方程，导出了它们之间位置关系的解析表达式以及距离、交角等计算公式.

我们在建立平面与空间直线的方程与讨论它们的性质时，充分运用了向量这一工具，通过向量来处理这类问题的好处是与坐标系的选取无关，也就是说在直角坐标系下与一般仿射坐标系下都是相同的.在用坐标表示的时候，对于那些有关直线、平面等的结合问题以及相交、共线、共面等仿射性质，采取一般仿射坐标系与直角坐标系它们的结论都是一样的，这时我们可以采用仿射坐标系，而对于那些涉及距离、角度、面积、体积等度量问题时，为了方便，我们总是采用直角坐标系，如果读者对于使用仿射坐标系还不习惯，也可以把本章所采用的坐标系都理解为直角坐标系.

平面与空间直线方程的建立，就使得有关平面与空间直线的几何问题转化为这些几何对象的方程的代数问题了.因此，在解析几何中，确定空间的一个平面或一条直线，就意味着只要确定它的方程，而平面与空间直线的坐标式方程，总可以分别表示为(3.1-10)与(3.4-3)，所以要确定平面，只要确定方程(3.1-10)中的系数 A,B,C 与常数项 D，但是这四个参数并不是独立的，因为与方程(3.1-10)仅相差一个不为零的数因子 λ 的方程与(3.1-10)表示同一平面，因此实际上只要确定 $A:B:C:D$，所以独立的参数只有三个.在代数中，我们知道确定三个未知数需要三个独立的方程，每一个方程就是一个代数条件，因此确定一个平面需要三个独立的代数条件.对于直线来说，因为(3.4-3)总能化成射影式(3.4-12)，这时只要四个参数 a,b,c,d 确定了，直线方程也就一定了，因此确定一条空间直线需要四个独立的代数条件.

在这里还要指出，初等几何中所说的确定一个平面或一条直线的条件，都是指的几何条件，如三个不共线的点确定一个平面，两点确定一条直线等，而确定一个平面或一条空间直线的几何条件数并不一定等于其代数条件数，也就是说每一个几何条件未必一定转化为一个代数条件.例如“两点 P_1,P_2 确定一条直线”的几何条件是两个，即所求直线通过 P_1 与所求直线通过 P_2，但转化为代数条件却是四个了，这是因为如果设 P_1 与 P_2 的坐标分别为 (x_1,y_1,z_1) 与 (x_2,y_2,z_2)，那么过 P_1 点的条件即为 P_1 的坐标满足方程(3.4-12)，即有

$$x_1=az_1+c,$$
$$y_1=bz_1+d,$$

这就转化为两个代数条件了.同样，所求直线过 P_2 的几何条件，也转化为两个代数条件

$$x_2=az_2+c,$$
$$y_2=bz_2+d.$$

这样由上面的四个代数条件，就能确定 a,b,c,d 四个参数，从而直线方程也就确定了，因此我们说确定一条空间直线的几何条件是两个，而独立的代数条件却是四个.

复习与测试

第四章

柱面、锥面、旋转曲面与二次曲面

学习要求

我们已经讨论了平面与空间直线，这一章我们将介绍柱面、锥面、旋转曲面与二次曲面.在这些曲面中，有的具有较为突出的几何特征，有的在方程上却表现出特殊的简单形式，对于前者，我们就从图形出发，去讨论曲面的方程；而对于后者，我们将从它的方程去研究它的图形.

§4.1 柱　　面

1. 柱面

定义 4.1.1 在空间，由平行于定方向且与一条定曲线相交的一族平行直线所生成的曲面叫做*柱面*，定方向叫做柱面的*方向*，定曲线叫做柱面的*准线*，那族平行直线中的每一条直线，都叫做柱面的*母线*.

设柱面的准线方程为

$$\begin{cases} F_1(x,y,z)=0, \\ F_2(x,y,z)=0, \end{cases} \tag{1}$$

母线的方向数为 X,Y,Z.如果 $M_1(x_1,y_1,z_1)$ 为准线上的任意点，那么过点 M_1 的母线方程为

$$\frac{x-x_1}{X}=\frac{y-y_1}{Y}=\frac{z-z_1}{Z}, \tag{2}$$

且有

$$F_1(x_1,y_1,z_1)=0,\quad F_2(x_1,y_1,z_1)=0. \tag{3}$$

(2)与(3)两组式子共有四个等式，从这四个等式消去参数 x_1,y_1,z_1 最后得一个三元方程

$$F(x,y,z)=0,$$

这就是以(1)为准线，母线的方向数为 X,Y,Z 的柱面方程.

例 1 柱面的准线方程为

$$\begin{cases} x^2+y^2+z^2=1, \\ 2x^2+2y^2+z^2=2, \end{cases}$$

而母线的方向数是 $-1,0,1$，求这柱面的方程.

解 设 $M_1(x_1,y_1,z_1)$ 是准线上的点,那么过 $M_1(x_1,y_1,z_1)$ 的母线为

$$\frac{x-x_1}{-1}=\frac{y-y_1}{0}=\frac{z-z_1}{1};$$

且有

$$x_1^2+y_1^2+z_1^2=1, \tag{4}$$

$$2x_1^2+2y_1^2+z_1^2=2. \tag{5}$$

再设

$$\frac{x-x_1}{-1}=\frac{y-y_1}{0}=\frac{z-z_1}{1}=t,$$

那么

$$x_1=x+t,\quad y_1=y,\quad z_1=z-t. \tag{6}$$

(6)代入(4)及(5)得

$$(x+t)^2+y^2+(z-t)^2=1, \tag{7}$$

$$2(x+t)^2+2y^2+(z-t)^2=2, \tag{8}$$

以 2 乘(7)再减去(8),得

$$(z-t)^2=0,$$

所以

$$t=z, \tag{9}$$

(9)代入(7)或(8),即得所求的柱面方程为

$$(x+z)^2+y^2=1,$$

即

$$x^2+y^2+z^2+2xz-1=0.$$

例 2 已知圆柱面的轴为$\frac{x}{1}=\frac{y-1}{-2}=\frac{z+1}{-2}$,点(1,-2,1)在此圆柱面上,求这个圆柱面的方程.

解法一 因为圆柱面的母线平行于其轴,所以母线的方向数即为轴的方向数 1,-2,-2.如果能求出圆柱面的准线圆,那么再运用例 1 的解法,问题也就解决了.

因为空间的圆,总可以看成是某一球面与某一平面的交线,这里的圆柱面的准线圆,可以看成是以轴上的点(0,1,-1)为球心,点(0,1,-1)到已知点(1,-2,1)的距离 $d=\sqrt{14}$ 为半径的球面 $x^2+(y-1)^2+(z+1)^2=14$ 与过已知点(1,-2,1)且垂直于轴的平面 $x-2y-2z-3=0$ 的交线,即准线圆的方程为

$$\begin{cases}x^2+(y-1)^2+(z+1)^2=14,\\ x-2y-2z-3=0.\end{cases} \tag{10}$$

再设 (x_1,y_1,z_1) 为准线圆(10)上的点,那么过 (x_1,y_1,z_1) 的母线为

$$\frac{x-x_1}{1}=\frac{y-y_1}{-2}=\frac{z-z_1}{-2},$$

且有

$$x_1^2+(y_1-1)^2+(z_1+1)^2=14,$$

$$x_1-2y_1-2z_1-3=0,$$

由以上四式消去参数 x_1,y_1,z_1 即得所求的圆柱面的方程为

$$8x^2+5y^2+5z^2+4xy+4xz-8yz-18y+18z-99=0.$$

圆柱面是一种特殊的柱面，在特殊的情况下，除了一般解法外，往往还有其他特殊的解法.

如果将圆柱面看成是动点到轴线等距离点的轨迹，这里的距离就是圆柱面的半径，那么例 2 就有下面的第二种解法.

解法二　因为轴的方向向量为 $\boldsymbol{v}=\{1,-2,-2\}$，轴上的定点为 $M_0(0,1,-1)$，而圆柱面上的点为 $M_1(1,-2,1)$，所以 $\overrightarrow{M_0M_1}=\{1,-3,2\}$，因此点 $M_1(1,-2,1)$ 到轴的距离为

$$d=\frac{|\overrightarrow{M_0M_1}\times\boldsymbol{v}|}{|\boldsymbol{v}|}=\frac{\sqrt{\begin{vmatrix}-3&2\\-2&-2\end{vmatrix}^2+\begin{vmatrix}2&1\\-2&1\end{vmatrix}^2+\begin{vmatrix}1&-3\\1&-2\end{vmatrix}^2}}{\sqrt{1+(-2)^2+(-2)^2}}=\sqrt{13},$$

再设 $M(x,y,z)$ 为圆柱面上的任意点，那么有

$$\frac{|\overrightarrow{M_0M}\times\boldsymbol{v}|}{|\boldsymbol{v}|}=\sqrt{13},$$

即

$$\frac{\sqrt{\begin{vmatrix}y-1&z+1\\-2&-2\end{vmatrix}^2+\begin{vmatrix}z+1&x\\-2&1\end{vmatrix}^2+\begin{vmatrix}x&y-1\\1&-2\end{vmatrix}^2}}{\sqrt{1+(-2)^2+(-2)^2}}=\sqrt{13},$$

化简整理得所求圆柱面的方程为

$$8x^2+5y^2+5z^2+4xy+4xz-8yz-18y+18z-99=0.$$

现在我们来证明一个可以用来判别柱面的定理.

定理 4.1.1　在空间直角坐标系中①，只含两个元(坐标)的三元方程所表示的曲面是一个柱面，它的母线平行于所缺元(坐标)的同名坐标轴.

证　我们来证明由方程

$$F(x,y)=0 \tag{11}$$

表示的曲面是一个柱面，而且它的母线平行于 z 轴.

取曲面(11)与 xOy 坐标面的交线

$$\begin{cases}F(x,y)=0,\\z=0\end{cases} \tag{12}$$

为准线，z 轴的方向 $\{0,0,1\}$ 为母线的方向，来建立这样的柱面方程.

设 $M_1(x_1,y_1,0)$ 为准线(12)上的任意点，那么过 M_1 的母线为

$$\frac{x-x_1}{0}=\frac{y-y_1}{0}=\frac{z}{1},$$

即

① 这个定理在空间仿射坐标系中也成立.

$$\begin{cases}x=x_1,\\y=y_1,\end{cases}\tag{13}$$

又因为 $M_1(x_1,y_1,0)$ 在准线(12)上,所以又有

$$F(x_1,y_1)=0,\tag{14}$$

(13)代入(14)消去参数 x_1,y_1,就得所求的柱面方程为

$$F(x,y)=0.$$

这就是方程(11),所以方程(11)就是一个母线平行于 z 轴的柱面.

同理,$G(y,z)=0$ 与 $H(x,z)=0$ 都表示柱面,它们的母线分别平行于 x 轴与 y 轴.

根据定理 4.1.1,以下的方程都表示柱面:

$$\frac{x^2}{a^2}+\frac{y^2}{b^2}=1,\tag{4.1-1}$$

$$\frac{x^2}{a^2}-\frac{y^2}{b^2}=1,\tag{4.1-2}$$

$$y^2=2px.\tag{4.1-3}$$

在空间直角坐标系里,因为上面这些柱面与 xOy 坐标面的交线分别是椭圆、双曲线与抛物线,所以它们依次叫做**椭圆柱面**(图4-1)、**双曲柱面**(图 4-2)与**抛物柱面**(图4-3).它们的方程都是二次的,所以统称为**二次柱面**.

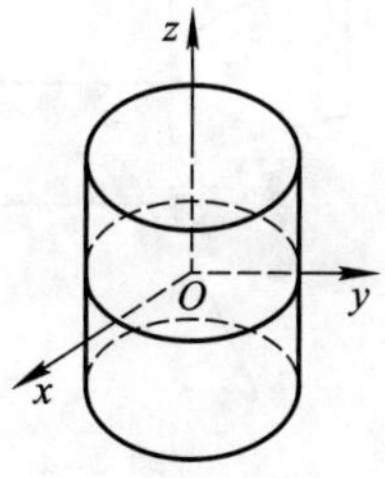

图 4-1

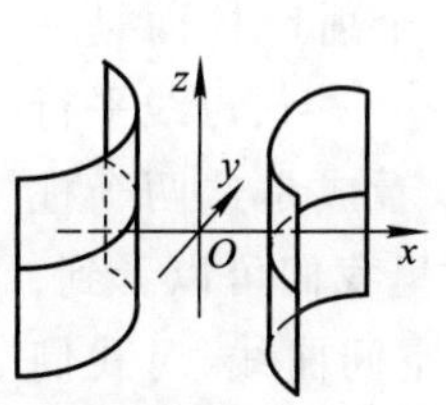

图 4-2

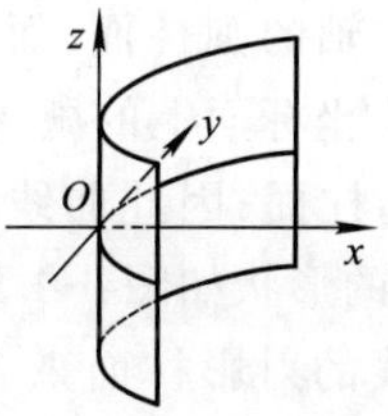

图 4-3

2. 空间曲线的射影柱面

设空间曲线为

$$L:\begin{cases}F(x,y,z)=0,\\G(x,y,z)=0.\end{cases}\tag{15}$$

如果我们从(15)中依次消去一个元,可得

$$F_1(x,y)=0,$$
$$F_2(x,z)=0,$$
$$F_3(y,z)=0,$$

任取其中两个方程组成方程组,比如

$$\begin{cases}F_1(x,y)=0,\\F_2(x,z)=0,\end{cases}\tag{16}$$

那么方程组(16)与(15)是两个等价的方程组,也就是(16)表示的曲线与(15)是同一条曲线,从而曲面 $F_1(x,y)=0$ 与 $F_2(x,z)=0$ 都通过已知曲线(15);同理方程 $F_3(y,z)=0$ 表

示的曲面也通过已知曲线(15).由定理 4.1.1 知,曲面 $F_1(x,y)=0$ 表示一个母线平行于 z 轴的柱面,在直角坐标系下,其母线垂直于 xOy 坐标面,我们把曲面 $F_1(x,y)=0$ 叫做空间曲线(15)对 xOy 坐标面射影的射影柱面,而曲线

$$\begin{cases}F_1(x,y)=0,\\z=0\end{cases}$$

叫做空间曲线(15)在 xOy 坐标面上的射影曲线.

同理,$F_2(x,z)=0$ 与 $F_3(y,z)=0$ 分别叫做曲线(15)对 xOz 坐标面与 yOz 坐标面射影的射影柱面,而曲线

$$\begin{cases}F_2(x,z)=0,\\y=0\end{cases}\text{与}\begin{cases}F_3(y,z)=0,\\x=0\end{cases}$$

分别叫做曲线(15)在 xOz 坐标面与 yOz 坐标面上的射影曲线.例如从

$$\begin{cases}2x^2+z^2+4y=4z,\\x^2+3z^2-8y=12z\end{cases}$$

分别消去 y 及 z,得

$$\begin{cases}x^2+z^2=4z,\\x^2+4y=0,\end{cases}$$

前一个射影柱面是一个准线为 xOz 坐标面上的圆

$$x^2+(z-2)^2=4,$$

母线平行于 y 轴的圆柱面,而后一个射影柱面是一个准线为 xOy 坐标面上的抛物线 $x^2=-4y$,母线平行于 z 轴的抛物柱面,因此曲线可以看成是这两个柱面的交线,它的形状如图4-4.从这里我们可以看到,利用空间曲线的射影柱面来表达空间曲线,对我们认识空间曲线的形状是有利的.

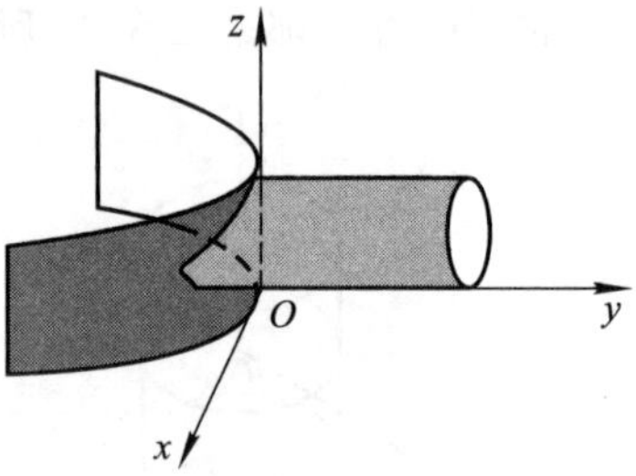

图 4-4

习　题

1. 已知柱面的准线为

$$\begin{cases}(x-1)^2+(y+3)^2+(z-2)^2=25,\\x+y-z+2=0,\end{cases}$$

且(1) 母线平行于 x 轴;(2) 母线平行于直线 $x=y,z=c$,试求这些柱面的方程.

2. 设柱面的准线为 $\begin{cases}x=y^2+z^2,\\x=2z,\end{cases}$ 母线垂直于准线所在的平面,求这柱面的方程.

3. 求过三条平行直线 $x=y=z$,$x+1=y=z-1$ 与 $x-1=y+1=z-2$ 的圆柱面的方程.

4. 已知柱面的准线为 $\boldsymbol{r}(u)=\{x(u),y(u),z(u)\}$,母线的方向平行于向量 $\boldsymbol{s}=\{X,Y,Z\}$,试证明柱面的向量式参数方程与坐标式参数方程分别为

$$\boldsymbol{r}=\boldsymbol{r}(u)+v\boldsymbol{s},$$

与

$$\begin{cases}x=x(u)+Xv,\\y=y(u)+Yv,\\z=z(u)+Zv,\end{cases}$$

式中 u,v 为参数.

5. 证明下列方程表示的曲面是柱面:

(1) $(x-z)^2+(y+z-a)^2=a^2$;　　(2) $(x+y)(y+z)=x+2y+z$;

(3) $x^2+y^2+z^2+2xz-1=0$.

6. 证明曲面

$$F\left(\frac{x}{l}-\frac{y}{m},\frac{y}{m}-\frac{z}{n},\frac{z}{n}-\frac{x}{l}\right)=0$$

是一个柱面,它的母线平行于直线

$$\frac{x}{l}=\frac{y}{m}=\frac{z}{n}.$$

7. 画出下列方程所表示的曲面的图形:

(1) $4x^2+9y^2=36$;　　(2) $y^2-z^2=4$;

(3) $x^2=4z$;　　(4) $x^2-2x+y=0$.

8. 求下列空间曲线对三个坐标面的射影柱面方程:

(1) $\begin{cases}x^2+y^2-z=0,\\ z=x+1;\end{cases}$　　(2) $\begin{cases}x^2+z^2-3yz-2x+3z-3=0,\\ y-z+1=0;\end{cases}$

(3) $\begin{cases}x+2y+6z=5,\\ 3x-2y-10z=7;\end{cases}$　　(4) $\begin{cases}x^2+y^2+z^2=1,\\ x^2+(y-1)^2+(z-1)^2=1.\end{cases}$

9. 一个半径为 a 的球面与一个直径等于球的半径的圆柱面,如果圆柱面通过球心,那么这时球面与圆柱面的交线叫做维维安尼(Viviani)曲线,这条曲线的方程可以写为

$$\begin{cases}x^2+y^2+z^2=a^2,\\ x^2+y^2-ax=0.\end{cases}$$

试求这曲线对三个坐标面的射影柱面方程和在三坐标面上的射影曲线的方程.

§ 4.2　锥　面

定义 4.2.1　在空间通过一定点且与定曲线相交的一族直线所生成的曲面叫做锥面,这些直线都叫做锥面的母线,那个定点叫做锥面的顶点,定曲线叫做锥面的准线.

设锥面的准线为

$$\begin{cases}F_1(x,y,z)=0,\\ F_2(x,y,z)=0,\end{cases}\tag{1}$$

顶点为 $A(x_0,y_0,z_0)$,如果 $M_1(x_1,y_1,z_1)$ 为准线上的任意点,那么锥面过点 M_1 的母线为

$$\frac{x-x_0}{x_1-x_0}=\frac{y-y_0}{y_1-y_0}=\frac{z-z_0}{z_1-z_0},\tag{2}$$

且有

$$F_1(x_1,y_1,z_1)=0,\quad F_2(x_1,y_1,z_1)=0,\tag{3}$$

从(2),(3)四个等式消去参数 x_1,y_1,z_1,最后可得一个三元方程

$$F(x,y,z)=0.$$

这就是以(1)为准线，A 为顶点的锥面方程.

例 1　锥面的顶点在原点，且准线为

$$\begin{cases}\dfrac{x^2}{a^2}+\dfrac{y^2}{b^2}=1,\\ z=c,\end{cases}$$

求锥面的方程.

解　设 $M_1(x_1,y_1,z_1)$ 为准线上的任意点，那么过 M_1 的母线为

$$\frac{x}{x_1}=\frac{y}{y_1}=\frac{z}{z_1},\tag{4}$$

且有

$$\frac{x_1^2}{a^2}+\frac{y_1^2}{b^2}=1,\tag{5}$$

$$z_1=c,\tag{6}$$

由(4),(6)得

$$x_1=c\frac{x}{z},\quad y_1=c\frac{y}{z},\tag{7}$$

(7)代入(5)得所求的锥面方程为

$$\frac{c^2x^2}{a^2z^2}+\frac{c^2y^2}{b^2z^2}=1,$$

或把它改写为

$$\frac{x^2}{a^2}+\frac{y^2}{b^2}-\frac{z^2}{c^2}=0.\tag{4.2-1}$$

这个锥面叫做二次锥面.

显然，锥面的准线不是惟一的，和一切母线都相交的每一条曲线，都可以作为它的准线.

例 2　已知圆锥面的顶点为(1,2,3)，轴垂直于平面 $2x+2y-z+1=0$，母线与轴成 30°角.试求这圆锥面的方程.

解　设 $M(x,y,z)$ 为任一母线上的点，那么过 M 点的母线的方向向量为

$$\boldsymbol{v}=\{x-1,y-2,z-3\},$$

而在直角坐标系下，圆锥面的轴线的方向即为平面 $2x+2y-z+1=0$ 的法方向，即为

$$\boldsymbol{n}=\{2,2,-1\},$$

根据题意有

$$\frac{\boldsymbol{v}\cdot\boldsymbol{n}}{|\boldsymbol{v}|\cdot|\boldsymbol{n}|}=\pm\cos 30°,$$

得

$$\frac{2(x-1)+2(y-2)-(z-3)}{\sqrt{(x-1)^2+(y-2)^2+(z-3)^2}\cdot\sqrt{4+4+1}}=\pm\frac{\sqrt{3}}{2},$$

化简整理得所求的圆锥面的方程为

$$11(x-1)^2+11(y-2)^2+23(z-3)^2-32(x-1)(y-2)+$$

$$16(x-1)(z-3)+16(y-2)(z-3)=0.$$

因为圆锥面是一种特殊的锥面，上面的解法是一种适合于圆锥面的特殊的方法，至于先求出圆锥面的准线，利用顶点与准线求锥面的一般方法，留给读者去完成.

下面我们来证明一个关于判别锥面的定理.

定理 4.2.1 一个关于 x,y,z 的齐次方程①总表示顶点在坐标原点的锥面.

证 设关于 x,y,z 的齐次方程为

$$F(x,y,z)=0, \tag{8}$$

那么根据齐次方程的定义有

$$F(tx,ty,tz)=t^{\lambda}F(x,y,z),$$

所以当 $t=0$ 时，有

$$F(0,0,0)=0,$$

因此曲面过原点.

再设非原点的点 $M_0(x_0,y_0,z_0)$ 满足(8)，即有 $F(x_0,y_0,z_0)=0$，那么直线 OM_0 的方程为

$$\begin{cases}x=x_0t,\\ y=y_0t,\\ z=z_0t,\end{cases}$$

代入 $F(x,y,z)=0$ 得

$$F(x_0t,y_0t,z_0t)=t^{\lambda}F(x_0,y_0,z_0)=0,$$

所以整条直线都在曲面上，因此曲面(8)是由这种通过坐标原点的直线组成，即它是以原点为顶点的锥面.

在特殊的情况下，关于 x,y,z 的齐次方程可能只表示一个原点，这就是说除原点外，曲面上再也没有别的实点，例如

$$x^2+y^2+z^2=0$$

这样的曲面，我们又常常把它叫做具有实顶点的虚锥面.

推论 关于 $x-x_0,y-y_0,z-z_0$ 的齐次方程表示顶点在 (x_0,y_0,z_0) 的锥面②.

习 题

1. 求顶点为原点，准线为 $x^2-2z+1=0,y-z+1=0$ 的锥面方程.
2. 已知锥面的顶点为 $(3,-1,-2)$，准线为 $x^2+y^2-z^2=1,x-y+z=0$，试求它的方程.
3. 求以原点为顶点，准线为

$$\begin{cases}f(x,y)=0,\\ z=h\end{cases}$$

① 设 λ 为实数，对于函数 $f(x,y,z)$，如果有

$$f(tx,ty,tz)=t^{\lambda}f(x,y,z),$$

这里 t 的取值应当使 t^{λ} 有确定的意义，那么 $f(x,y,z)$ 叫做 λ 次齐次函数，$f(x,y,z)=0$ 叫做 λ 次齐次方程. 这个定义可以推广到 n 个变量的情况.

② 利用§1.5 习题第 4 题读者容易证明这个推论.

的锥面方程，其中 h 为不等于零的常数.

4. 求以三坐标轴为母线的圆锥面的方程.

5. 求顶点为 $(1,2,4)$，轴与平面 $2x+2y+z=0$ 垂直，且经过点 $(3,2,1)$ 的圆锥面的方程.

6. 已知锥面的准线为 $\boldsymbol{r}(u)=\{x(u),y(u),z(u)\}$，顶点 A 决定的向径为 $\boldsymbol{r}_0=\{x_0,y_0,z_0\}$，试证明锥面的向量式参数方程与坐标式参数方程分别为

$$\boldsymbol{r}=v\boldsymbol{r}(u)+(1-v)\boldsymbol{r}_0$$

与

$$\begin{cases}x=vx(u)+(1-v)x_0,\\ y=vy(u)+(1-v)y_0,\\ z=vz(u)+(1-v)z_0,\end{cases}$$

式中的 u,v 为参数.

§4.3　旋转曲面

定义 4.3.1　在空间，一条曲线 Γ 绕着定直线 l 旋转一周所生成的曲面叫做*旋转曲面*，或称*回转曲面*.曲线 Γ 叫做旋转曲面的*母线*，定直线 l 叫做旋转曲面的*旋转轴*，简称为轴.

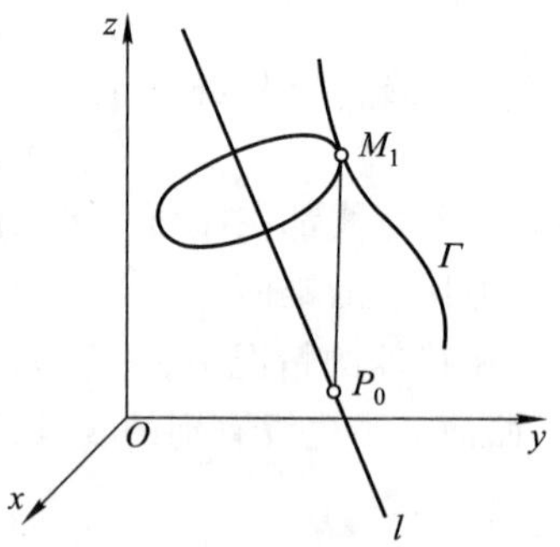

图 4-5

如图 4-5，旋转曲面的母线 Γ 上的任意点 M_1 在旋转时形成一个圆，这个圆也就是通过点 M_1 且垂直于轴 l 的平面与旋转曲面的交线，我们把它叫做*纬圆*或称*纬线*.在通过旋转轴 l 的平面上，以 l 为界的每个半平面都与曲面交成一条曲线，这些曲线显然在旋转中都能彼此重合，这曲线叫做旋转面的*经线*.

现在来求旋转曲面的方程.

在空间直角坐标系下，设旋转曲面的母线为

$$\Gamma:\begin{cases}F_1(x,y,z)=0,\\ F_2(x,y,z)=0,\end{cases}\tag{1}$$

旋转轴为直线

$$l:\ \frac{x-x_0}{X}=\frac{y-y_0}{Y}=\frac{z-z_0}{Z},\tag{2}$$

这里 $P_0(x_0,y_0,z_0)$ 为轴 l 上的一个定点，X,Y,Z 为旋转轴 l 的方向数.

设 $M_1(x_1,y_1,z_1)$ 是母线 Γ 上的任意点，那么过 M_1 的纬圆总可以看成是过 M_1 且垂直于旋转轴 l 的平面与以 $P_0(x_0,y_0,z_0)$ 为球心，$\left|\overrightarrow{P_0M_1}\right|$ 为半径的球面的交线，所以过 $M_1(x_1,y_1,z_1)$ 的纬圆的方程为

$$\begin{cases}X(x-x_1)+Y(y-y_1)+Z(z-z_1)=0, & (3)\\ (x-x_0)^2+(y-y_0)^2+(z-z_0)^2=(x_1-x_0)^2+(y_1-y_0)^2+(z_1-z_0)^2, & (4)\end{cases}$$

当点 M_1 遍历整个母线 Γ 时，就得出旋转曲面的所有纬圆，这些纬圆，生成旋转曲面.

又由于 $M_1(x_1,y_1,z_1)$ 在母线 Γ 上,所以又有

$$\begin{cases}F_1(x_1,y_1,z_1)=0, & (5)\\ F_2(x_1,y_1,z_1)=0, & (6)\end{cases}$$

从(3),(4),(5),(6)四个等式消去参数 x_1,y_1,z_1 最后得一个三元方程

$$F(x,y,z)=0.$$

这就是以(1)为母线,(2)为旋转轴的旋转曲面的方程.

例 1 求直线 $\frac{x}{2}=\frac{y}{1}=\frac{z-1}{0}$ 绕直线 $x=y=z$ 旋转所得的旋转曲面的方程.

解 设 $M_1(x_1,y_1,z_1)$ 是母线上的任意点,因为旋转轴通过原点,所以过 M_1 的纬圆方程是

$$\begin{cases}(x-x_1)+(y-y_1)+(z-z_1)=0, & (7)\\ x^2+y^2+z^2=x_1^2+y_1^2+z_1^2. & (8)\end{cases}$$

由于 $M_1(x_1,y_1,z_1)$ 在母线上,所以又有

$$\frac{x_1}{2}=\frac{y_1}{1}=\frac{z_1-1}{0},$$

即

$$x_1=2y_1,\quad z_1=1. \tag{9}$$

由(7),(8),(9)三式消去 x_1,y_1,z_1 得所求旋转曲面为

$$x^2+y^2+z^2-1=\frac{5}{9}(x+y+z-1)^2,$$

即 $2(x^2+y^2+z^2)-5(xy+xz+yz)+5(x+y+z)-7=0$.

由于旋转曲面的经线,总可以作为最初的母线来产生旋转曲面,因此为了方便,今后总是取旋转曲面的某一条经线(显然是平面曲线)作为旋转曲面的母线.在直角坐标系下导出旋转曲面的方程时,我们又常把母线所在平面取作坐标面而旋转轴取作坐标轴,这时旋转曲面的方程具有特殊的形式.

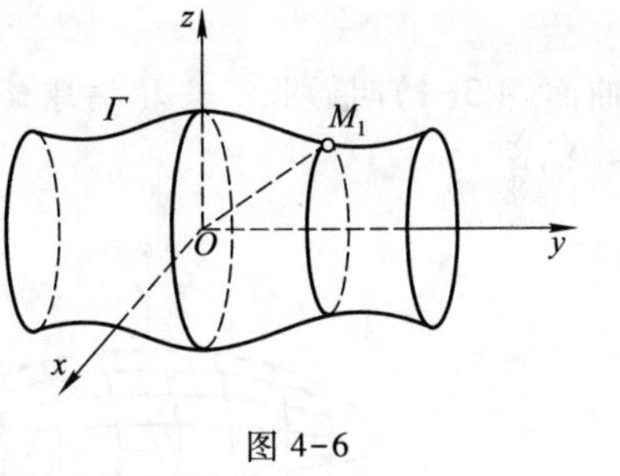

图 4-6

如图 4-6,设旋转曲面的母线为

$$\Gamma:\begin{cases}F(y,z)=0,\\ x=0.\end{cases} \tag{10}$$

旋转轴为 y 轴:

$$\frac{x}{0}=\frac{y}{1}=\frac{z}{0}, \tag{11}$$

如果 $M_1(0,y_1,z_1)$ 为母线 Γ 上的任意点,那么过 M_1 的纬圆为

$$\begin{cases}y-y_1=0, & (12)\\ x^2+y^2+z^2=y_1^2+z_1^2, & (13)\end{cases}$$

且有

$$F(y_1,z_1)=0, \tag{14}$$

从(12),(13),(14)三式消去参数 y_1,z_1 得所求旋转曲面的方程为

$$F(y,\pm\sqrt{x^2+z^2})=0. \tag{15}$$

同样,把曲线 Γ 绕 z 轴旋转所得的旋转曲面的方程是

$$F(\pm\sqrt{x^2+y^2},z)=0. \tag{16}$$

对于其他坐标面上的曲线,绕坐标轴旋转所得的旋转曲面,其方程可以类似地求出,这样我们就得出如下的规律:

当坐标面上的曲线 Γ 绕此坐标面里的一个坐标轴旋转时,为了求出这样的旋转曲面的方程,只要将曲线 Γ 在坐标面里的方程保留和旋转轴同名的坐标,而以其他两个坐标平方和的平方根来代替方程中的另一坐标.

例 2　将椭圆

$$\Gamma:\begin{cases}\dfrac{x^2}{a^2}+\dfrac{y^2}{b^2}=1 \quad (a>b),\\ z=0\end{cases} \tag{17}$$

分别绕长轴(即 x 轴)与短轴(即 y 轴)旋转,求所得旋转曲面的方程.

解　因为旋转轴是 x 轴,同名坐标就是 x,在方程 $\dfrac{x^2}{a^2}+\dfrac{y^2}{b^2}=1$ 中保留坐标 x 不变,用 $\pm\sqrt{y^2+z^2}$ 代 y,便得将椭圆(17)绕其长轴(即 x 轴)旋转的曲面方程

$$\frac{x^2}{a^2}+\frac{y^2}{b^2}+\frac{z^2}{b^2}=1. \tag{4.3-1}$$

同样将椭圆(17)绕其短轴(即 y 轴)旋转的曲面方程为

$$\frac{x^2}{a^2}+\frac{y^2}{b^2}+\frac{z^2}{a^2}=1. \tag{4.3-2}$$

曲面(4.3-1)叫做*长形旋转椭球面*(图 4-7),曲面(4.3-2)叫做*扁形旋转椭球面*(图 4-8).

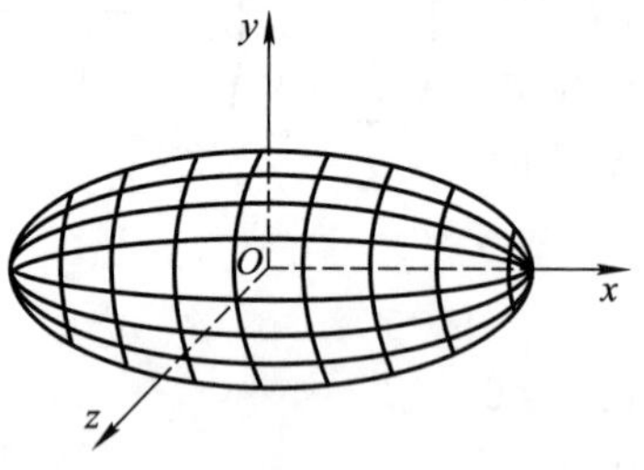

图 4-7

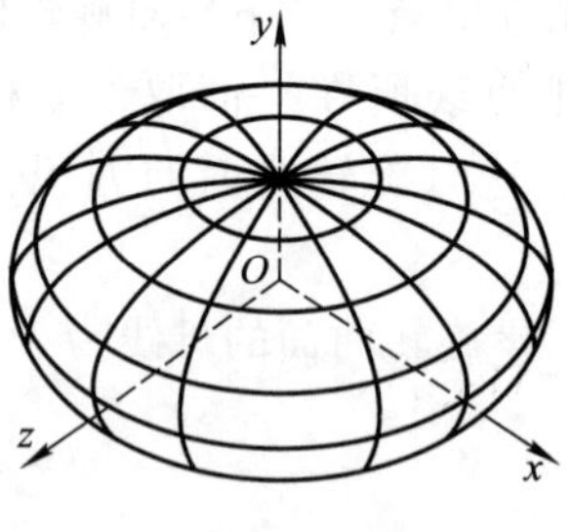

图 4-8

例 3　将双曲线

$$\Gamma:\begin{cases}\dfrac{y^2}{b^2}-\dfrac{z^2}{c^2}=1,\\ x=0\end{cases} \tag{18}$$

绕虚轴(即 z 轴)旋转的旋转曲面方程为

$$\frac{x^2}{b^2}+\frac{y^2}{b^2}-\frac{z^2}{c^2}=1, \tag{4.3-3}$$

绕实轴(即 y 轴)旋转的旋转曲面方程为

$$\frac{y^2}{b^2}-\frac{x^2}{c^2}-\frac{z^2}{c^2}=1. \tag{4.3-4}$$

曲面(4.3-3)叫做单叶旋转双曲面(图4-9),曲面(4.3-4)叫做双叶旋转双曲面(图4-10).

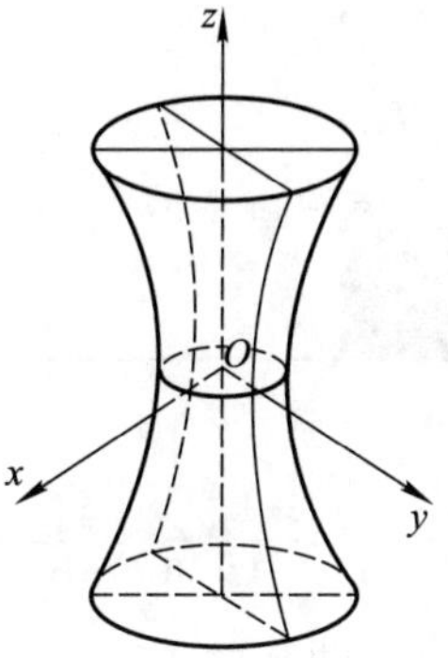

图 4-9

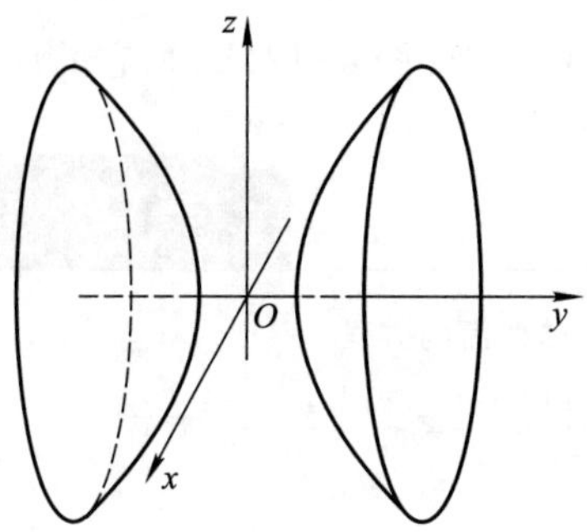

图 4-10

例 4 将抛物线

$$\Gamma: \begin{cases} y^2=2pz, \\ x=0 \end{cases} \tag{19}$$

绕它的对称轴旋转的旋转曲面方程为

$$x^2+y^2=2pz. \tag{4.3-5}$$

曲面(4.3-5)叫做旋转抛物面(图 4-11).

例 5 将圆

$$\Gamma: \begin{cases} (y-b)^2+z^2=a^2 \quad (b>a>0), \\ x=0 \end{cases} \tag{20}$$

(图 4-12(a))绕 z 轴旋转,求所得旋转曲面的方程.

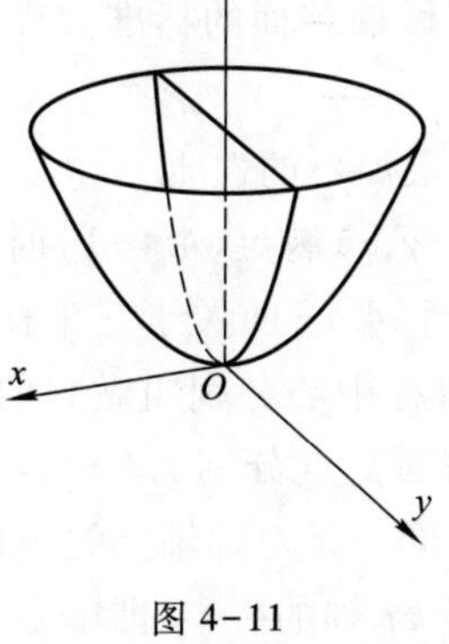

图 4-11

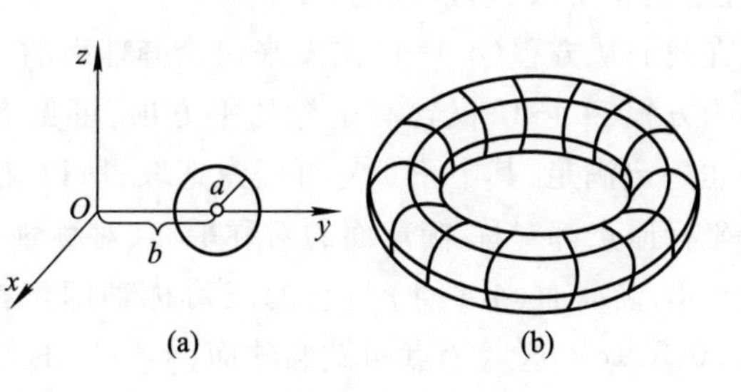

图 4-12

解 因为绕 z 轴旋转,所以在方程$(y-b)^2+z^2=a^2$ 中保留 z 不变,而 y 用$\pm\sqrt{x^2+y^2}$

代，就得将圆(20)绕 z 轴旋转而成的旋转曲面方程为

$$(\pm\sqrt{x^2+y^2}-b)^2+z^2=a^2,$$

即

$$x^2+y^2+z^2+b^2-a^2=\pm 2b\sqrt{x^2+y^2},$$

或

$$(x^2+y^2+z^2+b^2-a^2)^2=4b^2(x^2+y^2).$$

这样的曲面叫做**环面**(图 4-12(b))，它的形状像救生圈.

习 题

1. 求下列旋转曲面的方程：

(1) $\frac{x-1}{1}=\frac{y+1}{-1}=\frac{z-1}{2}$ 绕 $\frac{x}{1}=\frac{y}{-1}=\frac{z-1}{2}$ 旋转；

(2) $\frac{x}{2}=\frac{y}{1}=\frac{z-1}{-1}$ 绕 $\frac{x}{1}=\frac{y}{-1}=\frac{z-1}{2}$ 旋转；

(3) $\frac{x-1}{1}=\frac{y}{-3}=\frac{z}{3}$ 绕 z 轴旋转；

(4) 空间曲线 $\begin{cases} z=x^2, \\ x^2+y^2=1 \end{cases}$ 绕 z 轴旋转.

2. 将直线 $\frac{x}{\alpha}=\frac{y-\beta}{0}=\frac{z}{1}$ 绕 z 轴旋转，求这旋转曲面的方程，并就 α 和 β 可能的值讨论这是什么曲面.

3. 已知曲线 Γ 的参数方程为 $x=x(u),y=y(u),z=z(u)$，将曲线 Γ 绕 z 轴旋转，求旋转曲面的参数方程.

§4.4 椭 球 面

定义 4.4.1 在直角坐标系下，由方程

$$\frac{x^2}{a^2}+\frac{y^2}{b^2}+\frac{z^2}{c^2}=1 \tag{4.4-1}$$

所表示的曲面叫做**椭球面**，或称**椭圆面**，方程(4.4-1)叫做椭球面的标准方程，其中 a，b，c 为任意的正常数，通常假定 $a\geqslant b\geqslant c$.

现在我们从方程(4.4-1)出发来讨论椭球面的一些最简单的性质.

因为方程(4.4-1)仅含有坐标的平方项，可见当 (x,y,z) 满足(4.4-1)时，点 $(\pm x,\pm y,\pm z)$ 也一定满足，其中正负号可任意选取，所以椭球面(4.4-1)关于三坐标面、三坐标轴与坐标原点都对称.椭球面的对称平面、对称轴与对称中心分别叫做它的**主平面**、**主轴**与**中心**.椭球面(4.4-1)与它的三对称轴即坐标轴的交点分别为 $(\pm a,0,0)$，$(0,\pm b,0)$，$(0,0,\pm c)$，这六个点叫做椭球面(4.4-1)的**顶点**.同一条对称轴上的两顶点间的线段以及它们的长度 $2a$，$2b$ 与 $2c$ 叫做椭球面(4.4-1)的**轴**.轴的一半，即中心与各顶点间的线段及它们的长度 a，b 与 c 叫做椭球面(4.4-1)的**半轴**.当 $a>b>c$ 时，$2a$，$2b$ 与 $2c$ 分别叫做椭球面(4.4-1)的**长轴**、**中轴**与**短轴**，而 a，b 与 c 分别叫做椭球面的长半轴、

中半轴与短半轴.显然任何两轴相等的椭球面一定是旋转椭球面,而三轴相等的椭球面就是球面.例如当 $a>b=c$ 时,方程(4.4-1)就变成(4.3-1),它是一个长形旋转椭球面;当 $a=c>b$,方程(4.4-1)就变成(4.3-2),它是一个扁形旋转椭球面;而当 $a=b=c$ 时,方程(4.4-1)就变成(2.2-2),它是一个球面.所以旋转椭球面与球面都是椭球面(4.4-1)的特例.椭球面(4.4-1)当三轴不等时,叫做三轴椭球面.

因为椭球面(4.4-1)上的任何一点的坐标(x,y,z)总有

$$|x|\leqslant a,\quad |y|\leqslant b,\quad |z|\leqslant c,$$

因此椭球面完全被封闭在一个长方体的内部,这个长方体由六个平面:$x=\pm a, y=\pm b, z=\pm c$ 所组成.

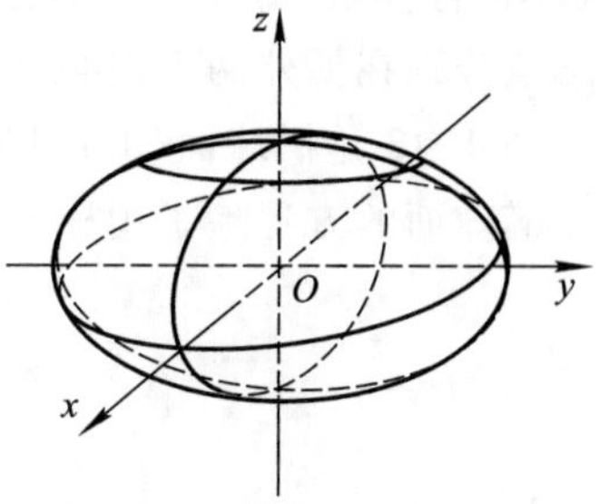

图 4-13

为了能够看出曲面的大致形状,我们考虑曲面与一组平行平面的交线,这些交线都是平面曲线,当我们对这些平面曲线的形状都已清楚时,曲面的大致形状也就看出来了,这就是所谓利用平行平面的截口来研究曲面图形的方法①,简称为平行截割法,为了方便起见,常取与坐标面平行的一组平面.

如果用坐标面 $z=0, y=0, x=0$ 分别来截割椭球面(4.4-1),那么所得截口都是椭圆(图 4-13),它们的方程分别是

$$\begin{cases}\dfrac{x^2}{a^2}+\dfrac{y^2}{b^2}=1,\\ z=0;\end{cases}\tag{1}$$

$$\begin{cases}\dfrac{x^2}{a^2}+\dfrac{z^2}{c^2}=1,\\ y=0;\end{cases}\tag{2}$$

$$\begin{cases}\dfrac{y^2}{b^2}+\dfrac{z^2}{c^2}=1,\\ x=0.\end{cases}\tag{3}$$

椭圆(1),(2),(3)叫做椭球面(4.4-1)的主截线(或主椭圆).

以下我们不妨取平行于 xOy 坐标面的一组平行平面来截割椭球面(4.4-1),因为用平行于其他坐标面的平面来截割,情况类似.以平面 $z=h$ 截割(4.4-1),得到的截线方程是

$$\begin{cases}\dfrac{x^2}{a^2}+\dfrac{y^2}{b^2}=1-\dfrac{h^2}{c^2},\\ z=h.\end{cases}\tag{4}$$

当 $|h|>c$ 时,(4)无图形,这表示平面 $z=h$ 与椭球面(4.4-1)不相交;当 $|h|=c$ 时,(4)的图形是平面 $z=h$ 上的一个点$(0,0,c)$或$(0,0,-c)$;当 $|h|<c$ 时,(4)的图形是一个椭圆,这个椭圆的两半轴分别是

① 这里的截口指的是曲面与平面的交线.

$$a\sqrt{1-\frac{h^2}{c^2}}\text{及 }b\sqrt{1-\frac{h^2}{c^2}}.$$

它的两轴的端点分别是$\left(\pm a\sqrt{1-\frac{h^2}{c^2}},0,h\right)$与$\left(0,\pm b\sqrt{1-\frac{h^2}{c^2}},h\right)$，容易知道两轴的端点分别在椭圆(2)与(3)上(图 4-13).这样，椭球面(4.4-1)可以看成是由一个椭圆的变动(大小位置都改变)而产生的，这个椭圆在变动中保持所在平面与 xOy 面平行，且两轴的端点分别在另外两个定椭圆(2)与(3)上滑动.

图 4-13 是椭球面(4.4-1)的图形.

椭球面的方程除了用标准方程(4.4-1)来表达外，有时也用参数方程

$$\begin{cases}x=a\cos\theta\cos\varphi,\\ y=b\cos\theta\sin\varphi,\\ z=c\sin\theta\end{cases}\tag{4.4-2}$$

来表达，其中 $\theta\left(-\frac{\pi}{2}\leqslant\theta\leqslant\frac{\pi}{2}\right)$，$\varphi(0\leqslant\varphi<2\pi)$为参数.如果从(4.4-2)式中消去参数 θ，φ，那么就得(4.4-1).

例　已知椭球面的轴与坐标轴重合，且通过椭圆$\frac{x^2}{9}+\frac{y^2}{16}=1$，$z=0$与点 $M(1,2,\sqrt{23})$，求这个椭球面的方程.

解　因为所求椭球面的轴与三坐标轴重合，所以设所求椭球面的方程为

$$\frac{x^2}{a^2}+\frac{y^2}{b^2}+\frac{z^2}{c^2}=1,$$

它与 xOy 面的交线为椭圆

$$\begin{cases}\frac{x^2}{a^2}+\frac{y^2}{b^2}=1,\\ z=0,\end{cases}$$

与已知椭圆

$$\begin{cases}\frac{x^2}{9}+\frac{y^2}{16}=1,\\ z=0\end{cases}$$

比较知

$$a^2=9,\quad b^2=16.$$

又因为椭球面通过点 $M(1,2,\sqrt{23})$，所以又有

$$\frac{1}{9}+\frac{4}{16}+\frac{23}{c^2}=1,$$

所以

$$c^2=36,$$

因此所求椭球面的方程为

$$\frac{x^2}{9}+\frac{y^2}{16}+\frac{z^2}{36}=1.$$

习　题

1. 作出平面 $x-2=0$ 与椭球面 $\frac{x^2}{16}+\frac{y^2}{9}+\frac{z^2}{4}=1$ 的交线的图形.

2. 设动点与点(1,0,0)的距离等于从这点到平面 $x=4$ 的距离的一半,试求此动点的轨迹.

3. 由椭球面 $\frac{x^2}{a^2}+\frac{y^2}{b^2}+\frac{z^2}{c^2}=1$ 的中心(即原点),沿某一定方向到曲面上的一点的距离是 r,设定方向的方向余弦分别为 λ,μ,ν,试证:

$$\frac{1}{r^2}=\frac{\lambda^2}{a^2}+\frac{\mu^2}{b^2}+\frac{\nu^2}{c^2}.$$

4. 由椭球面 $\frac{x^2}{a^2}+\frac{y^2}{b^2}+\frac{z^2}{c^2}=1$ 的中心,引三条两两相互垂直的射线,分别交曲面于点 P_1,P_2,P_3,设 $OP_1=r_1,OP_2=r_2,OP_3=r_3$,试证:

$$\frac{1}{r_1^2}+\frac{1}{r_2^2}+\frac{1}{r_3^2}=\frac{1}{a^2}+\frac{1}{b^2}+\frac{1}{c^2}.$$

5. 一直线分别交坐标面 yOz,zOx,xOy 于三点 A,B,C.当直线变动时,直线上的三定点 A,B,C 也分别在三个坐标面上变动,另外直线上有第四个点 P,它与 A,B,C 三点的距离分别为 a,b,c,当直线按照这样的规定(即保持 A,B,C 分别在三坐标面上)变动时,试求 P 点的轨迹.

6. 已知椭球面 $\frac{x^2}{a^2}+\frac{y^2}{b^2}+\frac{z^2}{c^2}=1$ $(c<a<b)$,试求过 x 轴并与曲面的交线是圆的平面.

§4.5　双　曲　面

1. 单叶双曲面

定义 4.5.1　在直角坐标系下,由方程

$$\frac{x^2}{a^2}+\frac{y^2}{b^2}-\frac{z^2}{c^2}=1 \tag{4.5-1}$$

所表示的曲面叫做单叶双曲面,方程(4.5-1)叫做单叶双曲面的标准方程,其中 a,b,c 是任意的正常数.

显然,单叶双曲面(4.5-1)与椭球面(4.4-1)一样,它关于三坐标面、三坐标轴以及坐标原点都对称.

双曲面(4.5-1)与 z 轴不相交,与 x 轴与 y 轴分别交于点$(\pm a,0,0)$与$(0,\pm b,0)$,这四点叫做单叶双曲面的顶点.

如果用三个坐标面 $z=0,y=0,x=0$ 分别截割曲面(4.5-1),那么所得的截线顺次为

$$\begin{cases}\dfrac{x^2}{a^2}+\dfrac{y^2}{b^2}=1,\\ z=0;\end{cases}\tag{1}$$

$$\begin{cases}\dfrac{x^2}{a^2}-\dfrac{z^2}{c^2}=1,\\ y=0;\end{cases}\tag{2}$$

$$\begin{cases}\dfrac{y^2}{b^2}-\dfrac{z^2}{c^2}=1,\\ x=0.\end{cases}\tag{3}$$

(1)为 xOy 面上的椭圆,叫做单叶双曲面的腰椭圆;(2)与(3)分别为 xOz 面与 yOz 面上的双曲线,这两条双曲线有着共同的虚轴与虚轴长(图 4-14).

当我们用一组平行平面 $z=h$ (h 可为任意实数)来截割单叶双曲面(4.5-1),便得到椭圆

$$\begin{cases}\dfrac{x^2}{a^2}+\dfrac{y^2}{b^2}=1+\dfrac{h^2}{c^2},\\ z=h,\end{cases}\tag{4}$$

它的两半轴分别是 $a\sqrt{1+\dfrac{h^2}{c^2}}$ 与 $b\sqrt{1+\dfrac{h^2}{c^2}}$,两轴的端点分别为 $\left(\pm a\sqrt{1+\dfrac{h^2}{c^2}},0,h\right)$ 与 $\left(0,\pm b\sqrt{1+\dfrac{h^2}{c^2}},h\right)$,容易知道这两对端点分别在双曲线(2)与(3)上.这样,单叶双曲面可以看成是由一个椭圆的变动(大小位置都改变)而产生的,这个椭圆在变动中保持所在的平面与 xOy 面平行,且两对顶点分别沿着两个定双曲线(2)与(3)滑动.

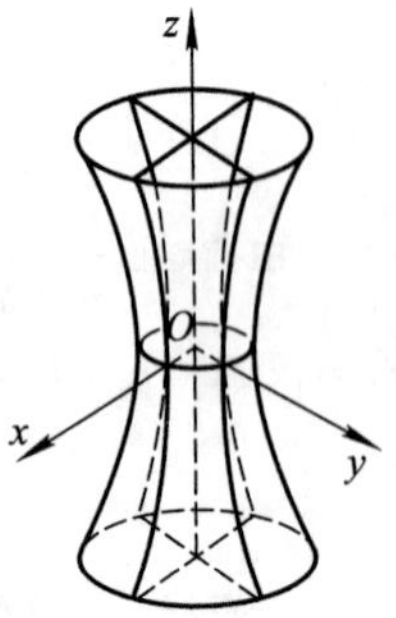

图 4-14

图 4-14 是单叶双曲面(4.5-1)的图形.

如果用平行于 xOz 面的平面 $y=h$ 来截割单叶双曲面(4.5-1),那么截线的方程为

$$\begin{cases}\dfrac{x^2}{a^2}-\dfrac{z^2}{c^2}=1-\dfrac{h^2}{b^2},\\ y=h.\end{cases}\tag{5}$$

当 $|h|<b$ 时,截线(5)为双曲线,它的实轴平行于 x 轴,实半轴长为 $\dfrac{a}{b}\sqrt{b^2-h^2}$,虚轴平行于 z 轴,虚半轴长为 $\dfrac{c}{b}\sqrt{b^2-h^2}$,且双曲线(5)的顶点 $\left(\pm\dfrac{a}{b}\sqrt{b^2-h^2},h,0\right)$ 在腰椭圆(1)上(图 4-15).

当 $|h|>b$ 时,截线(5)仍为双曲线,但它的实轴平行于 z 轴,实半轴长为 $\dfrac{c}{b}\sqrt{h^2-b^2}$,虚轴平行于 x 轴,虚半轴长为 $\dfrac{a}{b}\sqrt{h^2-b^2}$,而且它的顶点 $\left(0,h,\pm\dfrac{c}{b}\sqrt{h^2-b^2}\right)$ 在双曲线(3)上(图 4-16).

当 $|h|=b$ 时,(5)变成

$$\begin{cases}\dfrac{x^2}{a^2}-\dfrac{z^2}{c^2}=0,\\ y=b\end{cases}\quad\text{或}\quad\begin{cases}\dfrac{x^2}{a^2}-\dfrac{z^2}{c^2}=0,\\ y=-b.\end{cases}$$

这是两条直线

$$\begin{cases}\dfrac{x}{a}\pm\dfrac{z}{c}=0,\\ y=b\end{cases}\quad\text{或}\quad\begin{cases}\dfrac{x}{a}\pm\dfrac{z}{c}=0,\\ y=-b.\end{cases}$$

如果 $h=b$,那么两条直线交于点$(0,b,0)$(图 4-17),如果$h=-b$,那么两条直线交于$(0,-b,0)$.

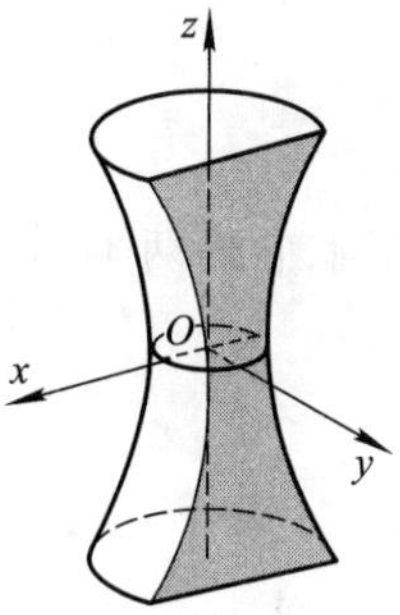

图 4-15

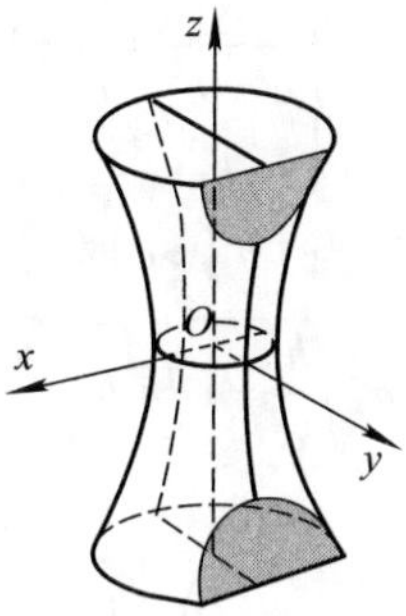

图 4-16

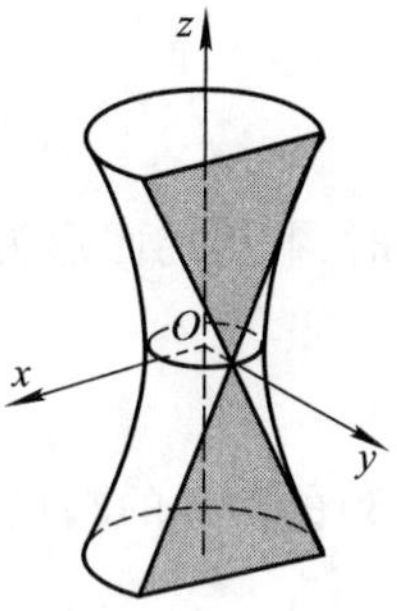

图 4-17

如果用平行于 yOz 面的平面来截割单叶双曲面(4.5-1),那么它与用平行于 xOz 面的平面来截割所得结果完全类似.

在方程(4.5-1)中,如果 $a=b$,那么它就成为单叶旋转双曲面(4.3-3).

方程$\dfrac{x^2}{a^2}-\dfrac{y^2}{b^2}+\dfrac{z^2}{c^2}=1$ 与$-\dfrac{x^2}{a^2}+\dfrac{y^2}{b^2}+\dfrac{z^2}{c^2}=1$ 所表示的图形,也都是单叶双曲面.

2. 双叶双曲面

定义 4.5.2　在直角坐标系下,由方程

$$\frac{x^2}{a^2}+\frac{y^2}{b^2}-\frac{z^2}{c^2}=-1 \tag{4.5-2}$$

所表示的图形,叫做*双叶双曲面*,方程(4.5-2)叫做*双叶双曲面的标准方程*,其中 a,b,c 是任意的正常数.

因为双叶双曲面的方程(4.5-2)仅含坐标的平方项,因此这个曲面关于三坐标面,三坐标轴以及坐标原点都对称,而且曲面与 x 轴,y 轴都不相交,只与 z 轴相交于两点$(0,0,\pm c)$,这两点叫做双叶双曲面(4.5-2)的*顶点*.

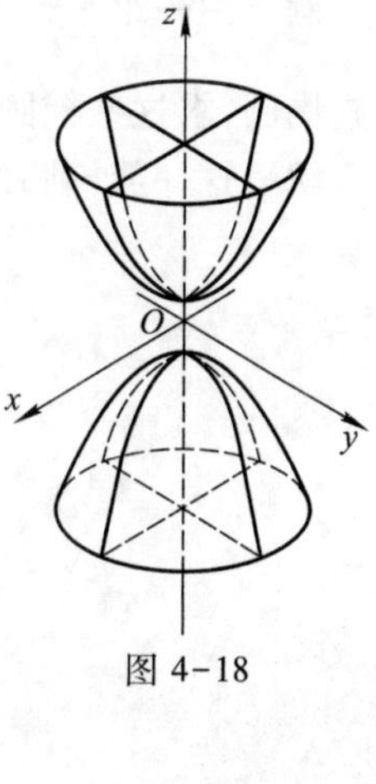

图 4-18

从方程(4.5-2)容易知道,曲面上的点恒有 $z^2\geqslant c^2$,因此曲面分成两叶 $z\geqslant c$ 与 $z\leqslant -c$.

坐标面 $z=0$ 与曲面(4.5-2)不相交,而其他两个坐标面 $y=0$与 $x=0$ 分别交曲面于两条双曲线(图 4-18)

$$\begin{cases}\dfrac{z^2}{c^2}-\dfrac{x^2}{a^2}=1,\\ y=0\end{cases}\tag{6}$$

与

$$\begin{cases}\dfrac{z^2}{c^2}-\dfrac{y^2}{b^2}=1,\\ x=0.\end{cases}\tag{7}$$

如果用一组平行于 xOy 面的平行平面 $z=h$ $(|h|\geqslant c)$ 来截割曲面(4.5-2)，我们得截线方程为

$$\begin{cases}\dfrac{x^2}{a^2}+\dfrac{y^2}{b^2}=\dfrac{h^2}{c^2}-1,\\ z=h.\end{cases}\tag{8}$$

当 $|h|=c$ 时，截得的图形为一点，当 $|h|>c$ 时，截线为椭圆，它的两半轴为

$$a\sqrt{\frac{h^2}{c^2}-1}\text{ 与 }b\sqrt{\frac{h^2}{c^2}-1}.$$

这时椭圆(8)的两轴的端点

$$\left(\pm a\sqrt{\frac{h^2}{c^2}-1},0,h\right)\text{与}\left(0,\pm b\sqrt{\frac{h^2}{c^2}-1},h\right)$$

分别在双曲线(6)与(7)上.因此，双叶双曲面可以看成是由一个椭圆变动(大小位置都改变)而产生的，这个椭圆在变动中，保持所在平面平行于 xOy 面，且两轴的端点分别沿着双曲线(6)，(7)滑动.

图 4-18 是双叶双曲面(4.5-2)的图形.

在方程(4.5-2)中，如果 $a=b$，那么这时截线(8)为一圆，曲面就是一个双叶旋转双曲面.

方程

$$\frac{x^2}{a^2}-\frac{y^2}{b^2}+\frac{z^2}{c^2}=-1\text{ 与 }-\frac{x^2}{a^2}+\frac{y^2}{b^2}+\frac{z^2}{c^2}=-1$$

所表示的图形，也都是双叶双曲面.

单叶双曲面与双叶双曲面统称为**双曲面**.

例　用一组平行平面 $z=h$ (h 为任意实数)截割单叶双曲面 $\dfrac{x^2}{a^2}+\dfrac{y^2}{b^2}-\dfrac{z^2}{c^2}=1$ $(a>b)$ 得一族椭圆，求这些椭圆焦点的轨迹.

解　这一族椭圆的方程为

$$\begin{cases}\dfrac{x^2}{a^2}+\dfrac{y^2}{b^2}=1+\dfrac{h^2}{c^2},\\ z=h,\end{cases}$$

即

$$\begin{cases}\dfrac{x^2}{a^2\left(1+\dfrac{h^2}{c^2}\right)}+\dfrac{y^2}{b^2\left(1+\dfrac{h^2}{c^2}\right)}=1,\\ z=h.\end{cases}$$

因为 $a>b$,所以椭圆的长半轴为 $a\sqrt{1+\frac{h^2}{c^2}}$,短半轴为 $b\sqrt{1+\frac{h^2}{c^2}}$,从而椭圆焦点的坐标为

$$\begin{cases} x=\pm\sqrt{(a^2-b^2)\left(1+\frac{h^2}{c^2}\right)}, \\ y=0, \\ z=h. \end{cases}$$

消去参数 h 得

$$\begin{cases} \frac{x^2}{a^2-b^2}-\frac{z^2}{c^2}=1, \\ y=0. \end{cases}$$

显然这族椭圆焦点的轨迹是一条在坐标面 xOz 上的双曲线,双曲线的实轴为 x 轴,虚轴为 z 轴.

习 题

1. 画出以下双曲面的图形:

(1) $\frac{x^2}{16}-\frac{y^2}{9}+\frac{z^2}{4}=1$;　　(2) $\frac{x^2}{16}-\frac{y^2}{4}+\frac{z^2}{9}=-1$.

2. 给定方程

$$\frac{x^2}{A-\lambda}+\frac{y^2}{B-\lambda}+\frac{z^2}{C-\lambda}=1\ (A>B>C>0),$$

试问当 λ 取异于 A,B,C 的各种数值时,它表示怎样的曲面?

3. 已知单叶双曲面 $\frac{x^2}{4}+\frac{y^2}{9}-\frac{z^2}{4}=1$.试求平面的方程,使这平面平行于 yOz 面(或 xOz 面)且与曲面的交线是一对相交直线.

4. 设动点与(4,0,0)的距离等于这点到平面 $x=1$ 的距离的两倍,试求这动点的轨迹.

5. 试求单叶双曲面 $\frac{x^2}{16}+\frac{y^2}{4}-\frac{z^2}{5}=1$ 与平面 $x-2z+3=0$ 的交线对 xOy 平面的射影柱面.

6. 设直线 l 与 m 为互不垂直的两条异面直线,C 是 l 与 m 的公垂线的中点,A,B 两点分别在直线 l,m 上滑动,且 $\angle ACB=90°$,试证直线 AB 的轨迹是一个单叶双曲面.

7. 试验证单叶双曲面与双叶双曲面的参数方程分别为

$$\begin{cases} x=a\sec u\cos v, \\ y=b\sec u\sin v, \\ z=c\tan u \end{cases} \quad 与 \quad \begin{cases} x=a\tan u\cos v, \\ y=b\tan u\sin v, \\ z=c\sec u. \end{cases}$$

§4.6 抛 物 面

1. 椭圆抛物面

定义 4.6.1 在直角坐标系下,由方程

$$\frac{x^2}{a^2}+\frac{y^2}{b^2}=2z \tag{4.6-1}$$

所表示的曲面叫做**椭圆抛物面**，方程(4.6-1)叫做**椭圆抛物面的标准方程**，其中 a,b 是任意的正常数.

显然椭圆抛物面(4.6-1)关于 xOz 与 yOz 坐标面对称，也关于 z 轴对称，但是它没有对称中心，它与对称轴交于点(0,0,0)，这点叫做椭圆抛物面(4.6-1)的**顶点**.

从方程(4.6-1)知

$$z=\frac{1}{2}\left(\frac{x^2}{a^2}+\frac{y^2}{b^2}\right)\geqslant 0,$$

所以曲面全部在 xOy 平面的一侧，即在 $z\geqslant 0$ 的一侧.

用坐标面 $y=0$ 及 $x=0$ 截割曲面(4.6-1)，分别得抛物线

$$\begin{cases}x^2=2a^2z,\\y=0\end{cases} \tag{1}$$

与

$$\begin{cases}y^2=2b^2z,\\x=0,\end{cases} \tag{2}$$

这两条抛物线叫做椭圆抛物面(4.6-1)的**主抛物线**，它们有着共同的轴与相同的开口方向，即开口方向都与 z 轴的正向一致.

用坐标面 xOy 来截曲面(4.6-1)只得一点(0,0,0)，但用平行于 xOy 面的平面 $z=h$ $(h>0)$来截曲面(4.6-1)，截线总是椭圆

$$\begin{cases}\dfrac{x^2}{2a^2h}+\dfrac{y^2}{2b^2h}=1,\\z=h.\end{cases} \tag{3}$$

这个椭圆的两对顶点分别为 $(\pm a\sqrt{2h},0,h)$，$(0,\pm b\sqrt{2h},h)$，它们分别在抛物面(4.6-1)的主抛物线(1)与(2)上(图 4-19).因此，椭圆抛物面(4.6-1)可以看成是由一个椭圆的变动(大小位置都改变)而产生的.这个椭圆在变动中，保持所在平面平行于 xOy 平面，且两对顶点分别在抛物线(1)与(2)上滑动.

图 4-19 是椭圆抛物面(4.6-1)的图形.

如果我们用平行于 xOz 面的平面 $y=t$ 截割椭圆抛物面(4.6-1)得抛物线

$$\begin{cases}x^2=2a^2\left(z-\dfrac{t^2}{2b^2}\right),\\y=t.\end{cases} \tag{4}$$

显然抛物线(4)与主抛物线(1)全等①，且它所在的平面平行于主抛物线(1)所在的平面并有相同的开口方向，此外，抛物线(4)的顶点 $\left(0,t,\dfrac{t^2}{2b^2}\right)$ 位于主抛物线(2)上，因此我们得到下面的结论：

如果取两个这样的抛物线，它们所在的平面互相垂直，它们的顶点和轴都重合，而

① 两个有相同焦参数 p 的抛物线是全等的.

且两抛物线有相同的开口方向，让其中一条抛物线平行于自己（即与抛物线所在的平面平行）且使其顶点在另一个抛物线上滑动，那么前一抛物线的运动轨迹便是一个椭圆抛物面（图 4-20）.

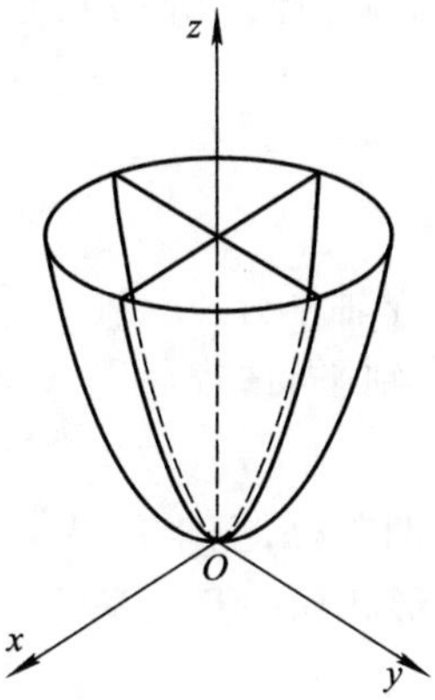

图 4-19

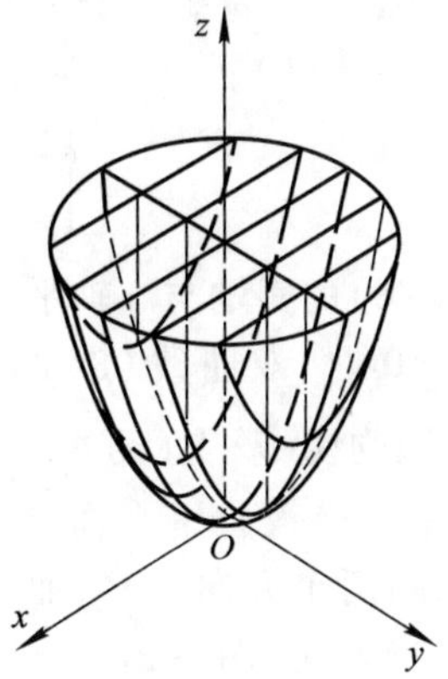

图 4-20

在方程（4.6-1）中，如果 $a=b$，那么方程变为（4.3-5），即

$$x^2+y^2=2a^2z,$$

这时截线（3）为一圆，曲面就成为旋转抛物面.

2. 双曲抛物面

定义 4.6.2　在直角坐标系下，由方程

$$\frac{x^2}{a^2}-\frac{y^2}{b^2}=2z \tag{4.6-2}$$

所表示的曲面叫做双曲抛物面，方程（4.6-2）叫做*双曲抛物面的标准方程*，其中 a,b 为任意的正常数.

显然曲面（4.6-2）关于 xOz 面，yOz 面与 z 轴对称，但是它没有对称中心.

用坐标面 $z=0$ 去截割曲面（4.6-2），就得

$$\begin{cases}\dfrac{x^2}{a^2}-\dfrac{y^2}{b^2}=0,\\ z=0.\end{cases} \tag{5}$$

这是一对相交于原点的直线

$$\begin{cases}\dfrac{x}{a}-\dfrac{y}{b}=0,\\ z=0\end{cases}\quad 与\quad \begin{cases}\dfrac{x}{a}+\dfrac{y}{b}=0,\\ z=0.\end{cases} \tag{5'}$$

其次用坐标面 $y=0$ 与 $x=0$ 来截割曲面（4.6-2），分别得两抛物线

$$\begin{cases}x^2=2a^2z,\\ y=0\end{cases} \tag{6}$$

与

$$\begin{cases}y^2=-2b^2z,\\ x=0,\end{cases} \tag{7}$$

这两条抛物线叫做双曲抛物面(4.6-2)的**主抛物线**,它们所在的平面相互垂直,有相同的顶点与对称轴,但两抛物线的开口方向不同,抛物线(6)沿 z 轴方向开口,而抛物线(7)的开口方向却与 z 轴方向相反.

如果用平行于 xOy 面的平面 $z=h\ (h\neq 0)$ 来截割曲面(4.6-2),截线总是双曲线

$$\begin{cases}\dfrac{x^2}{2a^2h}-\dfrac{y^2}{2b^2h}=1,\\ z=h.\end{cases}\tag{8}$$

当 $h>0$ 时,双曲线(8)的实轴与 x 轴平行,虚轴与 y 轴平行,顶点$(\pm a\sqrt{2h},0,h)$在主抛物线(6)上;当 $h<0$ 时,双曲线(8)的实轴与 y 轴平行,虚轴与 x 轴平行,顶点$(0,\pm b\sqrt{-2h},h)$在主抛物线(7)上(图 4-21).

因此,曲面(4.6-2)被 xOy 平面分割成上下两部分,上半部沿 x 轴的两个方向上升,下半部沿 y 轴的两个方向下降,曲面的大体形状像一只马鞍子,所以双曲抛物面(4.6-2)也叫做马鞍曲面(图4-21).

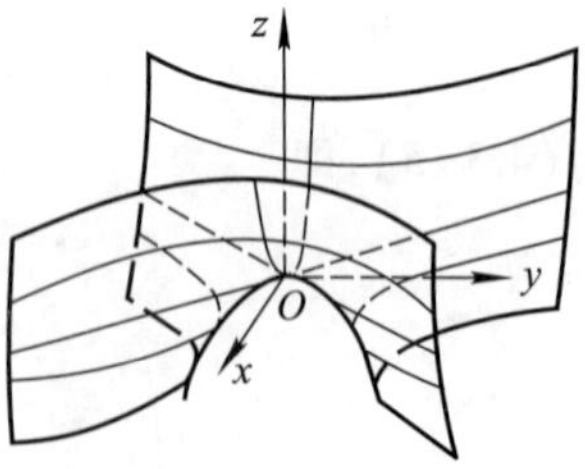

图 4-21

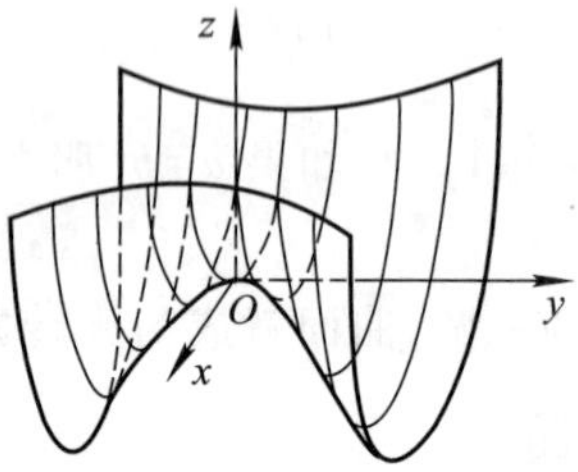

图 4-22

双曲抛物面的形状比较复杂,为了进一步明确它的结构,我们再来观察用平行于 xOz 面的一组平行平面 $y=t$ 来截割曲面(4.6-2)所得的截线,这时截线为抛物线

$$\begin{cases}x^2=2a^2\left(z+\dfrac{t^2}{2b^2}\right),\\ y=t.\end{cases}\tag{9}$$

我们容易看出,不论 t 取怎样的实数,所截得的抛物线(9)总与主抛物线(6)是全等的,且所在平面平行于这个主抛物线所在的平面 xOz,而它的顶点$\left(0,t,-\dfrac{t^2}{2b^2}\right)$则在另一主抛物线(7)上(图4-22),于是得到下面的结论:

如果取两个这样的抛物线,它们的所在平面互相垂直,有公共的顶点与轴,而两抛物线的开口方向相反,让其中的一个抛物线平行于自己(即与抛物线所在的平面平行)且使其顶点在另一抛物线上滑动,那么前一抛物线的运动轨迹便是一个双曲抛物面.

椭圆抛物面与双曲抛物面统称为**抛物面**,它们都没有对称中心,所以又叫做**无心二次曲面**.

例 1　作出球面 $x^2+y^2+z^2=8$ 与旋转抛物面 $x^2+y^2=2z$ 的交线.

解　两曲面的交线为

$$\begin{cases}x^2+y^2+z^2=8, & (1)\\ x^2+y^2=2z, & (2)\end{cases}$$

(2)代入(1)得

$$z^2+2z-8=0,$$

即

$$(z+4)(z-2)=0,$$

所以

$$z=-4 \quad 或 \quad z=2,$$

由(2)知 $z\geqslant 0$,所以取 $z=2$,因此交线方程可改写为

$$\begin{cases}x^2+y^2+z^2=8,\\ z=2,\end{cases} 或 \begin{cases}x^2+y^2=4,\\ z=2.\end{cases}$$

这是平面 $z=2$ 上的一个圆,圆心为(0,0,2),半径为2,它的图形如图4-23所示.

例2 作出曲面 $z=4-x^2$ 与平面 $2x+y=4$,三坐标面所围成的立体在第Ⅰ卦限部分的立体图形.

解 $z=4-x^2$ 为抛物柱面,它的母线平行于 y 轴,准线为 xOz 面上的抛物线,抛物线的顶点为 $S(0,0,4)$,焦参数 $p=\dfrac{1}{2}$,开口方向与 z 轴的方向相反;平面 $2x+y=4$ 平行于 z 轴,它与 xOy 面的交线是一条直线,这条直线与 x 轴,y 轴分别交于点 $P(2,0,0)$,$Q(0,4,0)$.为了画出这张立体图,还必须画出已知抛物柱面与平面的交线,为此我们设想用一平行于 yOz 面的平面来截割它们,那么截得一矩形 $ABCD$(图4-24),其中 AD 为抛物柱面的母线,D 为交线上的点,这样我们就得到下面描绘交线上的任意点的方法:在抛物线弧 $\overset{\frown}{SP}$ 上任取一点 A,过 A 作抛物柱面的母线 AD,再作 $AB/\!/z$ 轴,交 x 轴于 B,过 B 作 $BC/\!/y$ 轴,交 PQ 于 C,再过 C 作直线 $CD/\!/BA$,交 AD 于 D 点,那么 D 即为交线上的点.用此方法可得交线上一系列的点,把这些点联结起来,即得所求抛物柱面与平面的交线.所求立体图如图4-24所示.

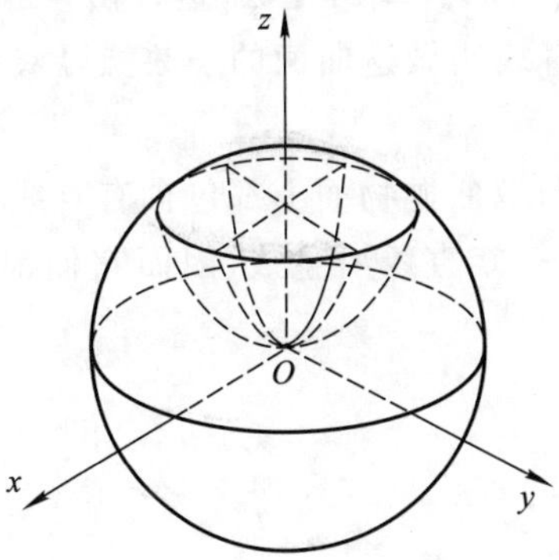

图 4-23

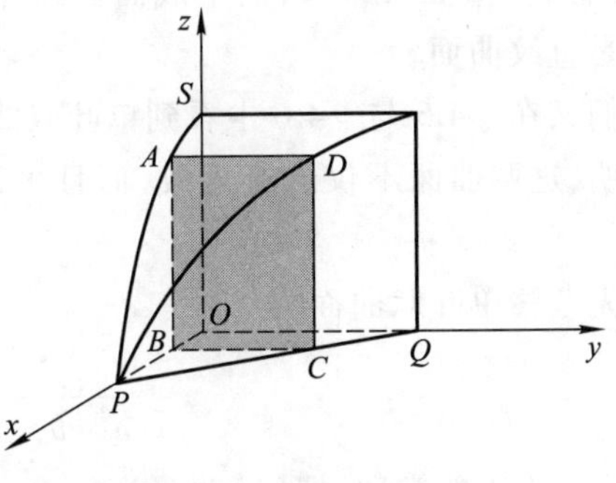

图 4-24

习 题

1. 已知椭圆抛物面的顶点在原点,对称面为 xOz 面与 yOz 面,且过点(1,2,6)和 $\left(\dfrac{1}{3},-1,1\right)$,求

这个椭圆抛物面的方程.

2. 适当选取坐标系，求下列轨迹的方程：

(1) 到一定点和一定平面距离之比等于常数的点的轨迹；

(2) 与两给定异面直线等距离的点的轨迹，已知两异面直线之间的距离为 $2a$，夹角为 2α.

3. 画出下列方程所代表的图形：

(1) $\frac{x^2}{4}+\frac{y^2}{9}+z=1$；　　(2) $z=xy$；　　(3) $\begin{cases}x=y^2+z^2,\\ z=2.\end{cases}$

4. 画出下列各组曲面所围成的立体的图形：

(1) $y=0, z=0, 3x+y=6, 3x+2y=12, x+y+z=6$；

(2) $x^2+y^2=z$，三坐标面，$x+y=1$；

(3) $x=\sqrt{y-z^2}, \frac{1}{2}\sqrt{y}=x, y=1$；

(4) $x^2+y^2=1, y^2+z^2=1$.

5. 试验证椭圆抛物面与双曲抛物面的参数方程可分别写为

$$\begin{cases}x=au\cos v,\\ y=bu\sin v,\\ z=\frac{1}{2}u^2\end{cases} \quad 与 \quad \begin{cases}x=a(u+v),\\ y=b(u-v),\\ z=2uv,\end{cases}$$

式中 u,v 为参数.

§4.7 单叶双曲面与双曲抛物面的直母线

我们在前面已经看到，柱面与锥面都可以由一族直线所生成，这种由一族直线所生成的曲面叫做*直纹曲面*，而生成曲面的那族直线叫做这曲面的*一族直母线*.柱面与锥面都是直纹曲面.

我们又在§4.5与§4.6中看到单叶双曲面与双曲抛物面上都包含有直线.下面我们来证明，这两曲面不仅含有直线，而且可以由一族直线所生成，因而它们都是直纹曲面.

首先考察单叶双曲面

$$\frac{x^2}{a^2}+\frac{y^2}{b^2}-\frac{z^2}{c^2}=1, \tag{1}$$

其中 a,b,c 为正的常数，把(1)改写为

$$\frac{x^2}{a^2}-\frac{z^2}{c^2}=1-\frac{y^2}{b^2},$$

或者

$$\left(\frac{x}{a}+\frac{z}{c}\right)\left(\frac{x}{a}-\frac{z}{c}\right)=\left(1+\frac{y}{b}\right)\left(1-\frac{y}{b}\right). \tag{2}$$

现在引进不等于零的参数 u，并考察由上式得来的方程组

$$
\begin{cases}
\dfrac{x}{a}+\dfrac{z}{c}=u\left(1+\dfrac{y}{b}\right), \\
\dfrac{x}{a}-\dfrac{z}{c}=\dfrac{1}{u}\left(1-\dfrac{y}{b}\right),
\end{cases} \tag{3}
$$

与两方程组

$$
\begin{cases}
\dfrac{x}{a}+\dfrac{z}{c}=0, \\
1-\dfrac{y}{b}=0
\end{cases} \tag{4}
$$

和

$$
\begin{cases}
\dfrac{x}{a}-\dfrac{z}{c}=0, \\
1+\dfrac{y}{b}=0.
\end{cases} \tag{4'}
$$

方程组(4)与(4′)实际上是(3)式中当参数 $u\to0$ 和 $u\to\infty$ 时的两种极限情形,显然不论 u 取何值,(3)以及(4),(4′)都表示直线,我们把(3),(4),(4′)合起来组成的一族直线叫做 u 族直线.

现在来证明由这 u 族直线可以生成曲面(1),从而它是单叶双曲面(1)的一族直母线.

容易知道,u 族直线中的任何一条直线上的点都在曲面(1)上,这是因为 $u\neq0$ 时,由(3)边边相乘即得(1),所以(3)所表示的直线上的点都在曲面(1)上;而满足(4)与(4′)的点显然满足(2),从而满足(1),因此直线(4)与(4′)上的点也都在曲面(1)上.

反过来,设 (x_0,y_0,z_0) 是曲面(1)上的点,从而有

$$
\left(\frac{x_0}{a}+\frac{z_0}{c}\right)\left(\frac{x_0}{a}-\frac{z_0}{c}\right)=\left(1+\frac{y_0}{b}\right)\left(1-\frac{y_0}{b}\right). \tag{5}
$$

显然 $1+\dfrac{y_0}{b}$ 与 $1-\dfrac{y_0}{b}$ 不能同时为零,因此不失一般性,假设

$$
1+\frac{y_0}{b}\neq0.
$$

如果 $\dfrac{x_0}{a}+\dfrac{z_0}{c}\neq0$,那么取 u 的值,使得

$$
\frac{x_0}{a}+\frac{z_0}{c}=u\left(1+\frac{y_0}{b}\right),
$$

由(5)便得

$$
\frac{x_0}{a}-\frac{z_0}{c}=\frac{1}{u}\left(1-\frac{y_0}{b}\right),
$$

所以点 (x_0,y_0,z_0) 在直线(3)上.

如果 $\dfrac{x_0}{a}+\dfrac{z_0}{c}=0$,那么由(5)知必有 $1-\dfrac{y_0}{b}=0$,所以点 (x_0,y_0,z_0) 在直线(4)上.

因此曲面(1)上的任一点 (x_0,y_0,z_0),一定在 u 族直线中的某一条直线上.

这样就证明了曲面(1)是由 u 族直线所生成,因此单叶双曲面(1)是直纹曲面,而 u 族直线是单叶双曲面(1)的一族直母线,称为 u 族直母线.

同样可以证明由直线

$$\begin{cases}\dfrac{x}{a}+\dfrac{z}{c}=v\left(1-\dfrac{y}{b}\right),\\ \dfrac{x}{a}-\dfrac{z}{c}=\dfrac{1}{v}\left(1+\dfrac{y}{b}\right)\end{cases}\tag{6}$$

(其中 v 为不等于零的任意实数)与另两直线(相当于(6)中当$v\to0$和$v\to\infty$ 的情形)

$$\begin{cases}\dfrac{x}{a}+\dfrac{z}{c}=0,\\ 1+\dfrac{y}{b}=0\end{cases}\tag{7}$$

与

$$\begin{cases}\dfrac{x}{a}-\dfrac{z}{c}=0,\\ 1-\dfrac{y}{b}=0\end{cases}\tag{7'}$$

合在一起组成的直线族是单叶双曲面(1)的另一族直母线,我们称它为单叶双曲面(1)的 v 族直母线.

图 4-25 表示了单叶双曲面上两族直母线的大概的分布情况.

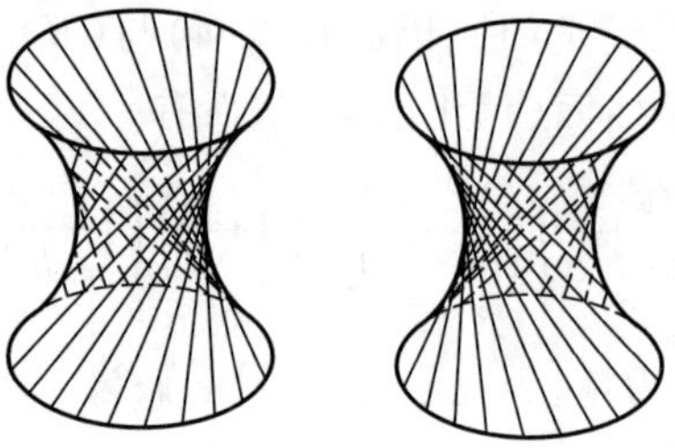

图 4-25

推论 对于单叶双曲面上的点,两族直母线中各有一条直母线通过这点.

为了避免取极限,我们常把单叶双曲面(1)的 u 族直母线写成

$$\begin{cases}w\left(\dfrac{x}{a}+\dfrac{z}{c}\right)=u\left(1+\dfrac{y}{b}\right),\\ u\left(\dfrac{x}{a}-\dfrac{z}{c}\right)=w\left(1-\dfrac{y}{b}\right),\end{cases}\tag{4.7-1}$$

其中 u,w 不同时为零.当 $u\neq0,w\neq0$ 时,各式除以 w,(4.7-1)式就化为(3);当 $u=0$ 时便化成(4);当 $w=0$ 时便化成(4').而 v 族直母线写成

$$\begin{cases}t\left(\dfrac{x}{a}+\dfrac{z}{c}\right)=v\left(1-\dfrac{y}{b}\right),\\ v\left(\dfrac{x}{a}-\dfrac{z}{c}\right)=t\left(1+\dfrac{y}{b}\right),\end{cases}\tag{4.7-2}$$

其中 v, t 不同时为零.

这里必须指出,(4.7-1)与(4.7-2)中的直线分别只依赖于 $u : w$ 与 $v : t$ 的值.

对于双曲抛物面

$$\frac{x^2}{a^2}-\frac{y^2}{b^2}=2z,$$

同样地可以证明它也有两族直母线(图 4-26),它们的方程分别是①

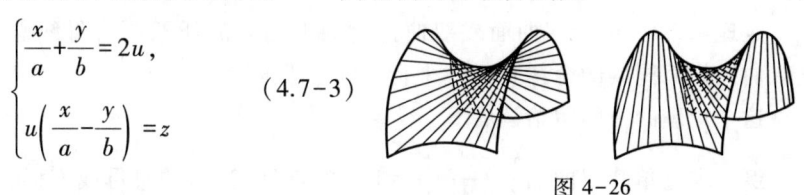

$$\begin{cases}\dfrac{x}{a}+\dfrac{y}{b}=2u,\\ u\left(\dfrac{x}{a}-\dfrac{y}{b}\right)=z\end{cases}\tag{4.7-3}$$

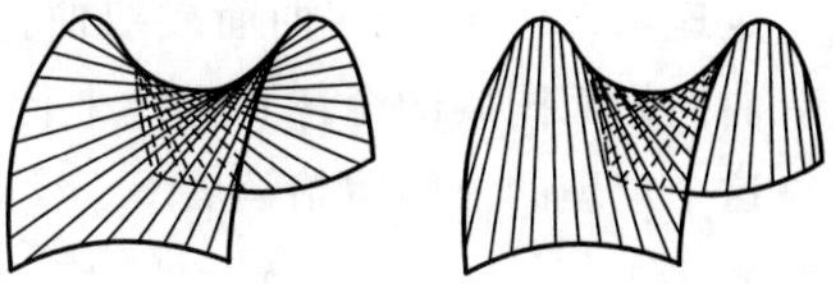

图 4-26

与

$$\begin{cases}\dfrac{x}{a}-\dfrac{y}{b}=2v,\\ v\left(\dfrac{x}{a}+\dfrac{y}{b}\right)=z.\end{cases}\tag{4.7-4}$$

并且也有下面的推论:

推论　对于双曲抛物面上的点,两族直母线中各有一条直母线通过这一点.

单叶双曲面与双曲抛物面的直母线,在建筑上有着重要的应用,常常用它来构成建筑的骨架.

单叶双曲面与双曲抛物面的直母线还有下面的一些性质:

定理 4.7.1　单叶双曲面上异族的任意两直母线必共面,而双曲抛物面上异族的任意两直母线必相交.

现在我们来证明定理的前半部分,后半部分留给读者.

证　由(4.7-1)与(4.7-2)的四个方程的系数和常数项所组成的行列式为

$$\begin{vmatrix}\dfrac{w}{a} & -\dfrac{u}{b} & \dfrac{w}{c} & -u\\ \dfrac{u}{a} & \dfrac{w}{b} & -\dfrac{u}{c} & -w\\ \dfrac{t}{a} & \dfrac{v}{b} & \dfrac{t}{c} & -v\\ \dfrac{v}{a} & -\dfrac{t}{b} & -\dfrac{v}{c} & -t\end{vmatrix}=-\frac{1}{abc}\begin{vmatrix}w & -u & w & u\\ u & w & -u & w\\ t & v & t & v\\ v & -t & -v & t\end{vmatrix}=-\frac{4}{abc}\begin{vmatrix}w & 0 & w & u\\ 0 & w & -u & w\\ t & v & t & v\\ 0 & 0 & -v & t\end{vmatrix}$$

---

①　对于双曲抛物面的直母线族方程不用双参数,这是因为如果将(4.7-3)改写为双参数形式

$$\begin{cases}w\left(\dfrac{x}{a}+\dfrac{y}{b}\right)=2u,\\ u\left(\dfrac{x}{a}-\dfrac{y}{b}\right)=wz,\end{cases}\tag{$*$}$$

那么当 $w=0$ 时,必有 $u=0$,所以如果要写成($*$)的形式,必须附加条件 $w\neq0$,但是这样($*$)实质上就是(4.7-3)了.

$$=-\frac{4}{abc}\begin{vmatrix} w & 0 & 0 & u \\ 0 & w & -u & 0 \\ t & v & 0 & 0 \\ 0 & 0 & -v & t \end{vmatrix}=-\frac{4}{abc}(wuvt-wuvt)=0.$$

根据§3.8的例3知道这两直线一定是共面的，所以单叶双曲面上异族的两直母线必共面.

定理 4.7.2　单叶双曲面或双曲抛物面上同族的任意两直母线总是异面直线，而且双曲抛物面同族的全体直母线平行于同一平面.

这个定理的证明留给读者.

例　求过单叶双曲面$\frac{x^2}{9}+\frac{y^2}{4}-\frac{z^2}{16}=1$上的点$(6,2,8)$的直母线方程.

解　单叶双曲面$\frac{x^2}{9}+\frac{y^2}{4}-\frac{z^2}{16}=1$的两族直母线方程是

$$\begin{cases} w\left(\frac{x}{3}+\frac{z}{4}\right)=u\left(1+\frac{y}{2}\right), \\ u\left(\frac{x}{3}-\frac{z}{4}\right)=w\left(1-\frac{y}{2}\right) \end{cases} \quad 与 \quad \begin{cases} t\left(\frac{x}{3}+\frac{z}{4}\right)=v\left(1-\frac{y}{2}\right), \\ v\left(\frac{x}{3}-\frac{z}{4}\right)=t\left(1+\frac{y}{2}\right). \end{cases}$$

把点$(6,2,8)$分别代入上面两组方程，求得

$$w:u=1:2 \quad 与 \quad t=0,$$

代入直母线族方程，得过$(6,2,8)$的两条直母线分别为

$$\begin{cases} \frac{x}{3}+\frac{z}{4}=2\left(1+\frac{y}{2}\right), \\ 2\left(\frac{x}{3}-\frac{z}{4}\right)=1-\frac{y}{2} \end{cases} \quad 与 \quad \begin{cases} 1-\frac{y}{2}=0, \\ \frac{x}{3}-\frac{z}{4}=0, \end{cases}$$

即

$$\begin{cases} 4x-12y+3z-24=0, \\ 4x+3y-3z-6=0 \end{cases} \quad 与 \quad \begin{cases} y-2=0, \\ 4x-3z=0. \end{cases}$$

习　题

1. 求下列直纹曲面的直母线族方程：

(1) $x^2-y^2-z^2=0$；　　(2) $z=axy$.

2. 求下列直线族所成的曲面(式中的λ为参数)：

(1) $\frac{x-\lambda^2}{1}=\frac{y}{-1}=\frac{z-\lambda}{0}$；　　(2) $\begin{cases} x+2\lambda y+4z=4\lambda, \\ \lambda x-2y-4\lambda z=4. \end{cases}$

3. 在双曲抛物面$\frac{x^2}{16}-\frac{y^2}{4}=z$上求平行于平面$3x+2y-4z=0$的直母线.

4. 试证单叶双曲面$\frac{x^2}{a^2}+\frac{y^2}{b^2}-\frac{z^2}{c^2}=1$的任意一条直母线在$xOy$面上的射影，一定是其腰椭圆的切线.

5. 求与两直线$\frac{x-6}{3}=\frac{y}{2}=\frac{z-1}{1}$与$\frac{x}{3}=\frac{y-8}{2}=\frac{z+4}{-2}$相交，而且与平面 $2x+3y-5=0$ 平行的直线的轨迹.

6. 求与下列三条直线

$$\begin{cases}x=1,\\y=z,\end{cases}\quad\begin{cases}x=-1,\\y=-z\end{cases}\quad 和 \quad \frac{x-2}{-3}=\frac{y+1}{4}=\frac{z+2}{5}$$

都共面的直线所构成的曲面.

7. 试证明经过单叶双曲面的一条直母线的每一个平面一定经过属于另一族直母线的一条直母线.并举一反例，说明这个命题在双曲抛物面的情况下不一定成立.

8. 试求单叶双曲面$\frac{x^2}{a^2}+\frac{y^2}{b^2}-\frac{z^2}{c^2}=1$上互相垂直的两直母线交点的轨迹方程.

9. 试证明双曲抛物面$\frac{x^2}{a^2}-\frac{y^2}{b^2}=2z(a\neq b)$上的两直母线正交时，其交点必在一双曲线上.

10. 已知空间两异面直线间的距离为 $2a$，夹角为 2θ，过这两直线分别作平面，并使这两平面相互垂直，求这样的两平面交线的轨迹.

结　束　语

从本章介绍的曲面中可以看到，一些曲面可以由一条曲线按照某种规律运动所生成.例如柱面是由平行于定方向且沿着准线运动的直线所产生，它是空间一族平行直线所生成的曲面；锥面是由通过定点且沿着准线运动的直线所产生，这是空间一族共点直线所生成的曲面；而旋转曲面是由一曲线绕其轴旋转一周而产生，它又可以看成是一族纬圆所生成的曲面.在导出这种由曲线运动所产生的曲面方程时，它们的方法是统一的，即先写出含有参数的母线族或纬圆族的方程

$$\begin{cases}F_1(x,y,z,x_1,y_1,z_1)=0,\\F_2(x,y,z,x_1,y_1,z_1)=0,\end{cases}\tag{1}$$

再根据曲线运动的规律，写出参数 x_1,y_1,z_1 所应满足的关系式

$$\begin{cases}\Phi_1(x_1,y_1,z_1)=0,\\\Phi_2(x_1,y_1,z_1)=0,\end{cases}\tag{2}$$

这也是参数的约束条件，然后由以上四式消去三个参数 x_1,y_1,z_1 就得(1)所生成的曲面方程.

一般地说，一个含有 n 个参数 $\lambda_1,\lambda_2,\cdots,\lambda_n$ 的曲线族

$$\begin{cases}F_1(x,y,z,\lambda_1,\lambda_2,\cdots,\lambda_n)=0,\\F_2(x,y,z,\lambda_1,\lambda_2,\cdots,\lambda_n)=0,\end{cases}\tag{3}$$

其中 n 个参数的约束条件为 $n-1$ 个关系式

$$\Phi_i(\lambda_1,\lambda_2,\cdots,\lambda_n)=0,\quad i=1,2,\cdots,n-1,\tag{4}$$

由(3)与(4)中的 $n+1$ 个式子消去 n 个参数 $\lambda_1,\lambda_2,\cdots,\lambda_n$，就得由曲线族(3)所生成的曲面方程.

进一步，我们也可以把椭球面、双曲面与抛物面分别看成是由某一族曲线所生成

的，例如椭球面

$$\frac{x^2}{a^2}+\frac{y^2}{b^2}+\frac{z^2}{c^2}=1 \tag{5}$$

可以看成是由含有参数 h 的一族椭圆

$$\begin{cases}\dfrac{x^2}{a^2\left(1-\dfrac{h^2}{c^2}\right)}+\dfrac{y^2}{b^2\left(1-\dfrac{h^2}{c^2}\right)}=1,\\ z=h\end{cases} \tag{6}$$

所生成，因为由(6)消去参数 h 即为(5).

同样，双曲面

$$\frac{x^2}{a^2}+\frac{y^2}{b^2}-\frac{z^2}{c^2}=\pm 1$$

可以看成是由含参数 h 的一族椭圆

$$\begin{cases}\dfrac{x^2}{a^2\left(\dfrac{h^2}{c^2}\pm 1\right)}+\dfrac{y^2}{b^2\left(\dfrac{h^2}{c^2}\pm 1\right)}=1,\\ z=h\end{cases}$$

所生成.抛物面

$$\frac{x^2}{a^2}\pm\frac{y^2}{b^2}=2z$$

可以看成是由含参数 t 的一族抛物线

$$\begin{cases}x^2=2a^2\left(z\mp\dfrac{t^2}{2b^2}\right),\\ y=t\end{cases}$$

所生成.

在这里我们还要指出，对缺某一坐标的方程代表何种轨迹，必须首先明确它是在什么范围内讨论，例如方程

$$\frac{x^2}{a^2}+\frac{y^2}{b^2}=1$$

在平面上，它表示椭圆，是一条平面曲线的方程，但是在空间中，它却表示一个母线平行于 z 轴的椭圆柱面.

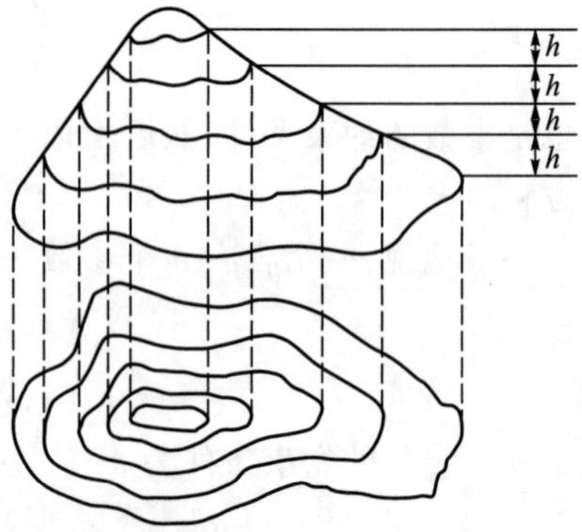

图 4-27

对于根据曲面的方程如何来认识曲面的形状，在本章中，我们介绍了“平行截割法”，也就是用一族平行平面来截割曲面研究截口曲线是怎样变化的，从这一族截口曲线的变化情况，我们就能想象出方程所表示的曲面的整体形状.这是一个认识空间图形的重要方法，它的思想是把复杂的空间图形归结为比较容易认识的平面曲线.这种思想方法也被测绘人员用来绘制等高线地形图.例如要绘制一座高山

的地形图,可用一组等距的平行于地平面的平面来截割,得一族截口曲线,这也就是测出每隔同样高度的曲线即等高线,然后把这些曲线垂直投影到地平面上,就得到一族投影曲线,这就是等高线地形图(图 4-27),高山的大致形状便由等高线图显示出来.从等高线图中容易看出,在相邻两曲线靠得越近的地方,那里的坡度就越大,山势就陡;两曲线离得远的地方,那里的坡度就小,也就是较为平坦.

复习与测试

第五章
二次曲线的一般理论

学习要求

在平面上,由二元二次方程①

$$a_{11}x^2+2a_{12}xy+a_{22}y^2+2a_{13}x+2a_{23}y+a_{33}=0 \tag{1}$$

所表示的曲线,叫做二次曲线.在这一章里,我们将讨论二次曲线的几何性质以及二次曲线方程的化简,最后对二次曲线进行分类.

我们在讨论中,将从研究直线与二次曲线的相交问题入手,来认识二次曲线的某些几何性质.为了求直线与二次曲线的交点,就必须涉及解二次方程的问题,但是二次方程的根可能是虚数,因此在这里我们将像代数中引进虚数把实数扩充成复数那样,在平面上引进虚元素.下面我们简单地说明一下有关虚元素的问题.

我们知道,当平面上建立了笛卡儿坐标系之后,一对有序实数(x,y)就表示平面上的一个点,如果x及y中至少有一个是虚数,那么在这里我们仍然认为(x,y)表示平面上的一个点,我们把这样的点叫做平面上的*虚点*,而x,y叫做这一虚点的坐标,相应地我们把坐标是一对实数的点叫做平面上的*实点*.如果两个虚点的对应坐标都是共轭复数,那么这两点叫做一对*共轭虚点*,实点与虚点统称为*复点*.

当平面上引进了虚点之后,我们仍然可以讨论向量、直线等概念,例如设$M_1(x_1,y_1)$与$M_2(x_2,y_2)$为平面上的两复点,那么我们称$\{x_2-x_1,y_2-y_1\}$是以M_1为始点,M_2为终点的复向量,并记做$\overrightarrow{M_1M_2}$,如果x_2-x_1与y_2-y_1中至少有一为虚数,那么我们把它叫做虚向量.如果点$M(x,y)$的坐标满足表达式

$$x=\frac{x_1+\lambda x_2}{1+\lambda},\quad y=\frac{y_1+\lambda y_2}{1+\lambda},$$

其中λ为复数,我们就说点M分M_1M_2成定比λ,我们把点$M\left(\frac{x_1+x_2}{2},\frac{y_1+y_2}{2}\right)$叫做$M_1M_2$的中点.我们又把

$$\begin{cases}x=x_1+(x_2-x_1)t,\\ y=y_1+(y_2-y_1)t\end{cases}$$

叫做由两点$M_1(x_1,y_1)$,$M_2(x_2,y_2)$决定的直线的参数方程,式中t为参数,它可为任意的复数.消去参数t得

$$Ax+By+C=0,$$

式中$A=y_2-y_1$,$B=-(x_2-x_1)$,$C=y_1(x_2-x_1)-x_1(y_2-y_1)$.方程$Ax+By+C=0$叫做直线的一

---

① 在一般二次曲线的方程中,xy,x,y项的系数都带上2是为了以后演算的方便.

般式方程，如果 A,B,C 与三个实数成比例，那么直线为实直线，否则叫做虚直线.

必须指出，由于共轭复数之和为实数，所以联结两共轭虚点的线段的中点是实点.

平面上引进了虚点之后，曲线的方程中可能会出现虚系数，不过以后我们讨论问题时，只考虑实系数的曲线方程.但是，由于引进了虚点，实系数方程所表示的曲线上将含有许多虚点，甚至有的实系数方程所表示的曲线上只有虚点而无实点.

为了方便起见，我们引进下面的一些记号：

$F(x,y)\equiv a_{11}x^2+2a_{12}xy+a_{22}y^2+2a_{13}x+2a_{23}y+a_{33}$，

$F_1(x,y)\equiv a_{11}x+a_{12}y+a_{13}$①，

$F_2(x,y)\equiv a_{12}x+a_{22}y+a_{23}$，

$F_3(x,y)\equiv a_{13}x+a_{23}y+a_{33}$，

$\Phi(x,y)\equiv a_{11}x^2+2a_{12}xy+a_{22}y^2$，

这样我们容易验证，下面的恒等式成立

$$F(x,y)\equiv xF_1(x,y)+yF_2(x,y)+F_3(x,y), \tag{2}$$

(1)式也就可以写成

$$F(x,y)\equiv xF_1(x,y)+yF_2(x,y)+F_3(x,y)=0. \tag{3}$$

我们把 $F(x,y)$ 的系数所排成的矩阵

$$\boldsymbol{A}=\begin{pmatrix} a_{11} & a_{12} & a_{13} \\ a_{12} & a_{22} & a_{23} \\ a_{13} & a_{23} & a_{33} \end{pmatrix}$$

叫做二次曲线(1)的矩阵（或称 $F(x,y)$ 的矩阵），而将 $\Phi(x,y)$ 的系数所排成的矩阵

$$\boldsymbol{A}^*=\begin{pmatrix} a_{11} & a_{12} \\ a_{12} & a_{22} \end{pmatrix}$$

叫做 $\Phi(x,y)$ 的矩阵.显然，二次曲线(1)的矩阵 $\boldsymbol{A}$ 的第一、第二与第三行（或列）的元素分别是 $F_1(x,y)$，$F_2(x,y)$，$F_3(x,y)$ 的系数.

今后我们还常常要引用下面的几个符号：

$$I_1=a_{11}+a_{22},\quad I_2=\begin{vmatrix} a_{11} & a_{12} \\ a_{12} & a_{22} \end{vmatrix},\quad I_3=\begin{vmatrix} a_{11} & a_{12} & a_{13} \\ a_{12} & a_{22} & a_{23} \\ a_{13} & a_{23} & a_{33} \end{vmatrix},\quad K_1=\begin{vmatrix} a_{11} & a_{13} \\ a_{13} & a_{33} \end{vmatrix}+\begin{vmatrix} a_{22} & a_{23} \\ a_{23} & a_{33} \end{vmatrix}.$$

这里的 I_1 是矩阵 $\boldsymbol{A}^*$ 的主对角元素的和，I_2 是矩阵 $\boldsymbol{A}^*$ 的行列式，I_3 是矩阵 $\boldsymbol{A}$ 的行列式，而 K_1 的两项是 I_1 的两项分别添加上两条“边”而成的两个二阶行列式，这添加上的两条“边”的元素是矩阵 $\boldsymbol{A}$ 中的第三行与第三列的对应元素，也就是说用二阶行列式

$$\begin{vmatrix} a_{11} & a_{13} \\ a_{13} & a_{33} \end{vmatrix},\quad \begin{vmatrix} a_{22} & a_{23} \\ a_{23} & a_{33} \end{vmatrix}$$

分别代替 I_1 中的 a_{11}，a_{22} 就由 I_1 得到 K_1.

① 为了便于记忆，可以借用偏导数的记号：$F_1(x,y)=\dfrac{1}{2}F'_x(x,y)$，$F_2(x,y)=\dfrac{1}{2}F'_y(x,y)$.

§5.1 二次曲线与直线的相关位置

现在我们来讨论二次曲线

$$F(x,y)\equiv a_{11}x^2+2a_{12}xy+a_{22}y^2+2a_{13}x+2a_{23}y+a_{33}=0 \tag{1}$$

与过点(x_0,y_0)且具有方向 $X:Y$ 的直线

$$\begin{cases}x=x_0+Xt,\\ y=y_0+Yt\end{cases} \tag{2}$$

的交点.把(2)代入(1),经过整理得关于 t 的方程

$$(a_{11}X^2+2a_{12}XY+a_{22}Y^2)t^2+2[(a_{11}x_0+a_{12}y_0+a_{13})X+(a_{12}x_0+a_{22}y_0+a_{23})Y]t+$$
$$(a_{11}x_0^2+2a_{12}x_0y_0+a_{22}y_0^2+2a_{13}x_0+2a_{23}y_0+a_{33})=0. \tag{3}$$

利用前面的记号,(3)可写成

$$\Phi(X,Y)\cdot t^2+2[F_1(x_0,y_0)\cdot X+F_2(x_0,y_0)\cdot Y]t+F(x_0,y_0)=0, \tag{4}$$

方程(3)或(4)可分以下几种情况来讨论.

1) $\Phi(X,Y)\neq 0$.这时(4)是关于 t 的二次方程,它的判别式为

$$\Delta=[F_1(x_0,y_0)\cdot X+F_2(x_0,y_0)\cdot Y]^2-\Phi(X,Y)\cdot F(x_0,y_0).$$

这又可分三种情况:

1° $\Delta>0$.方程(4)有两个不等的实根 t_1 与 t_2,代入(2)便得直线(2)与二次曲线(1)的两个不同的实交点.

2° $\Delta=0$.方程(4)有两个相等的实根 t_1 与 t_2,这时直线(2)与二次曲线(1)有两个相互重合的实交点.

3° $\Delta<0$.方程(4)有两个共轭的虚根,这时直线(2)与二次曲线交于两个共轭的虚点.

2) $\Phi(X,Y)=0$,这时又可分三种情况:

1° $F_1(x_0,y_0)\cdot X+F_2(x_0,y_0)\cdot Y\neq 0$.这时(4)是关于 t 的一次方程,它有惟一的一个实根,所以直线(2)与二次曲线(1)有惟一的实交点.

2° $F_1(x_0,y_0)\cdot X+F_2(x_0,y_0)\cdot Y=0$,而 $F(x_0,y_0)\neq 0$.这时(4)为矛盾方程,方程(4)无解,所以直线(2)与二次曲线(1)没有交点.

3° $F_1(x_0,y_0)\cdot X+F_2(x_0,y_0)\cdot Y=F(x_0,y_0)=0$.这时方程(4)成为一个恒等式,它能被任何值(实的或虚的)的 t 所满足,所以直线(2)上的一切点都是(1)与(2)的公共点,也就是说直线(2)全部在二次曲线上.

习 题

1. 写出下列二次曲线的矩阵 $\boldsymbol{A}$ 以及 $F_1(x,y)$,$F_2(x,y)$,$F_3(x,y)$:

(1) $\dfrac{x^2}{a^2}+\dfrac{y^2}{b^2}=1$;　　(2) $\dfrac{x^2}{a^2}-\dfrac{y^2}{b^2}=1$;

（3）$y^2=2px$；（4）$x^2-3y^2+5x+2=0$；

（5）$2x^2-xy+y^2-6x+7y-4=0$.

2. 求二次曲线 $x^2-2xy-3y^2-4x-6y+3=0$ 与下列直线的交点：

（1）$5x-y-5=0$；（2）$x+2y+2=0$；

（3）$x+4y-1=0$；（4）$x-3y=0$；

（5）$2x-6y-9=0$.

3. 求直线 $x-y-1=0$ 与二次曲线 $2x^2-xy-y^2-x-2y-1=0$ 的交点.

4. 试决定 k 的值，使得

（1）直线 $x-y+5=0$ 与二次曲线 $x^2-3x+y+k=0$ 交于两不同的实点；

（2）直线 $\begin{cases}x=1+kt,\\y=k+t\end{cases}$ 与二次曲线 $x^2+3y^2-4xy-y=0$ 交于一点；

（3）直线 $x-ky-1=0$ 与二次曲线 $y^2-2xy-(k-1)y-1=0$ 交于两个相互重合的定点；

（4）直线 $\begin{cases}x=1+t,\\y=1-t\end{cases}$ 与二次曲线 $2x^2+4xy+ky^2-x-2y=0$ 有两个共轭虚交点.

§5.2 二次曲线的渐近方向、中心、渐近线

1. 二次曲线的渐近方向

我们在§5.1中看到二次曲线

$$F(x,y)\equiv a_{11}x^2+2a_{12}xy+a_{22}y^2+2a_{13}x+2a_{23}y+a_{33}=0 \tag{1}$$

和具有方向 $X:Y$ 的直线

$$\begin{cases}x=x_0+Xt,\\y=y_0+Yt,\end{cases} \tag{2}$$

当满足条件

$$\Phi(X,Y)=a_{11}X^2+2a_{12}XY+a_{22}Y^2=0 \tag{3}$$

时，或者只有一个实交点，或者没有交点，或者直线(2)全部在二次曲线(1)上，成为二次曲线的组成部分.

定义 5.2.1 满足条件 $\Phi(X,Y)=0$ 的方向 $X:Y$ 叫做二次曲线(1)的渐近方向，否则叫做非渐近方向.

因为二次曲线(1)的二次项系数不能全为零，所以渐近方向 $X:Y$ 所满足的(3)总有确定的解.

如果 $a_{11}\neq 0$，那么把(3)改写成

$$a_{11}\left(\frac{X}{Y}\right)^2+2a_{12}\frac{X}{Y}+a_{22}=0,$$

得

$$\frac{X}{Y}=\frac{-a_{12}\pm\sqrt{a_{12}^2-a_{11}a_{22}}}{a_{11}}=\frac{-a_{12}\pm\sqrt{-I_2}}{a_{11}};$$

如果 $a_{22}\neq 0$,把(3)改写成

$$a_{22}\left(\frac{Y}{X}\right)^2+2a_{12}\frac{Y}{X}+a_{11}=0,$$

得

$$\frac{Y}{X}=\frac{-a_{12}\pm\sqrt{a_{12}^2-a_{11}a_{22}}}{a_{22}}=\frac{-a_{12}\pm\sqrt{-I_2}}{a_{22}};$$

如果 $a_{11}=a_{22}=0$,那么一定有 $a_{12}\neq 0$,这时(3)变为

$$2a_{12}XY=0,$$

所以

$$X:Y=1:0 \text{ 或 } 0:1,$$

这时

$$I_2=\begin{vmatrix}0 & a_{12}\\ a_{12} & 0\end{vmatrix}=-a_{12}^2<0.$$

从上我们看到,当且仅当 $I_2>0$ 时,二次曲线(1)的渐近方向是一对共轭的虚方向;$I_2=0$ 时,(1)有一个实渐近方向;$I_2<0$ 时,(1)有两个实渐近方向.因此二次曲线的渐近方向最多有两个,显然二次曲线的非渐近方向有无数多个.

定义 5.2.2 没有实渐近方向的二次曲线叫做*椭圆型*的,有一个实渐近方向的二次曲线叫做*抛物型*的,有两个实渐近方向的二次曲线叫做*双曲型*的.

因此二次曲线(1)按其渐近方向可以分为三种类型,即

1) 椭圆型曲线:$I_2>0$;

2) 抛物型曲线:$I_2=0$;

3) 双曲型曲线:$I_2<0$.

2. 二次曲线的中心与渐近线

我们在§5.1 中又看到,当直线(2)的方向 $X:Y$ 为二次曲线(1)的非渐近方向时,即当

$$\Phi(X,Y)\equiv a_{11}X^2+2a_{12}XY+a_{22}Y^2\neq 0$$

时,直线(2)与二次曲线(1)总交于两个点(两不同实的,两重合实的或一对共轭虚的).我们把由这两点决定的线段叫做二次曲线的*弦*.

定义 5.2.3 如果点 C 是二次曲线的通过它的所有弦的中点(因而 C 是二次曲线的对称中心),那么点 C 叫做二次曲线的*中心*.

根据这个定义,当点 (x_0,y_0) 为二次曲线(1)的中心时,那么过 (x_0,y_0) 以(1)的任意非渐近方向 $X:Y$ 为方向的直线(2)与二次曲线(1)交于两点 M_1,M_2,点 (x_0,y_0) 就是弦 M_1M_2 的中点.因此将(2)代入(1)得

$$\Phi(X,Y)t^2+2[XF_1(x_0,y_0)+YF_2(x_0,y_0)]t+F(x_0,y_0)=0,$$

有

$$t_1+t_2=0,$$

即

$$XF_1(x_0,y_0)+YF_2(x_0,y_0)=0. \tag{4}$$

因为 $X:Y$ 为任意非渐近方向，所以（4）式是关于 X,Y 的恒等式，从而有

$$F_1(x_0,y_0)=0,\quad F_2(x_0,y_0)=0.$$

反过来，适合上面两式的点 (x_0,y_0)，显然是二次曲线的中心.

这样我们就得到了下面的定理：

定理 5.2.1　点 $C(x_0,y_0)$ 是二次曲线（1）的中心，其充要条件是

$$\begin{cases}F_1(x_0,y_0)\equiv a_{11}x_0+a_{12}y_0+a_{13}=0,\\ F_2(x_0,y_0)\equiv a_{12}x_0+a_{22}y_0+a_{23}=0.\end{cases}\tag{5.2-1}$$

推论　坐标原点是二次曲线的中心，其充要条件是曲线方程里不含 x 与 y 的一次项.

所以，二次曲线（1）的中心坐标由下列方程组决定：

$$\begin{cases}F_1(x,y)\equiv a_{11}x+a_{12}y+a_{13}=0,\\ F_2(x,y)\equiv a_{12}x+a_{22}y+a_{23}=0.\end{cases}\tag{5.2-2}$$

如果 $I_2=\begin{vmatrix}a_{11}&a_{12}\\a_{12}&a_{22}\end{vmatrix}\neq0$，那么（5.2-2）有惟一解，这时二次曲线（1）将有惟一中心，（5.2-2）的解即为中心的坐标.

如果 $I_2=\begin{vmatrix}a_{11}&a_{12}\\a_{12}&a_{22}\end{vmatrix}=0$，即 $\dfrac{a_{11}}{a_{12}}=\dfrac{a_{12}}{a_{22}}$，那么当 $\dfrac{a_{11}}{a_{12}}=\dfrac{a_{12}}{a_{22}}\neq\dfrac{a_{13}}{a_{23}}$ 时，（5.2-2）无解，二次曲线（1）没有中心；而当 $\dfrac{a_{11}}{a_{12}}=\dfrac{a_{12}}{a_{22}}=\dfrac{a_{13}}{a_{23}}$ 时，（5.2-2）有无数多解，这时直线 $a_{11}x+a_{12}y+a_{13}=0$（或 $a_{12}x+a_{22}y+a_{23}=0$）上的所有点都是二次曲线（1）的中心，这条直线叫做*中心直线*.

定义 5.2.4　有惟一中心的二次曲线叫做*中心二次曲线*，没有中心的二次曲线叫做*无心二次曲线*，有一条中心直线的二次曲线叫做*线心二次曲线*，无心二次曲线与线心二次曲线统称为*非中心二次曲线*.

根据这个定义与（5.2-2），我们得二次曲线（1）按其中心的分类：

1）中心曲线：$I_2=\begin{vmatrix}a_{11}&a_{12}\\a_{12}&a_{22}\end{vmatrix}\neq0$；

2）非中心曲线：$I_2=\begin{vmatrix}a_{11}&a_{12}\\a_{12}&a_{22}\end{vmatrix}=0$，即 $\dfrac{a_{11}}{a_{12}}=\dfrac{a_{12}}{a_{22}}$.

1° 无心曲线：$\dfrac{a_{11}}{a_{12}}=\dfrac{a_{12}}{a_{22}}\neq\dfrac{a_{13}}{a_{23}}$；

2° 线心曲线：$\dfrac{a_{11}}{a_{12}}=\dfrac{a_{12}}{a_{22}}=\dfrac{a_{13}}{a_{23}}$.

从二次曲线的按渐近方向与按中心的两种初步的分类中，容易看出，椭圆型曲线与双曲型曲线都是中心曲线，而抛物型曲线是非中心曲线，它包括无心曲线与线心曲线.

定义 5.2.5　通过二次曲线的中心，而且以渐近方向为方向的直线叫做这二次曲线的*渐近线*.

显然，椭圆型曲线只有两条虚渐近线而无实渐近线，双曲型曲线有两条实渐近线，

抛物型曲线中的无心曲线无渐近线，而线心曲线有一条实渐近线，就是它的中心直线.

定理 5.2.2　二次曲线的渐近线与这二次曲线或者没有交点，或者整条直线在这二次曲线上，成为二次曲线的组成部分.

证　设直线(2)是二次曲线(1)的渐近线，这里(x_0,y_0)为二次曲线的中心，$X:Y$为二次曲线的渐近方向，那么我们有

$$F_1(x_0,y_0)=F_2(x_0,y_0)=0,$$
$$\Phi(X,Y)=0.$$

因此根据§5.1中直线与二次曲线的相交情况的讨论，我们有：当点(x_0,y_0)不在二次曲线(1)上，即$F(x_0,y_0)\neq 0$时，渐近线(2)与二次曲线(1)没有交点；当点(x_0,y_0)在二次曲线(1)上，即$F(x_0,y_0)=0$时，渐近线(2)全部在二次曲线上，成为二次曲线的组成部分.

习　题

1. 求下列二次曲线的渐近方向，并指出曲线是属于何种类型的：

(1) $x^2+2xy+y^2+3x+y=0$；　(2) $3x^2+4xy+2y^2-6x-2y+5=0$；

(3) $2xy-4x-2y+3=0$.

2. 判断下列二次曲线是中心曲线、无心曲线还是线心曲线：

(1) $x^2-2xy+2y^2-4x-6y+3=0$；　(2) $x^2-4xy+4y^2+2x-2y-1=0$；

(3) $2y^2+8x+12y-3=0$；　(4) $9x^2-6xy+y^2-6x+2y=0$.

3. 求下列二次曲线的中心：

(1) $5x^2-2xy+3y^2-2x+3y-6=0$；　(2) $2x^2+5xy+2y^2-6x-3y+5=0$；

(3) $9x^2-30xy+25y^2+8x-15y=0$；　(4) $4x^2-4xy+y^2+4x-2y=0$.

4. 当 a,b 满足什么条件时，二次曲线

$$x^2+6xy+ay^2+3x+by-4=0$$

(1) 有惟一的中心；(2) 没有中心；(3) 有一条中心直线.

5. 试证明如果二次曲线

$$a_{11}x^2+2a_{12}xy+a_{22}y^2+2a_{13}x+2a_{23}y+a_{33}=0$$

有渐近线，那么它的两渐近线方程是

$$\Phi(x-x_0,y-y_0)\equiv a_{11}(x-x_0)^2+2a_{12}(x-x_0)(y-y_0)+a_{22}(y-y_0)^2=0,$$

式中(x_0,y_0)为二次曲线的中心.

6. 求下列二次曲线的渐近线：

(1) $6x^2-xy-y^2+3x+y-1=0$；　(2) $x^2-3xy+2y^2+x-3y+4=0$；

(3) $x^2+2xy+y^2+2x+2y-4=0$.

7. 试证二次曲线成为线心曲线的充要条件是 $I_2=I_3=0$，成为无心曲线的充要条件是 $I_2=0,I_3\neq 0$.

8. 证明以直线 $A_1x+B_1y+C_1=0$ 为渐近线的二次曲线方程总能写成

$$(A_1x+B_1y+C_1)(Ax+By+C)+D=0.$$

9. 求下列二次曲线的方程：

(1) 以点(0,1)为中心，且通过点(2,3)，(4,2)与(-1,-3)；

(2) 通过点(1,1)，(2,1)，(-1,-2)且以直线 $x+y-1=0$ 为渐近线.

§ 5.3　二次曲线的切线

定义 5.3.1　如果直线与二次曲线相交于相互重合的两个点,那么这条直线就叫做二次曲线的*切线*,这个重合的交点叫做*切点*,如果直线全部在二次曲线上,我们也称它为二次曲线的切线,直线上的每一个点都可以看做切点.

现在我们来求经过二次曲线

$$F(x,y)\equiv a_{11}x^2+2a_{12}xy+a_{22}y^2+2a_{13}x+2a_{23}y+a_{33}=0 \tag{1}$$

上的点(x_0,y_0)的切线方程.因为通过(x_0,y_0)的直线总可写成

$$\begin{cases}x=x_0+Xt,\\ y=y_0+Yt,\end{cases} \tag{2}$$

那么根据§5.1的讨论,容易知道直线(2)成为二次曲线(1)的切线的条件,当$\Phi(X,Y)\neq 0$时,

$$\Delta=[XF_1(x_0,y_0)+YF_2(x_0,y_0)]^2-\Phi(X,Y)F(x_0,y_0)=0. \tag{5.3-1}$$

因为(x_0,y_0)在(1)上,所以$F(x_0,y_0)=0$,因而(5.3-1)可以化为

$$XF_1(x_0,y_0)+YF_2(x_0,y_0)=0. \tag{5.3-2}$$

当$\Phi(X,Y)=0$时,直线(2)成为二次曲线(1)的切线的条件除了$F(x_0,y_0)=0$外,惟一的条件仍然是(5.3-2).

如果$F_1(x_0,y_0)$与$F_2(x_0,y_0)$不全为零,那么由(5.3-2)得

$$X:Y=F_2(x_0,y_0):(-F_1(x_0,y_0)),$$

因此过(x_0,y_0)的切线方程为

$$\begin{cases}x=x_0+F_2(x_0,y_0)t,\\ y=y_0-F_1(x_0,y_0)t,\end{cases}$$

或写成

$$\frac{x-x_0}{F_2(x_0,y_0)}=\frac{y-y_0}{-F_1(x_0,y_0)},$$

或

$$(x-x_0)F_1(x_0,y_0)+(y-y_0)F_2(x_0,y_0)=0. \tag{5.3-3}$$

如果$F_1(x_0,y_0)=F_2(x_0,y_0)=0$,那么(5.3-2)变为恒等式,切线的方向$X:Y$不能惟一地被确定,从而切线不确定,这时通过$(x_0,y_0)$的任何直线都和二次曲线(1)相交于相互重合的两点,我们把这样的直线也看成是二次曲线(1)的切线.

定义 5.3.2　二次曲线(1)上满足条件$F_1(x_0,y_0)=F_2(x_0,y_0)=0$的点$(x_0,y_0)$叫做二次曲线的*奇异点*,简称*奇点*;二次曲线的非奇异点叫做二次曲线的*正则点*.

这样我们就得到了下面的定理.

定理 5.3.1　如果(x_0,y_0)是二次曲线(1)的正则点,那么通过(x_0,y_0)的切线方程是(5.3-3),(x_0,y_0)是它的切点.如果(x_0,y_0)是二次曲线(1)的奇异点,那么通过(x_0,y_0)的切线不确定,或者说通过点(x_0,y_0)的每一条直线都是二次曲线(1)的切线.

推论　如果(x_0,y_0)是二次曲线(1)的正则点,那么通过(x_0,y_0)的切线方程是

$$a_{11}x_0x+a_{12}(x_0y+xy_0)+a_{22}y_0y+a_{13}(x+x_0)+a_{23}(y+y_0)+a_{33}=0. \tag{5.3-4}$$

证　把(5.3-3)改写为

$$xF_1(x_0,y_0)+yF_2(x_0,y_0)-[x_0F_1(x_0,y_0)+y_0F_2(x_0,y_0)]=0,$$

再根据本章开始时介绍的恒等式,上式又可写为

$$xF_1(x_0,y_0)+yF_2(x_0,y_0)+F_3(x_0,y_0)=0, \tag{5.3-5}$$

即

$$x(a_{11}x_0+a_{12}y_0+a_{13})+y(a_{12}x_0+a_{22}y_0+a_{23})+(a_{13}x_0+a_{23}y_0+a_{33})=0,$$

从而得(5.3-4).

为便于记忆公式(5.3-4),记忆的方法是在原方程(1)中,

把	x^2	$2xy$	y^2	$2x$	$2y$
写成	xx	$xy+xy$	yy	$x+x$	$y+y$

然后每一项中一个 x 或 y 用 x_0 或 y_0 代入后,写成

$$x_0x \quad x_0y+xy_0 \quad y_0y \quad x+x_0 \quad y+y_0$$

就得出(5.3-4).

例 1　求二次曲线 $x^2-xy+y^2+2x-4y-3=0$ 在点(2,1)的切线方程.

解法一　因为 $F(2,1)=4-2+1+4-4-3=0$,且

$$F_1(2,1)=\frac{5}{2}\neq 0, \quad F_2(2,1)=-2\neq 0,$$

所以(2,1)是二次曲线上的正则点,因此由(5.3-3)得在点(2,1)的切线方程为

$$\frac{5}{2}(x-2)-2(y-1)=0,$$

即

$$5x-4y-6=0.$$

解法二　因为(2,1)是曲线上的正则点,所以直接利用(5.3-4)得切线方程为

$$2x-\frac{1}{2}(x+2y)+y+(x+2)-2(y+1)-3=0,$$

即

$$5x-4y-6=0.$$

例 2　求二次曲线 $x^2-xy+y^2-1=0$ 通过点(0,2)的切线方程.

解法一　因为 $F(0,2)=3$,所以点(0,2)不在曲线上,所以不能直接应用公式(5.3-3)或(5.3-4).

因为过点(0,2)的直线可以写成

$$\begin{cases}x=Xt,\\ y=2+Yt,\end{cases}$$

其中 t 为参数,X,Y 为直线的方向数.又因为

$$F_1(0,2)=-1, \quad F_2(0,2)=2,$$

所以根据直线与二次曲线的相切条件(5.3-1)得

$$(-X+2Y)^2-3(X^2-XY+Y^2)=0,$$

化简得

$$2X^2+XY-Y^2=0,$$

从而有

$$(2X-Y)(X+Y)=0.$$

再由过点(0,2)的直线方程得

$$X:Y=x:(y-2),$$

代入上式得

$$(2x-y+2)(x+y-2)=0,$$

所以

$$2x-y+2=0,\quad x+y-2=0,$$

这两直线的方向分别为 1∶2 与 1∶(-1),显然它们都不是已知二次曲线的渐近方向,所以这两直线就是所求的过点(0,2)的切线.

解法二　设过(0,2)的切线与已知二次曲线相切于点(x_0,y_0),那么切线方程为

$$x_0x-\frac{1}{2}(x_0y+xy_0)+y_0y-1=0,$$

即

$$\left(x_0-\frac{1}{2}y_0\right)x-\left(\frac{1}{2}x_0-y_0\right)y-1=0, \tag{3}$$

因为它通过(0,2),所以(0,2)满足方程,将(0,2)代入化简得

$$x_0-2y_0+1=0, \tag{4}$$

另一方面,点(x_0,y_0)在曲线上,所以又有

$$x_0^2-x_0y_0+y_0^2-1=0, \tag{5}$$

联立解(4),(5)得切点坐标

$$\begin{cases}x_0=-1,\\ y_0=0\end{cases} 与 \begin{cases}x_0=1,\\ y_0=1.\end{cases}$$

将切点坐标代入(3)得所求的切线方程为

$$2x-y+2=0 与 x+y-2=0.$$

习　题

1. 求以下二次曲线在所给点或经过所给点的切线方程:

(1) 曲线 $3x^2+4xy+5y^2-7x-8y-3=0$ 在点(2,1);

(2) 曲线 $5x^2+7xy+y^2-x+2y=0$ 在原点;

(3) 曲线 $x^2+xy+y^2+x+4y+3=0$,经过点(-2,-1);

(4) 曲线 $5x^2+6xy+5y^2=8$,经过点$(0,2\sqrt{2})$;

(5) 曲线 $2x^2-xy-y^2-x-2y-1=0$,经过点(0,2).

2. 求以下曲线的切线方程,并求出切点的坐标:

(1) 曲线 $x^2+4xy+3y^2-5x-6y+3=0$ 的切线平行于直线 $x+4y=0$;

(2) 曲线 $x^2+xy+y^2=3$ 的切线平行于两坐标轴.

3. 求下列二次曲线的奇异点:

(1) $3x^2-2y^2+6x+4y+1=0$;　　(2) $2xy+y^2-2x-1=0$;

(3) $x^2-2xy+y^2-2x+2y+1=0$.

4. 试求经过原点且切直线 $4x+3y+2=0$ 于点 $(1,-2)$ 及切直线 $x-y-1=0$ 于点 $(0,-1)$ 的二次曲线方程.

5. 设有共焦点的曲线族 $\frac{x^2}{a^2+h}+\frac{y^2}{b^2+h}=1$，这里 h 是一个变动的参数，作平行于已知直线 $y=mx$ 的曲线的切线，求这些切线切点的轨迹方程.

§5.4　二次曲线的直径

1. 二次曲线的直径

在§5.1中我们已经讨论了直线与二次曲线相交的各种情况，当直线平行于二次曲线的某一非渐近方向时，这条直线与二次曲线总交于两点(两不同实的、两重合实的或一对共轭虚的)，这两点决定了二次曲线的一条弦.现在我们来研究二次曲线上一族平行弦的中点轨迹.

定理 5.4.1　二次曲线的一族平行弦的中点轨迹是一条直线.

证　设 $X:Y$ 是二次曲线的一个非渐近方向，即 $\Phi(X,Y)\neq 0$，而 (x_0,y_0) 是平行于方向 $X:Y$ 的弦的中点，那么过 (x_0,y_0) 的弦为

$$\begin{cases}x=x_0+Xt,\\ y=y_0+Yt.\end{cases}$$

它与二次曲线 $F(x,y)=0$ 的两交点(即弦的两端点)由下列二次方程

$$\Phi(X,Y)t^2+2[XF_1(x_0,y_0)+YF_2(x_0,y_0)]t+F(x_0,y_0)=0 \tag{1}$$

的两根 t_1 与 t_2 所决定，因为 (x_0,y_0) 为弦的中点，所以有

$$t_1+t_2=0,$$

从而有

$$XF_1(x_0,y_0)+YF_2(x_0,y_0)=0.$$

这就是说平行于方向 $X:Y$ 的弦的中点 (x_0,y_0) 的坐标满足方程

$$XF_1(x,y)+YF_2(x,y)=0, \tag{5.4-1}$$

即

$$X(a_{11}x+a_{12}y+a_{13})+Y(a_{12}x+a_{22}y+a_{23})=0, \tag{5.4-2}$$

或

$$(a_{11}X+a_{12}Y)x+(a_{12}X+a_{22}Y)y+a_{13}X+a_{23}Y=0. \tag{5.4-3}$$

反过来，如果点 (x_0,y_0) 满足方程(5.4-1)或(5.4-2)或(5.4-3)，那么方程(1)中将有绝对值相等而符号相反的两个根，点 (x_0,y_0) 就是具有方向 $X:Y$ 的弦的中点，因此方程(5.4-1)或(5.4-2)或(5.4-3)为一族平行于某一非渐近方向 $X:Y$ 的弦的中点轨迹方程.

方程(5.4-3)的一次项系数不能全为零，这是因为当

$$a_{11}X+a_{12}Y=a_{12}X+a_{22}Y=0$$

时，将有

$$\Phi(X,Y)\equiv a_{11}X^2+2a_{12}XY+a_{22}Y^2=(a_{11}X+a_{12}Y)X+(a_{12}X+a_{22}Y)Y=0,$$

这与 $X:Y$ 是非渐近方向的假设矛盾，所以(5.4-3)或(5.4-1)是一个二元一次方程，它是一条直线，于是定理得到了证明.

定义 5.4.1 二次曲线的平行弦中点的轨迹叫做这个二次曲线的直径，它所对应的平行弦叫做共轭于这条直径的共轭弦，而直径也叫做共轭于平行弦方向的直径.

推论 如果二次曲线的一族平行弦的斜率为 k，那么共轭于这族平行弦的直径方程是

$$F_1(x,y)+kF_2(x,y)=0. \tag{5.4-4}$$

我们从方程(5.4-1)或(5.4-4)容易看出，当

$$F_1(x,y)\equiv a_{11}x+a_{12}y+a_{13}=0, \tag{2}$$

$$F_2(x,y)\equiv a_{12}x+a_{22}y+a_{23}=0 \tag{3}$$

表示两不同直线时，(5.4-1)或(5.4-4)将构成一直线束，当 $\frac{a_{11}}{a_{12}}\neq\frac{a_{12}}{a_{22}}$ 时为中心直线束，当 $\frac{a_{11}}{a_{12}}=\frac{a_{12}}{a_{22}}\neq\frac{a_{13}}{a_{23}}$ 时为平行直线束（§3.8 习题第7题）；如果(2)与(3)表示同一直线，这时 $\frac{a_{11}}{a_{12}}=\frac{a_{12}}{a_{22}}=\frac{a_{13}}{a_{23}}$，那么(5.4-1)或(5.4-4)只表示一条直线.

如果(2)与(3)中有一为矛盾方程，比如(2)中 $a_{11}=a_{12}=0$，$a_{13}\neq0$，这时 $\frac{a_{11}}{a_{12}}=\frac{a_{12}}{a_{22}}\neq\frac{a_{13}}{a_{23}}$ 成立且(5.4-1)或(5.4-4)仍表示一平行直线束.如果(2)与(3)中有一为恒等式，比如(2)中 $a_{11}=a_{12}=a_{13}=0$，这时 $\frac{a_{11}}{a_{12}}=\frac{a_{12}}{a_{22}}=\frac{a_{13}}{a_{23}}$ 成立且(5.4-1)或(5.4-4)只表示一条直线.

因此当 $\frac{a_{11}}{a_{12}}\neq\frac{a_{12}}{a_{22}}$，即二次曲线为中心曲线时，它的全部直径属于一个中心直线束，这个直线束的中心就是二次曲线的中心.当 $\frac{a_{11}}{a_{12}}=\frac{a_{12}}{a_{22}}\neq\frac{a_{13}}{a_{23}}$，即二次曲线为无心曲线时，它的全部直径属于一个平行直线束，它的方向为二次曲线的渐近方向 $X:Y=-a_{12}:a_{11}=-a_{22}:a_{12}$.当 $\frac{a_{11}}{a_{12}}=\frac{a_{12}}{a_{22}}=\frac{a_{13}}{a_{23}}$，即二次曲线为线心曲线时，这时二次曲线只有一条直径，它的方程是

$$a_{11}x+a_{12}y+a_{13}=0\ (\text{或 } a_{12}x+a_{22}y+a_{23}=0),$$

即线心二次曲线的中心直线，因此我们有：

定理 5.4.2 中心二次曲线的直径通过曲线的中心，无心二次曲线的直径平行于曲线的渐近方向，线心二次曲线的直径只有一条，就是曲线的中心直线.

例 1 求椭圆或双曲线 $\frac{x^2}{a^2}\pm\frac{y^2}{b^2}=1$ 的直径.

解
$$F(x,y)\equiv\frac{x^2}{a^2}\pm\frac{y^2}{b^2}-1=0,$$
$$F_1(x,y)=\frac{x}{a^2},\quad F_2(x,y)=\pm\frac{y}{b^2}.$$
根据(5.4-1),共轭于非渐近方向 $X:Y$ 的直径方程是
$$\frac{X}{a^2}x\pm\frac{Y}{b^2}y=0,$$
显然,直径通过曲线的中心(0,0).

例 2　求抛物线 $y^2=2px$ 的直径.

解
$$F(x,y)\equiv 2px-y^2=0,$$
$$F_1(x,y)=p,\quad F_2(x,y)=-y.$$
所以共轭于非渐近方向 $X:Y$ 的直径为
$$Xp-Yy=0,$$
即
$$y=\frac{X}{Y}p,$$
所以抛物线 $y^2=2px$ 的直径平行于它的渐近方向 $1:0$.

例 3　求二次曲线 $F(x,y)\equiv x^2-2xy+y^2+2x-2y-3=0$ 的共轭于非渐近方向 $X:Y$ 的直径.

解　因为
$$F_1(x,y)=x-y+1,\quad F_2(x,y)=-x+y-1,$$
所以直径方程为
$$X(x-y+1)+Y(-x+y-1)=0,$$
即
$$(X-Y)(x-y+1)=0.$$
因为已知曲线 $F(x,y)=0$ 的渐近方向为 $X':Y'=1:1$,所以对于非渐近方向 $X:Y$ 一定有 $X\neq Y$,因此曲线的共轭于非渐近方向 $X:Y$ 的直径为
$$x-y+1=0.$$
它只有一条直径.

2. 共轭方向与共轭直径

我们把二次曲线的与非渐近方向 $X:Y$ 共轭的直径方向
$$X':Y'=-(a_{12}X+a_{22}Y):(a_{11}X+a_{12}Y)\tag{4}$$
叫做非渐近方向 $X:Y$ 的共轭方向,所以有
$$\begin{aligned}\Phi(X',Y')&=a_{11}(a_{12}X+a_{22}Y)^2-2a_{12}(a_{12}X+a_{22}Y)(a_{11}X+a_{12}Y)+a_{22}(a_{11}X+a_{12}Y)^2\\&=(a_{11}a_{22}-a_{12}^2)(a_{11}X^2+2a_{12}XY+a_{22}Y^2)\\&=I_2\Phi(X,Y),\end{aligned}$$
因为 $X:Y$ 为非渐近方向,所以 $\Phi(X,Y)\neq 0$,因此,当 $I_2\neq 0$ 即二次曲线为中心曲线时,$\Phi(X',Y')\neq 0$.当 $I_2=0$ 即二次曲线为非中心曲线时,$\Phi(X',Y')=0$.这就是说,中心二次

曲线的非渐近方向的共轭方向仍然是非渐近方向，而在非中心二次曲线的情形是渐近方向.

由(4)得二次曲线的非渐近方向 $X:Y$ 与它的共轭方向 $X':Y'$之间的关系

$$a_{11}XX'+a_{12}(XY'+X'Y)+a_{22}YY'=0. \tag{5.4-5}$$

从(5.4-5)式看出，两个方向 $X:Y$ 与 $X':Y'$是对称的，因此对中心曲线来说，非渐近方向 $X:Y$ 的共轭方向为非渐近方向 $X':Y'$，而 $X':Y'$的共轭方向就是 $X:Y$.

定义 5.4.2 中心曲线的一对具有相互共轭方向的直径叫做一对共轭直径.

设$\frac{Y}{X}=k,\frac{Y'}{X'}=k'$，代入(5.4-5)得

$$a_{22}kk'+a_{12}(k+k')+a_{11}=0, \tag{5.4-6}$$

这就是一对共轭直径的斜率满足的关系式.

例如椭圆$\frac{x^2}{a^2}+\frac{y^2}{b^2}=1$ 的一对共轭直径的斜率 k 与 k'有着关系

$$\frac{1}{b^2}\cdot kk'+\frac{1}{a^2}=0,$$

即

$$kk'=-\frac{b^2}{a^2}. \tag{5.4-7}$$

而双曲线$\frac{x^2}{a^2}-\frac{y^2}{b^2}=1$ 的一对共轭直径的斜率 k 与 k'有着关系

$$kk'=\frac{b^2}{a^2}. \tag{5.4-8}$$

在(5.4-5)中，如果设

$$X':Y'=X:Y,$$

那么有

$$a_{11}X^2+2a_{12}XY+a_{22}Y^2=0,$$

显然此时 $X:Y$ 为二次曲线的渐近方向.因此如果对二次曲线的共轭方向从(5.4-5)作代数的推广，那么渐近方向可以看成与自己共轭的方向，从而渐近线也就可以看成与自己共轭的直径，因此中心二次曲线渐近线的方程可以写成

$$XF_1(x,y)+YF_2(x,y)=0, \tag{5.4-9}$$

其中 $X:Y$ 为二次曲线的渐近方向.

习 题

1. 已知二次曲线 $3x^2+7xy+5y^2+4x+5y+1=0$，求它的

(1) 与 x 轴平行的弦的中点轨迹； (2) 与 y 轴平行的弦的中点轨迹；

(3) 与直线 $x+y+1=0$ 平行的弦的中点轨迹.

2. 求曲线 $x^2+2y^2-4x-2y-6=0$ 通过点(8,0)的直径方程，并求其共轭直径.

3. 已知曲线 $xy-y^2-2x+3y-1=0$ 的直径与 y 轴平行，求它的方程，并求出这直径的共轭直径.

4. 已知抛物线 $y^2=-8x$，求通过点(-1,1)的一弦，使它在这点被平分.

5. 求双曲线$\frac{x^2}{6}-\frac{y^2}{4}=1$的一对共轭直径方程，使得两共轭直径间的角是45°.

6. 试证：通过中心二次曲线的中心的直线，一定是中心二次曲线的直径.平行于无心二次曲线渐近方向的直线，一定是无心二次曲线的直径.

7. 求下列两条二次曲线的公共直径：

（1）$3x^2-2xy+3y^2+4x+4y-4=0$ 与 $2x^2-3xy-y^2+3x+2y=0$；

（2）$x^2-xy-y^2-x-y=0$ 与 $x^2+2xy+y^2-x+y=0$.

8. 已知二次曲线通过原点，并且以下列两对直线

$$\begin{cases}x-3y-2=0,\\5x-5y-4=0,\end{cases}\quad 与\quad \begin{cases}5y+3=0,\\2x-y-1=0\end{cases}$$

为它的两对共轭直径，求这二次曲线的方程.

§5.5　二次曲线的主直径与主方向

定义 5.5.1　二次曲线的垂直于其共轭弦的直径叫做二次曲线的*主直径*，主直径的方向与垂直于主直径的方向都叫做二次曲线的*主方向*.

显然，主直径是二次曲线的对称轴，因此主直径也叫做二次曲线的*轴*，轴与曲线的交点叫做曲线的*顶点*.

现在我们在直角坐标系下来求二次曲线

$$F(x,y)\equiv a_{11}x^2+2a_{12}xy+a_{22}y^2+2a_{13}x+2a_{23}y+a_{33}=0 \tag{1}$$

的主方向与主直径.

如果二次曲线(1)为中心曲线，那么与二次曲线(1)的非渐近方向 $X:Y$ 共轭的直径为(5.4-1)或(5.4-3).设直径的方向为 $X':Y'$，那么

$$X':Y'=-(a_{12}X+a_{22}Y):(a_{11}X+a_{12}Y), \tag{2}$$

根据主方向的定义，$X:Y$ 成为主方向的条件是它垂直于它的共轭方向，在直角坐标系下，由(1.7-16′)得

$$XX'+YY'=0 \text{ 或 } X':Y'=-Y:X, \tag{3}$$

(3)代入(2)得

$$X:Y=(a_{11}X+a_{12}Y):(a_{12}X+a_{22}Y), \tag{4}$$

因此 $X:Y$ 成为中心二次曲线(1)的主方向的条件是

$$\begin{cases}a_{11}X+a_{12}Y=\lambda X,\\a_{12}X+a_{22}Y=\lambda Y\end{cases} \tag{5.5-1}$$

成立，其中 $\lambda\neq0$，或把它改写成

$$\begin{cases}(a_{11}-\lambda)X+a_{12}Y=0,\\a_{12}X+(a_{22}-\lambda)Y=0.\end{cases} \tag{5.5-1′}$$

这是一个关于 X,Y 的齐次线性方程组，而 X,Y 不能全为零，所以

$$\begin{vmatrix}a_{11}-\lambda & a_{12}\\a_{12} & a_{22}-\lambda\end{vmatrix}=0, \tag{5.5-2}$$

即

$$\lambda^2-I_1\lambda+I_2=0. \qquad (5.5-3)$$

因此对于中心二次曲线来说，只要由(5.5-3)解出 λ，再代入(5.5-1)就能得到它的主方向.

如果二次曲线(1)为非中心二次曲线，那么它的任何直径的方向总是它的惟一的渐近方向

$$X_1:Y_1=-a_{12}:a_{11}=a_{22}:(-a_{12}),$$

而垂直于它的方向显然为

$$X_2:Y_2=a_{11}:a_{12}=a_{12}:a_{22},$$

所以非中心二次曲线(1)的主方向为

渐近主方向

$$X_1:Y_1=-a_{12}:a_{11}=a_{22}:(-a_{12}); \qquad (5)$$

非渐近主方向

$$X_2:Y_2=a_{11}:a_{12}=a_{12}:a_{22}. \qquad (6)$$

如果我们把(5.5-2)或(5.5-3)推广到非中心二次曲线，即式中的 I_2 可取等于零，这样当 $I_2=0$ 时，方程(5.5-3)的两根为

$$\lambda_1=0,\ \lambda_2=I_1=a_{11}+a_{22},$$

把它们代入(5.5-1)或(5.5-1′)所得的主方向，正是非中心二次曲线的渐近主方向与非渐近主方向.

因此，一个方向 $X:Y$ 成为二次曲线(1)的主方向的条件是(5.5-1)成立，这里的 λ 是方程(5.5-2)或(5.5-3)的根.

定义 5.5.2　方程(5.5-2)或(5.5-3)叫做二次曲线(1)的特征方程，特征方程的根叫做二次曲线的特征根.

从二次曲线(1)的特征方程(5.5-3)求出特征根 λ，把它代入(5.5-1)或(5.5-1′)，我们就得到相应的主方向.如果主方向为非渐近方向，那么根据(5.4-1)就能得到共轭于它的主直径.

定理 5.5.1　二次曲线的特征根都是实数.

证　因为特征方程的判别式

$$\Delta=I_1^2-4I_2=(a_{11}-a_{22})^2+4a_{12}^2\geqslant 0.$$

所以二次曲线的特征根都是实数.

定理 5.5.2　二次曲线的特征根不能全为零.

证　如果二次曲线的特征根全为零，那么由(5.5-3)得

$$I_1=I_2=0,$$

即

$$a_{11}+a_{22}=0 \text{ 与 } a_{11}a_{22}-a_{12}^2=0,$$

从而得

$$a_{11}=a_{12}=a_{22}=0,$$

这与二次曲线的定义矛盾，所以二次曲线的特征根不能全为零.

定理 5.5.3　由二次曲线(1)的特征根 λ 确定的主方向 $X:Y$，当 $\lambda\neq 0$ 时，为二次

曲线的非渐近主方向；当 $\lambda=0$ 时，为二次曲线的渐近主方向.

证　因为

$$\Phi(X,Y)=a_{11}X^2+2a_{12}XY+a_{22}Y^2=(a_{11}X+a_{12}Y)X+(a_{12}X+a_{22}Y)Y.$$

所以由(5.5-1)得

$$\Phi(X,Y)=\lambda X^2+\lambda Y^2=\lambda(X^2+Y^2).$$

又因为 X,Y 不全为零，所以当 $\lambda\neq 0$ 时，$\Phi(X,Y)\neq 0$，$X:Y$ 为二次曲线(1)的非渐近主方向；当 $\lambda=0$ 时，$\Phi(X,Y)=0$，$X:Y$ 为二次曲线(1)的渐近主方向.

定理 5.5.4　中心二次曲线至少有两条主直径，非中心二次曲线只有一条主直径.

证　由二次曲线(1)的特征方程(5.5-3)解得两特征根为

$$\lambda_{1,2}=\frac{I_1\pm\sqrt{I_1^2-4I_2}}{2}.$$

1° 当二次曲线(1)为中心曲线时，$I_2\neq 0$. 如果特征方程的判别式 $\Delta=I_1^2-4I_2=(a_{11}-a_{22})^2+4a_{12}^2=0$，那么 $a_{11}=a_{22}$，$a_{12}=0$，这时的中心曲线为圆（包括点圆和虚圆），它的特征根为一对二重根

$$\lambda=a_{11}=a_{22}(\neq 0).$$

把它代入(5.5-1)或(5.5-1′)，则得到两个恒等式，能被任何方向 $X:Y$ 所满足，所以任何实方向都是圆的非渐近主方向，从而通过圆心的任何直线不仅都是直径（见 §5.4 习题第 6 题），而且都是圆的主直径.

如果特征方程的判别式 $\Delta=(a_{11}-a_{22})^2+4a_{12}^2>0$，那么特征根为两不等的非零实根 λ_1,λ_2. 将它们分别代入(5.5-1′)得相应的两非渐近主方向为

$$X_1:Y_1=a_{12}:(\lambda_1-a_{11})=(\lambda_1-a_{22}):a_{12},\tag{7}$$

$$X_2:Y_2=a_{12}:(\lambda_2-a_{11})=(\lambda_2-a_{22}):a_{12}.\tag{8}$$

这两主方向相互垂直（见本节习题第 4 题），从而它们又互相共轭，因此非圆的中心二次曲线有且只有一对互相垂直从而又互相共轭的主直径.

2° 当二次曲线(1)为非中心曲线时，$I_2=0$，这时两特征根为

$$\lambda_1=a_{11}+a_{22},\quad \lambda_2=0.$$

所以它只有一个非渐近主方向，即与 $\lambda_1=a_{11}+a_{22}$ 相应的主方向，从而非中心二次曲线只有一条主直径.

例 1　求 $F(x,y)\equiv x^2-xy+y^2-1=0$ 的主方向与主直径.

解　因为

$$I_1=1+1=2,\quad I_2=\begin{vmatrix}1 & -\frac{1}{2}\\ -\frac{1}{2} & 1\end{vmatrix}=\frac{3}{4}\neq 0,$$

所以曲线为中心曲线，它的特征方程为

$$\lambda^2-2\lambda+\frac{3}{4}=0,$$

解这方程得两特征根为

$$\lambda_1=\frac{1}{2},\quad \lambda_2=\frac{3}{2}.$$

由特征根 $\lambda_1=\frac{1}{2}$ 确定的主方向为

$$X_1:Y_1=-\frac{1}{2}:\left(\frac{1}{2}-1\right)=-\frac{1}{2}:\left(-\frac{1}{2}\right)=1:1,$$

由特征根 $\lambda_2=\frac{3}{2}$ 确定的主方向为

$$X_2:Y_2=-\frac{1}{2}:\left(\frac{3}{2}-1\right)=-\frac{1}{2}:\frac{1}{2}=-1:1.$$

又因为

$$F_1(x,y)=x-\frac{1}{2}y,\quad F_2(x,y)=-\frac{1}{2}x+y,$$

所以曲线的主直径为

$$\left(x-\frac{1}{2}y\right)+\left(-\frac{1}{2}x+y\right)=0 \text{ 与 } -\left(x-\frac{1}{2}y\right)+\left(-\frac{1}{2}x+y\right)=0,$$

即

$$x+y=0 \text{ 与 } x-y=0.$$

例 2 求曲线 $F(x,y)\equiv x^2-2xy+y^2-4x=0$ 的主方向与主直径.

解 因为

$$I_1=1+1=2,\quad I_2=\begin{vmatrix}1 & -1\\ -1 & 1\end{vmatrix}=0,$$

所以曲线为非中心曲线,它的特征方程为

$$\lambda^2-2\lambda=0,$$

因此两特征根为

$$\lambda_1=2,\quad \lambda_2=0.$$

由这两特征根所确定的主方向为

非渐近主方向

$$X_1:Y_1=-1:(2-1)=-1:1;$$

渐近主方向

$$X_2:Y_2=-1:(0-1)=1:1.$$

又因为 $F_1(x,y)=x-y-2$, $F_2(x,y)=-x+y$,所以曲线的惟一主直径为

$$-(x-y-2)+(-x+y)=0,$$

即

$$x-y-1=0.$$

习 题

1. 分别求椭圆 $\frac{x^2}{a^2}+\frac{y^2}{b^2}=1$,双曲线 $\frac{x^2}{a^2}-\frac{y^2}{b^2}=1$,抛物线 $y^2=2px$ 的主方向与主直径.

2. 求下列二次曲线的主方向与主直径：

（1）$5x^2+8xy+5y^2-18x-18y+9=0$；　　（2）$2xy-2x+2y-1=0$；

（3）$9x^2-24xy+16y^2-18x-101y+19=0$；　　（4）$x^2+y^2+4x-2y+1=0$.

3. 直线 $x+y+1=0$ 是二次曲线的主直径（即对称轴），点$(0,0)$，$(1,-1)$，$(2,1)$在曲线上，求这曲线的方程.

4. 试证明二次曲线的两不同特征根确定的主方向相互垂直.

§5.6　二次曲线的方程化简与分类

这一节，我们将在直角坐标系下，利用坐标变换，使二次曲线的方程在新坐标系里具有最简形式，然后在此基础上进行二次曲线的分类.

1. 平面直角坐标变换

我们知道，如果平面内一点的旧坐标与新坐标分别为(x,y)与(x',y')，那么移轴公式为

$$\begin{cases}x=x'+x_0,\\ y=y'+y_0\end{cases}\tag{5.6-1}$$

或

$$\begin{cases}x'=x-x_0,\\ y'=y-y_0,\end{cases}\tag{5.6-1'}$$

式中(x_0,y_0)为新坐标系原点在旧坐标系里的坐标.转轴公式为

$$\begin{cases}x=x'\cos\alpha-y'\sin\alpha,\\ y=x'\sin\alpha+y'\cos\alpha\end{cases}\tag{5.6-2}$$

或

$$\begin{cases}x'=x\cos\alpha+y\sin\alpha,\\ y'=-x\sin\alpha+y\cos\alpha,\end{cases}\tag{5.6-2'}$$

式中的 α 为坐标轴的旋转角.

而在一般情形，由旧坐标系 $O-xy$ 变成新坐标系 $O'-x'y'$，总可以分两步来完成，先移轴使坐标原点与新坐标系的原点 O'重合，变成坐标系 $O'-x''y''$，然后由辅助坐标系 $O'-x''y''$再转轴而成新坐标系 $O'-x'y'$（图 5-1）.设平面上任意点 P 的旧坐标与新坐标分别为(x,y)与(x',y')，而在辅助坐标系 $O'-x''y''$中的坐标为(x'',y'')，那么由(5.6-1)与(5.6-2)分别得

$$\begin{cases}x=x''+x_0,\\ y=y''+y_0\end{cases}$$

与

$$\begin{cases}x''=x'\cos\alpha-y'\sin\alpha,\\ y''=x'\sin\alpha+y'\cos\alpha,\end{cases}$$

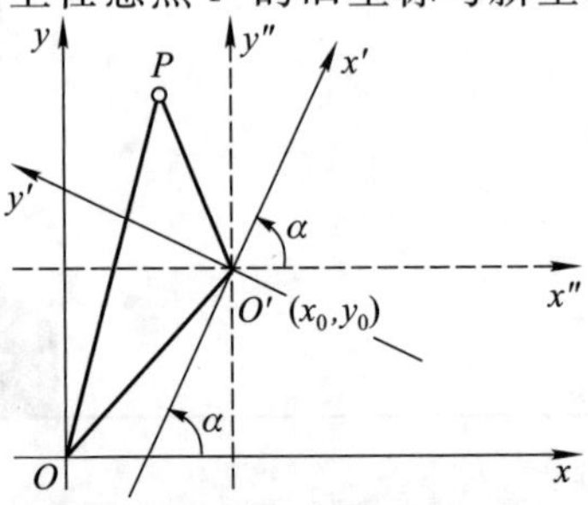

图 5-1

由上两式得一般坐标变换公式为

$$\begin{cases}x=x'\cos\alpha-y'\sin\alpha+x_0,\\y=x'\sin\alpha+y'\cos\alpha+y_0.\end{cases}\tag{5.6-3}$$

由(5.6-3)解出 x',y'便得逆变换公式

$$\begin{cases}x'=x\cos\alpha+y\sin\alpha-(x_0\cos\alpha+y_0\sin\alpha),\\y'=-x\sin\alpha+y\cos\alpha-(-x_0\sin\alpha+y_0\cos\alpha).\end{cases}\tag{5.6-4}$$

平面直角坐标变换公式(5.6-3)是由新坐标系原点的坐标(x_0,y_0)与坐标轴的旋转角 α 决定的.确定坐标变换公式,除了上面的这种情况外,还可以有其他的方法.例如给出了新坐标系的两坐标轴在旧坐标系里的方程,并规定了一个轴的正方向等.现在我们就来介绍这种情况下的坐标变换公式.

设在直角坐标系 $O-xy$ 里给定了两条相互垂直的直线

$$l_1:\ A_1x+B_1y+C_1=0,$$
$$l_2:\ A_2x+B_2y+C_2=0,$$

其中 $A_1A_2+B_1B_2=0$.如果取直线 l_1 为新坐标系中的横轴 $O'x'$,而直线 l_2 为纵轴 $O'y'$,并设平面上任意点 M 的旧坐标与新坐标分别是(x,y)与(x',y').因为$|x'|$是点 $M(x,y)$到 $O'y'$轴的距离,也就是 M 点到 l_2 的距离(图 5-2),因此我们有

$$|x'|=\frac{|A_2x+B_2y+C_2|}{\sqrt{A_2^2+B_2^2}},$$

同理可得

$$|y'|=\frac{|A_1x+B_1y+C_1|}{\sqrt{A_1^2+B_1^2}},$$

于是在去掉绝对值符号以后,便有

$$\begin{cases}x'=\pm\dfrac{A_2x+B_2y+C_2}{\sqrt{A_2^2+B_2^2}},\\[2ex]y'=\pm\dfrac{A_1x+B_1y+C_1}{\sqrt{A_1^2+B_1^2}}.\end{cases}\tag{5.6-5}$$

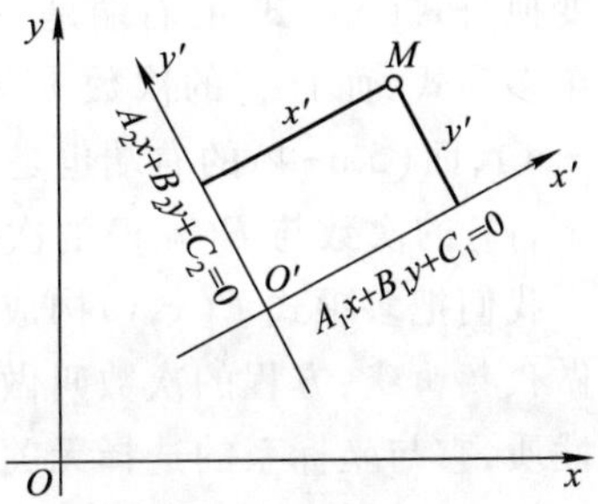

图 5-2

为了使新坐标系仍然是右手坐标系,我们来决定(5.6-5)中的符号,将(5.6-5)式与公式(5.6-4)比较得

$$\frac{\pm A_2}{\sqrt{A_2^2+B_2^2}}=\cos\alpha,\quad\frac{\pm B_2}{\sqrt{A_2^2+B_2^2}}=\sin\alpha,$$
$$\frac{\pm A_1}{\sqrt{A_1^2+B_1^2}}=-\sin\alpha,\quad\frac{\pm B_1}{\sqrt{A_1^2+B_1^2}}=\cos\alpha.$$

因此(5.6-5)中的第一式右端的 x 的系数应与第二式的右端的 y 的系数相等①,所以(5.6-5)的符号选取要使得这两项的系数是同号的.

例 1 已知两垂直的直线 $l_1:2x-y+3=0$ 与 $l_2:x+2y-2=0$,取 l_1 为 $O'x'$轴,l_2 为

① 根据垂直条件 $A_1A_2+B_1B_2=0$,有$\dfrac{B_1}{A_1}=-\dfrac{A_2}{B_2}$,从而一定有$\dfrac{|A_2|}{\sqrt{A_2^2+B_2^2}}=\dfrac{|B_1|}{\sqrt{A_1^2+B_1^2}}$.

$O'y'$轴,求坐标变换公式.

解　设$M(x,y)$的新坐标为(x',y'),那么有

$$x'=\pm\frac{x+2y-2}{\sqrt{5}},\quad y'=\pm\frac{2x-y+3}{\sqrt{5}},$$

根据上面的符号选取法则得变换公式为

$$\begin{cases}x'=\dfrac{x+2y-2}{\sqrt{5}},\\ y'=-\dfrac{2x-y+3}{\sqrt{5}}\end{cases}\quad 或\quad \begin{cases}x'=-\dfrac{x+2y-2}{\sqrt{5}},\\ y'=\dfrac{2x-y+3}{\sqrt{5}}.\end{cases}$$

前一公式由于取的$\sin\alpha=\frac{2}{\sqrt{5}}>0$,所以旋转角为小于$\pi$的正角,而后一公式取的$\sin\alpha=-\frac{2}{\sqrt{5}}<0$,所以旋转角为绝对值小于$\pi$的负角.

在坐标变换下,平面上曲线的方程将改变,但是如果曲线方程$F(x,y)=0$的左端$F(x,y)$是一个多项式,其次数为n,那么通过坐标变换(5.6-3),它的新方程$G(x',y')=0$的左端$G(x',y')$将仍然是一个多项式,而且它的次数n'不变,即$n'=n$.这是因为坐标变换公式(5.6-3)的右端是一个一次式,把它代入$F(x,y)$得到的$G(x',y')$将仍然是一个多项式,而且它的次数$n'\leqslant n$;反过来,通过逆变换(5.6-4),$G(x',y')$将变回到$F(x,y)$,而(5.6-4)的右端也是一个一次式,从而$F(x,y)$的次数$n\leqslant n'$.于是$n'=n$,即$G(x',y')$的次数与$F(x,y)$的次数相等.

我们把多项式$F(x,y)$构成的方程$F(x,y)=0$叫做代数方程,而由它表示的曲线叫做代数曲线,方程的次数叫做曲线的次数.上面指出的这个曲线的性质,是曲线的固有性质,它与坐标系的选择无关.

2. 二次曲线的方程化简与分类

设二次曲线的方程为

$$F(x,y)\equiv a_{11}x^2+2a_{12}xy+a_{22}y^2+2a_{13}x+2a_{23}y+a_{33}=0, \tag{1}$$

现在我们要选取一个适当的坐标系,也就是要确定一个坐标变换,使得曲线(1)在新坐标系下的方程最为简单,这就是二次曲线方程的化简.为此,我们必须了解在坐标变换下二次曲线方程的系数是怎样变化的.因为一般坐标变换是由移轴与转轴组成,所以我们分别考察在移轴与转轴下,二次曲线方程(1)的系数的变换规律.

在移轴(5.6-1)即

$$\begin{cases}x=x'+x_0,\\ y=y'+y_0\end{cases}$$

下,二次曲线(1)的新方程为

$$\begin{aligned}&F(x'+x_0,y'+y_0)\\ \equiv{}&a_{11}(x'+x_0)^2+2a_{12}(x'+x_0)(y'+y_0)+a_{22}(y'+y_0)^2+2a_{13}(x'+x_0)+2a_{23}(y'+y_0)+a_{33}=0.\end{aligned}$$

化简整理得

$$a'_{11}x'^2+2a'_{12}x'y'+a'_{22}y'^2+2a'_{13}x'+2a'_{23}y'+a'_{33}=0,$$

这里

$$\begin{cases} a'_{11}=a_{11},a'_{12}=a_{12},a'_{22}=a_{22}, \\ a'_{13}=a_{11}x_0+a_{12}y_0+a_{13}=F_1(x_0,y_0), \\ a'_{23}=a_{12}x_0+a_{22}y_0+a_{23}=F_2(x_0,y_0), \\ a'_{33}=a_{11}x_0^2+2a_{12}x_0y_0+a_{22}y_0^2+2a_{13}x_0+2a_{23}y_0+a_{33}=F(x_0,y_0). \end{cases} \tag{5.6-6}$$

因此在移轴(5.6-1)下,二次曲线方程系数的变换规律为:

1° 二次项系数不变;

2° 一次项系数变为 $2F_1(x_0,y_0)$ 与 $2F_2(x_0,y_0)$;

3° 常数项变为 $F(x_0,y_0)$.

因为当(x_0,y_0)为二次曲线(1)的中心时,有 $F_1(x_0,y_0)=0,F_2(x_0,y_0)=0$,所以当二次曲线有中心时,作移轴,使原点与二次曲线的中心重合,那么在新坐标系下二次曲线的新方程中一次项消失.

把转轴公式(5.6-2)即

$$\begin{cases} x=x'\cos\alpha-y'\sin\alpha, \\ y=x'\sin\alpha+y'\cos\alpha \end{cases}$$

代入(1),得在转轴(5.6-2)下二次曲线(1)的新方程为

$$a'_{11}x'^2+2a'_{12}x'y'+a'_{22}y'^2+2a'_{13}x'+2a'_{23}y'+a'_{33}=0,$$

这里

$$\begin{cases} a'_{11}=a_{11}\cos^2\alpha+2a_{12}\sin\alpha\cos\alpha+a_{22}\sin^2\alpha, \\ a'_{12}=(a_{22}-a_{11})\sin\alpha\cos\alpha+a_{12}(\cos^2\alpha-\sin^2\alpha), \\ a'_{22}=a_{11}\sin^2\alpha-2a_{12}\sin\alpha\cos\alpha+a_{22}\cos^2\alpha, \\ a'_{13}=a_{13}\cos\alpha+a_{23}\sin\alpha, \\ a'_{23}=-a_{13}\sin\alpha+a_{23}\cos\alpha, \\ a'_{33}=a_{33}. \end{cases} \tag{5.6-7}$$

因此,在转轴下,二次曲线方程(1)的系数的变换规律为:

1° 二次项系数一般要改变.新方程的二次项系数仅与原方程的二次项系数及旋转角有关,而与一次项系数及常数项无关.

2° 一次项系数一般要改变.新方程的一次项系数仅与原方程的一次项系数及旋转角有关,与二次项系数及常数项无关,如果我们从(5.6-7)中的

$$a'_{13}=a_{13}\cos\alpha+a_{23}\sin\alpha,$$

$$a'_{23}=-a_{13}\sin\alpha+a_{23}\cos\alpha$$

解出 a_{13},a_{23}得

$$a_{13}=a'_{13}\cos\alpha-a'_{23}\sin\alpha,$$

$$a_{23}=a'_{13}\sin\alpha+a'_{23}\cos\alpha,$$

那么可以进一步看到,在转轴下,二次曲线方程(1)的一次项系数 a_{13},a_{23}的变换规律与点的坐标 x,y 的变换规律完全一样,当原方程有一次项时,通过转轴不能完全消去一次项,当原方程无一次项时,通过转轴也不会产生一次项.

3° 常数项不变.

二次曲线方程(1)里,如果 $a_{12}\neq0$,我们往往使用转轴使新方程中的 $a'_{12}=0$.为此,

我们只要取旋转角 α,使得

$$a'_{12}=(a_{22}-a_{11})\sin\alpha\cos\alpha+a_{12}(\cos^2\alpha-\sin^2\alpha)=0,$$

即

$$(a_{22}-a_{11})\sin 2\alpha+2a_{12}\cos 2\alpha=0, ①$$

所以

$$\cot 2\alpha=\frac{a_{11}-a_{22}}{2a_{12}}. ② \tag{5.6-8}$$

因为余切的值可以是任意的实数,所以总有 α 满足(5.6-8),也就是说总可以经过适当的转轴消去(1)的 xy 项.

例 2　化简二次曲线方程

$$x^2+4xy+4y^2+12x-y+1=0,$$

并画出它的图形.

解　因为二次曲线的方程含有 xy 项,因此我们总可以先通过转轴消去 xy 项.设旋转角为 α,那么由(5.6-8)得

$$\cot 2\alpha=-\frac{3}{4},$$

即

$$\frac{1-\tan^2\alpha}{2\tan\alpha}=-\frac{3}{4},$$

所以

$$2\tan^2\alpha-3\tan\alpha-2=0,$$

从而得

$$\tan\alpha=-\frac{1}{2}\text{或 }2.$$

取 $\tan\alpha=2$③,那么 $\sin\alpha=\frac{2}{\sqrt{5}}$,$\cos\alpha=\frac{1}{\sqrt{5}}$,所以得转轴公式为

$$\begin{cases}x=\dfrac{1}{\sqrt{5}}(x'-2y'),\\ y=\dfrac{1}{\sqrt{5}}(2x'+y').\end{cases}$$

代入原方程化简整理得转轴后的新方程为

$$5x'^2+2\sqrt{5}x'-5\sqrt{5}y'+1=0.$$

利用配方使上式化为

---

① 这里的 $\sin 2\alpha\neq 0$,否则将有 $a_{12}=0$,与假设矛盾.

② $\cot\theta=\frac{1}{\tan\theta}$.

③ 如果取 $\tan\alpha=-\frac{1}{2}$,同样能消去 xy 项.

$$\left(x'+\frac{\sqrt{5}}{5}\right)^2-\sqrt{5}\,y'=0,$$

再作移轴

$$\begin{cases}x'=x''-\dfrac{\sqrt{5}}{5},\\ y'=y''.\end{cases}$$

曲线方程化为最简形式

$$x''^2-\sqrt{5}\,y''=0,$$

或写成标准方程为

$$x''^2=\sqrt{5}\,y''.$$

这是一条抛物线,它的顶点是新坐标系 $O''-x''y''$的原点.原方程的图形可以根据它在坐标系 $O''-x''y''$中的标准方程作出,它的图形如图 5-3 所示.

利用坐标变换化简二次曲线的方程,如果曲线有中心,那么为了计算方便,往往先移轴后转轴.

例 3 化简二次曲线方程

$$x^2-xy+y^2+2x-4y=0,$$

并画出它的图形.

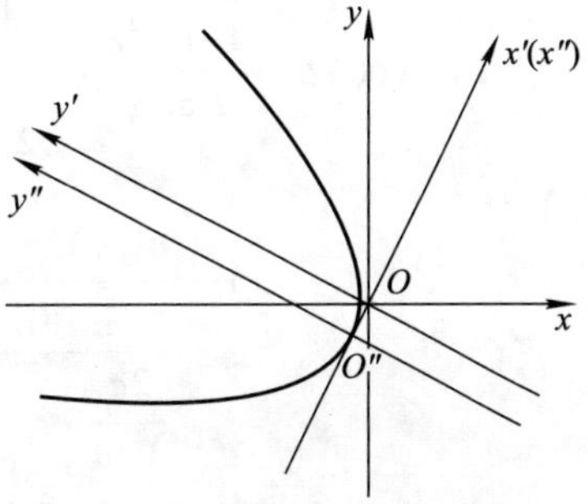

图 5-3

解 因为 $I_2=\begin{vmatrix}1 & -\frac{1}{2}\\ -\frac{1}{2} & 1\end{vmatrix}=1-\frac{1}{4}=\frac{3}{4}\neq 0,$

所以曲线为中心二次曲线,解方程组

$$\begin{cases}F_1(x,y)\equiv x-\dfrac{1}{2}y+1=0,\\ F_2(x,y)\equiv -\dfrac{1}{2}x+y-2=0,\end{cases}$$

得中心的坐标为 $x=0,y=2$,取$(0,2)$为新原点,作移轴

$$\begin{cases}x=x',\\ y=y'+2.\end{cases}$$

原方程变为 $x'^2-x'y'+y'^2-4=0$.

再转轴消去 $x'y'$项,由(5.6-8)得

$$\cot 2\alpha=0,$$

从而可取 $\alpha=\dfrac{\pi}{4}$,故转轴公式为

$$\begin{cases}x'=\dfrac{1}{\sqrt{2}}(x''-y''),\\ y'=\dfrac{1}{\sqrt{2}}(x''+y''),\end{cases}$$

经转轴后曲线的方程化为最简形式

$$\frac{1}{2}x''^2+\frac{3}{2}y''^2-4=0,$$

或写成标准形式

$$\frac{x''^2}{8}+\frac{y''^2}{\frac{8}{3}}=1.$$

这是一个椭圆,它的图形如图5-4 所示.

利用转轴来消去二次曲线方程的 xy 项,它有一个几何意义,就是把坐标轴旋转到与二次曲线的主方向平行的位置.这是因为如果二次曲线的特征根 λ 确定的主方向为 $X:Y$,那么由(5.5-1′)立刻得

$$\tan\alpha=\frac{Y}{X}=\frac{a_{12}}{\lambda-a_{22}}=\frac{\lambda-a_{11}}{a_{12}},$$

所以

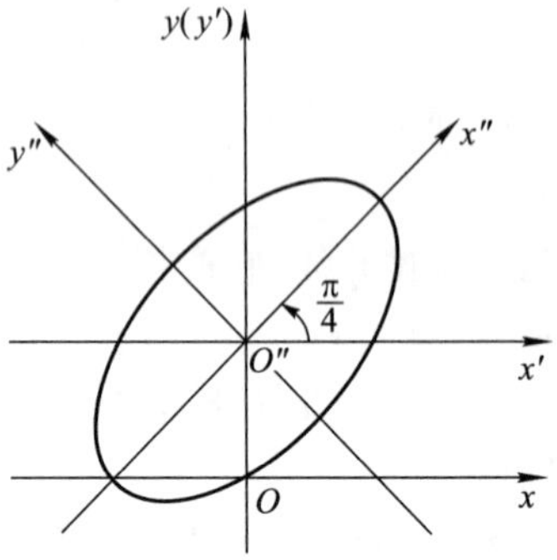

图 5-4

$$\cot 2\alpha=\frac{1-\tan^2\alpha}{2\tan\alpha}=\frac{1-\left(\frac{a_{12}}{\lambda-a_{22}}\right)^2}{2\cdot\frac{a_{12}}{\lambda-a_{22}}}$$

$$=\frac{1-\frac{a_{12}}{\lambda-a_{22}}\frac{\lambda-a_{11}}{a_{12}}}{\frac{2a_{12}}{\lambda-a_{22}}}=\frac{a_{11}-a_{22}}{2a_{12}}.$$

因此,上面介绍的通过转轴与移轴来化简二次曲线方程的方法,实际上是把坐标轴变换到与二次曲线的主直径(即对称轴)重合的位置.如果是中心曲线,坐标原点与曲线的中心重合;如果是无心曲线,坐标原点与曲线的顶点重合;如果是线心曲线,坐标原点可以与曲线的任何一个中心重合.因此,二次曲线方程的化简,只要先求出曲线(1)的主直径,然后以它作为新坐标轴,作坐标变换即可.

例 4　化简二次曲线方程

$$x^2-3xy+y^2+10x-10y+21=0,$$

并作出它的图形.

解　已知二次曲线的矩阵是

$$\begin{pmatrix} 1 & -\frac{3}{2} & 5 \\ -\frac{3}{2} & 1 & -5 \\ 5 & -5 & 21 \end{pmatrix},$$

$$I_1=1+1=2,\quad I_2=\begin{vmatrix} 1 & -\frac{3}{2} \\ -\frac{3}{2} & 1 \end{vmatrix}=-\frac{5}{4},$$

所以曲线的特征方程是

$$\lambda^2-2\lambda-\frac{5}{4}=0,$$

解得两特征根为

$$\lambda_1=-\frac{1}{2}, \quad \lambda_2=\frac{5}{2},$$

因而曲线的两个主方向为

$$X_1:Y_1=-\frac{3}{2}:\left(-\frac{1}{2}-1\right)=1:1,$$

$$X_2:Y_2=-\frac{3}{2}:\left(\frac{5}{2}-1\right)=-1:1;$$

曲线的两条主直径为

$$\left(x-\frac{3}{2}y+5\right)+\left(-\frac{3}{2}x+y-5\right)=0 \text{ 与 } -\left(x-\frac{3}{2}y+5\right)+\left(-\frac{3}{2}x+y-5\right)=0,$$

即

$$x+y=0 \quad \text{与} \quad x-y+4=0.$$

取这两条主直径为新坐标轴,由(5.6-5)得坐标变换公式为

$$\begin{cases} x'=\dfrac{x+y}{\sqrt{2}}, \\ y'=\dfrac{x-y+4}{-\sqrt{2}}, \end{cases}$$

解出 x 与 y 得

$$\begin{cases} x=\dfrac{\sqrt{2}}{2}x'-\dfrac{\sqrt{2}}{2}y'-2, \\ y=\dfrac{\sqrt{2}}{2}x'+\dfrac{\sqrt{2}}{2}y'+2, \end{cases}$$

代入已知的曲线方程,经过整理得曲线在新坐标系下的方程为①

$$-\frac{1}{2}x'^2+\frac{5}{2}y'^2+1=0,$$

所以曲线的标准方程为

$$\frac{x'^2}{2}-\frac{y'^2}{\frac{2}{5}}=1,$$

这是一条双曲线.

---

① 这里由于取曲线的主直径(即对称轴)为新坐标轴,所以在计算新方程的系数时,对于中心曲线,只要计算平方项的系数与常数项,其余系数均为零,不必计算,对于非中心曲线,也可得出相应的结论.

在作图时,必须首先确定 x'轴的正向.变换公式的 x'表达式的右端,x 项的系数为 $\frac{1}{\sqrt{2}}$,y 项的系数为$\frac{1}{\sqrt{2}}$,把这些系数与公式(5.6-4)比较就知道$\sin\alpha=\frac{1}{\sqrt{2}}$,$\cos\alpha=\frac{1}{\sqrt{2}}$,因此 x'轴与 x 轴的交角为 $\alpha=\frac{\pi}{4}$.当新坐标系确定之后,曲线就可以在新坐标系里按标准方程作图,原方程所表示的图形如图5-5所示.

例 5　化简二次曲线方程 $x^2+2xy+y^2+2x+y=0$,并作出它的图形.

解　已知二次曲线的矩阵是

$$\begin{pmatrix}1&1&1\\1&1&\frac{1}{2}\\1&\frac{1}{2}&0\end{pmatrix},$$

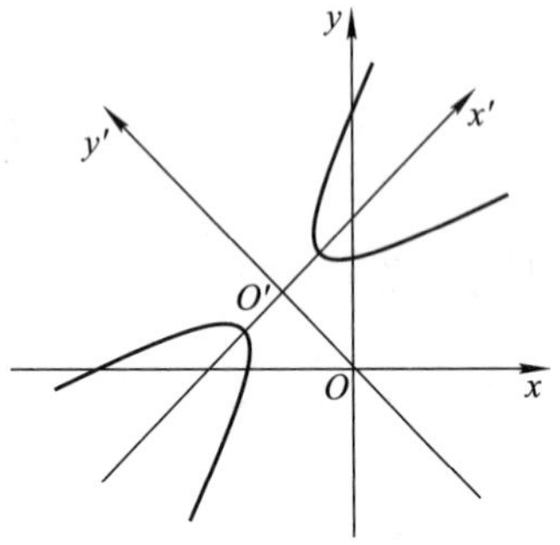

图 5-5

$$I_1=1+1=2,\quad I_2=\begin{vmatrix}1&1\\1&1\end{vmatrix}=0,$$

曲线为非中心曲线,它的特征方程为

$$\lambda^2-2\lambda=0,$$

特征根为

$$\lambda_1=2,\quad \lambda_2=0,$$

曲线的非渐近主方向为对应于 $\lambda_1=2$ 的主方向

$$X:Y=1:1,$$

所以曲线的主直径为

$$(x+y+1)+\left(x+y+\frac{1}{2}\right)=0,$$

即

$$x+y+\frac{3}{4}=0.$$

求出主直径与曲线的交点,即曲线的顶点为$\left(\frac{3}{16},-\frac{15}{16}\right)$.所以过曲线的顶点且以非渐近主方向为方向的直线为

$$\frac{x-\frac{3}{16}}{1}=\frac{y+\frac{15}{16}}{1}\quad 即\quad x-y-\frac{9}{8}=0,$$

这也是过顶点垂直于主直径的直线,取主直径 $x+y+\frac{3}{4}=0$ 为新坐标系的 x'轴,而过曲线的顶点且垂直于主直径的直线 $x-y-\frac{9}{8}=0$ 为 y'轴作坐标变换,它的变换公式为

$$\begin{cases} x'=\dfrac{x-y-\dfrac{9}{8}}{\sqrt{2}}, \\ y'=\dfrac{x+y+\dfrac{3}{4}}{\sqrt{2}}, \end{cases}$$

解出 x 与 y 得

$$\begin{cases} x=\dfrac{\sqrt{2}}{2}x'+\dfrac{\sqrt{2}}{2}y'+\dfrac{3}{16}, \\ y=-\dfrac{\sqrt{2}}{2}x'+\dfrac{\sqrt{2}}{2}y'-\dfrac{15}{16}, \end{cases}$$

代入已知方程,经过整理得

$$2y'^2+\frac{\sqrt{2}}{2}x'=0,$$

化为标准方程

$$y'^2=-\frac{\sqrt{2}}{4}x',$$

这是一条抛物线.为了画出这条抛物线,我们必须确定代表 x'轴的直线的正向,如果 x'轴与 x 轴的交角为 α,那么根据变换公式有 $\sin\alpha=-\dfrac{1}{\sqrt{2}}$,$\cos\alpha=\dfrac{1}{\sqrt{2}}$,因此,$\alpha=-\dfrac{\pi}{4}$,$x'$轴的正向就能确定了(图 5-6).

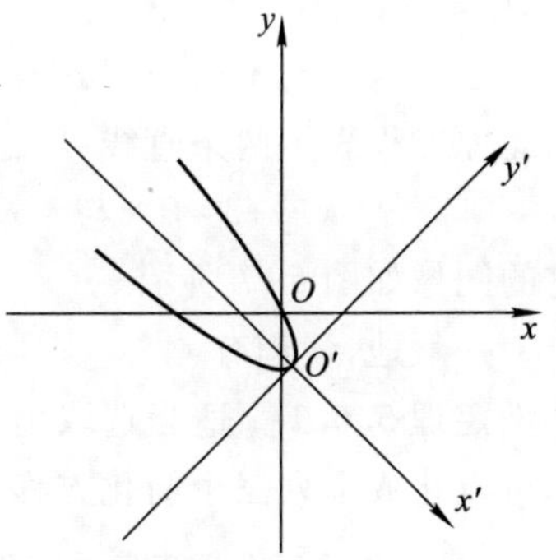

图 5-6

新坐标轴作出后,我们就能在新坐标系下,根据抛物线的标准方程来作出它的图形,如图 5-6 所示.

例 6 化简 $x^2-2xy+y^2+2x-2y-3=0$.

解 已知曲线的矩阵为

$$\begin{pmatrix} 1 & -1 & 1 \\ -1 & 1 & -1 \\ 1 & -1 & -3 \end{pmatrix},$$

它的第一、第二两行成比例,曲线为线心曲线,它有惟一的直径即中心线,也是曲线的主直径,其方程是

$$x-y+1=0,$$

取它为新坐标系的 x'轴,再任意取垂直于这中心线的直线,比如

$$x+y=0$$

为新坐标系的 y'轴,作坐标变换,这时的变换公式为

$$\begin{cases} x'=\dfrac{x+y}{\sqrt{2}}, \\ y'=\dfrac{x-y+1}{-\sqrt{2}}, \end{cases}$$

解出 x 与 y 得

$$\begin{cases} x=\dfrac{\sqrt{2}}{2}x'-\dfrac{\sqrt{2}}{2}y'-\dfrac{1}{2}, \\ y=\dfrac{\sqrt{2}}{2}x'+\dfrac{\sqrt{2}}{2}y'+\dfrac{1}{2}, \end{cases}$$

代入已知方程,经过整理得

$$2y'^2-4=0,$$

即

$$y'^2=2 \text{ 或 } y'=\pm\sqrt{2},$$

这是两条平行直线(图 5-7).

对于线心曲线,我们可以直接从原方程分解为两个一次因式,从而立刻可以作出它的图形.比如例 6 的方程可以改写为

$$(x-y)^2+2(x-y)-3=0,$$

所以

$$(x-y+3)(x-y-1)=0.$$

因此原方程表示两条直线

$$x-y+3=0 \quad \text{与} \quad x-y-1=0,$$

它的图像如图 5-7 所示.

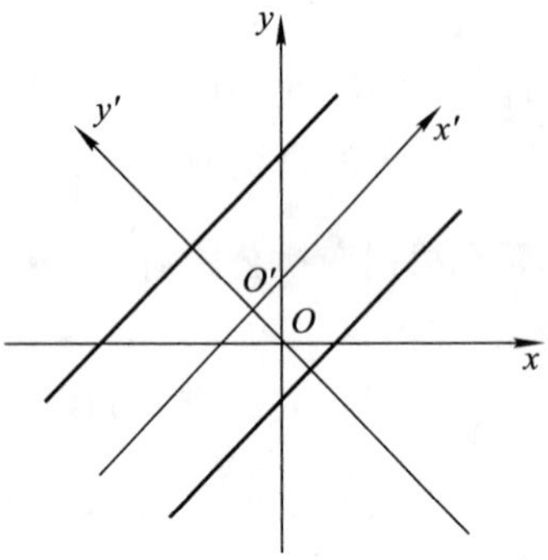

图 5-7

一般地,我们有

定理 5.6.1　适当选取坐标系,二次曲线的方程总可以化成下列三个简化方程中的一个:

(Ⅰ) $a_{11}x^2+a_{22}y^2+a_{33}=0, a_{11}a_{22}\neq 0$;

(Ⅱ) $a_{22}y^2+2a_{13}x=0, a_{22}a_{13}\neq 0$;

(Ⅲ) $a_{22}y^2+a_{33}=0, a_{22}\neq 0$.

证　我们根据二次曲线是中心曲线、无心曲线与线心曲线三种情况来讨论.

1° 当已知二次曲线为中心曲线时,我们取它的一对既共轭又互相垂直的主直径作为坐标轴建立直角坐标系.设二次曲线在这样的坐标系下的方程为

$$a_{11}x^2+2a_{12}xy+a_{22}y^2+2a_{13}x+2a_{23}y+a_{33}=0①,$$

因为这时原点就是曲线的中心,所以根据定理 5.2.1 的推论知道

$$a_{13}=a_{23}=0.$$

其次,二次曲线的两条主直径(即坐标轴)的方向为 1 : 0 与0 : 1,它们互相共轭,因此根据(5.4-5)有

---

① 二次曲线方程在坐标变换之下的次数不变.

$$a_{12}=0,$$

所以曲线的方程为

(Ⅰ) $$a_{11}x^2+a_{22}y^2+a_{33}=0,$$

又因为它是中心曲线,所以又有

$$I_2=a_{11}a_{22}-a_{12}^2=a_{11}a_{22}\neq 0.$$

2° 当已知二次曲线为无心曲线时,取它的惟一主直径为 x 轴,而过顶点(即主直径与曲线的交点)且以非渐近主方向为方向的直线(即过顶点垂直于主直径的直线)为 y 轴建立坐标系,这时的曲线方程假设为

$$a_{11}x^2+2a_{12}xy+a_{22}y^2+2a_{13}x+2a_{23}y+a_{33}=0,$$

因为这时主直径的共轭方向为 $X:Y=0:1$,所以主直径的方程为

$$a_{12}x+a_{22}y+a_{23}=0,$$

它就是 x 轴,即与直线 $y=0$ 重合,所以有

$$a_{12}=a_{23}=0,\quad a_{22}\neq 0.$$

又因为顶点与坐标原点重合,所以(0,0)满足曲线方程,从而又有

$$a_{33}=0.$$

其次,由于二次曲线为无心曲线,所以

$$\frac{a_{11}}{a_{12}}=\frac{a_{12}}{a_{22}}\neq\frac{a_{13}}{a_{23}},$$

而 $a_{12}=0, a_{22}\neq 0$,所以有

$$a_{11}=0,\quad a_{13}\neq 0.$$

因而曲线的方程为

(Ⅱ) $$a_{22}y^2+2a_{13}x=0, a_{22}a_{13}\neq 0.$$

3° 当已知二次曲线为线心曲线时,我们取它的中心直线(即曲线的惟一直径也是主直径)为 x 轴,任意垂直于它的直线为 y 轴建立坐标系.设曲线的方程为

$$a_{11}x^2+2a_{12}xy+a_{22}y^2+2a_{13}x+2a_{23}y+a_{33}=0,$$

因为线心二次曲线的中心直线的方程是方程

$$a_{11}x+a_{12}y+a_{13}=0 \text{ 与 } a_{12}x+a_{22}y+a_{23}=0$$

中的任何一个,第二个方程表示 x 轴的条件为

$$a_{12}=a_{23}=0,\quad a_{22}\neq 0.$$

而第一个方程在 $a_{12}=0$ 的条件下,不可能再表示 x 轴,所以它必须是恒等式,因而有

$$a_{11}=a_{13}=0,$$

所以线心二次曲线的方程为

(Ⅲ) $$a_{22}y^2+a_{33}=0, a_{22}\neq 0.$$

定理证毕.

现在我们可以根据二次曲线三种简化方程系数的各种不同情况,写出二次曲线的各种标准方程,从而得出二次曲线的分类.

(Ⅰ) 中心曲线

$$a_{11}x^2+a_{22}y^2+a_{33}=0,\quad a_{11}a_{22}\neq 0.$$

当 $a_{33}\neq 0$ 时,方程可化为

$$Ax^2+By^2=1,$$

其中

$$A=-\frac{a_{11}}{a_{33}},\quad B=-\frac{a_{22}}{a_{33}}.$$

如果 $A>0$,$B>0$,那么设

$$A=\frac{1}{a^2},\quad B=\frac{1}{b^2},$$

于是得方程

[1] $$\frac{x^2}{a^2}+\frac{y^2}{b^2}=1\quad(椭圆).$$

如果 $A<0$,$B<0$,那么设

$$A=-\frac{1}{a^2},\quad B=-\frac{1}{b^2},$$

于是得方程

[2] $$\frac{x^2}{a^2}+\frac{y^2}{b^2}=-1\quad(虚椭圆).$$

如果 A 与 B 异号,那么不失一般性,我们可以设 $A>0$,$B<0$(在相反情况下,只要把 x 轴和 y 轴两轴对调),设

$$A=\frac{1}{a^2},\quad B=-\frac{1}{b^2},$$

于是得方程

[3] $$\frac{x^2}{a^2}-\frac{y^2}{b^2}=1\quad(双曲线).$$

当 $a_{33}=0$ 时,如果 a_{11} 与 a_{22} 同号,可以假设 $a_{11}>0$,$a_{22}>0$(在相反情况只要在方程两边同时变号),再设 $a_{11}=\frac{1}{a^2}$,$a_{22}=\frac{1}{b^2}$,于是得方程

[4] $$\frac{x^2}{a^2}+\frac{y^2}{b^2}=0\quad(点或称两相交于实点的共轭虚直线).$$

如果 a_{11} 与 a_{22} 异号,那么我们类似地有

[5] $$\frac{x^2}{a^2}-\frac{y^2}{b^2}=0\quad(两相交直线).$$

(Ⅱ)无心曲线

$$a_{22}y^2+2a_{13}x=0,\quad a_{22}a_{13}\neq 0.$$

设 $-\frac{a_{13}}{a_{22}}=p$,于是得方程

[6] $$y^2=2px\quad(抛物线).$$

(Ⅲ)线心曲线

$$a_{22}y^2+a_{33}=0,\quad a_{22}\neq 0.$$

方程可以改写为

$$y^2=-\frac{a_{33}}{a_{22}}.$$

当 a_{33} 与 a_{22} 异号，设 $-\frac{a_{33}}{a_{22}}=a^2$，于是得方程

[7]　　$y^2=a^2$　（两平行直线）.

当 a_{33} 与 a_{22} 同号，设 $\frac{a_{33}}{a_{22}}=a^2$，于是得方程

[8]　　$y^2=-a^2$　（两平行共轭虚直线）.

当 $a_{33}=0$ 时，得方程为

[9]　　$y^2=0$　（两重合直线）.

于是，我们就得到了下面的定理.

定理 5.6.2　通过适当地选取坐标系，二次曲线的方程总可以写成下面九种标准方程的一种形式：

[1] $\frac{x^2}{a^2}+\frac{y^2}{b^2}=1$（椭圆）；

[2] $\frac{x^2}{a^2}+\frac{y^2}{b^2}=-1$（虚椭圆）；

[3] $\frac{x^2}{a^2}-\frac{y^2}{b^2}=1$（双曲线）；

[4] $\frac{x^2}{a^2}+\frac{y^2}{b^2}=0$（点或称两相交于实点的共轭虚直线）；

[5] $\frac{x^2}{a^2}-\frac{y^2}{b^2}=0$（两相交直线）；

[6] $y^2=2px$（抛物线）；

[7] $y^2=a^2$（两平行直线）；

[8] $y^2=-a^2$（两平行共轭虚直线）；

[9] $y^2=0$（两重合直线）.

习　题

1. 利用移轴与转轴，化简下列二次曲线的方程，并画出它们的图形：

（1）$5x^2+4xy+2y^2-24x-12y+18=0$；　（2）$x^2+2xy+y^2-4x+y-1=0$；

（3）$5x^2+12xy-22x-12y-19=0$；　（4）$x^2+2xy+y^2+2x+2y=0$.

2. 以二次曲线的主直径为新坐标轴化简下列方程，并写出相应的坐标变换公式，作出它们的图形：

（1）$8x^2+4xy+5y^2+8x-16y-16=0$；　（2）$x^2-4xy-2y^2+10x+4y=0$；

（3）$4x^2-4xy+y^2+6x-8y+3=0$；　（4）$4x^2-4xy+y^2+4x-2y=0$.

3. 试证中心二次曲线

$$ax^2+2hxy+ay^2=d$$

的两条主直径为 $x^2-y^2=0$，曲线的两半轴的长分别是

$$\sqrt{\left|\frac{d}{a+h}\right|}\text{ 及 }\sqrt{\left|\frac{d}{a-h}\right|}.$$

§5.7　应用不变量化简二次曲线的方程

1. 不变量与半不变量

二次曲线在任意给定的直角坐标系中的方程为

$$F(x,y)\equiv a_{11}x^2+2a_{12}xy+a_{22}y^2+2a_{13}x+2a_{23}y+a_{33}=0. \tag{1}$$

设在直角坐标变换(5.6-3)

$$\begin{cases}x=x'\cos\alpha-y'\sin\alpha+x_0,\\ y=x'\sin\alpha+y'\cos\alpha+y_0\end{cases}$$

下,曲线方程(1)的左端变为

$$F'(x',y')\equiv a'_{11}x'^2+2a'_{12}x'y'+a'_{22}y'^2+2a'_{13}x'+2a'_{23}y'+a'_{33},$$

那么多项式 $F'(x',y')$ 也是二元二次多项式,它的每一个系数都可以用多项式 $F(x,y)$ 的系数和坐标变换(5.6-3)的系数表出.

定义 5.7.1　由 $F(x,y)$ 的系数组成的一个非常数函数 f,如果经过直角坐标变换(5.6-3),$F(x,y)$ 变为 $F'(x',y')$ 时,有

$$f(a_{11},a_{12},\cdots,a_{33})=f(a'_{11},a'_{12},\cdots,a'_{33}),$$

那么这个函数 f 叫做二次曲线(1)在直角坐标变换(5.6-3)下的不变量.如果这个函数 f 的值,只是经过转轴变换不变,那么这个函数叫做二次曲线(1)在直角坐标变换下的半不变量.

定理 5.7.1　二次曲线(1)在直角坐标变换下,有三个不变量 I_1,I_2,I_3 与一个半不变量 K_1:

$$I_1=a_{11}+a_{22},\quad I_2=\begin{vmatrix}a_{11}&a_{12}\\a_{12}&a_{22}\end{vmatrix},\quad I_3=\begin{vmatrix}a_{11}&a_{12}&a_{13}\\a_{12}&a_{22}&a_{23}\\a_{13}&a_{23}&a_{33}\end{vmatrix},$$

$$K_1=\begin{vmatrix}a_{11}&a_{13}\\a_{13}&a_{33}\end{vmatrix}+\begin{vmatrix}a_{22}&a_{23}\\a_{23}&a_{33}\end{vmatrix}.$$

证　因为直角坐标变换(5.6-3)总可以分成移轴(5.6-1)与转轴(5.6-2)两步来完成,因此本定理的证明,也就分成移轴与转轴两步来完成.

先证明在移轴(5.6-1)下,I_1,I_2,I_3 不变,而 K_1 一般要改变.

根据(5.6-6)知,在移轴下二次曲线(1)的二次项系数不变.所以

$$I'_1=a'_{11}+a'_{22}=a_{11}+a_{22}=I_1,$$

$$I'_2=\begin{vmatrix}a'_{11}&a'_{12}\\a'_{12}&a'_{22}\end{vmatrix}=\begin{vmatrix}a_{11}&a_{12}\\a_{12}&a_{22}\end{vmatrix}=I_2,$$

而

$$
\begin{aligned}
I'_3 &= \begin{vmatrix} a'_{11} & a'_{12} & a'_{13} \\ a'_{12} & a'_{22} & a'_{23} \\ a'_{13} & a'_{23} & a'_{33} \end{vmatrix} \\
&= \begin{vmatrix} a_{11} & a_{12} & a_{11}x_0+a_{12}y_0+a_{13} \\ a_{12} & a_{22} & a_{12}x_0+a_{22}y_0+a_{23} \\ a_{11}x_0+a_{12}y_0+a_{13} & a_{12}x_0+a_{22}y_0+a_{23} & F(x_0,y_0) \end{vmatrix} \\
&= \begin{vmatrix} a_{11} & a_{12} & a_{13} \\ a_{12} & a_{22} & a_{23} \\ a_{11}x_0+a_{12}y_0+a_{13} & a_{12}x_0+a_{22}y_0+a_{23} & a_{13}x_0+a_{23}y_0+a_{33} \end{vmatrix} \\
&= \begin{vmatrix} a_{11} & a_{12} & a_{13} \\ a_{12} & a_{22} & a_{23} \\ a_{13} & a_{23} & a_{33} \end{vmatrix} = I_3.
\end{aligned}
$$

上面的第三个等式是由第三列减去第一列乘 x_0,第二列乘 y_0 而得到的,第四个等式是由第三行减去第一行乘 x_0,第二行乘 y_0 而得到的.

K_1 在移轴下一般是要改变的,例如 $F(x,y)\equiv 2xy$,它的 $K_1=0$,而通过移轴(5.6-1),$F(x,y)$变为

$$F'(x',y')\equiv 2x'y'+2y_0x'+2x_0y'+2x_0y_0,$$

而这时

$$K'_1=\begin{vmatrix} 0 & y_0 \\ y_0 & 2x_0y_0 \end{vmatrix}+\begin{vmatrix} 0 & x_0 \\ x_0 & 2x_0y_0 \end{vmatrix}=-(x_0^2+y_0^2)\neq 0.$$

所以 $K'_1\neq K_1$.

现在我们来证明在转轴(5.6-2)下,I_1,I_2,I_3 与 K_1 都不变.对于 I_1 与 I_2 只要考虑方程的二次项系数就够了,根据(5.6-7),在转轴下有

$$\begin{cases} a'_{11}=a_{11}\cos^2\alpha+2a_{12}\sin\alpha\cos\alpha+a_{22}\sin^2\alpha, \\ a'_{22}=a_{11}\sin^2\alpha-2a_{12}\sin\alpha\cos\alpha+a_{22}\cos^2\alpha, \\ a'_{12}=(a_{22}-a_{11})\sin\alpha\cos\alpha+a_{12}(\cos^2\alpha-\sin^2\alpha), \end{cases} \tag{2}$$

利用三角函数关系

$$\cos^2\alpha=\frac{1+\cos 2\alpha}{2},$$

$$\sin^2\alpha=\frac{1-\cos 2\alpha}{2},$$

$$\sin\alpha\cdot\cos\alpha=\frac{\sin 2\alpha}{2},$$

(2)式可化为

$$\begin{cases} a'_{11}=\dfrac{a_{11}+a_{22}}{2}+\dfrac{a_{11}-a_{22}}{2}\cos 2\alpha+a_{12}\sin 2\alpha, \\ a'_{22}=\dfrac{a_{11}+a_{22}}{2}-\dfrac{a_{11}-a_{22}}{2}\cos 2\alpha-a_{12}\sin 2\alpha, \\ a'_{12}=\dfrac{a_{22}-a_{11}}{2}\sin 2\alpha+a_{12}\cos 2\alpha. \end{cases} \tag{3}$$

所以

$$I'_1=a'_{11}+a'_{22}=a_{11}+a_{22}=I_1,$$

$$\begin{aligned} I'_2&=\begin{vmatrix} a'_{11} & a'_{12} \\ a'_{12} & a'_{22} \end{vmatrix}=a'_{11}a'_{22}-a'^2_{12} \\ &=\left(\frac{a_{11}+a_{22}}{2}\right)^2-\left(\frac{a_{11}-a_{22}}{2}\cos 2\alpha+a_{12}\sin 2\alpha\right)^2-\left(\frac{a_{22}-a_{11}}{2}\sin 2\alpha+a_{12}\cos 2\alpha\right)^2 \\ &=\left(\frac{a_{11}+a_{22}}{2}\right)^2-\left(\frac{a_{11}-a_{22}}{2}\right)^2-a_{12}^2 \\ &=a_{11}a_{22}-a_{12}^2=I_2. \end{aligned}$$

现在来证明 I_3 在转轴下也不变.因为

$$I'_3=\begin{vmatrix} a'_{11} & a'_{12} & a'_{13} \\ a'_{12} & a'_{22} & a'_{23} \\ a'_{13} & a'_{23} & a'_{33} \end{vmatrix}=a'_{13}\begin{vmatrix} a'_{12} & a'_{13} \\ a'_{22} & a'_{23} \end{vmatrix}+a'_{23}\begin{vmatrix} a'_{13} & a'_{11} \\ a'_{23} & a'_{12} \end{vmatrix}+a'_{33}\begin{vmatrix} a'_{11} & a'_{12} \\ a'_{12} & a'_{22} \end{vmatrix},$$

而在转轴下,刚才已证得 $I_2=\begin{vmatrix} a_{11} & a_{12} \\ a_{12} & a_{22} \end{vmatrix}$ 不变,即 $\begin{vmatrix} a'_{11} & a'_{12} \\ a'_{12} & a'_{22} \end{vmatrix}=\begin{vmatrix} a_{11} & a_{12} \\ a_{12} & a_{22} \end{vmatrix}$,且在转轴下二次曲线方程的常数项不变,所以又有 $a'_{33}=a_{33}$,因此

$$I'_3=a'_{13}\begin{vmatrix} a'_{12} & a'_{13} \\ a'_{22} & a'_{23} \end{vmatrix}+a'_{23}\begin{vmatrix} a'_{13} & a'_{11} \\ a'_{23} & a'_{12} \end{vmatrix}+a_{33}\begin{vmatrix} a_{11} & a_{12} \\ a_{12} & a_{22} \end{vmatrix},$$

将(5.6-7)代入 $\begin{vmatrix} a'_{12} & a'_{13} \\ a'_{22} & a'_{23} \end{vmatrix}$,化简整理得

$$\begin{vmatrix} a'_{12} & a'_{13} \\ a'_{22} & a'_{23} \end{vmatrix}=\begin{vmatrix} a_{12} & a_{22} \\ a_{13} & a_{23} \end{vmatrix}\cos\alpha-\begin{vmatrix} a_{11} & a_{12} \\ a_{13} & a_{23} \end{vmatrix}\sin\alpha.$$

同理可得

$$\begin{vmatrix} a'_{13} & a'_{11} \\ a'_{23} & a'_{12} \end{vmatrix}=-\begin{vmatrix} a_{12} & a_{22} \\ a_{13} & a_{23} \end{vmatrix}\sin\alpha-\begin{vmatrix} a_{11} & a_{12} \\ a_{13} & a_{23} \end{vmatrix}\cos\alpha,$$

所以

$$I'_3=a'_{13}\left(\begin{vmatrix} a_{12} & a_{22} \\ a_{13} & a_{23} \end{vmatrix}\cos\alpha-\begin{vmatrix} a_{11} & a_{12} \\ a_{13} & a_{23} \end{vmatrix}\sin\alpha\right)+$$

$$a'_{23}\left(-\begin{vmatrix} a_{12} & a_{22} \\ a_{13} & a_{23} \end{vmatrix}\sin\alpha-\begin{vmatrix} a_{11} & a_{12} \\ a_{13} & a_{23} \end{vmatrix}\cos\alpha\right)+a_{33}\begin{vmatrix} a_{11} & a_{12} \\ a_{12} & a_{22} \end{vmatrix}$$

$$=\begin{vmatrix} a_{12} & a_{22} \\ a_{13} & a_{23} \end{vmatrix}\cdot(a'_{13}\cos\alpha-a'_{23}\sin\alpha)-$$

$$\begin{vmatrix} a_{11} & a_{12} \\ a_{13} & a_{23} \end{vmatrix}\cdot(a'_{13}\sin\alpha+a'_{23}\cos\alpha)+a_{33}\begin{vmatrix} a_{11} & a_{12} \\ a_{12} & a_{22} \end{vmatrix}$$

$$=a_{13}\begin{vmatrix} a_{12} & a_{22} \\ a_{13} & a_{23} \end{vmatrix}-a_{23}\begin{vmatrix} a_{11} & a_{12} \\ a_{13} & a_{23} \end{vmatrix}+a_{33}\begin{vmatrix} a_{11} & a_{12} \\ a_{12} & a_{22} \end{vmatrix}$$

$$=\begin{vmatrix} a_{11} & a_{12} & a_{13} \\ a_{12} & a_{22} & a_{23} \\ a_{13} & a_{23} & a_{33} \end{vmatrix}=I_3.$$

最后我们来证明 K_1 在转轴下也是不变的,因为

$$K_1=\begin{vmatrix} a_{11} & a_{13} \\ a_{13} & a_{33} \end{vmatrix}+\begin{vmatrix} a_{22} & a_{23} \\ a_{23} & a_{33} \end{vmatrix}=(a_{11}+a_{22})a_{33}-(a_{13}^2+a_{23}^2),$$

而 $a_{11}+a_{22}=I_1$ 与二次曲线(1)的常数项 a_{33} 在转轴下都是不变的,所以

$$K'_1=\begin{vmatrix} a'_{11} & a'_{13} \\ a'_{13} & a'_{33} \end{vmatrix}+\begin{vmatrix} a'_{22} & a'_{23} \\ a'_{23} & a'_{33} \end{vmatrix}$$

$$=(a'_{11}+a'_{22})a'_{33}-(a'^2_{13}+a'^2_{23})=(a_{11}+a_{22})a_{33}-(a'^2_{13}+a'^2_{23}),$$

再由(5.6-7)知

$$a'_{13}=a_{13}\cos\alpha+a_{23}\sin\alpha,$$
$$a'_{23}=-a_{13}\sin\alpha+a_{23}\cos\alpha,$$

所以

$$a'^2_{13}+a'^2_{23}=(a_{13}\cos\alpha+a_{23}\sin\alpha)^2+(-a_{13}\sin\alpha+a_{23}\cos\alpha)^2$$
$$=a_{13}^2(\cos^2\alpha+\sin^2\alpha)+a_{23}^2(\sin^2\alpha+\cos^2\alpha)$$
$$=a_{13}^2+a_{23}^2,$$

从而有

$$K'_1=(a_{11}+a_{22})a_{33}-(a_{13}^2+a_{23}^2)=\begin{vmatrix} a_{11} & a_{13} \\ a_{13} & a_{33} \end{vmatrix}+\begin{vmatrix} a_{22} & a_{23} \\ a_{23} & a_{33} \end{vmatrix}=K_1,$$

定理证毕.

定理 5.7.2 当二次曲线(1)为线心曲线时,在直角坐标变换下 K_1 是不变量.

证 首先证明当线心二次曲线的方程具有简化方程

(Ⅲ) $$a_{22}y^2+a_{33}=0$$

时 K_1 不变,因为 K_1 是半不变量,所以只要证它在移轴下不变.在移轴(5.6-1)下,(Ⅲ)的左端变为

$$a_{22}(y'+y_0)^2+a_{33}=a_{22}y'^2+2a_{22}y_0y'+a_{22}y_0^2+a_{33},$$

所以

$$K_1' = \begin{vmatrix} 0 & 0 \\ 0 & a_{22}y_0^2+a_{33} \end{vmatrix} + \begin{vmatrix} a_{22} & a_{22}y_0 \\ a_{22}y_0 & a_{22}y_0^2+a_{33} \end{vmatrix} = a_{22}a_{33}.$$

而

$$K_1 = \begin{vmatrix} 0 & 0 \\ 0 & a_{33} \end{vmatrix} + \begin{vmatrix} a_{22} & 0 \\ 0 & a_{33} \end{vmatrix} = a_{22}a_{33},$$

所以

$$K_1' = K_1.$$

其次,如果 $F(x,y)=0$ 经过移轴(5.6-1)变成(Ⅲ),那么反过来(Ⅲ)经过移轴(5.6-1′)就变成 $F(x,y)=0$,所以当线心二次曲线通过移轴其方程能化成(Ⅲ)时,那么 K_1 不变.

现在设线心二次曲线 $F(x,y)=0$ 经过任意的直角坐标变换 t 变成 $F'(x',y')=0$,我们来证明 $K_1'=K_1$.因为 $F(x,y)=0$ 为线心二次曲线,因此总存在直角坐标变换 t_1 把 $F(x,y)$ 变成(Ⅲ)的左端,因此反过来也一定可以通过直角坐标变换 t_1^{-1} 把(Ⅲ)的左端变成 $F(x,y)$,再通过坐标变换 t 把 $F(x,y)$ 变成 $F'(x',y')$,也就是存在一个直角坐标变换 $t_2=tt_1^{-1}$ 把(Ⅲ)的左端变成 $F'(x',y')$①,变换的过程如图 5-8 所示.

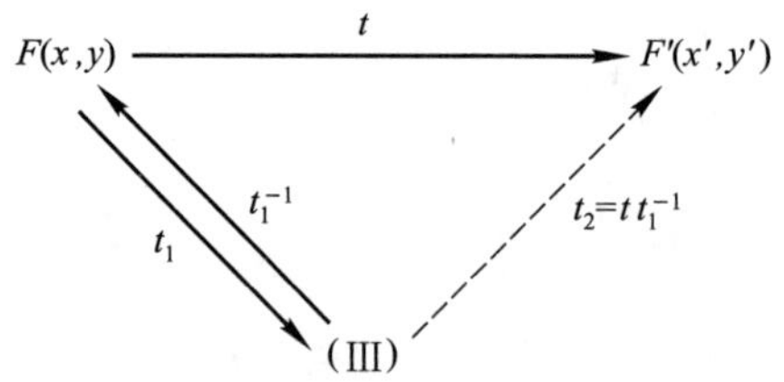

图 5-8

因此,根据前面已证明的,当通过直角坐标变换 t_1 把 $F(x,y)$ 变成(Ⅲ)的左端时,K_1 不变,所以有

$$K_1 = K_1'',$$

而通过直角坐标变换 $t_2=tt_1^{-1}$ 把(Ⅲ)的左端变为 $F'(x',y')$ 时,又有

$$K_1'' = K_1',$$

① 直角坐标变换 t_1 的逆变换常记做 t_1^{-1},它也是一个直角坐标变换.连续施行两次直角坐标变换 t_1^{-1} 与 t,称为两坐标变换之积,其结果相当于施行某一直角坐标变换 t_2,并记做 $t_2=tt_1^{-1}$.这从几何上看是很明显的,如果连续施行的两次直角坐标变换分别为

$$\begin{cases} x=x'\cos\alpha_1-y'\sin\alpha_1+x_1, \\ y=x'\sin\alpha_1+y'\cos\alpha_1+y_1 \end{cases} \quad 与 \quad \begin{cases} x'=x''\cos\alpha_2-y''\sin\alpha_2+x_2, \\ y'=x''\sin\alpha_2+y''\cos\alpha_2+y_2, \end{cases}$$

那么由这两变换公式得

$$\begin{cases} x=x''\cos(\alpha_1+\alpha_2)-y''\sin(\alpha_1+\alpha_2)+(x_2\cos\alpha_1-y_2\sin\alpha_1+x_1), \\ y=x''\sin(\alpha_1+\alpha_2)+y''\cos(\alpha_1+\alpha_2)+(x_2\sin\alpha_1+y_2\cos\alpha_1+y_1), \end{cases}$$

显然,这仍然是一个直角坐标变换.

所以

$$K'_1=K_1,$$

定理证毕.

2. 应用不变量化简二次曲线的方程

在定理 5.6.1 中已经指出,任何一个二次曲线的方程总可以化成三个简化方程(Ⅰ),(Ⅱ),(Ⅲ)中的一个.在这里我们将应用二次曲线的三个不变量 I_1,I_2,I_3 与一个半不变量 K_1 来化简二次曲线的方程.这种方法可以不必求出具体的坐标变换公式,只要计算一下这些不变量与半不变量就可以决定二次曲线的简化方程,从而可以写出它的标准方程.现在我们仍然分中心曲线、无心曲线与线心曲线三种情况来讨论.

1° 中心曲线　这时 $I_2\neq 0$,它的简化方程为

(Ⅰ)　$$a'_{11}x'^2+a'_{22}y'^2+a'_{33}=0,$$

因此我们有

$$I'_1=a'_{11}+a'_{22}=I_1,$$

$$I'_2=\begin{vmatrix} a'_{11} & 0 \\ 0 & a'_{22} \end{vmatrix}=a'_{11}a'_{22}=I_2.$$

根据二次方程的根与系数的关系知道,a'_{11} 与 a'_{22} 是特征方程

$$\lambda^2-I_1\lambda+I_2=0$$

的两根,即 $a'_{11}=\lambda_1,a'_{22}=\lambda_2$ 分别是二次曲线的特征根.

其次又有

$$I'_3=\begin{vmatrix} a'_{11} & 0 & 0 \\ 0 & a'_{22} & 0 \\ 0 & 0 & a'_{33} \end{vmatrix}=a'_{11}a'_{22}a'_{33}=I_2a'_{33},$$

而

$$I'_3=I_3,$$

所以

$$a'_{33}=\frac{I_3}{I_2}.$$

这样我们就得到

定理 5.7.3　如果二次曲线(1)是中心曲线,那么它的简化方程为

$$\lambda_1x^2+\lambda_2y^2+\frac{I_3}{I_2}=0,\tag{5.7-1}$$

其中 λ_1,λ_2 是二次曲线特征方程的两个根(方程中的撇号已略去).

例 1　求二次曲线

$$5x^2-6xy+5y^2-6\sqrt{2}x+2\sqrt{2}y-4=0$$

的简化方程与标准方程.

解　因为

$$I_1=10,\quad I_2=\begin{vmatrix} 5 & -3 \\ -3 & 5 \end{vmatrix}=16,$$

$$I_3=\begin{vmatrix}5 & -3 & -3\sqrt{2}\\ -3 & 5 & \sqrt{2}\\ -3\sqrt{2} & \sqrt{2} & -4\end{vmatrix}=-128,$$

所以

$$\frac{I_3}{I_2}=\frac{-128}{16}=-8,$$

而特征方程 $\lambda^2-10\lambda+16=0$ 的两根为

$$\lambda_1=2,\quad \lambda_2=8,$$

所以曲线的简化方程(略去撇号)为

$$2x^2+8y^2-8=0,$$

曲线的标准方程(略去撇号)为

$$\frac{x^2}{4}+\frac{y^2}{1}=1,$$

这是一个椭圆.

2° 无心曲线　这时$\frac{a_{11}}{a_{12}}=\frac{a_{12}}{a_{22}}\neq\frac{a_{13}}{a_{23}}$或 $I_2=0, I_3\neq0$（见 §5.2 习题第 7 题），它的简化方程为

(Ⅱ)
$$a'_{22}y'^2+2a'_{13}x'=0,$$

因此我们有

$$I'_1=a'_{22}=I_1,$$

$$I'_3=\begin{vmatrix}0 & 0 & a'_{13}\\ 0 & a'_{22} & 0\\ a'_{13} & 0 & 0\end{vmatrix}=-a'_{22}a'^2_{13}=-I_1\ a'^2_{13},$$

而

$$I'_3=I_3,$$

所以

$$a'_{13}=\pm\sqrt{-\frac{I_3}{I_1}},$$

因此有

定理 5.7.4　如果二次曲线(1)是无心曲线，那么它的简化方程为

$$I_1y^2\pm2\sqrt{-\frac{I_3}{I_1}}x=0. \qquad (5.7\text{-}2)$$

这里的正负号可以任意选取(方程中的撇号已略去).

例 2　求二次曲线

$$x^2-2xy+y^2-10x-6y+25=0$$

的简化方程与标准方程.

解　因为

$$I_1=2,\quad I_2=\begin{vmatrix}1 & -1\\ -1 & 1\end{vmatrix}=0,$$

$$I_3=\begin{vmatrix}1&-1&-5\\-1&1&-3\\-5&-3&25\end{vmatrix}=-64,$$

所以曲线的简化方程(略去撇号)为

$$2y^2-2\sqrt{32}x=0 \quad 或 \quad 2y^2+2\sqrt{32}x=0,$$

它的标准方程(略去撇号)为

$$y^2=4\sqrt{2}x \quad 或 \quad y^2=-4\sqrt{2}x,$$

曲线是一条抛物线.

3° 线心曲线 这时$\frac{a_{11}}{a_{12}}=\frac{a_{12}}{a_{22}}=\frac{a_{13}}{a_{23}}$或 $I_2=I_3=0$(见§5.2习题第7题),它的简化方程为

$$(\text{Ⅲ}) \qquad a'_{22}y'^2+a'_{33}=0,$$

因此我们有

$$I'_1=a'_{22}=I_1,$$

$$K'_1=\begin{vmatrix}0&0\\0&a'_{33}\end{vmatrix}+\begin{vmatrix}a'_{22}&0\\0&a'_{33}\end{vmatrix}=a'_{22}a'_{33}=I_1a'_{33},$$

而 K_1 是线心曲线的不变量,从而我们又有 $K'_1=K_1$,所以

$$a'_{33}=\frac{K_1}{I_1}.$$

因此有

定理 5.7.5 如果二次曲线(1)是线心曲线,那么它的简化方程为

$$I_1y^2+\frac{K_1}{I_1}=0 \tag{5.7-3}$$

(方程中的撇号已略去).

从(5.7-1),(5.7-2)与(5.7-3)我们又可以得到

定理 5.7.6 如果给出了二次曲线(1),那么用它的不变量来判断已知曲线为何种曲线的条件是:

[1] 椭圆:$I_2>0, I_1I_3<0$;

[2] 虚椭圆:$I_2>0, I_1I_3>0$;

[3] 点(或称一对交于实点的共轭虚直线):$I_2>0, I_3=0$;

[4] 双曲线:$I_2<0, I_3\neq0$;

[5] 一对相交直线:$I_2<0, I_3=0$;

[6] 抛物线:$I_2=0, I_3\neq0$;

[7] 一对平行直线:$I_2=I_3=0, K_1<0$;

[8] 一对平行的共轭虚直线:$I_2=I_3=0, K_1>0$;

[9] 一对重合的直线:$I_2=I_3=K_1=0$.

这个定理的证明与定理5.6.2十分类似,它的证明留给读者.

推论 二次曲线(1)表示两条直线(实的或虚的,不同的或重合的)的充要条件为

$I_3 = 0$.

习　题

1. 利用不变量判断下列二次曲线为何种曲线,并求出它们的简化方程与标准方程:

(1) $x^2+6xy+y^2+6x+2y-1=0$;　　(2) $3x^2-2xy+3y^2+4x+4y-4=0$;

(3) $x^2-4xy+3y^2+2x-2y=0$;　　(4) $x^2-4xy+4y^2+2x-2y-1=0$;

(5) $x^2-2xy+2y^2-4x-6y+29=0$;　　(6) $\sqrt{x}+\sqrt{y}=\sqrt{a}$;

(7) $x^2+2xy+y^2+2x+2y-4=0$;　　(8) $4x^2-4xy+y^2+12x-6y+9=0$.

2. 当 λ 取何值时,方程

$$\lambda x^2+4xy+y^2-4x-2y-3=0$$

表示两条直线?

3. 按实数 λ 的值讨论方程

$$\lambda x^2-2xy+\lambda y^2-2x+2y+5=0$$

表示什么曲线.

4. 设

$$a_{11}x^2+2a_{12}xy+a_{22}y^2+2a_{13}x+2a_{23}y+a_{33}=0$$

表示两条平行直线,证明这两条直线之间的距离是

$$d=\sqrt{-\frac{4K_1}{I_1^2}}.$$

5. 试证方程

$$a_{11}x^2+2a_{12}xy+a_{22}y^2+2a_{13}x+2a_{23}y+a_{33}=0$$

确定一个实圆必须且只需 $I_1^2=4I_2$, $I_1I_3<0$.

6. 试证如果二次曲线的 $I_1=0$,那么 $I_2<0$.

7. 试证如果二次曲线的 $I_2=0$, $I_3\neq0$,那么 $I_1\neq0$,而且 $I_1I_3<0$.

结　束　语

这一章,我们从研究直线与一般二次曲线的相交问题入手,展开了一般二次曲线的几何理论的研究,讨论了一般二次曲线的渐近方向、中心、渐近线、切线、直径与主直径等重要概念与它们的性质,也导出了二次曲线按不同角度的分类,例如按渐近方向的分类与按中心的分类.我们也讨论了一般二次曲线的代数理论,这就是从坐标变换开始介绍了一般二次曲线的方程化简与判别等问题.特别地,我们利用了二次曲线的主直径为新坐标轴作坐标变换来化简一般二次曲线的方程,从而使二次曲线的几何理论与代数理论自然地联系在一起,使得一般二次曲线的方程化简、作图以及根据二次曲线标准方程的度量分类也就比较简捷地一起完成了.

平面上的二次曲线的理论与空间的二次曲面的理论有着十分相似的地方,而平面的情况毕竟要比空间的情况简单得多,因此我们先对一般二次曲线的理论有了比较深

入的了解后,再进一步学习空间的一般二次曲面的理论将不会感到费力,而它只是一种自然的推广.

这一章中,提出了二次曲线在直角坐标变换下的“不变量”这一十分重要的概念.我们知道,解析几何的主要目的是通过曲线的方程来研究曲线的几何性质,而从定理5.7.6知,由二次曲线方程的系数所构成的不变量 I_1, I_2, I_3 以及 K_1 完全可以刻画二次曲线的形状与大小,因此研究二次曲线的不变量也就成为解析几何的一个十分重要的中心问题.在这样的意义下,不变量也最能深刻地反映方程与曲线的关系,它也把我们对数形结合的问题提高到一个新的认识.

复习与测试

*第六章 二次曲面的一般理论

学习要求

在空间,由三元二次方程

$$a_{11}x^2+a_{22}y^2+a_{33}z^2+2a_{12}xy+2a_{13}xz+2a_{23}yz+2a_{14}x+2a_{24}y+2a_{34}z+a_{44}=0 \tag{1}$$

所表示的曲面叫做二次曲面.

在这一章中,我们将在第四章讨论各种二次曲面的标准方程的基础上,在直角坐标系下进一步讨论一般二次曲面(1),讨论的步骤和方法几乎与上一章完全一致.和上一章一样,我们先在空间引进虚元素,把有序三复数组叫做空间复点的坐标,如果三坐标全是实数,那么它对应的点是实点,否则叫做虚点.有关复元素的内容,可以由平面上直接推广到空间中来,在这里我们不准备叙述了.

在这里我们也只讨论二次曲面的方程是实系数的情况.为了今后讨论的方便,我们引进一些记号如下:

$$F(x,y,z)\equiv a_{11}x^2+a_{22}y^2+a_{33}z^2+2a_{12}xy+2a_{13}xz+2a_{23}yz+2a_{14}x+2a_{24}y+2a_{34}z+a_{44},$$

$$F_1(x,y,z)\equiv a_{11}x+a_{12}y+a_{13}z+a_{14},$$ ①

$$F_2(x,y,z)\equiv a_{12}x+a_{22}y+a_{23}z+a_{24},$$

$$F_3(x,y,z)\equiv a_{13}x+a_{23}y+a_{33}z+a_{34},$$

$$F_4(x,y,z)\equiv a_{14}x+a_{24}y+a_{34}z+a_{44},$$

$$\Phi(x,y,z)\equiv a_{11}x^2+a_{22}y^2+a_{33}z^2+2a_{12}xy+2a_{13}xz+2a_{23}yz,$$

$$\Phi_1(x,y,z)\equiv a_{11}x+a_{12}y+a_{13}z,$$ ②

$$\Phi_2(x,y,z)\equiv a_{12}x+a_{22}y+a_{23}z,$$

$$\Phi_3(x,y,z)\equiv a_{13}x+a_{23}y+x_{33}z,$$

$$\Phi_4(x,y,z)\equiv a_{14}x+a_{24}y+a_{34}z.$$

这样,我们还有下面的两个恒等式

$$F(x,y,z)\equiv xF_1(x,y,z)+yF_2(x,y,z)+zF_3(x,y,z)+F_4(x,y,z),$$

$$\Phi(x,y,z)\equiv x\Phi_1(x,y,z)+y\Phi_2(x,y,z)+z\Phi_3(x,y,z).$$

我们把 $F(x,y,z)$ 的系数排成的矩阵

---

① 为了便于记忆可借用偏导数的记号:

$$F_1(x,y,z)=\frac{1}{2}F'_x(x,y,z),F_2(x,y,z)=\frac{1}{2}F'_y(x,y,z),F_3(x,y,z)=\frac{1}{2}F'_z(x,y,z).$$

② $\Phi_1(x,y,z)=\frac{1}{2}\Phi'_x(x,y,z),\Phi_2(x,y,z)=\frac{1}{2}\Phi'_y(x,y,z),\Phi_3(x,y,z)=\frac{1}{2}\Phi'_z(x,y,z).$

$$A=\begin{pmatrix} a_{11} & a_{12} & a_{13} & a_{14} \\ a_{12} & a_{22} & a_{23} & a_{24} \\ a_{13} & a_{23} & a_{33} & a_{34} \\ a_{14} & a_{24} & a_{34} & a_{44} \end{pmatrix}$$

叫做二次曲面(1)的矩阵(或称 $F(x,y,z)$ 的矩阵),而由 $\Phi(x,y,z)$ 的系数所排成的矩阵

$$A^*=\begin{pmatrix} a_{11} & a_{12} & a_{13} \\ a_{12} & a_{22} & a_{23} \\ a_{13} & a_{23} & a_{33} \end{pmatrix}$$

叫做 $\Phi(x,y,z)$ 的矩阵.显然,二次曲面(1)的矩阵 A 的第一、第二、第三与第四行的元分别是 $F_1(x,y,z)$,$F_2(x,y,z)$,$F_3(x,y,z)$ 与 $F_4(x,y,z)$ 的系数.

最后我们还要引进几个今后常用的记号:

$$I_1=a_{11}+a_{22}+a_{33},$$

$$I_2=\begin{vmatrix} a_{11} & a_{12} \\ a_{12} & a_{22} \end{vmatrix}+\begin{vmatrix} a_{11} & a_{13} \\ a_{13} & a_{33} \end{vmatrix}+\begin{vmatrix} a_{22} & a_{23} \\ a_{23} & a_{33} \end{vmatrix},$$

$$I_3=\begin{vmatrix} a_{11} & a_{12} & a_{13} \\ a_{12} & a_{22} & a_{23} \\ a_{13} & a_{23} & a_{33} \end{vmatrix},\quad I_4=\begin{vmatrix} a_{11} & a_{12} & a_{13} & a_{14} \\ a_{12} & a_{22} & a_{23} & a_{24} \\ a_{13} & a_{23} & a_{33} & a_{34} \\ a_{14} & a_{24} & a_{34} & a_{44} \end{vmatrix},$$

$$K_1=\begin{vmatrix} a_{11} & a_{14} \\ a_{14} & a_{44} \end{vmatrix}+\begin{vmatrix} a_{22} & a_{24} \\ a_{24} & a_{44} \end{vmatrix}+\begin{vmatrix} a_{33} & a_{34} \\ a_{34} & a_{44} \end{vmatrix},$$

$$K_2=\begin{vmatrix} a_{11} & a_{12} & a_{14} \\ a_{12} & a_{22} & a_{24} \\ a_{14} & a_{24} & a_{44} \end{vmatrix}+\begin{vmatrix} a_{11} & a_{13} & a_{14} \\ a_{13} & a_{33} & a_{34} \\ a_{14} & a_{34} & a_{44} \end{vmatrix}+\begin{vmatrix} a_{22} & a_{23} & a_{24} \\ a_{23} & a_{33} & a_{34} \\ a_{24} & a_{34} & a_{44} \end{vmatrix}.$$

这里的 I_1 是矩阵 A^* 的主对角线元素的和,I_2 是矩阵 A^* 的二阶主子式的和,I_3 是矩阵 A^* 的行列式.I_4 是矩阵 A 的行列式,K_1 的三项是 I_1 的三项添加上两条“边”而成的三个二阶行列式,K_2 的三项是 I_2 的三项的三个二阶行列式添加上两条“边”而成的三个三阶行列式,以上添加上两条“边”的元素是矩阵 A 中的第四行与第四列的对应元素.换句话说,用二阶行列式

$$\begin{vmatrix} a_{11} & a_{14} \\ a_{14} & a_{44} \end{vmatrix},\quad \begin{vmatrix} a_{22} & a_{24} \\ a_{24} & a_{44} \end{vmatrix},\quad \begin{vmatrix} a_{33} & a_{34} \\ a_{34} & a_{44} \end{vmatrix}$$

分别代替 I_1 中的 a_{11},a_{22},a_{33},就由 I_1 得到 K_1,而用三阶行列式

$$\begin{vmatrix} a_{11} & a_{12} & a_{14} \\ a_{12} & a_{22} & a_{24} \\ a_{14} & a_{24} & a_{44} \end{vmatrix},\quad \begin{vmatrix} a_{11} & a_{13} & a_{14} \\ a_{13} & a_{33} & a_{34} \\ a_{14} & a_{34} & a_{44} \end{vmatrix},\quad \begin{vmatrix} a_{22} & a_{23} & a_{24} \\ a_{23} & a_{33} & a_{34} \\ a_{24} & a_{34} & a_{44} \end{vmatrix}$$

分别代替 I_2 中的

$$\begin{vmatrix} a_{11} & a_{12} \\ a_{12} & a_{22} \end{vmatrix}, \quad \begin{vmatrix} a_{11} & a_{13} \\ a_{13} & a_{33} \end{vmatrix}, \quad \begin{vmatrix} a_{22} & a_{23} \\ a_{23} & a_{33} \end{vmatrix},$$

就由 I_2 得到 K_2.

§6.1　二次曲面与直线的相关位置

设空间二次曲面的方程与直线的方程分别为

$$F(x,y,z)\equiv a_{11}x^2+a_{22}y^2+a_{33}z^2+2a_{12}xy+2a_{13}xz+2a_{23}yz+2a_{14}x+2a_{24}y+2a_{34}z+a_{44}=0 \quad (1)$$

与

$$\begin{cases} x=x_0+Xt, \\ y=y_0+Yt, \\ z=z_0+Zt, \end{cases} \quad (2)$$

现在来讨论它们的交点.把(2)代入(1)经过整理得

$$\Phi(X,Y,Z)t^2+2[XF_1(x_0,y_0,z_0)+YF_2(x_0,y_0,z_0)+ZF_3(x_0,y_0,z_0)]t+F(x_0,y_0,z_0)=0. \quad (3)$$

根据方程(3)的系数的各种不同情况来确定直线(2)与二次曲面(1)相交的各种情况如下：

1) $\Phi(X,Y,Z)\neq 0$.这时方程(3)是一个关于 t 的二次方程,它的判别式为

$$\Delta=[XF_1(x_0,y_0,z_0)+YF_2(x_0,y_0,z_0)+ZF_3(x_0,y_0,z_0)]^2-\Phi(X,Y,Z)F(x_0,y_0,z_0).$$

1° $\Delta>0$,这时方程(3)有两个不同的实根,因此直线(2)与二次曲面(1)有两个不同的实交点.

2° $\Delta=0$,方程(3)有二重根,这时直线(2)与二次曲面(1)有两个相互重合的实交点.

3° $\Delta<0$,方程(3)有一对共轭的虚根,因此直线(2)与二次曲面(1)没有实交点,而有一对共轭的虚交点.

从上看出,当 $\Phi(X,Y,Z)\neq 0$ 时,直线(2)与二次曲面(1)总有两个交点(两不同实的,两重合实的或一对共轭虚的).

2) $\Phi(X,Y,Z)=0$.这时也有三种情况：

1° $XF_1(x_0,y_0,z_0)+YF_2(x_0,y_0,z_0)+ZF_3(x_0,y_0,z_0)\neq 0$.这时方程(3)是关于 t 的一次方程,它有惟一的实根,因此这时直线(2)与二次曲面(1)有惟一的一个交点.

2° $XF_1(x_0,y_0,z_0)+YF_2(x_0,y_0,z_0)+ZF_3(x_0,y_0,z_0)=0$,而 $F(x_0,y_0,z_0)\neq 0$.这时(3)是一个矛盾方程,无解,因此这时直线(2)与二次曲面(1)没有交点.

3° $XF_1(x_0,y_0,z_0)+YF_2(x_0,y_0,z_0)+ZF_3(x_0,y_0,z_0)=F(x_0,y_0,z_0)=0$.这时方程(3)成为一个恒等式,$t$ 取任何值都能满足它,所以直线(2)上的任何点都在二次曲面(1)上,也就是整条直线属于二次曲面.

§6.2 二次曲面的渐近方向与中心

1. 二次曲面的渐近方向

定义 6.2.1 满足条件 $\Phi(X,Y,Z)=0$ 的方向 $X:Y:Z$ 叫做二次曲面的渐近方向,否则叫做非渐近方向.

根据这个定义,从§6.1中立刻知道,如果给定二次曲面

$$F(x,y,z)\equiv a_{11}x^2+a_{22}y^2+a_{33}z^2+2a_{12}xy+2a_{13}xz+2a_{23}yz+2a_{14}x+2a_{24}y+2a_{34}z+a_{44}=0 \quad (1)$$

与直线

$$\begin{cases}x=x_0+Xt,\\ y=y_0+Yt,\\ z=z_0+Zt,\end{cases} \quad (2)$$

那么当 $X:Y:Z$ 为曲面(1)的非渐近方向时,直线(2)与曲面(1)总有两个交点;当 $X:Y:Z$ 为曲面(1)的渐近方向时,直线(2)与曲面(1)或者只有一交点,或者没有交点,或者整条直线在曲面上.

现在我们考虑通过任意给定的点(x_0,y_0,z_0)且以曲面(1)的任意渐近方向 $X:Y:Z$ 为方向的直线(2),因为渐近方向 $X:Y:Z$ 满足条件

$$\Phi(X,Y,Z)=0,$$

所以过点(x_0,y_0,z_0)且以渐近方向 $X:Y:Z$ 为方向的一切直线上的点的轨迹是曲面

$$\Phi(x-x_0,y-y_0,z-z_0)=0,$$

即

$$a_{11}(x-x_0)^2+a_{22}(y-y_0)^2+a_{33}(z-z_0)^2+2a_{12}(x-x_0)(y-y_0)+\\ 2a_{13}(x-x_0)(z-z_0)+2a_{23}(y-y_0)(z-z_0)=0.$$

这是一个关于 $x-x_0,y-y_0,z-z_0$ 的二次齐次方程,所以它是一个以(x_0,y_0,z_0)为顶点的锥面,锥面上每一条母线的方向,都是二次曲面的渐近方向.显然,过锥面顶点的非母线的方向都是二次曲面的非渐近方向.

2. 二次曲面的中心

与二次曲线的情形一样,我们也把以非渐近方向为方向的直线与二次曲面的两个交点所决定的线段叫做二次曲面的弦.也与二次曲线的中心的定义相仿,给出二次曲面中心的定义如下:

定义 6.2.2 如果点 C 是二次曲面的通过它的所有弦的中点(因而 C 是二次曲面的对称中心),那么点 C 叫做二次曲面的中心.

同样地,读者可以仿照定理5.2.1来证明下面的定理.

定理 6.2.1 点 $C(x_0,y_0,z_0)$是二次曲面(1)的中心,其充要条件是

$$\begin{cases}F_1(x_0,y_0,z_0)\equiv a_{11}x_0+a_{12}y_0+a_{13}z_0+a_{14}=0,\\ F_2(x_0,y_0,z_0)\equiv a_{12}x_0+a_{22}y_0+a_{23}z_0+a_{24}=0,\\ F_3(x_0,y_0,z_0)\equiv a_{13}x_0+a_{23}y_0+a_{33}z_0+a_{34}=0.\end{cases}\tag{6.2-1}$$

推论 坐标原点是二次曲面的中心,其充要条件是曲面方程里不含 x,y 与 z 的一次项.

因此二次曲面的中心坐标,是由下列方程组

$$\begin{cases}F_1(x,y,z)\equiv a_{11}x+a_{12}y+a_{13}z+a_{14}=0,\\ F_2(x,y,z)\equiv a_{12}x+a_{22}y+a_{23}z+a_{24}=0,\\ F_3(x,y,z)\equiv a_{13}x+a_{23}y+a_{33}z+a_{34}=0\end{cases}\tag{6.2-2}$$

决定,方程组(6.2-2)叫做二次曲面(1)的*中心方程组*.

根据线性方程组(6.2-2)的系数矩阵 $\boldsymbol{A}$ 与增广矩阵 $\boldsymbol{B}$:

$$\boldsymbol{A}=\begin{pmatrix}a_{11}&a_{12}&a_{13}\\a_{12}&a_{22}&a_{23}\\a_{13}&a_{23}&a_{33}\end{pmatrix},\quad \boldsymbol{B}=\begin{pmatrix}a_{11}&a_{12}&a_{13}&a_{14}\\a_{12}&a_{22}&a_{23}&a_{24}\\a_{13}&a_{23}&a_{33}&a_{34}\end{pmatrix}$$

的秩 r 与 R,我们有①

1° $r=R=3$,这时方程组的系数行列式

$$I_3=\begin{vmatrix}a_{11}&a_{12}&a_{13}\\a_{12}&a_{22}&a_{23}\\a_{13}&a_{23}&a_{33}\end{vmatrix}\neq0,$$

方程组有惟一解,二次曲面(1)有惟一中心.

2° $r=R=2$,(6.2-2)有无数多解,这些解可用一个参数来线性表示.因此,这时二次曲面(1)有无数多中心,这些中心构成一条直线.

3° $r=R=1$,(6.2-2)有无数多解,这些解可以用两个参数来线性表示,所以这时二次曲面(1)有无数多中心,这些中心构成一个平面.

4° $r\neq R$,(6.2-2)无解,这时二次曲面(1)无中心.

定义 6.2.3 有惟一中心的二次曲面叫做*中心二次曲面*,没有中心的二次曲面叫做*无心二次曲面*,而有无数中心且构成一条直线的二次曲面叫做*线心二次曲面*,有无数中心且构成一个平面的二次曲面叫做*面心二次曲面*.二次曲面中的无心曲面、线心曲面与面心曲面统称为*非中心二次曲面*.

推论 二次曲面(1)成为中心二次曲面的充要条件为 $I_3\neq0$,成为非中心二次曲面的充要条件为 $I_3=0$.

例 1 椭球面 $\frac{x^2}{a^2}+\frac{y^2}{b^2}+\frac{z^2}{c^2}=1$ 与双曲面 $\frac{x^2}{a^2}+\frac{y^2}{b^2}-\frac{z^2}{c^2}=\pm1$ 的 I_3 分别为

① 见附录 §3 线性方程组.

$$\begin{vmatrix} \frac{1}{a^2} & 0 & 0 \\ 0 & \frac{1}{b^2} & 0 \\ 0 & 0 & \frac{1}{c^2} \end{vmatrix} = \frac{1}{a^2b^2c^2} \neq 0 \quad 与 \quad \begin{vmatrix} \frac{1}{a^2} & 0 & 0 \\ 0 & \frac{1}{b^2} & 0 \\ 0 & 0 & -\frac{1}{c^2} \end{vmatrix} = \frac{-1}{a^2b^2c^2} \neq 0.$$

所以椭球面与双曲面都是中心曲面，它们的中心方程组分别为

$$\begin{cases} F_1(x,y,z) \equiv \dfrac{x}{a^2} = 0, \\ F_2(x,y,z) \equiv \dfrac{y}{b^2} = 0, \\ F_3(x,y,z) \equiv \dfrac{z}{c^2} = 0 \end{cases} \quad 与 \quad \begin{cases} F_1(x,y,z) \equiv \dfrac{x}{a^2} = 0, \\ F_2(x,y,z) \equiv \dfrac{y}{b^2} = 0, \\ F_3(x,y,z) \equiv -\dfrac{z}{c^2} = 0, \end{cases}$$

因此它们的中心都是坐标原点(0,0,0).

例 2 抛物面$\frac{x^2}{a^2} \pm \frac{y^2}{b^2} = 2z$ 的

$$I_3 = \begin{vmatrix} \frac{1}{a^2} & 0 & 0 \\ 0 & \pm\frac{1}{b^2} & 0 \\ 0 & 0 & 0 \end{vmatrix} = 0.$$

所以抛物面为非中心二次曲面，它的 $F_3(x,y,z) = -1$，所以中心方程组有矛盾，因此抛物面为无心二次曲面.

例 3 对于曲面 $y^2+z^2-c^2=0$ 有

$$I_3 = \begin{vmatrix} 0 & 0 & 0 \\ 0 & 1 & 0 \\ 0 & 0 & 1 \end{vmatrix} = 0,$$

所以它是非中心二次曲面，但由于 $F_1(x,y,z) \equiv 0, F_2(x,y,z) \equiv y, F_3(x,y,z) \equiv z$，所以曲面有一条中心直线

$$\begin{cases} y = 0, \\ z = 0, \end{cases}$$

所给曲面为线心曲面.实际上曲面是一个圆柱面，中心直线就是它的对称轴.

习　题

求下列二次曲面的中心：

1. $2xz+y^2-2y-1=0$；

2. $x^2+y^2+z^2+2xy+6xz-2yz+2x-6y-2z=0$；

3. $x^2+y^2+z^2-4xy-4xz-4yz-3=0$；

4. $5x^2+9y^2+9z^2-12xy-6xz+12x-36z=0$;
5. $4x^2+y^2+9z^2-4xy+12xz-6yz+8x-4y+12z-5=0$;
6. $x^2+4y^2+5z^2+4xy-12x+6y-9=0$;
7. $x^2+25y^2+9z^2-10xy+6xz-30yz-2x-2y=0$;
8. $2x^2+5y^2+2z^2-2xy+4xz-2yz+14x-16y+14z+25=0$.

§6.3 二次曲面的切线与切平面

定义 6.3.1 如果直线与二次曲面相交于两个相互重合的点,那么这条直线叫做二次曲面的*切线*,那个重合的交点叫做*切点*.如果直线全部在二次曲面上,那么这条直线也叫做二次曲面的切线,直线上的每一点都是切点.

根据这个定义,二次曲面的直母线也是切线.

设二次曲面为

$$F(x,y,z)=a_{11}x^2+a_{22}y^2+a_{33}z^2+2a_{12}xy+2a_{13}xz+2a_{23}yz+2a_{14}x+2a_{24}y+2a_{34}z+a_{44}=0. \quad (1)$$

那么从 §6.1 知道,通过曲面(1)上的点(x_0,y_0,z_0)的直线

$$\begin{cases}x=x_0+Xt,\\ y=y_0+Yt,\\ z=z_0+Zt\end{cases} \quad (2)$$

与曲面(1)相交于两个重合的点的充要条件是

$$\Phi(X,Y,Z)\neq 0,$$
$$XF_1(x_0,y_0,z_0)+YF_2(x_0,y_0,z_0)+ZF_3(x_0,y_0,z_0)=0.$$

而直线(2)整个属于曲面(1)的充要条件是

$$\Phi(X,Y,Z)=0,$$
$$XF_1(x_0,y_0,z_0)+YF_2(x_0,y_0,z_0)+ZF_3(x_0,y_0,z_0)=0.$$

把上面的两种情形统一起来,我们有:通过曲面(1)上的点(x_0,y_0,z_0)的直线(2)成为曲面在这个点处的切线的充要条件是

$$XF_1(x_0,y_0,z_0)+YF_2(x_0,y_0,z_0)+ZF_3(x_0,y_0,z_0)=0. \quad (3)$$

因此通过曲面(1)上的点(x_0,y_0,z_0),且以满足条件(3)的向量$\{X,Y,Z\}$为方向向量的直线都是二次曲面(1)的切线.

条件(3)可能出现两种情形:

1° $F_1(x_0,y_0,z_0),F_2(x_0,y_0,z_0),F_3(x_0,y_0,z_0)$不全为零.由(2)得

$$X:Y:Z=(x-x_0):(y-y_0):(z-z_0),$$

代入(3)得

$$(x-x_0)F_1(x_0,y_0,z_0)+(y-y_0)F_2(x_0,y_0,z_0)+(z-z_0)F_3(x_0,y_0,z_0)=0, \quad (6.3\text{-}1)$$

这是一个三元一次方程,因此通过曲面(1)上的点(x_0,y_0,z_0)的一切切线上的点构成一个平面(6.3-1).

定义 6.3.2 二次曲面在一点处的一切切线上的点构成的平面叫做二次曲面的

切平面,这一点叫做切点.

2° $F_1(x_0,y_0,z_0)$,$F_2(x_0,y_0,z_0)$,$F_3(x_0,y_0,z_0)$全为零.这时(3)成为恒等式,它被任何的方向 $X:Y:Z$ 所满足,因此通过点(x_0,y_0,z_0)的任何一条直线都是二次曲面(1)的切线.

定义 6.3.3　二次曲面(1)上满足条件

$$F_1(x_0,y_0,z_0)=F_2(x_0,y_0,z_0)=F_3(x_0,y_0,z_0)=0$$

的点(x_0,y_0,z_0)叫做二次曲面(1)的奇异点,简称奇点,二次曲面的非奇异点叫做二次曲面的正则点.

定理 6.3.1　如果(x_0,y_0,z_0)是二次曲面(1)的正则点,那么曲面在点(x_0,y_0,z_0)处存在惟一的切平面,它的方程是(6.3-1).

利用恒等式

$$F(x,y,z)\equiv xF_1(x,y,z)+yF_2(x,y,z)+zF_3(x,y,z)+F_4(x,y,z)$$

还可以把(6.3-1)改写成

$$xF_1(x_0,y_0,z_0)+yF_2(x_0,y_0,z_0)+zF_3(x_0,y_0,z_0)+F_4(x_0,y_0,z_0)=0. \tag{6.3-2}$$

推论　如果(x_0,y_0,z_0)是二次曲面(1)的正则点,那么在(x_0,y_0,z_0)处曲面的切平面方程是

$$\begin{aligned}&a_{11}x_0x+a_{22}y_0y+a_{33}z_0z+a_{12}(x_0y+xy_0)+a_{13}(x_0z+xz_0)+\\&a_{23}(y_0z+yz_0)+a_{14}(x+x_0)+a_{24}(y+y_0)+a_{34}(z+z_0)+a_{44}=0.\end{aligned} \tag{6.3-3}$$

例　求二次曲面

$$F(x,y,z)\equiv x^2+y^2+z^2-4xy-4xz-4yz+2x+2y+2z+18=0$$

在点(1,2,3)的切平面方程.

解法一　因为 $F(1,2,3)=1+4+9-8-12-24+2+4+6+18=0$,所以点(1,2,3)在二次曲面上.又因为

$$\begin{aligned}F_1(x,y,z)&=x-2y-2z+1,\\F_2(x,y,z)&=-2x+y-2z+1,\\F_3(x,y,z)&=-2x-2y+z+1,\end{aligned}$$

所以

$$F_1(1,2,3)=-8,\quad F_2(1,2,3)=-5,\quad F_3(1,2,3)=-2,$$

这说明点(1,2,3)是已知曲面上的正则点,根据公式(6.3-1)得曲面在点(1,2,3)处的切平面方程为

$$-8(x-1)-5(y-2)-2(z-3)=0,$$

即

$$8x+5y+2z-24=0.$$

解法二　由解法一知(1,2,3)是已知曲面上的正则点,所以根据公式(6.3-3)得所求切平面的方程是

$$x+2y+3z-2(2x+y)-2(3x+z)-2(3y+2z)+(x+1)+(y+2)+(z+3)+18=0,$$

即

$$8x+5y+2z-24=0.$$

习 题

1. 验证点(1,-2,1)是二次曲面

$$x^2-y^2+z^2+xy+2xz+4yz-x+y+z+12=0$$

上的正则点,并求出通过这一点的切平面方程.

2. 试检验下列二次曲面中哪些有奇点,哪些没有,如有求出这些奇点:

(1) $5x^2+y^2-z^2=1$; (2) $x^2+2y^2-z^2=0$;

(3) $x^2-y^2=2z$; (4) $x^2-y^2=0$;

(5) $y^2=0$.

3. 证明二次锥面 $ax^2+by^2+cz^2=0$ 上任意一点的切平面通过原点.

4. 证明通过单叶双曲面上两条相交直母线的平面是以交点为切点的单叶双曲面的切平面.

5. 求出平面 $lx+my+nz-k=0$ 成为椭球面$\frac{x^2}{a^2}+\frac{y^2}{b^2}+\frac{z^2}{c^2}=1$ 的切平面的充要条件.

6. 证明平面 $3x+y-9z-28=0$ 与二次曲面 $x^2+2y^2+6xz+4yz+2y-4z+23=0$ 相切,并且求出切点坐标.

7. 求通过直线$\frac{x}{2}=\frac{y-1}{-1}=\frac{z+1}{3}$而且与曲面 $4x^2+6y^2+4z^2+4xz-8y-4z+3=0$ 相切的平面.

8. 求通过坐标原点,与曲面 $x^2-2yz-2y+4z-3=0$ 相切而且与直线$\frac{x-1}{2}=\frac{y}{1}=\frac{z+1}{-1}$相交的直线方程.

9. 已知某一切线的方向是 1 : 2 : 2,试求二次曲面 $x^2-3y^2+z^2-2=0$ 上有同一方向的全部切线的轨迹.

§6.4 二次曲面的径面与奇向

像二次曲线的直径一样,现在我们来讨论二次曲面

$$F(x,y,z)\equiv a_{11}x^2+a_{22}y^2+a_{33}z^2+2a_{12}xy+2a_{13}xz+2a_{23}yz+2a_{14}x+2a_{24}y+2a_{34}z+a_{44}=0 \quad (1)$$

的平行弦的中点轨迹.

定理 6.4.1 二次曲面一族平行弦的中点轨迹是一个平面.

证 设 $X:Y:Z$ 为二次曲面的任意一个非渐近方向,而(x_0,y_0,z_0)为平行于方向 $X:Y:Z$ 的任意弦的中点,那么弦的方程可以写成

$$\begin{cases}x=x_0+Xt,\\ y=y_0+Yt,\\ z=z_0+Zt,\end{cases} \quad (2)$$

而弦的两端点是由二次方程

$$\Phi(X,Y,Z)t^2+2[XF_1(x_0,y_0,z_0)+YF_2(x_0,y_0,z_0)+ZF_3(x_0,y_0,z_0)]t+F(x_0,y_0,z_0)=0$$

的两根 t_1 与 t_2 所决定,因为(x_0,y_0,z_0)为弦的中点的充要条件是

$$t_1+t_2=0,$$

即

$$XF_1(x_0,y_0,z_0)+YF_2(x_0,y_0,z_0)+ZF_3(x_0,y_0,z_0)=0,$$

所以把上式的(x_0,y_0,z_0)改写成(x,y,z),便得平行弦中点的轨迹方程为

$$XF_1(x,y,z)+YF_2(x,y,z)+ZF_3(x,y,z)=0, \tag{6.4-1}$$

即

$$X(a_{11}x+a_{12}y+a_{13}z+a_{14})+Y(a_{12}x+a_{22}y+a_{23}z+a_{24})+Z(a_{13}x+a_{23}y+a_{33}z+a_{34})=0,$$

或

$$(a_{11}X+a_{12}Y+a_{13}Z)x+(a_{12}X+a_{22}Y+a_{23}Z)y+(a_{13}X+a_{23}Y+a_{33}Z)z+(a_{14}X+a_{24}Y+a_{34}Z)=0,$$

即

$$\Phi_1(X,Y,Z)x+\Phi_2(X,Y,Z)y+\Phi_3(X,Y,Z)z+\Phi_4(X,Y,Z)=0. \tag{6.4-2}$$

因为$X:Y:Z$为非渐近方向,所以有

$$\Phi(X,Y,Z)\equiv X\Phi_1(X,Y,Z)+Y\Phi_2(X,Y,Z)+Z\Phi_3(X,Y,Z)\neq 0,$$

因此$\Phi_1(X,Y,Z)$,$\Phi_2(X,Y,Z)$,$\Phi_3(X,Y,Z)$不全为零,所以(6.4-2)或(6.4-1)为一个三元一次方程,它代表一个平面.

定义 6.4.1 二次曲面的平行弦的中点轨迹,就是(6.4-1)或(6.4-2)所代表的平面,叫做共轭于平行弦的*径面*,而平行弦叫做这个径面的*共轭弦*,平行弦的方向叫做这个径面的*共轭方向*.

从二次曲面(1)的径面方程(6.4-1)容易看出,如果二次曲面有中心,那么它一定在任何一个径面上,所以有:

定理 6.4.2 二次曲面的任何径面一定通过它的中心(假如曲面的中心存在的话).

推论 1 线心二次曲面的任何径面通过它的中心线.

推论 2 面心二次曲面的径面与它的中心平面重合.

如果方向$X:Y:Z$为二次曲面(1)的渐近方向,那么平行于它的弦不存在,但如果仍有$\Phi_1(X,Y,Z)$,$\Phi_2(X,Y,Z)$,$\Phi_3(X,Y,Z)$不全为零,那么方程(6.4-2)仍然表示一个平面,这时为了方便起见,我们把这个平面叫做共轭于渐近方向$X:Y:Z$的径面.如果

$$\begin{cases}\Phi_1(X,Y,Z)\equiv a_{11}X+a_{12}Y+a_{13}Z=0,\\ \Phi_2(X,Y,Z)\equiv a_{12}X+a_{22}Y+a_{23}Z=0,\\ \Phi_3(X,Y,Z)\equiv a_{13}X+a_{23}Y+a_{33}Z=0,\end{cases} \tag{3}$$

那么方程(6.4-2)不表示任何平面.

定义 6.4.2 满足条件(3)的渐近方向$X:Y:Z$叫做二次曲面(1)的*奇异方向*,简称*奇向*;否则,称为*非奇方向*.

根据这个定义,我们立刻可以推出:

定理 6.4.3 二次曲面(1)有奇向的充要条件是$I_3=0$.

推论 中心二次曲面而且只有中心二次曲面没有奇向.

定理 6.4.4 二次曲面的奇向平行于它的任意径面.

证 设二次曲面(1)的奇向为$X_0:Y_0:Z_0$,那么

$$\Phi_1(X_0,Y_0,Z_0)=\Phi_2(X_0,Y_0,Z_0)=\Phi_3(X_0,Y_0,Z_0)=0,$$

因此

$$\begin{aligned}&X_0\Phi_1(X,Y,Z)+Y_0\Phi_2(X,Y,Z)+Z_0\Phi_3(X,Y,Z)\\=&X_0(a_{11}X+a_{12}Y+a_{13}Z)+Y_0(a_{12}X+a_{22}Y+a_{23}Z)+Z_0(a_{13}X+a_{23}Y+a_{33}Z)\\=&X(a_{11}X_0+a_{12}Y_0+a_{13}Z_0)+Y(a_{12}X_0+a_{22}Y_0+a_{23}Z_0)+Z(a_{13}X_0+a_{23}Y_0+a_{33}Z_0)\\=&X\Phi_1(X_0,Y_0,Z_0)+Y\Phi_2(X_0,Y_0,Z_0)+Z\Phi_3(X_0,Y_0,Z_0)=0,\end{aligned}$$

所以二次曲面的奇向 $X_0:Y_0:Z_0$ 平行于它的任意径面(6.4-2).

例 1　求单叶双曲面$\frac{x^2}{a^2}+\frac{y^2}{b^2}-\frac{z^2}{c^2}=1$ 的径面.

解　因为单叶双曲面为中心曲面,即 $I_3\neq 0$,所以它没有奇向.任取方向 $X:Y:Z$,那么

$$\Phi_1(X,Y,Z)=\frac{X}{a^2},\quad \Phi_2(X,Y,Z)=\frac{Y}{b^2},$$

$$\Phi_3(X,Y,Z)=-\frac{Z}{c^2},\quad \Phi_4(X,Y,Z)=0,$$

所以单叶双曲面共轭于方向 $X:Y:Z$ 的径面为

$$\frac{X}{a^2}x+\frac{Y}{b^2}y-\frac{Z}{c^2}z=0,$$

显然它通过曲面的中心(0,0,0).

例 2　求椭圆抛物面$\frac{x^2}{a^2}+\frac{y^2}{b^2}=2z$ 的径面.

解　因为椭圆抛物面为无心曲面,$I_3=0$,所以曲面有奇向$X_0:Y_0:Z_0$.因为

$$\Phi_1(X,Y,Z)=\frac{X}{a^2},\quad \Phi_2(X,Y,Z)=\frac{Y}{b^2},\quad \Phi_3(X,Y,Z)=0,$$

所以曲面的奇向为 $X_0:Y_0:Z_0=0:0:1$,任取非奇方向 $X:Y:Z$,那么因为又有 $\Phi_4(X,Y,Z)\equiv -Z$,因此根据(6.4-2),椭圆抛物面共轭于非奇方向 $X:Y:Z$ 的径面为

$$\frac{X}{a^2}x+\frac{Y}{b^2}y-Z=0,$$

显然它平行于奇向 0 : 0 : 1.

习　题

1. 求下列二次曲面的奇向:

(1) $5x^2+2y^2+2z^2-2xy+2xz-4yz-4y-4z+4=0$;

(2) $9x^2-4y^2-91z^2+18xy-40yz-36=0$;

(3) $x^2+y^2+4z^2+2xy-4xz-4yz-4x-4y+8z=0$.

2. 求 $x^2+2y^2-z^2-2xy-2xz-2yz-4x-7=0$ 与方向 $1:(-1):0$ 共轭的径面.

3. 已知二次曲面 $6x^2+9y^2+z^2+6xy-4xz-2y-3=0$,求该曲面平行于平面$x+3y-z+5=0$ 的径面和与它所共轭的方向.

4. 已知二次曲面 $4x^2+6y^2+4z^2+4xz-8y-4z+3=0$,求该曲面通过原点及点(3,6,2)的径面和与它所共轭的方向.

5. 证明通过中心二次曲面中心的任何平面都是径面.

6. 求下列三个二次曲面的公共径面:

$$x^2+y^2+z^2-2x+4y-11=0,$$
$$3y^2+4xy-2xz+6z+5=0,$$
$$6x^2-3y^2+2z^2+4xy-8xz-4x+4y-5=0.$$

§6.5 二次曲面的主径面与主方向,特征方程与特征根

定义 6.5.1 如果二次曲面的径面垂直于它所共轭的方向,那么这个径面就叫做二次曲面的*主径面*.

显然主径面就是二次曲面的对称面.

定义 6.5.2 二次曲面主径面的共轭方向(即垂直于主径面的方向),或者二次曲面的奇向,叫做二次曲面的*主方向*;否则,称为*非奇主方向*.

下面我们将介绍如何求二次曲面的主方向与主径面.

设二次曲面为

$$F(x,y,z)\equiv a_{11}x^2+a_{22}y^2+a_{33}z^2+2a_{12}xy+2a_{13}xz+2a_{23}yz+2a_{14}x+2a_{24}y+2a_{34}z+a_{44}=0, \tag{1}$$

如果方向 $X:Y:Z$ 是(1)的渐近方向,那么它成为(1)的主方向的条件是

$$\begin{cases}a_{11}X+a_{12}Y+a_{13}Z=0,\\ a_{12}X+a_{22}Y+a_{23}Z=0,\\ a_{13}X+a_{23}Y+a_{33}Z=0\end{cases} \tag{2}$$

成立,即 $X:Y:Z$ 必须是(1)的奇向.

如果 $X:Y:Z$ 是(1)的非渐近方向,那么它成为(1)的主方向的条件是与它的共轭径面

$$(a_{11}X+a_{12}Y+a_{13}Z)x+(a_{12}X+a_{22}Y+a_{23}Z)y+(a_{13}X+a_{23}Y+a_{33}Z)z+(a_{14}X+a_{24}Y+a_{34}Z)=0 \tag{3}$$

垂直,所以有

$$(a_{11}X+a_{12}Y+a_{13}Z):(a_{12}X+a_{22}Y+a_{23}Z):(a_{13}X+a_{23}Y+a_{33}Z)=X:Y:Z,$$

从而得

$$\begin{cases}a_{11}X+a_{12}Y+a_{13}Z=\lambda X,\\ a_{12}X+a_{22}Y+a_{23}Z=\lambda Y,\\ a_{13}X+a_{23}Y+a_{33}Z=\lambda Z.\end{cases} \tag{6.5-1}$$

显然,如果在(6.5-1)中取 $\lambda=0$,那么就得到(2),因此方向 $X:Y:Z$ 成为二次曲面(1)的主方向的充要条件是存在 λ,使得(6.5-1)成立,把(6.5-1)改写成

$$\begin{cases}(a_{11}-\lambda)X+a_{12}Y+a_{13}Z=0,\\ a_{12}X+(a_{22}-\lambda)Y+a_{23}Z=0,\\ a_{13}X+a_{23}Y+(a_{33}-\lambda)Z=0.\end{cases} \tag{6.5-2}$$

这是一个关于 X,Y,Z 的齐次线性方程组,因为 X,Y,Z 不能全为零,因此

$$\begin{vmatrix} a_{11}-\lambda & a_{12} & a_{13} \\ a_{12} & a_{22}-\lambda & a_{23} \\ a_{13} & a_{23} & a_{33}-\lambda \end{vmatrix}=0, \tag{6.5-3}$$

即

$$-\lambda^3+I_1\lambda^2-I_2\lambda+I_3=0. \tag{6.5-4}$$

定义 6.5.3 方程(6.5-3)或(6.5-4)叫做二次曲面的特征方程,特征方程的根叫做二次曲面的特征根.

从特征方程(6.5-3)或(6.5-4)求得特征根 λ,代入(6.5-1)或(6.5-2),就可以求出相应的主方向 $X:Y:Z$.容易看出,当 $\lambda=0$ 时,与它相应的主方向为二次曲面的奇向;当 $\lambda\neq0$ 时,与它相应的主方向为非奇主方向,将非奇主方向 $X:Y:Z$ 代入(6.4-1)或(6.4-2)就得共轭于这个非奇主方向的主径面.

例 1 求二次曲面

$$3x^2+y^2+3z^2-2xy-2xz-2yz+4x+14y+4z-23=0$$

的主方向与主径面.

解 这个二次曲面的矩阵是

$$\begin{pmatrix} 3 & -1 & -1 & 2 \\ -1 & 1 & -1 & 7 \\ -1 & -1 & 3 & 2 \\ 2 & 7 & 2 & -23 \end{pmatrix},$$

$$I_1=3+1+3=7,$$

$$I_2=\begin{vmatrix} 3 & -1 \\ -1 & 1 \end{vmatrix}+\begin{vmatrix} 3 & -1 \\ -1 & 3 \end{vmatrix}+\begin{vmatrix} 1 & -1 \\ -1 & 3 \end{vmatrix}=12,$$

$$I_3=\begin{vmatrix} 3 & -1 & -1 \\ -1 & 1 & -1 \\ -1 & -1 & 3 \end{vmatrix}=0,$$

二次曲面的特征方程为

$$-\lambda^3+7\lambda^2-12\lambda=0,$$

所以特征根为

$$\lambda=4,3,0.$$

1° 将 $\lambda=4$ 代入(6.5-2)得

$$\begin{cases}-X-Y-Z=0,\\ -X-3Y-Z=0,\\ -X-Y-Z=0,\end{cases}$$

解这方程组得对应于特征根 $\lambda=4$ 的主方向为

$$X:Y:Z=1:0:(-1),$$

将它代入(6.4-1)或(6.4-2)并化简得共轭于这个主方向的主径面为

$$x-z=0.$$

2° 将 $\lambda=3$ 代入(6.5-2)得

$$\begin{cases}-Y-Z=0,\\-X-2Y-Z=0,\\-X-Y=0,\end{cases}$$

所以对应于特征根 $\lambda=3$ 的主方向为

$$X:Y:Z=1:(-1):1,$$

与它共轭的主径面为

$$x-y+z-1=0.$$

3° 将 $\lambda=0$ 代入(6.5-2)得

$$\begin{cases}3X-Y-Z=0,\\-X+Y-Z=0,\\-X-Y+3Z=0,\end{cases}$$

所以对应于 $\lambda=0$ 的主方向为

$$X:Y:Z=1:2:1,$$

这一主方向为二次曲面的奇向.

例 2 求二次曲面

$$2xy+2xz+2yz+9=0$$

的主方向与主径面.

解 这个二次曲面的矩阵是

$$\begin{pmatrix}0&1&1&0\\1&0&1&0\\1&1&0&0\\0&0&0&9\end{pmatrix},$$

$$I_1=0,$$

$$I_2=\begin{vmatrix}0&1\\1&0\end{vmatrix}+\begin{vmatrix}0&1\\1&0\end{vmatrix}+\begin{vmatrix}0&1\\1&0\end{vmatrix}=-3,$$

$$I_3=\begin{vmatrix}0&1&1\\1&0&1\\1&1&0\end{vmatrix}=2,$$

所以特征方程为

$$-\lambda^3+3\lambda+2=0,$$

从而

$$(\lambda+1)^2(\lambda-2)=0,$$

所以

$$\lambda=-1,-1,2.$$

1° 将 λ 的二重根 $\lambda=-1$ 代入(6.5-2)得

$$\begin{cases}X+Y+Z=0,\\X+Y+Z=0,\\X+Y+Z=0,\end{cases}$$

所以对应于二重特征根 $\lambda=-1$ 的主方向为平行于平面

$$x+y+z=0$$

的一切方向，因此过曲面的中心 $(0,0,0)$ 且垂直于平面 $x+y+z=0$ 的一切平面，都是二次曲面的主径面.

2° 将 $\lambda=2$ 代入 (6.5-2) 得

$$\begin{cases}-2X+Y+Z=0,\\X-2Y+Z=0,\\X+Y-2Z=0,\end{cases}$$

所以对应于 $\lambda=2$ 的主方向为

$$X:Y:Z=1:1:1,$$

与它共轭的主径面为

$$x+y+z=0.$$

关于二次曲面的特征根，有着下面的一些重要性质.

定理 6.5.1　二次曲面的特征根都是实数.

证　设 λ 为二次曲面 (1) 的任一特征根，与它相应的主方向为 $X:Y:Z$，根据 (6.5-1) 有

$$\begin{cases}a_{11}X+a_{12}Y+a_{13}Z=\lambda X,\\a_{12}X+a_{22}Y+a_{23}Z=\lambda Y,\\a_{13}X+a_{23}Y+a_{33}Z=\lambda Z,\end{cases}\tag{4}$$

在没有证明 λ 一定是实数之前，我们把与它相应的方向 $X:Y:Z$ 写成复数形式①

$$X:Y:Z=(l+l'\mathrm{i}):(m+m'\mathrm{i}):(n+n'\mathrm{i}).$$

这里包括了 $l'=m'=n'=0$ 的情形，也就是包括了 $X:Y:Z$ 是实数形式的情形，所以 (4) 可写成

$$a_{11}(l+l'\mathrm{i})+a_{12}(m+m'\mathrm{i})+a_{13}(n+n'\mathrm{i})=\lambda(l+l'\mathrm{i}),\tag{5}$$

$$a_{12}(l+l'\mathrm{i})+a_{22}(m+m'\mathrm{i})+a_{23}(n+n'\mathrm{i})=\lambda(m+m'\mathrm{i}),\tag{6}$$

$$a_{13}(l+l'\mathrm{i})+a_{23}(m+m'\mathrm{i})+a_{33}(n+n'\mathrm{i})=\lambda(n+n'\mathrm{i}).\tag{7}$$

再以 X,Y,Z 的共轭复数 $\bar{X}=l-l'\mathrm{i},\bar{Y}=m-m'\mathrm{i},\bar{Z}=n-n'\mathrm{i}$ 分别乘 (5)，(6)，(7) 三式，然后相加，就得到

$$a_{11}(l^2+l'^2)+a_{22}(m^2+m'^2)+a_{33}(n^2+n'^2)+2a_{12}(lm+l'm')+2a_{13}(ln+l'n')+2a_{23}(mn+m'n')$$
$$=\lambda(l^2+l'^2+m^2+m'^2+n^2+n'^2).$$

因为 X,Y,Z 不全为零，所以 l,l',m,m',n,n' 总不全为零，而且因为它们都是实数，所以

① 当 λ 为实数时，解方程组 (6.5-1) 或 (6.5-2) 所得对应于 λ 的主方向 $X:Y:Z$ 仍然可以写成复数的形式，例如 $X:Y:Z=1:2:3$，也可以写成

$$X:Y:Z=(2+3\mathrm{i}):(4+6\mathrm{i}):(6+9\mathrm{i}).$$

从上式可以看出,λ 一定是实数.因为 λ 是二次曲面(1)的任一特征根,所以二次曲面(1)的特征根都是实数.

定理 6.5.2 特征方程的三个根至少有一个不为零,因而二次曲面总有一个非奇主方向.

证 如果特征方程(6.5-4)的三个根全为零,那么有

$$I_1=a_{11}+a_{22}+a_{33}=0,$$

$$I_2=\begin{vmatrix} a_{11} & a_{12} \\ a_{12} & a_{22} \end{vmatrix}+\begin{vmatrix} a_{11} & a_{13} \\ a_{13} & a_{33} \end{vmatrix}+\begin{vmatrix} a_{22} & a_{23} \\ a_{23} & a_{33} \end{vmatrix}$$

$$=a_{11}a_{22}+a_{11}a_{33}+a_{22}a_{33}-a_{12}^2-a_{13}^2-a_{23}^2=0,$$

$$I_3=\begin{vmatrix} a_{11} & a_{12} & a_{13} \\ a_{12} & a_{22} & a_{23} \\ a_{13} & a_{23} & a_{33} \end{vmatrix}=0,$$

从而有

$$I_1^2-2I_2=(a_{11}+a_{22}+a_{33})^2-2(a_{11}a_{22}+a_{11}a_{33}+a_{22}a_{33}-a_{12}^2-a_{13}^2-a_{23}^2)=0,$$

即

$$a_{11}^2+a_{22}^2+a_{33}^2+2a_{12}^2+2a_{13}^2+2a_{23}^2=0,$$

因而得

$$a_{11}=a_{22}=a_{33}=a_{12}=a_{13}=a_{23}=0.$$

于是二次曲面(1)将不含二次项而变成

$$2a_{14}x+2a_{24}y+2a_{34}z+a_{44}=0,$$

这样便不成为二次方程.这个矛盾就证明了特征方程的三个特征根不能全为零,即至少有一个根不等于零,因而二次曲面(1)至少有一个非奇主方向.

推论 二次曲面至少有一个主径面.

习 题

1. 求下列二次曲面的主方向与主径面:

(1) $2x^2+2y^2-5z^2+2xy-2x-4y-4z+2=0$;

(2) $x^2+y^2-3z^2-2xy-6xz-6yz+2x+2y+4z=0$;

(3) $2x^2+10y^2-2z^2+12xy+8yz+12x+4y+8z-1=0$;

(4) $x^2+y^2-2xy+2x-4y-2z+3=0$.

2. 证明二次曲面的两个不同特征根决定的主方向一定相互垂直.

§6.6 二次曲面的方程化简与分类

这一节,我们先介绍空间直角坐标变换,然后利用坐标变换讨论二次曲面的方程

化简与分类.

1. 空间直角坐标变换

设在空间给出了两个由标架$\{O;\boldsymbol{i},\boldsymbol{j},\boldsymbol{k}\}$与$\{O';\boldsymbol{i}',\boldsymbol{j}',\boldsymbol{k}'\}$决定的右手直角坐标系,为了叙述方便,我们把前面的一个叫做旧坐标系,后面的一个叫做新坐标系.它们之间的位置关系完全可由新坐标系的原点O'在旧坐标系内的坐标,以及新坐标系的坐标向量在旧坐标系内的坐标所决定.在这里我们先讨论两种特殊的坐标变换,然后研究一般坐标变换.

1) 移轴

设标架$\{O;\boldsymbol{i},\boldsymbol{j},\boldsymbol{k}\}$与$\{O';\boldsymbol{i}',\boldsymbol{j}',\boldsymbol{k}'\}$的原点$O$与$O'$不同,$O'$在旧坐标系下的坐标为$(x_0,y_0,z_0)$,但是$\boldsymbol{i}'=\boldsymbol{i},\boldsymbol{j}'=\boldsymbol{j},\boldsymbol{k}'=\boldsymbol{k}$(图6-1),这时新坐标系可以看成由$\{O;\boldsymbol{i},\boldsymbol{j},\boldsymbol{k}\}$平移到使$O$与$O'$重合而得来的,我们把这种情况下的坐标变换叫做移轴.

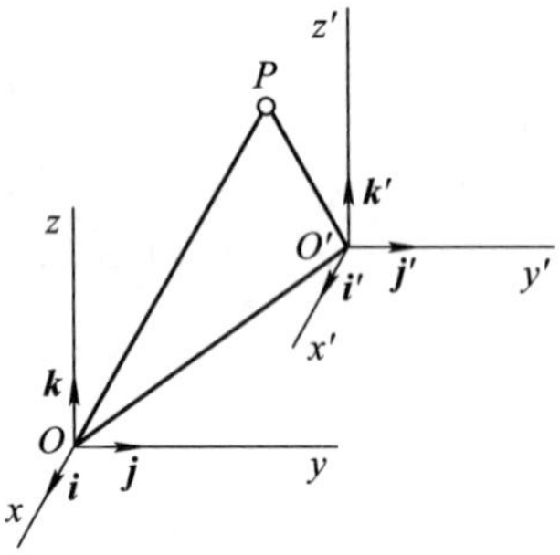

图 6-1

设P为空间任意一点,它在$\{O;\boldsymbol{i},\boldsymbol{j},\boldsymbol{k}\}$与$\{O';\boldsymbol{i}',\boldsymbol{j}',\boldsymbol{k}'\}$下的坐标分别是$(x,y,z)$与$(x',y',z')$,那么

$$\overrightarrow{OP}=x\boldsymbol{i}+y\boldsymbol{j}+z\boldsymbol{k},\tag{1}$$

$$\overrightarrow{O'P}=x'\boldsymbol{i}'+y'\boldsymbol{j}'+z'\boldsymbol{k}'=x'\boldsymbol{i}+y'\boldsymbol{j}+z'\boldsymbol{k},\tag{2}$$

此外又有

$$\overrightarrow{OO'}=x_0\boldsymbol{i}+y_0\boldsymbol{j}+z_0\boldsymbol{k},\tag{3}$$

$$\overrightarrow{OP}=\overrightarrow{OO'}+\overrightarrow{O'P},\tag{4}$$

将(1),(2),(3)三式代入(4)得

$$x\boldsymbol{i}+y\boldsymbol{j}+z\boldsymbol{k}=(x'+x_0)\boldsymbol{i}+(y'+y_0)\boldsymbol{j}+(z'+z_0)\boldsymbol{k},$$

所以得

$$\begin{cases}x=x'+x_0,\\ y=y'+y_0,\\ z=z'+z_0,\end{cases}\tag{6.6-1}$$

这就是空间直角坐标系的移轴公式.

从(6.6-1)解出x',y',z'就得到用旧坐标表示新坐标的坐标变换公式,即移轴的逆变换公式

$$\begin{cases}x'=x-x_0,\\ y'=y-y_0,\\ z'=z-z_0.\end{cases}\tag{6.6-2}$$

例 1　试求在移轴(6.6-1)下二次曲面

$$F(x,y,z)\equiv a_{11}x^2+a_{22}y^2+a_{33}z^2+2a_{12}xy+2a_{13}xz+2a_{23}yz+2a_{14}x+2a_{24}y+2a_{34}z+a_{44}=0$$

的新方程.

解　将(6.6-1)代入二次曲面方程$F(x,y,z)=0$,化简整理得移轴后的新方程为

$$a_{11}x'^2+a_{22}y'^2+a_{33}z'^2+2a_{12}x'y'+2a_{13}x'z'+2a_{23}y'z'+$$

$$2F_1(x_0,y_0,z_0)\cdot x'+2F_2(x_0,y_0,z_0)\cdot y'+2F_3(x_0,y_0,z_0)\cdot z'+F(x_0,y_0,z_0)=0.$$

由此看出，在移轴下二次曲面方程的二次项系数不变. 如果二次曲面为中心曲面，作移轴时使原点与二次曲面的中心重合，那么有

$$F_1(x_0,y_0,z_0)=0,\quad F_2(x_0,y_0,z_0)=0,\quad F_3(x_0,y_0,z_0)=0,$$

所以这时曲面的新方程中一次项消失，方程为

$$a_{11}x'^2+a_{22}y'^2+a_{33}z'^2+2a_{12}x'y'+2a_{13}x'z'+2a_{23}y'z'+F(x_0,y_0,z_0)=0.$$

2）转轴

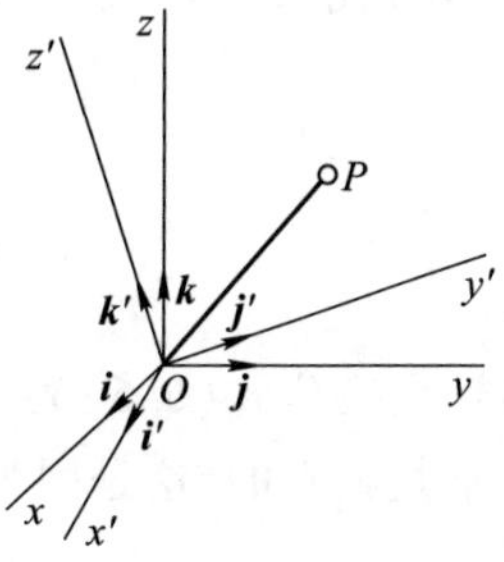

图 6-2

设两右手标架$\{O;\boldsymbol{i},\boldsymbol{j},\boldsymbol{k}\}$与$\{O;\boldsymbol{i}',\boldsymbol{j}',\boldsymbol{k}'\}$的原点相同，但坐标向量不同（图 6-2），这时新坐标系可以看成由旧坐标系绕原点 O 旋转，使得 $\boldsymbol{i},\boldsymbol{j},\boldsymbol{k}$ 分别与 $\boldsymbol{i}',\boldsymbol{j}',\boldsymbol{k}'$ 重合而得到的，我们把这种情况下的坐标变换叫做**转轴**.

具有相同原点的两坐标系，它们之间的位置关系完全由新、旧坐标轴之间的交角（也就是坐标向量 $\boldsymbol{i}',\boldsymbol{j}',\boldsymbol{k}'$ 分别与 $\boldsymbol{i},\boldsymbol{j},\boldsymbol{k}$ 之间的交角）来决定，为了清楚起见，我们列表如下：

交角		旧坐标轴		
		x 轴($\boldsymbol{i}$)	y 轴($\boldsymbol{j}$)	z 轴($\boldsymbol{k}$)
新坐标轴	x'轴($\boldsymbol{i}'$)	α_1	β_1	γ_1
	y'轴($\boldsymbol{j}'$)	α_2	β_2	γ_2
	z'轴($\boldsymbol{k}'$)	α_3	β_3	γ_3

(5)

从这个表(5)里我们容易知道

$$\begin{cases}\boldsymbol{i}'=\boldsymbol{i}\cos\alpha_1+\boldsymbol{j}\cos\beta_1+\boldsymbol{k}\cos\gamma_1,\\ \boldsymbol{j}'=\boldsymbol{i}\cos\alpha_2+\boldsymbol{j}\cos\beta_2+\boldsymbol{k}\cos\gamma_2,\\ \boldsymbol{k}'=\boldsymbol{i}\cos\alpha_3+\boldsymbol{j}\cos\beta_3+\boldsymbol{k}\cos\gamma_3.\end{cases}\tag{6}$$

设 P 为空间任意一点，它在旧坐标系内的坐标为(x,y,z)，在新坐标系内的坐标为(x',y',z')，那么有

$$\overrightarrow{OP}=x\boldsymbol{i}+y\boldsymbol{j}+z\boldsymbol{k},\tag{7}$$

$$\overrightarrow{OP}=x'\boldsymbol{i}'+y'\boldsymbol{j}'+z'\boldsymbol{k}',\tag{8}$$

由(7)，(8)得

$$x\boldsymbol{i}+y\boldsymbol{j}+z\boldsymbol{k}=x'\boldsymbol{i}'+y'\boldsymbol{j}'+z'\boldsymbol{k}'.\tag{9}$$

把(6)代入(9)得

$$\begin{aligned}x\boldsymbol{i}+y\boldsymbol{j}+z\boldsymbol{k}=&(x'\cos\alpha_1+y'\cos\alpha_2+z'\cos\alpha_3)\boldsymbol{i}+\\&(x'\cos\beta_1+y'\cos\beta_2+z'\cos\beta_3)\boldsymbol{j}+\\&(x'\cos\gamma_1+y'\cos\gamma_2+z'\cos\gamma_3)\boldsymbol{k},\end{aligned}$$

所以有

$$\begin{cases}x=x'\cos\alpha_1+y'\cos\alpha_2+z'\cos\alpha_3,\\ y=x'\cos\beta_1+y'\cos\beta_2+z'\cos\beta_3,\\ z=x'\cos\gamma_1+y'\cos\gamma_2+z'\cos\gamma_3.\end{cases}\tag{6.6-3}$$

这就是空间直角坐标变换的转轴公式.

同样地由上面的表(5)容易知道

$$\begin{cases} \boldsymbol{i}=\boldsymbol{i}'\cos\alpha_1+\boldsymbol{j}'\cos\alpha_2+\boldsymbol{k}'\cos\alpha_3, \\ \boldsymbol{j}=\boldsymbol{i}'\cos\beta_1+\boldsymbol{j}'\cos\beta_2+\boldsymbol{k}'\cos\beta_3, \\ \boldsymbol{k}=\boldsymbol{i}'\cos\gamma_1+\boldsymbol{j}'\cos\gamma_2+\boldsymbol{k}'\cos\gamma_3, \end{cases} \tag{10}$$

将(10)代入(9),就得到用旧坐标表示新坐标的公式,也就是转轴的逆变换公式为

$$\begin{cases} x'=x\cos\alpha_1+y\cos\beta_1+z\cos\gamma_1, \\ y'=x\cos\alpha_2+y\cos\beta_2+z\cos\gamma_2, \\ z'=x\cos\alpha_3+y\cos\beta_3+z\cos\gamma_3. \end{cases} \tag{6.6-4}$$

转轴变换公式(6.6-3)及其逆变换公式(6.6-4)都是齐次线性变换.它们的一次项系数不是独立的,这是因为 $\boldsymbol{i},\boldsymbol{j},\boldsymbol{k}$ 与 $\boldsymbol{i}',\boldsymbol{j}',\boldsymbol{k}'$ 是两组两两相互垂直的单位向量,即有

$$|\boldsymbol{i}|=|\boldsymbol{j}|=|\boldsymbol{k}|=1,\quad \boldsymbol{i}\cdot\boldsymbol{j}=\boldsymbol{j}\cdot\boldsymbol{k}=\boldsymbol{k}\cdot\boldsymbol{i}=0,$$

与

$$|\boldsymbol{i}'|=|\boldsymbol{j}'|=|\boldsymbol{k}'|=1,\quad \boldsymbol{i}'\cdot\boldsymbol{j}'=\boldsymbol{j}'\cdot\boldsymbol{k}'=\boldsymbol{k}'\cdot\boldsymbol{i}'=0.$$

所以变换公式(6.6-3)与逆变换公式(6.6-4)中的一次项系数分别满足下列条件:

$$\begin{cases} \cos^2\alpha_1+\cos^2\alpha_2+\cos^2\alpha_3=1, \\ \cos^2\beta_1+\cos^2\beta_2+\cos^2\beta_3=1, \\ \cos^2\gamma_1+\cos^2\gamma_2+\cos^2\gamma_3=1, \\ \cos\alpha_1\cos\beta_1+\cos\alpha_2\cos\beta_2+\cos\alpha_3\cos\beta_3=0, \\ \cos\beta_1\cos\gamma_1+\cos\beta_2\cos\gamma_2+\cos\beta_3\cos\gamma_3=0, \\ \cos\gamma_1\cos\alpha_1+\cos\gamma_2\cos\alpha_2+\cos\gamma_3\cos\alpha_3=0 \end{cases} \tag{6.6-5}$$

与

$$\begin{cases} \cos^2\alpha_1+\cos^2\beta_1+\cos^2\gamma_1=1, \\ \cos^2\alpha_2+\cos^2\beta_2+\cos^2\gamma_2=1, \\ \cos^2\alpha_3+\cos^2\beta_3+\cos^2\gamma_3=1, \\ \cos\alpha_1\cos\alpha_2+\cos\beta_1\cos\beta_2+\cos\gamma_1\cos\gamma_2=0, \\ \cos\alpha_2\cos\alpha_3+\cos\beta_2\cos\beta_3+\cos\gamma_2\cos\gamma_3=0, \\ \cos\alpha_3\cos\alpha_1+\cos\beta_3\cos\beta_1+\cos\gamma_3\cos\gamma_1=0. \end{cases} \tag{6.6-6}$$

这两组条件分别叫做正交条件,我们再从

$$(\boldsymbol{ijk})=(\boldsymbol{i}'\boldsymbol{j}'\boldsymbol{k}')=1,$$

又可得(6.6-3)与(6.6-4)的系数行列式

$$\begin{vmatrix} \cos\alpha_1 & \cos\alpha_2 & \cos\alpha_3 \\ \cos\beta_1 & \cos\beta_2 & \cos\beta_3 \\ \cos\gamma_1 & \cos\gamma_2 & \cos\gamma_3 \end{vmatrix} = \begin{vmatrix} \cos\alpha_1 & \cos\beta_1 & \cos\gamma_1 \\ \cos\alpha_2 & \cos\beta_2 & \cos\gamma_2 \\ \cos\alpha_3 & \cos\beta_3 & \cos\gamma_3 \end{vmatrix} =1. \tag{6.6-7}$$

例 2　证明在空间任意的转轴(6.6-3)下,多项式 $x^2+y^2+z^2$ 变为 $x'^2+y'^2+z'^2$.

证　将(6.6-3)代入 $x^2+y^2+z^2$ 整理得

$$(\cos^2\alpha_1+\cos^2\beta_1+\cos^2\gamma_1)x'^2+(\cos^2\alpha_2+\cos^2\beta_2+\cos^2\gamma_2)y'^2+(\cos^2\alpha_3+\cos^2\beta_3+\cos^2\gamma_3)z'^2+$$
$$2x'y'(\cos\alpha_1\cos\alpha_2+\cos\beta_1\cos\beta_2+\cos\gamma_1\cos\gamma_2)+$$
$$2x'z'(\cos\alpha_1\cos\alpha_3+\cos\beta_1\cos\beta_3+\cos\gamma_1\cos\gamma_3)+$$
$$2y'z'(\cos\alpha_2\cos\alpha_3+\cos\beta_2\cos\beta_3+\cos\gamma_2\cos\gamma_3),$$

根据正交条件(6.6-6)得

$$x'^2+y'^2+z'^2.$$

3）一般变换公式

设在空间给出了由标架$\{O;\boldsymbol{i},\boldsymbol{j},\boldsymbol{k}\}$决定的旧坐标系与由标架$\{O';\boldsymbol{i}',\boldsymbol{j}',\boldsymbol{k}'\}$决定的新坐标系，且$O'$在旧坐标系内的坐标为$(x_0,y_0,z_0)$，两坐标系的坐标轴之间的交角仍由表(5)决定，那么在这种一般情况下，由旧坐标系变到新坐标系可分两步来完成.例如可以先移轴，使原点O与新坐标系的原点O'重合，变成辅助坐标系$O'-x''y''z''$.然后再由辅助坐标系转轴变到新坐标系(图6-3).

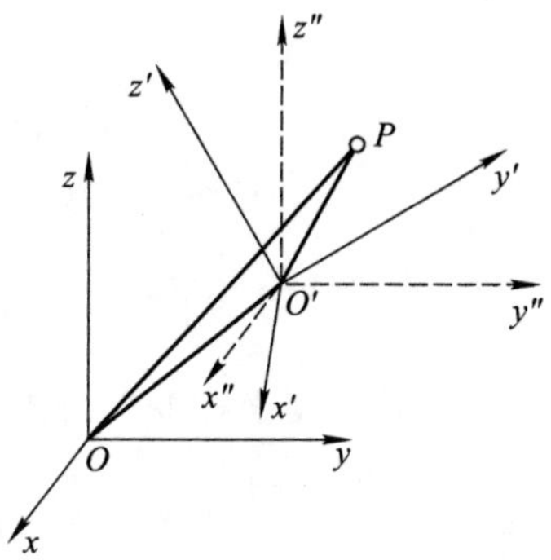

图 6-3

如果P为空间任意一点，它在旧坐标系、新坐标系与辅助坐标系内的坐标分别为(x,y,z)，(x',y',z')与(x'',y'',z'')，那么根据(6.6-1)与(6.6-3)我们有

$$\begin{cases}x=x''+x_0,\\ y=y''+y_0,\\ z=z''+z_0\end{cases}\tag{11}$$

与

$$\begin{cases}x''=x'\cos\alpha_1+y'\cos\alpha_2+z'\cos\alpha_3,\\ y''=x'\cos\beta_1+y'\cos\beta_2+z'\cos\beta_3,\\ z''=x'\cos\gamma_1+y'\cos\gamma_2+z'\cos\gamma_3,\end{cases}\tag{12}$$

将(12)代入(11)得空间直角坐标变换的一般公式为

$$\begin{cases}x=x'\cos\alpha_1+y'\cos\alpha_2+z'\cos\alpha_3+x_0,\\ y=x'\cos\beta_1+y'\cos\beta_2+z'\cos\beta_3+y_0,\\ z=x'\cos\gamma_1+y'\cos\gamma_2+z'\cos\gamma_3+z_0.\end{cases}\tag{6.6-8}$$

一般坐标变换公式也可以通过先转轴后移轴得到，其结果仍然是(6.6-8).

由(6.6-7)知，一般坐标变换公式(6.6-8)的系数行列式不为零，因此从(6.6-8)解出x',y',z'就得到用旧坐标来表示新坐标的变换公式，也就是(6.6-8)的逆变换公式

$$\begin{cases}x'=(x-x_0)\cos\alpha_1+(y-y_0)\cos\beta_1+(z-z_0)\cos\gamma_1,\\ y'=(x-x_0)\cos\alpha_2+(y-y_0)\cos\beta_2+(z-z_0)\cos\gamma_2,\\ z'=(x-x_0)\cos\alpha_3+(y-y_0)\cos\beta_3+(z-z_0)\cos\gamma_3.\end{cases}\tag{6.6-9}$$

我们看到一般坐标变换(6.6-8)与其逆变换(6.6-9)的形式十分简单，它们的右端分别是关于x',y',z'与x,y,z的一次(即线性的)多项式，它们的系数分别满足正交条件(6.6-5)与(6.6-6)，它们的系数行列式都等于1.

空间一般坐标变换公式，还可以由新坐标系的三个坐标面来确定.设有两两相互垂

直的三个平面

$$\pi_1:\ A_1x+B_1y+C_1z+D_1=0,$$
$$\pi_2:\ A_2x+B_2y+C_2z+D_2=0,$$
$$\pi_3:\ A_3x+B_3y+C_3z+D_3=0,$$

这里 $A_iA_j+B_iB_j+C_iC_j=0\ (i,j=1,2,3,i\neq j)$.如果取 π_1 为$y'O'z'$平面,π_2 为 $x'O'z'$平面,π_3 为 $x'O'y'$平面,并设空间任意一点 $P(x,y,z)$ 到平面 $\pi_i(i=1,2,3)$ 的距离为 d_i,P 点的新坐标为(x',y',z'),那么有

$$|x'|=d_1=\frac{|A_1x+B_1y+C_1z+D_1|}{\sqrt{A_1^2+B_1^2+C_1^2}},$$
$$|y'|=d_2=\frac{|A_2x+B_2y+C_2z+D_2|}{\sqrt{A_2^2+B_2^2+C_2^2}},$$
$$|z'|=d_3=\frac{|A_3x+B_3y+C_3z+D_3|}{\sqrt{A_3^2+B_3^2+C_3^2}},$$

去掉绝对值号得坐标变换公式为

$$\begin{cases}x'=\pm\dfrac{A_1x+B_1y+C_1z+D_1}{\sqrt{A_1^2+B_1^2+C_1^2}},\\ y'=\pm\dfrac{A_2x+B_2y+C_2z+D_2}{\sqrt{A_2^2+B_2^2+C_2^2}},\\ z'=\pm\dfrac{A_3x+B_3y+C_3z+D_3}{\sqrt{A_3^2+B_3^2+C_3^2}}.\end{cases}\tag{6.6-10}$$

显然,(6.6-10)符合正交条件,为了使坐标变换为右手系变到右手系,(6.6-10)中的正负号的选取必须使它的系数行列式的值为 1.

例如以下列三个两两相互垂直的平面

$$x-y-z+1=0,$$
$$2x+y+z-1=0,$$
$$y-z+2=0$$

分别作为新坐标系的 $y'O'z'$平面,$x'O'z'$平面与 $x'O'y'$平面的坐标变换公式为

$$\begin{cases}x'=\pm\dfrac{x-y-z+1}{\sqrt{3}},\\ y'=\pm\dfrac{2x+y+z-1}{\sqrt{6}},\\ z'=\pm\dfrac{y-z+2}{\sqrt{2}},\end{cases}$$

为了使右手系变为右手系,我们取符号如下:

$$\begin{cases} x'=\dfrac{x-y-z+1}{\sqrt{3}}, \\ y'=\dfrac{2x+y+z-1}{\sqrt{6}}, \\ z'=-\dfrac{y-z+2}{\sqrt{2}}. \end{cases}$$

例 3 试将方程 $2x+3y+4z+5=0$ 用适当的坐标变换变为新方程 $x'=0$.

解 取平面 $2x+3y+4z+5=0$ 作为新坐标系的 $y'O'z'$ 坐标面,再任取两个相互垂直且又都垂直于已知平面 $2x+3y+4z+5=0$的平面作为另两个新坐标面,例如可取平面 $x-2y+z=0$ 与 $11x+2y-7z=0$.

作坐标变换

$$\begin{cases} x'=\dfrac{2x+3y+4z+5}{\sqrt{29}}, \\ y'=\dfrac{x-2y+z}{\sqrt{6}}, \\ z'=\dfrac{11x+2y-7z}{\sqrt{174}}, \end{cases}$$

那么 $2x+3y+4z+5=0$ 将变成 $\sqrt{29}x'=0$,即 $x'=0$.

2. 二次曲面的方程化简与分类

二次曲面的方程化简与二次曲线一样,它的关键是适当选取坐标系,如果所取的坐标系中有一坐标面(例如 $x=0$)是曲面的对称面,那么新方程里只含有这个对应坐标(例如 x)的平方项,曲面的方程就比较简单了,二次曲面的主径面就是它的对称面,因而选取主径面作为新坐标面,或者选取主方向为坐标轴的方向,就成为化简二次曲面方程的主要方法了.

定理 6.6.1 适当选取坐标系,二次曲面的方程总可化为下列五个简化方程中的一个:

(Ⅰ) $a_{11}x^2+a_{22}y^2+a_{33}z^2+a_{44}=0,\quad a_{11}a_{22}a_{33}\neq 0$;

(Ⅱ) $a_{11}x^2+a_{22}y^2+2a_{34}z=0,\quad a_{11}a_{22}a_{34}\neq 0$;

(Ⅲ) $a_{11}x^2+a_{22}y^2+a_{44}=0,\quad a_{11}a_{22}\neq 0$;

(Ⅳ) $a_{11}x^2+2a_{24}y=0,\quad a_{11}a_{24}\neq 0$;

(Ⅴ) $a_{11}x^2+a_{44}=0,\quad a_{11}\neq 0$.

证 因为二次曲面

$$F(x,y,z)\equiv a_{11}x^2+a_{22}y^2+a_{33}z^2+2a_{12}xy+2a_{13}xz+2a_{23}yz+2a_{14}x+2a_{24}y+2a_{34}z+a_{44}=0$$

至少有一非奇主方向以及共轭于这个方向的一个主径面,我们就取这个主方向为 x'轴的方向,而共轭于这个方向的主径面为$y'O'z'$坐标面,建立直角坐标系 $O'-x'y'z'$.设在这样的坐标系下,曲面的方程为①

① 因为空间直角坐标变换公式(6.6-8)与逆变换公式(6.6-9)都是一次式,因此二次曲面的方程在直角坐标变换之下,方程的次数不变.

$$a'_{11}x'^2+a'_{22}y'^2+a'_{33}z'^2+2a'_{12}x'y'+2a'_{13}x'z'+$$
$$2a'_{23}y'z'+2a'_{14}x'+2a'_{24}y'+2a'_{34}z'+a'_{44}=0, \tag{13}$$

那么在 $O'-x'y'z'$ 坐标系下,曲面的与 x' 轴方向 $1:0:0$ 共轭的主径面为

$$a'_{11}x'+a'_{12}y'+a'_{13}z'+a'_{14}=0,$$

这个方程表示 $y'O'z'$ 坐标面的充要条件为

$$a'_{11}\neq 0,\ a'_{12}=a'_{13}=a'_{14}=0,$$

所以曲面在 $O'-x'y'z'$ 坐标系下的方程为

$$a'_{11}x'^2+a'_{22}y'^2+a'_{33}z'^2+2a'_{23}y'z'+2a'_{24}y'+2a'_{34}z'+a'_{44}=0, a'_{11}\neq 0. \tag{14}$$

曲面(14)与 $y'O'z'$ 坐标面的交线为

$$\begin{cases} a'_{22}y'^2+a'_{33}z'^2+2a'_{23}y'z'+2a'_{24}y'+2a'_{34}z'+a'_{44}=0, \\ x'=0. \end{cases} \tag{15}$$

为了进一步化简二次曲面的方程,把上面交线方程(15)中的第一个方程看作 $y'O'z'$ 平面上的曲线方程,然后再利用平面直角坐标变换把它化简.现在分下面三种情形讨论.

1° a'_{22},a'_{33},a'_{23} 中至少有一不为零.这时曲线(15)表示一条二次曲线,那么在平面 $y'O'z'$ 上根据定理 5.6.1 总能选取适当的坐标系 $y''O''z''$,也就是进行适当的平面直角坐标变换

$$\begin{cases} y'=y''\cos\alpha-z''\sin\alpha+y_0, \\ z'=y''\sin\alpha+z''\cos\alpha+z_0, \end{cases}$$

使二次曲线(15)化成下面三个简化方程中的一个:

$$a''_{22}y''^2+a''_{33}z''^2+a''_{44}=0,\quad a''_{22}a''_{33}\neq 0;$$

$$a''_{22}y''^2+2a''_{34}z''=0,\quad a''_{22}a''_{34}\neq 0;$$

$$a''_{22}y''^2+a''_{44}=0,\quad a''_{22}\neq 0.$$

于是在空间,我们只要进行相应的直角坐标变换

$$\begin{cases} x'=x'', \\ y'=y''\cos\alpha-z''\sin\alpha+y_0, \\ z'=y''\sin\alpha+z''\cos\alpha+z_0, \end{cases}$$

就可以把方程(14)变为下面的三个简化方程(略去撇号)中的一个:

(Ⅰ) $a_{11}x^2+a_{22}y^2+a_{33}z^2+a_{44}=0,\quad a_{11}a_{22}a_{33}\neq 0;$

(Ⅱ) $a_{11}x^2+a_{22}y^2+2a_{34}z=0,\quad a_{11}a_{22}a_{34}\neq 0;$

(Ⅲ) $a_{11}x^2+a_{22}y^2+a_{44}=0,\quad a_{11}a_{22}\neq 0.$

2° $a'_{22}=a'_{33}=a'_{23}=0$,但 a'_{24},a'_{34} 不全为零.这时曲线(15)表示一条直线,我们取这条直线作为 z'' 轴,作空间直角坐标变换

$$\begin{cases} x''=x', \\ y''=\dfrac{2a'_{24}y'+2a'_{34}z'+a'_{44}}{2\sqrt{a'^2_{24}+a'^2_{34}}}, \\ z''=\dfrac{-a'_{34}y'+a'_{24}z'}{\sqrt{a'^2_{24}+a'^2_{34}}}. \end{cases}$$

就可以把(14)式化成下列形式(略去撇号):

(Ⅳ) $a_{11}x^2+2a_{24}y=0,\quad a_{11}a_{24}\neq 0.$

3° $a'_{22}=a'_{33}=a'_{23}=a'_{24}=a'_{34}=0$.这时方程(14)已经是下列简化形式(略去撇号):

(Ⅴ) $a_{11}x^2+a_{44}=0,\quad a_{11}\neq 0.$

定理证毕.

因此二次曲面可以分成(Ⅰ),(Ⅱ),(Ⅲ),(Ⅳ),(Ⅴ)五类,根据这五类曲面的简化方程系数的各种不同情况,仿照定理 5.6.2 的证明,读者自己可以证明下面的定理:

定理 6.6.2 通过适当地选取坐标系,二次曲面的方程总可以写成下面 17 种标准方程的一种形式:

[1] $\dfrac{x^2}{a^2}+\dfrac{y^2}{b^2}+\dfrac{z^2}{c^2}=1$ (椭球面);

[2] $\dfrac{x^2}{a^2}+\dfrac{y^2}{b^2}+\dfrac{z^2}{c^2}=-1$ (虚椭球面);

[3] $\dfrac{x^2}{a^2}+\dfrac{y^2}{b^2}+\dfrac{z^2}{c^2}=0$ (点或称虚母线二次锥面);

[4] $\dfrac{x^2}{a^2}+\dfrac{y^2}{b^2}-\dfrac{z^2}{c^2}=1$ (单叶双曲面);

[5] $\dfrac{x^2}{a^2}+\dfrac{y^2}{b^2}-\dfrac{z^2}{c^2}=-1$ (双叶双曲面);

[6] $\dfrac{x^2}{a^2}+\dfrac{y^2}{b^2}-\dfrac{z^2}{c^2}=0$ (二次锥面);

[7] $\dfrac{x^2}{a^2}+\dfrac{y^2}{b^2}=2z$ (椭圆抛物面);

[8] $\dfrac{x^2}{a^2}-\dfrac{y^2}{b^2}=2z$ (双曲抛物面);

[9] $\dfrac{x^2}{a^2}+\dfrac{y^2}{b^2}=1$ (椭圆柱面);

[10] $\dfrac{x^2}{a^2}+\dfrac{y^2}{b^2}=-1$ (虚椭圆柱面);

[11] $\dfrac{x^2}{a^2}+\dfrac{y^2}{b^2}=0$ (交于一条实直线的一对共轭虚平面);

[12] $\dfrac{x^2}{a^2}-\dfrac{y^2}{b^2}=1$ (双曲柱面);

[13] $\dfrac{x^2}{a^2}-\dfrac{y^2}{b^2}=0$ (一对相交平面);

[14] $x^2=2py$ (抛物柱面);

[15] $x^2=a^2$ (一对平行平面);

[16] $x^2=-a^2$ (一对平行的共轭虚平面);

[17] $x^2=0$ (一对重合平面).

例 4 化简二次曲面方程

$$x^2+y^2+5z^2-6xy-2xz+2yz-6x+6y-6z+10=0.$$

解 二次曲面的矩阵为

$$\begin{pmatrix} 1 & -3 & -1 & -3 \\ -3 & 1 & 1 & 3 \\ -1 & 1 & 5 & -3 \\ -3 & 3 & -3 & 10 \end{pmatrix},$$

$$I_1=7,\ I_2=0,\ I_3=-36,$$

所以曲面的特征方程为

$$-\lambda^3+7\lambda^2-36=0,$$

即

$$(\lambda-6)(\lambda-3)(\lambda+2)=0,$$

因此二次曲面的三特征根为

$$\lambda=6,3,-2.$$

(i) 与特征根 $\lambda=6$ 对应的主方向 $X:Y:Z$ 由方程组

$$\begin{cases} -5X-3Y-Z=0, \\ -3X-5Y+Z=0, \\ -X+Y-Z=0 \end{cases}$$

决定,所以对应于特征根 $\lambda=6$ 的主方向为

$$X:Y:Z=\begin{vmatrix} -3 & -1 \\ -5 & 1 \end{vmatrix}:\begin{vmatrix} -1 & -5 \\ 1 & -3 \end{vmatrix}:\begin{vmatrix} -5 & -3 \\ -3 & -5 \end{vmatrix}$$

$$=-8:8:16=-1:1:2,$$

与它共轭的主径面为

$$-x+y+2z=0.$$

(ii) 与特征根 $\lambda=3$ 对应的主方向 $X:Y:Z$ 由方程组

$$\begin{cases} -2X-3Y-Z=0, \\ -3X-2Y+Z=0, \\ -X+Y+2Z=0 \end{cases}$$

决定,所以对应于特征根 $\lambda=3$ 的主方向为

$$X:Y:Z=\begin{vmatrix} -3 & -1 \\ -2 & 1 \end{vmatrix}:\begin{vmatrix} -1 & -2 \\ 1 & -3 \end{vmatrix}:\begin{vmatrix} -2 & -3 \\ -3 & -2 \end{vmatrix}$$

$$=-5:5:(-5)=1:(-1):1,$$

与它共轭的主径面为

$$x-y+z-3=0.$$

(iii) 与特征根 $\lambda=-2$ 对应的主方向 $X:Y:Z$ 由方程组

$$\begin{cases} 3X-3Y-Z=0, \\ -3X+3Y+Z=0, \\ -X+Y+7Z=0 \end{cases}$$

决定,所以主方向为

$$X:Y:Z=\begin{vmatrix}3&1\\1&7\end{vmatrix}:\begin{vmatrix}1&-3\\7&-1\end{vmatrix}:\begin{vmatrix}-3&3\\-1&1\end{vmatrix}$$
$$=20:20:0=1:1:0,$$

与它共轭的主径面为

$$x+y=0.$$

取这三主径面为新坐标平面作坐标变换，由(6.6-10)得变换公式为

$$\begin{cases}x'=\dfrac{-x+y+2z}{\sqrt{6}},\\ y'=\dfrac{x-y+z-3}{\sqrt{3}},\\ z'=\dfrac{x+y}{\sqrt{2}}.\end{cases}$$

解出 x,y 与 z 得

$$\begin{cases}x=-\dfrac{1}{\sqrt{6}}x'+\dfrac{1}{\sqrt{3}}y'+\dfrac{1}{\sqrt{2}}z'+1,\\ y=\dfrac{1}{\sqrt{6}}x'-\dfrac{1}{\sqrt{3}}y'+\dfrac{1}{\sqrt{2}}z'-1,\\ z=\dfrac{2}{\sqrt{6}}x'+\dfrac{1}{\sqrt{3}}y'+1,\end{cases}$$

代入原方程得曲面的简化方程为①

$$6x'^2+3y'^2-2z'^2+1=0,$$

曲面的标准方程为

$$\frac{x'^2}{\frac{1}{6}}+\frac{y'^2}{\frac{1}{3}}-\frac{z'^2}{\frac{1}{2}}=-1.$$

这是一个双叶双曲面.

例 5 化简二次曲面方程

$$2x^2+2y^2+3z^2+4xy+2xz+2yz-4x+6y-2z+3=0.$$

解 因为 $I_1=7,I_2=10,I_3=0$，所以曲面的特征方程为

$$-\lambda^3+7\lambda^2-10\lambda=0,$$

特征根为

$$\lambda=5,2,0.$$

非零特征根 $\lambda=5$ 所对应的主方向由方程组

① 在计算新方程的系数时，对于曲面具有三个两两相互垂直的主径面，且以这三主径面为三新坐标面时的情形，只要计算平方项与常数项，其余系数均为零，不必计算.对于曲面的其他情形，也可得出相应的结论.

$$\begin{cases}-3X+2Y+Z=0,\\2X-3Y+Z=0,\\X+Y-2Z=0\end{cases}$$

决定,所以与 $\lambda=5$ 所对应的主方向为

$$X:Y:Z=1:1:1,$$

与这主方向共轭的主径面为

$$x+y+z=0.$$

非零特征根 $\lambda=2$ 所对应的主方向由方程组

$$\begin{cases}2Y+Z=0,\\2X\quad +Z=0,\\X+Y+Z=0\end{cases}$$

决定,所以与 $\lambda=2$ 所对应的主方向为

$$X:Y:Z=1:1:(-2),$$

与这主方向共轭的主径面为

$$2x+2y-4z+3=0.$$

取上面的两个主径面分别作为新坐标系 $O'-x'y'z'$ 的 $y'O'z'$ 与 $x'O'z'$ 坐标面,再任意取与这两主径面都垂直的平面,比如

$$-x+y=0$$

为 $x'O'y'$ 坐标面,作坐标变换,得变换公式为

$$\begin{cases}x'=\dfrac{x+y+z}{\sqrt{3}},\\y'=\dfrac{2x+2y-4z+3}{2\sqrt{6}},\\z'=\dfrac{-x+y}{\sqrt{2}}.\end{cases}$$

解出 x,y,z 得

$$\begin{cases}x=\dfrac{\sqrt{3}}{3}x'+\dfrac{\sqrt{6}}{6}y'-\dfrac{\sqrt{2}}{2}z'-\dfrac{1}{4},\\y=\dfrac{\sqrt{3}}{3}x'+\dfrac{\sqrt{6}}{6}y'+\dfrac{\sqrt{2}}{2}z'-\dfrac{1}{4},\\z=\dfrac{\sqrt{3}}{3}x'-\dfrac{\sqrt{6}}{3}y'+\dfrac{1}{2},\end{cases}$$

代入原方程得

$$5x'^2+2y'^2+5\sqrt{2}z'+\frac{9}{4}=0,$$

所以

$$5x'^2+2y'^2+5\sqrt{2}\left(z'+\frac{9\sqrt{2}}{40}\right)=0.$$

再作移轴

$$\begin{cases}x'=x'',\\ y'=y'',\\ z'=z''-\dfrac{9\sqrt{2}}{40},\end{cases}$$

得曲面的简化方程为

$$5x''^2+2y''^2+5\sqrt{2}z''=0.$$

这是一个椭圆抛物面.

至于把已知方程化为简化方程的直角坐标变换,则可由上面的两个直角坐标变换的公式求得

$$\begin{cases}x=\dfrac{\sqrt{3}}{3}x''+\dfrac{\sqrt{6}}{6}y''-\dfrac{\sqrt{2}}{2}z''-\dfrac{1}{40},\\ y=\dfrac{\sqrt{3}}{3}x''+\dfrac{\sqrt{6}}{6}y''+\dfrac{\sqrt{2}}{2}z''-\dfrac{19}{40},\\ z=\dfrac{\sqrt{3}}{3}x''-\dfrac{\sqrt{6}}{3}y''+\dfrac{1}{2}.\end{cases}$$

习　题

作直角坐标变换,化简下列二次曲面的方程:

1. $x^2+y^2+5z^2-6xy+2xz-2yz-4x+8y-12z+14=0$;
2. $5x^2+7y^2+6z^2-4yz-4xz-6x-10y-4z+7=0$;
3. $5x^2-16y^2+5z^2+8xy-14xz+8yz+4x+20y+4z-24=0$;
4. $x^2+4y^2+4z^2-4xy+4xz-8yz+6x+6z-5=0$;
5. $4x^2+y^2+4z^2-4xy+8xz-4yz-12x-12y+6z=0$.

§ 6.7　应用不变量化简二次曲面的方程

在这一节里,我们将像 § 5.7 那样,应用二次曲面

$$F(x,y,z)\equiv a_{11}x^2+a_{22}y^2+a_{33}z^2+2a_{12}xy+2a_{13}xz+2a_{23}yz+2a_{14}x+2a_{24}y+2a_{34}z+a_{44}=0 \quad (1)$$

在直角坐标变换下的不变量来化简它的方程.

1. 不变量与半不变量

这里的不变量与半不变量的定义是与 § 5.7 里的情形完全类似的,这就是说,由(1)的左端 $F(x,y,z)$ 的系数组成的一个非常数函数 f,如果经过直角坐标变换(6.6-8),$F(x,y,z)$变为$F'(x',y',z')$时,有

$$f(a_{11},a_{12},\cdots,a_{44})=f(a'_{11},a'_{22},\cdots,a'_{44}),$$

那么这个函数 f 就叫做二次曲面(1)在直角坐标变换(6.6-8)下的不变量.如果这个函数 f 的值,只是经过转轴变换不变,那么这个函数叫做二次曲面(1)在直角坐标变换下的半不变量.

关于二次曲面(1)的不变量与半不变量,有着下面的定理,这个定理在这里我们将略去它的证明而直接应用.①

定理 6.7.1　二次曲面(1)在空间直角坐标变换下,有四个不变量 I_1, I_2, I_3, I_4 与两个半不变量 K_1, K_2,即

$$I_1=a_{11}+a_{22}+a_{33},$$

$$I_2=\begin{vmatrix} a_{11} & a_{12} \\ a_{12} & a_{22} \end{vmatrix}+\begin{vmatrix} a_{11} & a_{13} \\ a_{13} & a_{33} \end{vmatrix}+\begin{vmatrix} a_{22} & a_{23} \\ a_{23} & a_{33} \end{vmatrix},$$

$$I_3=\begin{vmatrix} a_{11} & a_{12} & a_{13} \\ a_{12} & a_{22} & a_{23} \\ a_{13} & a_{23} & a_{33} \end{vmatrix},$$

$$I_4=\begin{vmatrix} a_{11} & a_{12} & a_{13} & a_{14} \\ a_{12} & a_{22} & a_{23} & a_{24} \\ a_{13} & a_{23} & a_{33} & a_{34} \\ a_{14} & a_{24} & a_{34} & a_{44} \end{vmatrix},$$

$$K_1=\begin{vmatrix} a_{11} & a_{14} \\ a_{14} & a_{44} \end{vmatrix}+\begin{vmatrix} a_{22} & a_{24} \\ a_{24} & a_{44} \end{vmatrix}+\begin{vmatrix} a_{33} & a_{34} \\ a_{34} & a_{44} \end{vmatrix},$$

$$K_2=\begin{vmatrix} a_{11} & a_{12} & a_{14} \\ a_{12} & a_{22} & a_{24} \\ a_{14} & a_{24} & a_{44} \end{vmatrix}+\begin{vmatrix} a_{11} & a_{13} & a_{14} \\ a_{13} & a_{33} & a_{34} \\ a_{14} & a_{34} & a_{44} \end{vmatrix}+\begin{vmatrix} a_{22} & a_{23} & a_{24} \\ a_{23} & a_{33} & a_{34} \\ a_{24} & a_{34} & a_{44} \end{vmatrix}.$$

推论　在直角坐标变换下,二次曲面的特征方程不变,从而特征根也不变.

定理 6.7.2　K_1 是第Ⅴ类二次曲面在直角坐标变换下的不变量,而 K_2 是第Ⅲ,第Ⅳ与第Ⅴ类二次曲面在直角坐标变换下的不变量.

这个定理类似于定理 5.7.2,读者可仿定理 5.7.2 的证明自己完成它的证明.

2. 二次曲面五种类型的判别

定理 6.6.1 指出,二次曲面(1)通过坐标变换总可以化成下面的五个简化方程中的一个:

(Ⅰ) $a'_{11}x'^2+a'_{22}y'^2+a'_{33}z'^2+a'_{44}=0,\quad a'_{11}a'_{22}a'_{33}\neq 0;$

(Ⅱ) $a'_{11}x'^2+a'_{22}y'^2+2a'_{34}z'=0,\quad a'_{11}a'_{22}a'_{34}\neq 0;$

(Ⅲ) $a'_{11}x'^2+a'_{22}y'^2+a'_{44}=0,\quad a'_{11}a'_{22}\neq 0;$

(Ⅳ) $a'_{11}x'^2+2a'_{24}y'=0,\quad a'_{11}a'_{24}\neq 0;$

(Ⅴ) $a'_{11}x'^2+a'_{44}=0,\quad a'_{11}\neq 0.$

也就是说,任何一个二次曲面一定属于这五类曲面中的一类.现在我们介绍如何应用二次曲面的不变量来判别二次曲面的类型.我们容易知道:

① 需要了解定理证明的读者可以参考附录 §4 例 4,例 5,例 6.

1° 当二次曲面(1)是第Ⅰ类曲面时,那么有

$$I_3=I'_3=\begin{vmatrix} a'_{11} & 0 & 0 \\ 0 & a'_{22} & 0 \\ 0 & 0 & a'_{33} \end{vmatrix}=a'_{11}a'_{22}a'_{33}\neq 0.$$

2° 当二次曲面(1)是第Ⅱ类曲面时,那么有

$$I_3=I'_3=\begin{vmatrix} a'_{11} & 0 & 0 \\ 0 & a'_{22} & 0 \\ 0 & 0 & 0 \end{vmatrix}=0,$$

而

$$I_4=I'_4=\begin{vmatrix} a'_{11} & 0 & 0 & 0 \\ 0 & a'_{22} & 0 & 0 \\ 0 & 0 & 0 & a'_{34} \\ 0 & 0 & a'_{34} & 0 \end{vmatrix}=-a'_{11}a'_{22}a'^{2}_{34}\neq 0.$$

3° 当二次曲面(1)是第Ⅲ类曲面时,那么有

$$I_3=I'_3=0,\quad I_4=I'_4=0,$$

而

$$I_2=I'_2=\begin{vmatrix} a'_{11} & 0 \\ 0 & a'_{22} \end{vmatrix}+\begin{vmatrix} a'_{11} & 0 \\ 0 & 0 \end{vmatrix}+\begin{vmatrix} a'_{22} & 0 \\ 0 & 0 \end{vmatrix}=a'_{11}a'_{22}\neq 0.$$

4° 当二次曲面(1)是第Ⅳ类曲面时,那么有

$$I_3=I'_3=0,\quad I_4=I'_4=0,\quad I_2=I'_2=0,$$

而

$$K_2=K'_2=\begin{vmatrix} a'_{11} & 0 & 0 \\ 0 & 0 & a'_{24} \\ 0 & a'_{24} & 0 \end{vmatrix}+\begin{vmatrix} a'_{11} & 0 & 0 \\ 0 & 0 & 0 \\ 0 & 0 & 0 \end{vmatrix}+\begin{vmatrix} 0 & 0 & a'_{24} \\ 0 & 0 & 0 \\ a'_{24} & 0 & 0 \end{vmatrix}=-a'_{11}a'^{2}_{24}\neq 0.$$

5° 当二次曲面(1)是第Ⅴ类曲面时,那么有

$$I_3=I'_3=0,\quad I_4=I'_4=0,\quad I_2=I'_2=0,\quad K_2=K'_2=0.$$

以上这些区别五类二次曲面的必要条件,包括了所有可能而且互相排斥的各种情况,所以它们不仅是必要的而且也是充分的,因此我们有

定理 6.7.3 如果给出了二次曲面(1),那么用不变量来判别曲面(1)为何种类型的充要条件是:

第Ⅰ类曲面: $I_3\neq 0$;

第Ⅱ类曲面: $I_3=0,I_4\neq 0$;

第Ⅲ类曲面: $I_3=0,I_4=0,I_2\neq 0$;

第Ⅳ类曲面: $I_3=0,I_4=0,I_2=0,K_2\neq 0$;

第Ⅴ类曲面: $I_3=0,I_4=0,I_2=0,K_2=0$.

3. 应用不变量化简二次曲面的方程

在这里我们将应用二次曲面(1)的四个不变量 I_1,I_2,I_3,I_4 与两个半不变量 K_1,K_2

来化简二次曲面(1)的方程,它的方法与平面上的二次曲线的方程化简类似.

1° $I_3\neq 0$.这时曲面(1)是第Ⅰ类曲面,它的简化方程为

$$a'_{11}x'^2+a'_{22}y'^2+a'_{33}z'^2+a'_{44}=0,\quad a'_{11}a'_{22}a'_{33}\neq 0,$$

所以

$$I_1=I'_1=a'_{11}+a'_{22}+a'_{33},$$

$$I_2=I'_2=\begin{vmatrix}a'_{11}&0\\0&a'_{22}\end{vmatrix}+\begin{vmatrix}a'_{11}&0\\0&a'_{33}\end{vmatrix}+\begin{vmatrix}a'_{22}&0\\0&a'_{33}\end{vmatrix}=a'_{11}a'_{22}+a'_{11}a'_{33}+a'_{22}a'_{33},$$

$$I_3=I'_3=\begin{vmatrix}a'_{11}&0&0\\0&a'_{22}&0\\0&0&a'_{33}\end{vmatrix}=a'_{11}a'_{22}a'_{33}.$$

因为二次曲面(1)的特征方程是

$$-\lambda^3+I_1\lambda^2-I_2\lambda+I_3=0,$$

所以根据根与系数的关系立刻知道二次曲面的三个特征根为

$$\lambda_1=a'_{11},\quad \lambda_2=a'_{22},\quad \lambda_3=a'_{33}.$$

又因为

$$I_4=I'_4=\begin{vmatrix}a'_{11}&0&0&0\\0&a'_{22}&0&0\\0&0&a'_{33}&0\\0&0&0&a'_{44}\end{vmatrix}=a'_{11}a'_{22}a'_{33}a'_{44}=I_3a'_{44},$$

所以

$$a'_{44}=\frac{I_4}{I_3},$$

因此第Ⅰ类曲面的简化方程可以写成

$$\lambda_1x'^2+\lambda_2y'^2+\lambda_3z'^2+\frac{I_4}{I_3}=0,\tag{6.7-1}$$

这里 $\lambda_1,\lambda_2,\lambda_3$ 为二次曲面(1)的三个特征根.

2° $I_3=0,I_4\neq 0$.这时曲面(1)表示第Ⅱ类曲面,它的简化方程为

$$a'_{11}x'^2+a'_{22}y'^2+2a'_{34}z'=0,\quad a'_{11}a'_{22}a'_{34}\neq 0,$$

所以

$$I_1=I'_1=a'_{11}+a'_{22},$$

$$I_2=I'_2=\begin{vmatrix}a'_{11}&0\\0&a'_{22}\end{vmatrix}+\begin{vmatrix}a'_{11}&0\\0&0\end{vmatrix}+\begin{vmatrix}a'_{22}&0\\0&0\end{vmatrix}=a'_{11}a'_{22},$$

$$I_3=0.$$

这时二次曲面(1)的特征方程是

$$-\lambda^3+I_1\lambda^2-I_2\lambda=0,$$

所以

$$\lambda=0\text{ 或 }\lambda^2-I_1\lambda+I_2=0,$$

从而知二次曲面(1)的三个特征根为

$$\lambda_1=a'_{11},\quad \lambda_2=a'_{22},\quad \lambda_3=0.$$

此外,由于

$$I_4=I'_4=\begin{vmatrix} a'_{11} & 0 & 0 & 0 \\ 0 & a'_{22} & 0 & 0 \\ 0 & 0 & 0 & a'_{34} \\ 0 & 0 & a'_{34} & 0 \end{vmatrix}=-a'_{11}a'_{22}a'^2_{34}=-I_2a'^2_{34},$$

所以

$$a'_{34}=\pm\sqrt{\frac{-I_4}{I_2}},$$

因此第Ⅱ类曲面的简化方程可以写成

$$\lambda_1x'^2+\lambda_2y'^2\pm2\sqrt{-\frac{I_4}{I_2}}z'=0, \tag{6.7-2}$$

这里 λ_1,λ_2 为二次曲面(1)的两个不为零的特征根.

3° $I_3=I_4=0, I_2\neq0$,这时二次曲面(1)表示第Ⅲ类曲面,它的简化方程为

$$a'_{11}x'^2+a'_{22}y'^2+a'_{44}=0,\quad a'_{11}a'_{22}\neq0.$$

像情形 2°一样,这里 a'_{11} 与 a'_{22} 分别是二次曲面(1)的两个非零的特征根 λ_1 与 λ_2,并且

$$I_2=a'_{11}a'_{22},\quad K_2=a'_{11}a'_{22}a'_{44}=I_2a'_{44},$$

所以

$$a'_{44}=\frac{K_2}{I_2},$$

因此第Ⅲ类曲面的简化方程可以写成

$$\lambda_1x'^2+\lambda_2y'^2+\frac{K_2}{I_2}=0, \tag{6.7-3}$$

这里 λ_1,λ_2 是二次曲面(1)的两个不为零的特征根.

4° $I_3=I_4=I_2=0, K_2\neq0$,这时二次曲面(1)表示第Ⅳ类曲面,它的简化方程为

$$a'_{11}x'^2+2a'_{24}y'=0,\quad a'_{11}a'_{24}\neq0,$$

所以

$$I_1=a'_{11},\quad I_2=I_3=0,$$

而特征方程为

$$-\lambda^3+I_1\lambda^2=0,$$

所以特征根为

$$\lambda_1=I_1=a'_{11},\quad \lambda_2=\lambda_3=0,$$

又因为

$$K_2=K'_2=\begin{vmatrix} a'_{11} & 0 & 0 \\ 0 & 0 & a'_{24} \\ 0 & a'_{24} & 0 \end{vmatrix}+\begin{vmatrix} a'_{11} & 0 & 0 \\ 0 & 0 & 0 \\ 0 & 0 & 0 \end{vmatrix}+\begin{vmatrix} 0 & 0 & a'_{24} \\ 0 & 0 & 0 \\ a'_{24} & 0 & 0 \end{vmatrix}=-a'_{11}a'^2_{24}=-I_1a'^2_{24},$$

所以

$$a'_{24}=\pm\sqrt{-\frac{K_2}{I_1}},$$

因此第Ⅳ类曲面的简化方程可以写成

$$I_1x'^2\pm2\sqrt{-\frac{K_2}{I_1}}y'=0. \tag{6.7-4}$$

5° $I_3=I_4=I_2=K_2=0$.这时二次曲面(1)表示第Ⅴ类曲面,它的简化方程为

$$a'_{11}x'^2+a'_{44}=0,\quad a'_{11}\neq0.$$

像情形 4°一样,这时二次曲面有惟一的非零特征根

$$\lambda_1=a'_{11}=I_1.$$

其次又有

$$K_1=\begin{vmatrix}a'_{11}&0\\0&a'_{44}\end{vmatrix}+\begin{vmatrix}0&0\\0&a'_{44}\end{vmatrix}+\begin{vmatrix}0&0\\0&a'_{44}\end{vmatrix}=a'_{11}a'_{44}=I_1a'_{44}.$$

于是

$$a'_{44}=\frac{K_1}{I_1},$$

所以第Ⅴ类曲面的简化方程可以写成

$$I_1x'^2+\frac{K_1}{I_1}=0. \tag{6.7-5}$$

通过上面的讨论,我们得到了下面的定理:

定理 6.7.4 二次曲面(1)当且仅当

1° $I_3\neq0$,表示第Ⅰ类曲面,简化方程为

$$\lambda_1x'^2+\lambda_2y'^2+\lambda_3z'^2+\frac{I_4}{I_3}=0;$$

2° $I_3=0,I_4\neq0$,表示第Ⅱ类曲面,简化方程为

$$\lambda_1x'^2+\lambda_2y'^2\pm2\sqrt{-\frac{I_4}{I_2}}z'=0;$$

3° $I_3=I_4=0,I_2\neq0$,表示第Ⅲ类曲面,简化方程为

$$\lambda_1x'^2+\lambda_2y'^2+\frac{K_2}{I_2}=0;$$

4° $I_3=I_4=I_2=0,K_2\neq0$,表示第Ⅳ类曲面,简化方程为

$$I_1x'^2\pm2\sqrt{-\frac{K_2}{I_1}}y'=0;$$

5° $I_3=I_4=I_2=K_2=0$,表示第Ⅴ类曲面,简化方程为

$$I_1x'^2+\frac{K_1}{I_1}=0.$$

这里的 $\lambda_1,\lambda_2,\lambda_3$ 分别为二次曲面(1)的非零特征根.

从式(6.7-1),(6.7-2),(6.7-3),(6.7-4)与式(6.7-5)我们还可以得到①

定理 6.7.5 如果给出了二次曲面(1),那么用它的不变量来判断已知曲面为何种曲面的条件是:

[1] 椭球面: $I_2>0, I_1I_3>0, I_4<0$;

[2] 虚椭球面: $I_2>0, I_1I_3>0, I_4>0$;

[3] 点(或称虚母线二次锥面): $I_2>0, I_1I_3>0, I_4=0$;

[4] 单叶双曲面: $I_3\neq 0, I_2\leqslant 0$ (或 $I_1I_3\leqslant 0$), $I_4>0$;

[5] 双叶双曲面: $I_3\neq 0, I_2\leqslant 0$ (或 $I_1I_3\leqslant 0$), $I_4<0$;

[6] 二次锥面: $I_3\neq 0, I_2\leqslant 0$ (或 $I_1I_3\leqslant 0$), $I_4=0$;

[7] 椭圆抛物面: $I_3=0, I_4<0$;

[8] 双曲抛物面: $I_3=0, I_4>0$;

[9] 椭圆柱面: $I_3=I_4=0, I_2>0, I_1K_2<0$;

[10] 虚椭圆柱面: $I_3=I_4=0, I_2>0, I_1K_2>0$;

[11] 交于一条实直线的一对共轭虚平面: $I_3=I_4=K_2=0, I_2>0$;

[12] 双曲柱面: $I_3=I_4=0, I_2<0, K_2\neq 0$;

[13] 一对相交平面: $I_3=I_4=K_2=0, I_2<0$;

[14] 抛物柱面: $I_3=I_4=I_2=0, K_2\neq 0$;

[15] 一对平行平面: $I_3=I_4=I_2=K_2=0, K_1<0$;

[16] 一对平行的共轭虚平面: $I_3=I_4=I_2=K_2=0, K_1>0$;

[17] 一对重合平面: $I_3=I_4=I_2=K_2=K_1=0$.

习 题

利用不变量判断下列二次曲面为何种曲面,并求出它们的简化方程与标准方程:

1. $x^2+y^2+z^2-6x+8y+10z+1=0$;
2. $x^2+y^2+z^2+4xy-4xz-4yz-3=0$;
3. $x^2-2y^2+z^2+4xy-8xz-4yz-14x-4y+14z+16=0$;
4. $4x^2+5y^2+6z^2-4xy+4yz+4x+6y+4z-27=0$;
5. $2x^2+5y^2+2z^2-2xy-4xz+2yz+2x-10y-2z-1=0$;
6. $4x^2+y^2+z^2+4xy+4xz+2yz-24x+32=0$;
7. $4x^2+2y^2+3z^2+4xz-4yz+6x+4y+8z+2=0$;
8. $7y^2-7z^2-8xy+8xz=0$;
9. $5x^2+5y^2+8z^2-8xy-4xz-4yz=0$;
10. $36x^2+9y^2+4z^2+36xy+24xz+12yz-49=0$;
11. $x^2+y^2+2z^2+4x-6y-8z+21=0$;
12. $2x^2+2y^2-4z^2-5xy-2xz-2yz-2x-2y+z=0$.

---

① 定理 6.7.5 的证明,读者可参阅高等教育出版社出版的 Б.Н.狄隆涅与 Д.А.拉伊可夫著,裘光明等译《解析几何学》第二卷 §169.

结　束　语

这一章所介绍的内容与方法，与上一章基本上相类似，它告诉我们如何从二维空间(即平面)关于一般二次曲线方程的讨论推广到三维空间的一般二次曲面方程的情形.

关于二次曲面的方程化简，常用的有两种方法，即从主径面出发或从主方向出发，我们这里采用的是从主径面出发来化简二次曲面的方程.从主方向出发，就是先找到三个两两相互垂直的主方向，以它们作为新坐标轴的方向，进行坐标变换(转轴)，这样就可以使得曲面的新方程中不再含有交叉项，然后再进行适当的移轴，就能求出曲面的简化方程.由于二次曲面的不同的特征根所确定的主方向一定相互垂直(§6.5 习题第 2 题)，因此，新坐标轴的三个方向是容易找到的，不过在这里必须注意，在确定转轴公式时，新坐标轴的三个方向应该是单位向量的方向.为了计算方便，如果是中心二次曲面，我们可先进行移轴，把坐标原点移到曲面的中心，这样先消去方程中的一次项，然后再转轴化去交叉项，这个思想方法是与平面上利用移轴、转轴来化简二次曲线方程的方法是一致的，我们建议读者作为练习，自己去推导.

直角坐标变换实际上是一种特殊的线性变换，也就是满足正交条件的线性变换，因此，它的进一步就可转入到线性变换的代数理论的研究，由于线性变换与矩阵这两种代数对象关系十分密切，因此，如果读者要作进一步的探讨，也就必须熟悉与掌握有关矩阵等线性代数的知识了.

复习与测试

附录 矩阵与行列式

矩阵与行列式是研究解析几何的重要工具，它的理论属于线性代数.为了解析几何的需要，在这个附录里，我们将对本书中所涉及的有关矩阵与行列式的内容作简单的介绍.关于矩阵与行列式的详细内容与严格的论证，读者可以参考高等代数教材.

§1 矩阵与行列式的定义

定义 1.1 由 mn 个数排成 m 行 n 列的表

$$\boldsymbol{A}=\begin{pmatrix} a_{11} & a_{12} & \cdots & a_{1n} \\ a_{21} & a_{22} & \cdots & a_{2n} \\ \vdots & \vdots & & \vdots \\ a_{m1} & a_{m2} & \cdots & a_{mn} \end{pmatrix} \tag{1}$$

叫做 m 行 n 列的矩阵，或称 $m\times n$ 矩阵.矩阵 $\boldsymbol{A}$ 中的每个数都叫做矩阵的元；元的横排叫做行，行的序数从上到下计算；竖排叫做列，列的序数从左到右计算.每个元 a_{ij} 有两个足标，左足标 i 表示它所在的行数，右足标 j 表示它所在的列数.

定义 1.2 将 $m\times n$ 矩阵

$$\boldsymbol{A}=\begin{pmatrix} a_{11} & a_{12} & \cdots & a_{1n} \\ a_{21} & a_{22} & \cdots & a_{2n} \\ \vdots & \vdots & & \vdots \\ a_{m1} & a_{m2} & \cdots & a_{mn} \end{pmatrix}$$

的第 i 行变成第 i 列，第 j 列变成第 j 行后所得到的 $n\times m$ 矩阵

$$\boldsymbol{A}^{\mathrm{T}}=\begin{pmatrix} a_{11} & a_{21} & \cdots & a_{m1} \\ a_{12} & a_{22} & \cdots & a_{m2} \\ \vdots & \vdots & & \vdots \\ a_{1n} & a_{2n} & \cdots & a_{mn} \end{pmatrix} \tag{2}$$

叫做 $\boldsymbol{A}$ 的转置矩阵.

显然 $(\boldsymbol{A}^{\mathrm{T}})^{\mathrm{T}}=\boldsymbol{A}$.

定义 1.3 如果两个矩阵 $\boldsymbol{A}$ 与 $\boldsymbol{B}$ 的行数相同，列数也相同，而且对应的有同一足标的元相等，那么这两个矩阵叫做相等矩阵，并记做 $\boldsymbol{A}=\boldsymbol{B}$.

定义 1.4 行数等于列数的矩阵叫做方阵，方阵的行(或列)数叫做它的阶，n 阶方阵也称为 n 阶矩阵.

定义 1.5 与 n 阶矩阵

$$\boldsymbol{A}=\begin{pmatrix} a_{11} & a_{12} & \cdots & a_{1n} \\ a_{21} & a_{22} & \cdots & a_{2n} \\ \vdots & \vdots & & \vdots \\ a_{n1} & a_{n2} & \cdots & a_{nn} \end{pmatrix}$$

对应的一个数，记做

$$\det \boldsymbol{A}=\begin{vmatrix} a_{11} & a_{12} & \cdots & a_{1n} \\ a_{21} & a_{22} & \cdots & a_{2n} \\ \vdots & \vdots & & \vdots \\ a_{n1} & a_{n2} & \cdots & a_{nn} \end{vmatrix}, \tag{3}$$

叫做矩阵 $\boldsymbol{A}$ 的行列式，简称 n 阶行列式.矩阵 $\boldsymbol{A}$ 的行与列分别叫做行列式 $\det \boldsymbol{A}$ 的行与列，矩阵 $\boldsymbol{A}$ 的元叫做行列式 $\det \boldsymbol{A}$ 的元，n 阶矩阵 $\boldsymbol{A}$ 的转置矩阵 $\boldsymbol{A}^{\mathrm{T}}$ 的行列式

$$\det \boldsymbol{A}^{\mathrm{T}}=\begin{vmatrix} a_{11} & a_{21} & \cdots & a_{n1} \\ a_{12} & a_{22} & \cdots & a_{n2} \\ \vdots & \vdots & & \vdots \\ a_{1n} & a_{2n} & \cdots & a_{nn} \end{vmatrix} \tag{4}$$

叫做行列式 $\det \boldsymbol{A}$ 的转置行列式.n 阶行列式 $\det \boldsymbol{A}$ 的值，当 $n=1$ 时，就等于矩阵 $\boldsymbol{A}$ 的元 a_{11}，当 $n>1$ 时，按照它的第一行的展开式来计算：

$$\begin{aligned}\det \boldsymbol{A} &= \begin{vmatrix} a_{11} & a_{12} & \cdots & a_{1n} \\ a_{21} & a_{22} & \cdots & a_{2n} \\ \vdots & \vdots & & \vdots \\ a_{n1} & a_{n2} & \cdots & a_{nn} \end{vmatrix} \\ &= a_{11}\begin{vmatrix} a_{22} & \cdots & a_{2n} \\ \vdots & & \vdots \\ a_{n2} & \cdots & a_{nn} \end{vmatrix} - a_{12}\begin{vmatrix} a_{21} & a_{23} & \cdots & a_{2n} \\ \vdots & \vdots & & \vdots \\ a_{n1} & a_{n3} & \cdots & a_{nn} \end{vmatrix} + \\ &\quad a_{13}\begin{vmatrix} a_{21} & a_{22} & a_{24} & \cdots & a_{2n} \\ \vdots & \vdots & \vdots & & \vdots \\ a_{n1} & a_{n2} & a_{n4} & \cdots & a_{nn} \end{vmatrix} - \cdots + (-1)^{n+1}a_{1n}\begin{vmatrix} a_{21} & \cdots & a_{2,n-1} \\ \vdots & & \vdots \\ a_{n1} & \cdots & a_{n,n-1} \end{vmatrix}. \end{aligned} \tag{5}$$

例如，当 $n=2$ 或 3 时，就得到二阶行列式与三阶行列式的展开式

$$\begin{vmatrix} a_{11} & a_{12} \\ a_{21} & a_{22} \end{vmatrix} = a_{11}a_{22}-a_{12}a_{21},$$

$$\begin{aligned}\begin{vmatrix} a_{11} & a_{12} & a_{13} \\ a_{21} & a_{22} & a_{23} \\ a_{31} & a_{32} & a_{33} \end{vmatrix} &= a_{11}\begin{vmatrix} a_{22} & a_{23} \\ a_{32} & a_{33} \end{vmatrix} - a_{12}\begin{vmatrix} a_{21} & a_{23} \\ a_{31} & a_{33} \end{vmatrix} + a_{13}\begin{vmatrix} a_{21} & a_{22} \\ a_{31} & a_{32} \end{vmatrix} \\ &= a_{11}(a_{22}a_{33}-a_{23}a_{32})-a_{12}(a_{21}a_{33}-a_{23}a_{31})+a_{13}(a_{21}a_{32}-a_{22}a_{31}) \\ &= a_{11}a_{22}a_{33}+a_{12}a_{23}a_{31}+a_{13}a_{21}a_{32}-a_{11}a_{23}a_{32}-a_{12}a_{21}a_{33}-a_{13}a_{22}a_{31}.\end{aligned}$$

在这里我们看到二阶与三阶行列式的展开式与按对角线法则①展开是一致的（附图 1）.

在 n 阶行列式中任取一元 a_{ij}，把这元所在的第 i 行与第 j 列划掉，剩下来的一个 $n-1$ 阶行列式叫做元 a_{ij} 的余子式，a_{ij} 的余子式乘上 $(-1)^{i+j}$ 后所得的式子叫做元 a_{ij} 的代数余子式，用 A_{ij} 表示，这样(5)可改写为

---

① 对角线法则对于 n $(n>3)$ 阶行列式是不适用的.

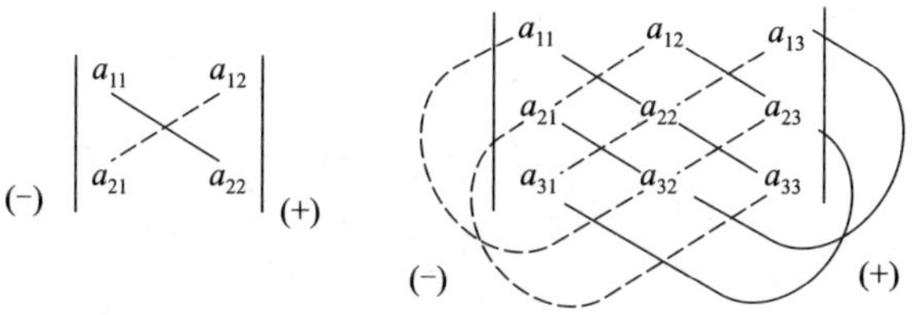

附图 1

$$\det \boldsymbol{A}=\begin{vmatrix} a_{11} & a_{12} & \cdots & a_{1n} \\ a_{21} & a_{22} & \cdots & a_{2n} \\ \vdots & \vdots & & \vdots \\ a_{n1} & a_{n2} & \cdots & a_{nn} \end{vmatrix}=a_{11}A_{11}+a_{12}A_{12}+\cdots+a_{1n}A_{1n}, \tag{6}$$

(6)式简称为行列式 $\det \boldsymbol{A}$ 按第一行的代数余子式的展开式,或简称为按第一行展开.

§2　行列式的性质

我们知道三阶行列式有着下面的一些性质:

定理 2.1　把行列式的各行变为相应的列,所得行列式与原行列式相等.

定理 2.2　把行列式的两行(或两列)对调,所得行列式与原行列式绝对值相等,符号相反.

推论　如果行列式的某两行(或两列)的对应元相同,那么行列式等于零.

定理 2.3　把行列式的某一行(或一列)的所有元同乘某个数 k,等于用数 k 乘原行列式.

推论 1　行列式的某一行(或一列)有公因子时,可以把公因子提到行列式外面.

推论 2　如果行列式某一行(或一列)的所有元都是零,那么行列式等于零.

定理 2.4　如果行列式某两行(或两列)的对应元成比例,那么行列式等于零.

定理 2.5　如果行列式的某一行(或一列)的元都是二项式,那么这个行列式等于把这些二项式各取一项作成相应行(或列)而其余行(或列)不变的两个行列式的和.

定理 2.6　把行列式某一行(或一列)的所有元同乘一个不等于零的数 k,加到另一行(或另一列)的对应元上,所得行列式与原行列式相等.

定理 2.7　行列式等于它的任意一行(或一列)的所有元与它们各自对应的代数余子式的乘积的和.

定理 2.8　行列式某一行(或一列)的各元与另一行(或一列)对应元的代数余子式的乘积的和等于零.

以上三阶行列式的这些性质,对于四阶或四阶以上的行列式全部成立,其证明将在高等代数里详细地介绍,我们在这里只运用相关结论.

例 1　计算四阶行列式 $D=\begin{vmatrix} 3 & 9 & 21 & 6 \\ 4 & 12 & 26 & 10 \\ 2 & 9 & 20 & 5 \\ -1 & 2 & -7 & 7 \end{vmatrix}$.

解　$D=\begin{vmatrix} 3 & 9 & 21 & 6 \\ 4 & 12 & 26 & 10 \\ 2 & 9 & 20 & 5 \\ -1 & 2 & -7 & 7 \end{vmatrix}=3\begin{vmatrix} 1 & 3 & 7 & 2 \\ 4 & 12 & 26 & 10 \\ 2 & 9 & 20 & 5 \\ -1 & 2 & -7 & 7 \end{vmatrix}=6\begin{vmatrix} 1 & 3 & 7 & 2 \\ 2 & 6 & 13 & 5 \\ 2 & 9 & 20 & 5 \\ -1 & 2 & -7 & 7 \end{vmatrix}=6\begin{vmatrix} 1 & 3 & 7 & 2 \\ 0 & 0 & -1 & 1 \\ 0 & 3 & 6 & 1 \\ 0 & 5 & 0 & 9 \end{vmatrix}$

$$=6\begin{vmatrix}0&-1&1\\3&6&1\\5&0&9\end{vmatrix}=6\begin{vmatrix}0&0&1\\3&7&1\\5&9&9\end{vmatrix}=6\begin{vmatrix}3&7\\5&9\end{vmatrix}=6(27-35)=-48.$$

例 2　证明 $\begin{vmatrix}x_2-x_1&y_2-y_1&z_2-z_1\\x_3-x_1&y_3-y_1&z_3-z_1\\x_4-x_1&y_4-y_1&z_4-z_1\end{vmatrix}=-\begin{vmatrix}x_1&y_1&z_1&1\\x_2&y_2&z_2&1\\x_3&y_3&z_3&1\\x_4&y_4&z_4&1\end{vmatrix}$.

证法一

$$右端=-\begin{vmatrix}x_1&y_1&z_1&1\\x_2-x_1&y_2-y_1&z_2-z_1&0\\x_3-x_1&y_3-y_1&z_3-z_1&0\\x_4-x_1&y_4-y_1&z_4-z_1&0\end{vmatrix}=\begin{vmatrix}x_2-x_1&y_2-y_1&z_2-z_1\\x_3-x_1&y_3-y_1&z_3-z_1\\x_4-x_1&y_4-y_1&z_4-z_1\end{vmatrix}.$$

证法二

$$左端=-\begin{vmatrix}x_1&y_1&z_1&1\\x_2-x_1&y_2-y_1&z_2-z_1&0\\x_3-x_1&y_3-y_1&z_3-z_1&0\\x_4-x_1&y_4-y_1&z_4-z_1&0\end{vmatrix}=-\begin{vmatrix}x_1&y_1&z_1&1\\x_2&y_2&z_2&1\\x_3&y_3&z_3&1\\x_4&y_4&z_4&1\end{vmatrix}.$$

§3　线性方程组

一般的线性方程组是指下面的 m 个 n 元一次方程组

$$\begin{cases}a_{11}x_1+\cdots+a_{1n}x_n=b_1,\\\cdots\cdots\cdots\cdots\\a_{m1}x_1+\cdots+a_{mn}x_n=b_m.\end{cases}\tag{1}$$

我们把方程组(1)的系数所组成的矩阵

$$\boldsymbol{A}=\begin{pmatrix}a_{11}&\cdots&a_{1n}\\\vdots&&\vdots\\a_{m1}&\cdots&a_{mn}\end{pmatrix}$$

叫做方程组(1)的系数矩阵,把这些系数以及方程右边的常数项所组成的矩阵

$$\boldsymbol{B}=\begin{pmatrix}a_{11}&\cdots&a_{1n}&b_1\\\vdots&&\vdots&\vdots\\a_{m1}&\cdots&a_{mn}&b_m\end{pmatrix}$$

叫做方程组(1)的增广矩阵.

显然当 $m=n$ 时,方程组(1)为 n 个 n 元一次方程组,它的系数矩阵 $\boldsymbol{A}$ 为一个 n 阶方阵.

定义 3.1　在 $m\times n$ 矩阵中任意取 k 行、k 列($k\leqslant m,k\leqslant n$),位于这些交叉处的元,按原来行列的先后次序构成一个 k 阶行列式,这个 k 阶行列式叫做 $m\times n$ 矩阵的 k 阶子式.

定义 3.2　n 阶矩阵的不为零的最高阶子式的阶数叫做这个 n 阶矩阵的秩.

因此,当我们说"矩阵的秩是 r"时,意思就是说矩阵里所有大于等于$r+1$阶的子式都等于零,但至少有一个 r 阶子式不为零.

定义 3.3　如果方阵的秩等于它的阶数,那么这样的方阵叫做满秩矩阵.

推论　满秩矩阵的行列式不等于零.

现在我们来讨论线性方程组(1)的解，在这里我们只讨论三个变元的线性方程组①.设

$$\begin{cases}a_{11}x_1+a_{12}x_2+a_{13}x_3=b_1,\\a_{21}x_1+a_{22}x_2+a_{23}x_3=b_2,\\a_{31}x_1+a_{32}x_2+a_{33}x_3=b_3.\end{cases}\tag{2}$$

它的系数矩阵与增广矩阵分别为

$$\boldsymbol{A}=\begin{pmatrix}a_{11}&a_{12}&a_{13}\\a_{21}&a_{22}&a_{23}\\a_{31}&a_{32}&a_{33}\end{pmatrix},\quad \boldsymbol{B}=\begin{pmatrix}a_{11}&a_{12}&a_{13}&b_1\\a_{21}&a_{22}&a_{23}&b_2\\a_{31}&a_{32}&a_{33}&b_3\end{pmatrix}.$$

设 $\boldsymbol{A}$ 的秩为 r，$\boldsymbol{B}$ 的秩为 R，那么显然有 $1\leqslant r\leqslant R\leqslant 3$.

将方程组(2)的系数行列式 $\det\boldsymbol{A}$ 的第一列元相应的代数余子式 A_{11},A_{21},A_{31} 分别乘方程组(2)的三个方程，然后相加，得

$$\begin{aligned}&(a_{11}A_{11}+a_{21}A_{21}+a_{31}A_{31})x_1+(a_{12}A_{11}+a_{22}A_{21}+a_{32}A_{31})x_2+(a_{13}A_{11}+a_{23}A_{21}+a_{33}A_{31})x_3\\=&\,b_1A_{11}+b_2A_{21}+b_3A_{31},\end{aligned}$$

根据定理 2.7 与定理 2.8 得

$$\begin{vmatrix}a_{11}&a_{12}&a_{13}\\a_{21}&a_{22}&a_{23}\\a_{31}&a_{32}&a_{33}\end{vmatrix}x_1=\begin{vmatrix}b_1&a_{12}&a_{13}\\b_2&a_{22}&a_{23}\\b_3&a_{32}&a_{33}\end{vmatrix},$$

同理，得

$$\begin{vmatrix}a_{11}&a_{12}&a_{13}\\a_{21}&a_{22}&a_{23}\\a_{31}&a_{32}&a_{33}\end{vmatrix}x_2=\begin{vmatrix}a_{11}&b_1&a_{13}\\a_{21}&b_2&a_{23}\\a_{31}&b_3&a_{33}\end{vmatrix},$$

$$\begin{vmatrix}a_{11}&a_{12}&a_{13}\\a_{21}&a_{22}&a_{23}\\a_{31}&a_{32}&a_{33}\end{vmatrix}x_3=\begin{vmatrix}a_{11}&a_{12}&b_1\\a_{21}&a_{22}&b_2\\a_{31}&a_{32}&b_3\end{vmatrix}.$$

设

$$D=\begin{vmatrix}a_{11}&a_{12}&a_{13}\\a_{21}&a_{22}&a_{23}\\a_{31}&a_{32}&a_{33}\end{vmatrix},\qquad D_1=\begin{vmatrix}b_1&a_{12}&a_{13}\\b_2&a_{22}&a_{23}\\b_3&a_{32}&a_{33}\end{vmatrix},$$

$$D_2=\begin{vmatrix}a_{11}&b_1&a_{13}\\a_{21}&b_2&a_{23}\\a_{31}&b_3&a_{33}\end{vmatrix},\qquad D_3=\begin{vmatrix}a_{11}&a_{12}&b_1\\a_{21}&a_{22}&b_2\\a_{31}&a_{32}&b_3\end{vmatrix}.$$

那么有

$$Dx_1=D_1,\ Dx_2=D_2,\ Dx_3=D_3.\tag{3}$$

现在按方程组(2)的系数矩阵 $\boldsymbol{A}$ 的秩与增广矩阵 $\boldsymbol{B}$ 的秩的各种情况讨论如下：

1) 系数矩阵 $\boldsymbol{A}$ 的秩等于增广矩阵 $\boldsymbol{B}$ 的秩，即 $r=R$.

1° $r=R=3$，这时方程组的系数行列式 $D\neq 0$，所以方程组(2)有惟一的解

$$x_1=\frac{D_1}{D},\quad x_2=\frac{D_2}{D},\quad x_3=\frac{D_3}{D}.$$

2° $r=R=2$，这时矩阵 $\boldsymbol{A}$ 及 $\boldsymbol{B}$ 的任何三阶子式都为零，从而 $D=0$，因为 $r=2$，所以 $\boldsymbol{A}$ 中至少有一个二阶子式不为零.不失一般性，设行列式 D 的元 a_{33} 的代数余子式 $A_{33}=\begin{vmatrix}a_{11}&a_{12}\\a_{21}&a_{22}\end{vmatrix}\neq 0$，然后用 D 的第

① 一般的线性方程组的解的讨论，可参考高等代数教材.

三列元的代数余子式 A_{13},A_{23},A_{33} 分别与方程组(2)中的三个多项式相乘而求和，得

$$A_{13}(a_{11}x_1+a_{12}x_2+a_{13}x_3-b_1)+A_{23}(a_{21}x_1+a_{22}x_2+a_{23}x_3-b_2)+A_{33}(a_{31}x_1+a_{32}x_2+a_{33}x_3-b_3)$$
$$\equiv(a_{11}A_{13}+a_{21}A_{23}+a_{31}A_{33})x_1+(a_{12}A_{13}+a_{22}A_{23}+a_{32}A_{33})x_2+(a_{13}A_{13}+a_{23}A_{23}+a_{33}A_{33})x_3-(b_1A_{13}+b_2A_{23}+b_3A_{33}),$$

根据定理 2.8 与定理 2.7 以及题设 $r=R=2$，得

$$a_{11}A_{13}+a_{21}A_{23}+a_{31}A_{33}=0,$$
$$a_{12}A_{13}+a_{22}A_{23}+a_{32}A_{33}=0,$$
$$a_{13}A_{13}+a_{23}A_{23}+a_{33}A_{33}=D=0,$$
$$b_1A_{13}+b_2A_{23}+b_3A_{33}=D_3=0.$$

所以

$$A_{13}(a_{11}x_1+a_{12}x_2+a_{13}x_3-b_1)+A_{23}(a_{21}x_1+a_{22}x_2+a_{23}x_3-b_2)+A_{33}(a_{31}x_1+a_{32}x_2+a_{33}x_3-b_3)\equiv 0,$$

因此，由于 $A_{33}\neq 0$，当 x_1,x_2,x_3 适合于方程组(2)里的第一、第二两式：

$$\begin{cases}a_{11}x_1+a_{12}x_2+a_{13}x_3=b_1,\\ a_{21}x_1+a_{22}x_2+a_{23}x_3=b_2,\end{cases}$$

便一定适合第三式

$$a_{31}x_1+a_{32}x_2+a_{33}x_3=b_3,$$

因为 $\begin{vmatrix}a_{11} & a_{12}\\ a_{21} & a_{22}\end{vmatrix}\neq 0$，把(2)的第一、第二两式改写为

$$\begin{cases}a_{11}x_1+a_{12}x_2=b_1-a_{13}x_3,\\ a_{21}x_1+a_{22}x_2=b_2-a_{23}x_3,\end{cases}\tag{4}$$

从(4)中解出 x_1,x_2(都用 x_3 来表达)，得

$$x_1=\frac{\begin{vmatrix}b_1-a_{13}x_3 & a_{12}\\ b_2-a_{23}x_3 & a_{22}\end{vmatrix}}{\begin{vmatrix}a_{11} & a_{12}\\ a_{21} & a_{22}\end{vmatrix}},\quad x_2=\frac{\begin{vmatrix}a_{11} & b_1-a_{13}x_3\\ a_{21} & b_2-a_{23}x_3\end{vmatrix}}{\begin{vmatrix}a_{11} & a_{12}\\ a_{21} & a_{22}\end{vmatrix}},\tag{5}$$

或写成

$$x_1=\frac{\begin{vmatrix}b_1-a_{13}t & a_{12}\\ b_2-a_{23}t & a_{22}\end{vmatrix}}{\begin{vmatrix}a_{11} & a_{12}\\ a_{21} & a_{22}\end{vmatrix}},\quad x_2=\frac{\begin{vmatrix}a_{11} & b_1-a_{13}t\\ a_{21} & b_2-a_{23}t\end{vmatrix}}{\begin{vmatrix}a_{11} & a_{12}\\ a_{21} & a_{22}\end{vmatrix}},\quad x_3=t,\tag{6}$$

其中 t 为参数，当 t 取任意实数时，x_1,x_2,x_3 总是方程组(2)的解，所以此时方程组(2)有无穷多组解.

3° $r=R=1$，这时矩阵 $\boldsymbol{A}$ 与 $\boldsymbol{B}$ 的所有二阶子式都为零，方程组(2)的三个方程的系数两两成比例，三个方程实质上是一个方程，因为方程的系数不能全为零，不妨设 $a_{11}\neq 0$，我们就解得

$$x_1=\frac{1}{a_{11}}(b_1-a_{12}x_2-a_{13}x_3),$$

或写成

$$x_1=\frac{1}{a_{11}}(b_1-a_{12}u-a_{13}v),\quad x_2=u,\quad x_3=v,$$

其中 u,v 为参数，当 u,v 分别取任意实数时，x_1,x_2,x_3 总是方程组(2)的解，所以此时方程组(2)有无数组解.

2) 系数矩阵 $\boldsymbol{A}$ 的秩不等于增广矩阵 $\boldsymbol{B}$ 的秩，即 $r\neq R$.

1° $r=2,R=3$，这时 $D=0$，而 D_1,D_2,D_3 中至少有一不为零，所以由(3)知方程组(2)无解.

2° $r=1,R=2$，这时矩阵 $\boldsymbol{A}$ 的所有二阶子式都为零，因此方程组(2)中的三方程的系数两两成比

例,但是 $R=2$,所以在矩阵 $\boldsymbol{B}$ 中,至少有一个二阶子式不为零,不妨设

$$\begin{vmatrix} a_{11} & b_1 \\ a_{21} & b_2 \end{vmatrix} \neq 0,$$

那么

$$\frac{a_{11}}{a_{21}}=\frac{a_{12}}{a_{22}}=\frac{a_{13}}{a_{23}}\neq\frac{b_1}{b_2}, \tag{7}$$

所以方程组(2)的第一、二两方程为矛盾方程,因而这时方程组(2)无解.

综合上面讨论的结果,我们得到

定理 3.1 线性方程组(2)有解的充要条件是它的系数矩阵 $\boldsymbol{A}$ 的秩等于增广矩阵 $\boldsymbol{B}$ 的秩.

定理 3.2 线性方程组(2)有惟一解的充要条件是系数矩阵 $\boldsymbol{A}$ 为满秩矩阵,或系数行列式 $D\neq 0$.

定理 3.3 线性方程组(2)有无数解的充要条件为 $r=R=2$,或 $r=R=1$.

例 1 解线性方程组

$$\begin{cases} x_1+3x_2+4x_3=-2, \\ 2x_1+5x_2+3x_3=8, \\ 3x_1+8x_2+7x_3=6. \end{cases}$$

解 方程组的系数矩阵与增广矩阵分别为

$$\boldsymbol{A}=\begin{pmatrix} 1 & 3 & 4 \\ 2 & 5 & 3 \\ 3 & 8 & 7 \end{pmatrix}, \quad \boldsymbol{B}=\begin{pmatrix} 1 & 3 & 4 & -2 \\ 2 & 5 & 3 & 8 \\ 3 & 8 & 7 & 6 \end{pmatrix},$$

它们的秩分别为 $r=2, R=2$,所以方程有无穷多组解.

因为 $\begin{vmatrix} 1 & 3 \\ 2 & 5 \end{vmatrix}\neq 0$,所以由方程组的第一、二两方程解出 x_1, x_2 得

$$x_1=34+11x_3, \quad x_2=-12-5x_3,$$

或写成

$$x_1=34+11t, \quad x_2=-12-5t, \quad x_3=t,$$

其中的 t 为参数.

在线性方程组(1)的右边的常数项 $b_1, b_2, \cdots, b_m$,如果都为零,即

$$\begin{cases} a_{11}x_1+a_{12}x_2+\cdots+a_{1n}x_n=0, \\ \cdots\cdots\cdots\cdots \\ a_{m1}x_1+a_{m2}x_2+\cdots+a_{mn}x_n=0, \end{cases} \tag{8}$$

那么方程组(8)叫做齐次线性方程组.下面我们只讨论三个变元的齐次线性方程组:

$$\begin{cases} a_{11}x_1+a_{12}x_2+a_{13}x_3=0, \\ a_{21}x_1+a_{22}x_2+a_{23}x_3=0, \\ a_{31}x_1+a_{32}x_2+a_{33}x_3=0, \end{cases} \tag{9}$$

它的系数矩阵与增广矩阵分别为

$$\boldsymbol{A}=\begin{pmatrix} a_{11} & a_{12} & a_{13} \\ a_{21} & a_{22} & a_{23} \\ a_{31} & a_{32} & a_{33} \end{pmatrix}, \quad \boldsymbol{B}=\begin{pmatrix} a_{11} & a_{12} & a_{13} & 0 \\ a_{21} & a_{22} & a_{23} & 0 \\ a_{31} & a_{32} & a_{33} & 0 \end{pmatrix},$$

容易看出这两个矩阵的秩总是相等的,因而它总有解,显然 $x_1=0, x_2=0, x_3=0$ 是方程组(9)的一组解.

定义 3.4 线性方程组的解如果全部都是零,那么叫做零解;如果不全是零,那么就叫做非零解.

因此齐次线性方程组总有零解,而非齐次线性方程组的解都是非零解.

根据定理 3.3,容易知道,下面定理成立:

定理 3.4 齐次线性方程组(9)有非零解的充要条件为其系数行列式$D=0$.

例 2 解齐次线性方程组

$$\begin{cases} a_1x+b_1y+c_1z=0, \\ a_2x+b_2y+c_2z=0. \end{cases} \tag{10}$$

解 如果系数矩阵

$$\boldsymbol{A}=\begin{pmatrix} a_1 & b_1 & c_1 \\ a_2 & b_2 & c_2 \end{pmatrix}$$

的秩为 2,那么矩阵 $\boldsymbol{A}$ 至少有一个二阶子式不为零,不失一般性,设

$$\begin{vmatrix} a_1 & b_1 \\ a_2 & b_2 \end{vmatrix}\neq 0,$$

那么

$$x=\frac{\begin{vmatrix} b_1 & c_1 \\ b_2 & c_2 \end{vmatrix}}{\begin{vmatrix} a_1 & b_1 \\ a_2 & b_2 \end{vmatrix}}z,\quad y=\frac{\begin{vmatrix} c_1 & a_1 \\ c_2 & a_2 \end{vmatrix}}{\begin{vmatrix} a_1 & b_1 \\ a_2 & b_2 \end{vmatrix}}z,$$

所以得

$$x=\begin{vmatrix} b_1 & c_1 \\ b_2 & c_2 \end{vmatrix}t,\quad y=\begin{vmatrix} c_1 & a_1 \\ c_2 & a_2 \end{vmatrix}t,\quad z=\begin{vmatrix} a_1 & b_1 \\ a_2 & b_2 \end{vmatrix}t,$$

其中 t 是参数.这时方程组有无数解,它又可以写成

$$x:y:z=\begin{vmatrix} b_1 & c_1 \\ b_2 & c_2 \end{vmatrix}:\begin{vmatrix} c_1 & a_1 \\ c_2 & a_2 \end{vmatrix}:\begin{vmatrix} a_1 & b_1 \\ a_2 & b_2 \end{vmatrix}. \tag{11}$$

如果系数矩阵 $\boldsymbol{A}$ 的秩为 1,那么它的所有二阶子式都为零,方程组(10)中的两方程的系数成比例,因此满足其中一个方程的解,就是方程组的解,这时方程组(10)有无数解.

顺便指出,二元非齐次方程组

$$\begin{cases} a_1x+b_1y+c_1=0, \\ a_2x+b_2y+c_2=0, \end{cases} \tag{12}$$

就是在(10)中,设 $z=1$ 的结果,因此根据上例,方程组(12)的解是

$$x:y:1=\begin{vmatrix} b_1 & c_1 \\ b_2 & c_2 \end{vmatrix}:\begin{vmatrix} c_1 & a_1 \\ c_2 & a_2 \end{vmatrix}:\begin{vmatrix} a_1 & b_1 \\ a_2 & b_2 \end{vmatrix}. \tag{13}$$

如果 $\begin{vmatrix} a_1 & b_1 \\ a_2 & b_2 \end{vmatrix}=0$,而其他两个行列式不全为零,那么上述结果便有矛盾(因$1\neq 0$),这时非齐次线性方程组(12)为二元矛盾方程组,方程组(12)无解.如果(13)中的三个行列式全为零,那么(12)中的两方程的系数及常数项成比例,两方程仅差一个不为零的常数因子.

§4 矩阵的乘法

定义 4.1 一个 $m\times n$ 矩阵 $\boldsymbol{A}=(a_{ij})$ 与一个 $n\times p$ 矩阵 $\boldsymbol{B}=(b_{jk})$ 的乘积是一个 $m\times p$ 矩阵 $\boldsymbol{C}=(c_{ik})$,

记做 $\boldsymbol{C}=\boldsymbol{AB}$,矩阵 $\boldsymbol{C}$ 的第 i 行第 k 列的元等于矩阵 $\boldsymbol{A}$ 的第 i 行的 n 个元与矩阵 $\boldsymbol{B}$ 的第 k 列的对应的 n 个元的乘积之和,即

$$c_{ik}=\sum_{j=1}^{n}a_{ij}b_{jk},\quad i=1,2,\cdots,m;k=1,2,\cdots,p.$$

从这个定义可以看出,两个因子矩阵只有当前一个因子矩阵 $\boldsymbol{A}$ 的列数与后一个因子矩阵 $\boldsymbol{B}$ 的行数相同时才能相乘,而且前一个因子矩阵 $\boldsymbol{A}$ 的第 i 行的元出现且只出现在乘积矩阵 $\boldsymbol{C}$ 的第 i 行中,而后一个因子矩阵 $\boldsymbol{B}$ 的第 k 列元出现且只出现在乘积矩阵 $\boldsymbol{C}$ 的第 k 列中.

例 1 如果 $\boldsymbol{A}=\begin{pmatrix}a_{11}&a_{12}\\a_{21}&a_{22}\\a_{31}&a_{32}\end{pmatrix}$, $\boldsymbol{B}=\begin{pmatrix}b_{11}&b_{12}\\b_{21}&b_{22}\end{pmatrix}$,那么

$$\boldsymbol{AB}=\begin{pmatrix}a_{11}&a_{12}\\a_{21}&a_{22}\\a_{31}&a_{32}\end{pmatrix}\begin{pmatrix}b_{11}&b_{12}\\b_{21}&b_{22}\end{pmatrix}=\begin{pmatrix}a_{11}b_{11}+a_{12}b_{21}&a_{11}b_{12}+a_{12}b_{22}\\a_{21}b_{11}+a_{22}b_{21}&a_{21}b_{12}+a_{22}b_{22}\\a_{31}b_{11}+a_{32}b_{21}&a_{31}b_{12}+a_{32}b_{22}\end{pmatrix}.$$

例 2 如果 $\boldsymbol{A}=\begin{pmatrix}3&1&2\\2&1&3\end{pmatrix}$, $\boldsymbol{B}=\begin{pmatrix}1&2\\3&1\\2&3\end{pmatrix}$,那么

$$\boldsymbol{AB}=\begin{pmatrix}3&1&2\\2&1&3\end{pmatrix}\begin{pmatrix}1&2\\3&1\\2&3\end{pmatrix}=\begin{pmatrix}10&13\\11&14\end{pmatrix},$$

$$\boldsymbol{BA}=\begin{pmatrix}1&2\\3&1\\2&3\end{pmatrix}\begin{pmatrix}3&1&2\\2&1&3\end{pmatrix}=\begin{pmatrix}7&3&8\\11&4&9\\12&5&13\end{pmatrix}.$$

从例 1 可以看出,因为矩阵 $\boldsymbol{B}$ 的列数为 2,而矩阵 $\boldsymbol{A}$ 的行数为 3,所以矩阵 $\boldsymbol{B}$ 与 $\boldsymbol{A}$ 不能相乘,即 $\boldsymbol{BA}$ 没有意义,从例 2 看出 $\boldsymbol{AB}\neq\boldsymbol{BA}$.一般地说来,矩阵的乘法不满足交换律.

例 3 直角坐标变换中的转轴公式

$$\begin{cases}x=x'\cos\alpha-y'\sin\alpha,\\y=x'\sin\alpha+y'\cos\alpha\end{cases}$$

与

$$\begin{cases}x=x'\cos\alpha_1+y'\cos\alpha_2+z'\cos\alpha_3,\\y=x'\cos\beta_1+y'\cos\beta_2+z'\cos\beta_3,\\z=x'\cos\gamma_1+y'\cos\gamma_2+z'\cos\gamma_3,\end{cases}$$

利用矩阵乘法分别可以写成

$$\begin{pmatrix}x\\y\end{pmatrix}=\begin{pmatrix}\cos\alpha&-\sin\alpha\\\sin\alpha&\cos\alpha\end{pmatrix}\begin{pmatrix}x'\\y'\end{pmatrix}\tag{4-1}$$

与

$$\begin{pmatrix}x\\y\\z\end{pmatrix}=\begin{pmatrix}\cos\alpha_1&\cos\alpha_2&\cos\alpha_3\\\cos\beta_1&\cos\beta_2&\cos\beta_3\\\cos\gamma_1&\cos\gamma_2&\cos\gamma_3\end{pmatrix}\begin{pmatrix}x'\\y'\\z'\end{pmatrix},\tag{4-2}$$

其中矩阵 $\begin{pmatrix}\cos\alpha&-\sin\alpha\\\sin\alpha&\cos\alpha\end{pmatrix}$ 与 $\begin{pmatrix}\cos\alpha_1&\cos\alpha_2&\cos\alpha_3\\\cos\beta_1&\cos\beta_2&\cos\beta_3\\\cos\gamma_1&\cos\gamma_2&\cos\gamma_3\end{pmatrix}$ 分别叫做(4-1)与(4-2)的变换矩阵.

矩阵乘法有着下面的性质：

定理 4.1　矩阵的乘法满足结合律，即

$$(\boldsymbol{AB})\boldsymbol{C}=\boldsymbol{A}(\boldsymbol{BC}). \tag{4-3}$$

证　设 $\boldsymbol{A},\boldsymbol{B},\boldsymbol{C}$ 分别为 $m\times n,n\times p,p\times q$ 矩阵，记做

$$\boldsymbol{A}=(a_{ij}),\quad \boldsymbol{B}=(b_{jk}),\quad \boldsymbol{C}=(c_{kl}),$$

这里 $i=1,2,\cdots,m;\ j=1,2,\cdots,n;\ k=1,2,\cdots,p;\ l=1,2,\cdots,q.$

根据矩阵乘法的定义，有

$$\boldsymbol{AB}=(d_{ik}),\ \boldsymbol{BC}=(e_{jl}),$$

这里

$$d_{ik}=\sum_{j=1}^{n}a_{ij}b_{jk},\quad i=1,2,\cdots,m;k=1,2,\cdots,p.$$

$$e_{jl}=\sum_{k=1}^{p}b_{jk}c_{kl},\quad j=1,2,\cdots,n;l=1,2,\cdots,q.$$

其次又有 $(\boldsymbol{AB})\boldsymbol{C}=(f_{il})$，$\boldsymbol{A}(\boldsymbol{BC})=(g_{il})$，这里

$$f_{il}=\sum_{k=1}^{p}d_{ik}c_{kl}=\sum_{k=1}^{p}\left(\sum_{j=1}^{n}a_{ij}b_{jk}\right)c_{kl}=\sum_{k=1}^{p}\sum_{j=1}^{n}a_{ij}b_{jk}c_{kl},$$

$$g_{il}=\sum_{j=1}^{n}a_{ij}e_{jl}=\sum_{j=1}^{n}a_{ij}\left(\sum_{k=1}^{p}b_{jk}c_{kl}\right)=\sum_{j=1}^{n}\sum_{k=1}^{p}a_{ij}b_{jk}c_{kl},$$

$$i=1,2,\cdots,m;l=1,2,\cdots,q.$$

因为

$$\sum_{k=1}^{p}\sum_{j=1}^{n}a_{ij}b_{jk}c_{kl}=\sum_{j=1}^{n}\sum_{k=1}^{p}a_{ij}b_{jk}c_{kl},$$

所以

$$f_{il}=g_{il},$$

根据定义 1.3 得

$$(\boldsymbol{AB})\boldsymbol{C}=\boldsymbol{A}(\boldsymbol{BC}).$$

定理 4.2　矩阵的转置与乘积的关系是

$$(\boldsymbol{AB})^{\mathrm{T}}=\boldsymbol{B}^{\mathrm{T}}\boldsymbol{A}^{\mathrm{T}}. \tag{4-4}$$

证　根据定义 1.2，矩阵 $(\boldsymbol{AB})^{\mathrm{T}}$ 的第 i 行第 j 列的元是矩阵 $\boldsymbol{AB}$ 的第 j 行第 i 列的元，即等于矩阵 $\boldsymbol{A}$ 的第 j 行与矩阵 $\boldsymbol{B}$ 的第 i 列的对应元乘积之和.另一方面矩阵 $\boldsymbol{A}$ 的第 j 行的元就是矩阵 $\boldsymbol{A}^{\mathrm{T}}$ 的第 j 列的元，而矩阵 $\boldsymbol{B}$ 的第 i 列的元就是矩阵 $\boldsymbol{B}^{\mathrm{T}}$ 的第 i 行的元，所以矩阵 $(\boldsymbol{AB})^{\mathrm{T}}$ 的第 i 行第 j 列的元等于 $\boldsymbol{B}^{\mathrm{T}}$ 的第 i 行与 $\boldsymbol{A}^{\mathrm{T}}$ 的第 j 列的对应元乘积之和，即正好等于 $\boldsymbol{B}^{\mathrm{T}}\boldsymbol{A}^{\mathrm{T}}$ 的第 i 行第 j 列的元，于是定理得到了证明.

例如，设 $\boldsymbol{A}=\begin{pmatrix}a_{11}&a_{12}\\a_{21}&a_{22}\end{pmatrix}$，$\boldsymbol{B}=\begin{pmatrix}b_{11}&b_{12}\\b_{21}&b_{22}\end{pmatrix}$，那么

$$(\boldsymbol{AB})^{\mathrm{T}}=\begin{pmatrix}a_{11}b_{11}+a_{12}b_{21}&a_{11}b_{12}+a_{12}b_{22}\\a_{21}b_{11}+a_{22}b_{21}&a_{21}b_{12}+a_{22}b_{22}\end{pmatrix}^{\mathrm{T}}=\begin{pmatrix}a_{11}b_{11}+a_{12}b_{21}&a_{21}b_{11}+a_{22}b_{21}\\a_{11}b_{12}+a_{12}b_{22}&a_{21}b_{12}+a_{22}b_{22}\end{pmatrix}$$

$$=\begin{pmatrix}b_{11}&b_{21}\\b_{12}&b_{22}\end{pmatrix}\begin{pmatrix}a_{11}&a_{21}\\a_{12}&a_{22}\end{pmatrix}=\boldsymbol{B}^{\mathrm{T}}\boldsymbol{A}^{\mathrm{T}}.$$

在两矩阵的相乘中，当矩阵是同阶的方阵时，它们的乘积矩阵显然也是同阶的方阵，这时因子矩阵的行列式与乘积矩阵的行列式之间有着一个重要的关系式，这就是下面的定理：

定理 4.3　两 n 阶矩阵乘积的行列式等于矩阵的行列式的乘积，即

$$\det(\boldsymbol{AB})=\det\boldsymbol{A}\cdot\det\boldsymbol{B}. \tag{4-5}$$

我们以三阶矩阵

$$A=\begin{pmatrix}a_{11}&a_{12}&a_{13}\\a_{21}&a_{22}&a_{23}\\a_{31}&a_{32}&a_{33}\end{pmatrix},\quad B=\begin{pmatrix}b_{11}&b_{12}&b_{13}\\b_{21}&b_{22}&b_{23}\\b_{31}&b_{32}&b_{33}\end{pmatrix}$$

为例,说明定理 4.3 的证法,先证明下面的两个引理.

引理 1

$$D=\begin{vmatrix}a_{11}&a_{12}&a_{13}&0&0&0\\a_{21}&a_{22}&a_{23}&0&0&0\\a_{31}&a_{32}&a_{33}&0&0&0\\-1&0&0&b_{11}&b_{12}&b_{13}\\0&-1&0&b_{21}&b_{22}&b_{23}\\0&0&-1&b_{31}&b_{32}&b_{33}\end{vmatrix}=\begin{vmatrix}a_{11}&a_{12}&a_{13}\\a_{21}&a_{22}&a_{23}\\a_{31}&a_{32}&a_{33}\end{vmatrix}\cdot\begin{vmatrix}b_{11}&b_{12}&b_{13}\\b_{21}&b_{22}&b_{23}\\b_{31}&b_{32}&b_{33}\end{vmatrix}\text{①}.$$

证 逐步按 D 的第一行、第二行、第三行展开(即每次都按新行列式的第一行展开),我们得到

$$D=a_{11}\begin{vmatrix}a_{22}&a_{23}&0&0&0\\a_{32}&a_{33}&0&0&0\\0&0&b_{11}&b_{12}&b_{13}\\-1&0&b_{21}&b_{22}&b_{23}\\0&-1&b_{31}&b_{32}&b_{33}\end{vmatrix}-a_{12}\begin{vmatrix}a_{21}&a_{23}&0&0&0\\a_{31}&a_{33}&0&0&0\\-1&0&b_{11}&b_{12}&b_{13}\\0&0&b_{21}&b_{22}&b_{23}\\0&-1&b_{31}&b_{32}&b_{33}\end{vmatrix}+a_{13}\begin{vmatrix}a_{21}&a_{22}&0&0&0\\a_{31}&a_{32}&0&0&0\\-1&0&b_{11}&b_{12}&b_{13}\\0&-1&b_{21}&b_{22}&b_{23}\\0&0&b_{31}&b_{32}&b_{33}\end{vmatrix}$$

$$=a_{11}\left(a_{22}\begin{vmatrix}a_{33}&0&0&0\\0&b_{11}&b_{12}&b_{13}\\0&b_{21}&b_{22}&b_{23}\\-1&b_{31}&b_{32}&b_{33}\end{vmatrix}-a_{23}\begin{vmatrix}a_{32}&0&0&0\\0&b_{11}&b_{12}&b_{13}\\-1&b_{21}&b_{22}&b_{23}\\0&b_{31}&b_{32}&b_{33}\end{vmatrix}\right)-$$

$$a_{12}\left(a_{21}\begin{vmatrix}a_{33}&0&0&0\\0&b_{11}&b_{12}&b_{13}\\0&b_{21}&b_{22}&b_{23}\\-1&b_{31}&b_{32}&b_{33}\end{vmatrix}-a_{23}\begin{vmatrix}a_{31}&0&0&0\\-1&b_{11}&b_{12}&b_{13}\\0&b_{21}&b_{22}&b_{23}\\0&b_{31}&b_{32}&b_{33}\end{vmatrix}\right)+$$

$$a_{13}\left(a_{21}\begin{vmatrix}a_{32}&0&0&0\\0&b_{11}&b_{12}&b_{13}\\-1&b_{21}&b_{22}&b_{23}\\0&b_{31}&b_{32}&b_{33}\end{vmatrix}-a_{22}\begin{vmatrix}a_{31}&0&0&0\\-1&b_{11}&b_{12}&b_{13}\\0&b_{21}&b_{22}&b_{23}\\0&b_{31}&b_{32}&b_{33}\end{vmatrix}\right)$$

$$=(a_{11}a_{22}a_{33}+a_{12}a_{23}a_{31}+a_{13}a_{21}a_{32}-a_{11}a_{23}a_{32}-a_{12}a_{21}a_{33}-a_{13}a_{22}a_{31})\begin{vmatrix}b_{11}&b_{12}&b_{13}\\b_{21}&b_{22}&b_{23}\\b_{31}&b_{32}&b_{33}\end{vmatrix}$$

$$=\begin{vmatrix}a_{11}&a_{12}&a_{13}\\a_{21}&a_{22}&a_{23}\\a_{31}&a_{32}&a_{33}\end{vmatrix}\cdot\begin{vmatrix}b_{11}&b_{12}&b_{13}\\b_{21}&b_{22}&b_{23}\\b_{31}&b_{32}&b_{33}\end{vmatrix}.$$

引理 2

---

① 实际上应用拉普拉斯定理,按 D 的前 3 行展开,立刻得引理的结论,见高等代数教材.

$$D=\begin{vmatrix} a_{11} & a_{12} & a_{13} & 0 & 0 & 0 \\ a_{21} & a_{22} & a_{23} & 0 & 0 & 0 \\ a_{31} & a_{32} & a_{33} & 0 & 0 & 0 \\ -1 & 0 & 0 & b_{11} & b_{12} & b_{13} \\ 0 & -1 & 0 & b_{21} & b_{22} & b_{23} \\ 0 & 0 & -1 & b_{31} & b_{32} & b_{33} \end{vmatrix}=\begin{vmatrix} c_{11} & c_{12} & c_{13} \\ c_{21} & c_{22} & c_{23} \\ c_{31} & c_{32} & c_{33} \end{vmatrix},$$

式中

$$c_{ik}=\sum_{j=1}^{3} a_{ij}b_{jk}, \quad i,k=1,2,3.$$

证　在行列式 D 的第四列加上第一列的 b_{11} 倍，第二列的 b_{21} 倍，第三列的 b_{31} 倍；D 的第五列加上第一列的 b_{12} 倍，第二列的 b_{22} 倍，第三列的 b_{32} 倍；D 的第六列加上第一列的 b_{13} 倍，第二列的 b_{23} 倍，第三列的 b_{33} 倍，就得到

$$D=\begin{vmatrix} a_{11} & a_{12} & a_{13} & \sum_{j=1}^{3} a_{1j}b_{j1} & \sum_{j=1}^{3} a_{1j}b_{j2} & \sum_{j=1}^{3} a_{1j}b_{j3} \\ a_{21} & a_{22} & a_{23} & \sum_{j=1}^{3} a_{2j}b_{j1} & \sum_{j=1}^{3} a_{2j}b_{j2} & \sum_{j=1}^{3} a_{2j}b_{j3} \\ a_{31} & a_{32} & a_{33} & \sum_{j=1}^{3} a_{3j}b_{j1} & \sum_{j=1}^{3} a_{3j}b_{j2} & \sum_{j=1}^{3} a_{3j}b_{j3} \\ -1 & 0 & 0 & 0 & 0 & 0 \\ 0 & -1 & 0 & 0 & 0 & 0 \\ 0 & 0 & -1 & 0 & 0 & 0 \end{vmatrix}=\begin{vmatrix} a_{11} & a_{12} & a_{13} & c_{11} & c_{12} & c_{13} \\ a_{21} & a_{22} & a_{23} & c_{21} & c_{22} & c_{23} \\ a_{31} & a_{32} & a_{33} & c_{31} & c_{32} & c_{33} \\ -1 & 0 & 0 & 0 & 0 & 0 \\ 0 & -1 & 0 & 0 & 0 & 0 \\ 0 & 0 & -1 & 0 & 0 & 0 \end{vmatrix}$$

$$=\begin{vmatrix} a_{12} & a_{13} & c_{11} & c_{12} & c_{13} \\ a_{22} & a_{23} & c_{21} & c_{22} & c_{23} \\ a_{32} & a_{33} & c_{31} & c_{32} & c_{33} \\ -1 & 0 & 0 & 0 & 0 \\ 0 & -1 & 0 & 0 & 0 \end{vmatrix}=\begin{vmatrix} a_{13} & c_{11} & c_{12} & c_{13} \\ a_{23} & c_{21} & c_{22} & c_{23} \\ a_{33} & c_{31} & c_{32} & c_{33} \\ -1 & 0 & 0 & 0 \end{vmatrix}=\begin{vmatrix} c_{11} & c_{12} & c_{13} \\ c_{21} & c_{22} & c_{23} \\ c_{31} & c_{32} & c_{33} \end{vmatrix}.$$

根据引理 1 与引理 2，定理 4.3 也就被证明了，这是因为

$$\det \boldsymbol{A}=\begin{vmatrix} a_{11} & a_{12} & a_{13} \\ a_{21} & a_{22} & a_{23} \\ a_{31} & a_{32} & a_{33} \end{vmatrix}, \quad \det \boldsymbol{B}=\begin{vmatrix} b_{11} & b_{12} & b_{13} \\ b_{21} & b_{22} & b_{23} \\ b_{31} & b_{32} & b_{33} \end{vmatrix},$$

$$\det (\boldsymbol{AB})=\begin{vmatrix} c_{11} & c_{12} & c_{13} \\ c_{21} & c_{22} & c_{23} \\ c_{31} & c_{32} & c_{33} \end{vmatrix}, \quad c_{ik}=\sum_{j=1}^{3} a_{ij}b_{jk}, i,k=1,2,3,$$

所以

$$\det (\boldsymbol{AB})=\det \boldsymbol{A}\cdot\det \boldsymbol{B}.$$

以上证法可以推广到两个 n $(n>3)$ 阶方阵的情形.

例 4　试证 I_1,I_2,I_3 是二次曲面在直角坐标变换下的不变量.

证　因为二次曲面

$$F(x,y,z)\equiv a_{11}x^2+a_{22}y^2+a_{33}z^2+2a_{12}xy+2a_{13}xz+2a_{23}yz+2a_{14}x+2a_{24}y+2a_{34}z+a_{44}=0, \tag{1}$$

其中

$$I_1=a_{11}+a_{22}+a_{33}, \quad I_2=\begin{vmatrix} a_{11} & a_{12} \\ a_{12} & a_{22} \end{vmatrix}+\begin{vmatrix} a_{11} & a_{13} \\ a_{13} & a_{33} \end{vmatrix}+\begin{vmatrix} a_{22} & a_{23} \\ a_{23} & a_{33} \end{vmatrix}, \quad I_3=\begin{vmatrix} a_{11} & a_{12} & a_{13} \\ a_{12} & a_{22} & a_{23} \\ a_{13} & a_{23} & a_{33} \end{vmatrix}$$

仅与(1)的二次项系数有关,而转轴公式(6.6-3)是一个齐次线性变换,因此在转轴下将使(1)的二次项系数变为新方程的二次项系数,一次项系数变为新方程的一次项系数,而常数项不变,从而在转轴下我们只要考虑(1)的二次项部分

$$\Phi(x,y,z)\equiv a_{11}x^2+a_{22}y^2+a_{33}z^2+2a_{12}xy+2a_{13}xz+2a_{23}yz$$

就够了,利用矩阵把它写成

$$\Phi(x,y,z)\equiv(x\ \ y\ \ z)\begin{pmatrix}a_{11}&a_{12}&a_{13}\\a_{12}&a_{22}&a_{23}\\a_{13}&a_{23}&a_{33}\end{pmatrix}\begin{pmatrix}x\\y\\z\end{pmatrix}. \tag{2}$$

同样地,把转轴公式(6.6-3)也以矩阵的形式表示为

$$\begin{pmatrix}x\\y\\z\end{pmatrix}=\begin{pmatrix}\cos\alpha_1&\cos\alpha_2&\cos\alpha_3\\\cos\beta_1&\cos\beta_2&\cos\beta_3\\\cos\gamma_1&\cos\gamma_2&\cos\gamma_3\end{pmatrix}\begin{pmatrix}x'\\y'\\z'\end{pmatrix}, \tag{3}$$

取上式两边的转置矩阵得

$$(x\ \ y\ \ z)=(x'\ \ y'\ \ z')\begin{pmatrix}\cos\alpha_1&\cos\beta_1&\cos\gamma_1\\\cos\alpha_2&\cos\beta_2&\cos\gamma_2\\\cos\alpha_3&\cos\beta_3&\cos\gamma_3\end{pmatrix}, \tag{4}$$

将(3),(4)两式代入(2)得二次曲面(1)经过转轴(6.6-3)后的新方程的二次项部分为

$$\begin{aligned}\Phi'(x',y',z')&\equiv(x'\ \ y'\ \ z')\begin{pmatrix}\cos\alpha_1&\cos\beta_1&\cos\gamma_1\\\cos\alpha_2&\cos\beta_2&\cos\gamma_2\\\cos\alpha_3&\cos\beta_3&\cos\gamma_3\end{pmatrix}\begin{pmatrix}a_{11}&a_{12}&a_{13}\\a_{12}&a_{22}&a_{23}\\a_{13}&a_{23}&a_{33}\end{pmatrix}\begin{pmatrix}\cos\alpha_1&\cos\alpha_2&\cos\alpha_3\\\cos\beta_1&\cos\beta_2&\cos\beta_3\\\cos\gamma_1&\cos\gamma_2&\cos\gamma_3\end{pmatrix}\begin{pmatrix}x'\\y'\\z'\end{pmatrix}\\&=(x'\ \ y'\ \ z')\begin{pmatrix}a'_{11}&a'_{12}&a'_{13}\\a'_{12}&a'_{22}&a'_{23}\\a'_{13}&a'_{23}&a'_{33}\end{pmatrix}\begin{pmatrix}x'\\y'\\z'\end{pmatrix},\end{aligned}$$

所以

$$\begin{pmatrix}a'_{11}&a'_{12}&a'_{13}\\a'_{12}&a'_{22}&a'_{23}\\a'_{13}&a'_{23}&a'_{33}\end{pmatrix}=\begin{pmatrix}\cos\alpha_1&\cos\beta_1&\cos\gamma_1\\\cos\alpha_2&\cos\beta_2&\cos\gamma_2\\\cos\alpha_3&\cos\beta_3&\cos\gamma_3\end{pmatrix}\begin{pmatrix}a_{11}&a_{12}&a_{13}\\a_{12}&a_{22}&a_{23}\\a_{13}&a_{23}&a_{33}\end{pmatrix}\begin{pmatrix}\cos\alpha_1&\cos\alpha_2&\cos\alpha_3\\\cos\beta_1&\cos\beta_2&\cos\beta_3\\\cos\gamma_1&\cos\gamma_2&\cos\gamma_3\end{pmatrix},$$

因为矩阵之积的行列式等于它们的行列式之积,从而有

$$I'_3=\begin{vmatrix}a'_{11}&a'_{12}&a'_{13}\\a'_{12}&a'_{22}&a'_{23}\\a'_{13}&a'_{23}&a'_{33}\end{vmatrix}=\begin{vmatrix}\cos\alpha_1&\cos\beta_1&\cos\gamma_1\\\cos\alpha_2&\cos\beta_2&\cos\gamma_2\\\cos\alpha_3&\cos\beta_3&\cos\gamma_3\end{vmatrix}\cdot\begin{vmatrix}a_{11}&a_{12}&a_{13}\\a_{12}&a_{22}&a_{23}\\a_{13}&a_{23}&a_{33}\end{vmatrix}\cdot\begin{vmatrix}\cos\alpha_1&\cos\alpha_2&\cos\alpha_3\\\cos\beta_1&\cos\beta_2&\cos\beta_3\\\cos\gamma_1&\cos\gamma_2&\cos\gamma_3\end{vmatrix}.$$

根据(6.6-7)得

$$I'_3=\begin{vmatrix}a'_{11}&a'_{12}&a'_{13}\\a'_{12}&a'_{22}&a'_{23}\\a'_{13}&a'_{23}&a'_{33}\end{vmatrix}=\begin{vmatrix}a_{11}&a_{12}&a_{13}\\a_{12}&a_{22}&a_{23}\\a_{13}&a_{23}&a_{33}\end{vmatrix}=I_3.$$

为了证明 I_1 与 I_2 也不变,我们首先指出:经过转轴(6.6-3),多项式 $x^2+y^2+z^2$ 变为 $x'^2+y'^2+z'^2$ (§6.6 例 2).

现在考虑一个新的二次曲面方程

$$\psi(x,y,z)\equiv F(x,y,z)-\lambda(x^2+y^2+z^2)=0, \tag{5}$$

这里的 λ 是任意固定的常数,经过转轴变换(6.6-3),显然二次曲面(5)的方程变为

$$\psi'(x',y',z')\equiv F'(x',y',z')-\lambda(x'^2+y'^2+z'^2)=0, \tag{6}$$

因为二次曲面在转轴下的 I_3 不变,而这里

$$I_3(\psi)=\begin{vmatrix} a_{11}-\lambda & a_{12} & a_{13} \\ a_{12} & a_{22}-\lambda & a_{23} \\ a_{13} & a_{23} & a_{33}-\lambda \end{vmatrix},$$

$$I_3(\psi')=\begin{vmatrix} a'_{11}-\lambda & a'_{12} & a'_{13} \\ a'_{12} & a'_{22}-\lambda & a'_{23} \\ a'_{13} & a'_{23} & a'_{33}-\lambda \end{vmatrix},$$

所以

$$\begin{vmatrix} a_{11}-\lambda & a_{12} & a_{13} \\ a_{12} & a_{22}-\lambda & a_{23} \\ a_{13} & a_{23} & a_{33}-\lambda \end{vmatrix}=\begin{vmatrix} a'_{11}-\lambda & a'_{12} & a'_{13} \\ a'_{12} & a'_{22}-\lambda & a'_{23} \\ a'_{13} & a'_{23} & a'_{33}-\lambda \end{vmatrix},$$

即

$$-\lambda^3+I_1\lambda^2-I_2\lambda+I_3=-\lambda^3+I'_1\lambda^2-I'_2\lambda+I'_3 .$$

因为这里的 λ 是任一常数,所以上式对于 λ 是一个恒等式,因而在转轴(6.6-3)下有 $I_1=I'_1, I_2=I'_2, I_3=I'_3$.

在移轴(6.6-1)下,二次曲面(1)的二次项系数不变(§6.6 例 1),所以仅与二次项系数有关的 I_1, I_2, I_3 也不变,我们就得:I_1, I_2, I_3 分别是二次曲面在直角坐标变换下的不变量.

例 5　试证 I_4 是二次曲面在直角坐标变换下的不变量.

证　因为 I_4 是二次曲面(1)的矩阵的行列式,利用矩阵把(1)与直角坐标变换(6.6-8)分别改写为

$$F(x,y,z)\equiv(x\ \ y\ \ z\ \ 1)\begin{pmatrix} a_{11} & a_{12} & a_{13} & a_{14} \\ a_{12} & a_{22} & a_{23} & a_{24} \\ a_{13} & a_{23} & a_{33} & a_{34} \\ a_{14} & a_{24} & a_{34} & a_{44} \end{pmatrix}\begin{pmatrix} x \\ y \\ z \\ 1 \end{pmatrix}=0 \tag{7}$$

与

$$\begin{pmatrix} x \\ y \\ z \\ 1 \end{pmatrix}=\begin{pmatrix} \cos\alpha_1 & \cos\alpha_2 & \cos\alpha_3 & x_0 \\ \cos\beta_1 & \cos\beta_2 & \cos\beta_3 & y_0 \\ \cos\gamma_1 & \cos\gamma_2 & \cos\gamma_3 & z_0 \\ 0 & 0 & 0 & 1 \end{pmatrix}\begin{pmatrix} x' \\ y' \\ z' \\ 1 \end{pmatrix}, \tag{8}$$

从而有

$$(x\ \ y\ \ z\ \ 1)=(x'\ \ y'\ \ z'\ \ 1)\begin{pmatrix} \cos\alpha_1 & \cos\beta_1 & \cos\gamma_1 & 0 \\ \cos\alpha_2 & \cos\beta_2 & \cos\gamma_2 & 0 \\ \cos\alpha_3 & \cos\beta_3 & \cos\gamma_3 & 0 \\ x_0 & y_0 & z_0 & 1 \end{pmatrix}, \tag{9}$$

将(8),(9)两式代入(7),即得二次曲面(1)在直角坐标变换(6.6-8)下的新方程为

$$F'(x',y',z')$$

$$\equiv(x'\ \ y'\ \ z'\ \ 1)\begin{pmatrix} \cos\alpha_1 & \cos\beta_1 & \cos\gamma_1 & 0 \\ \cos\alpha_2 & \cos\beta_2 & \cos\gamma_2 & 0 \\ \cos\alpha_3 & \cos\beta_3 & \cos\gamma_3 & 0 \\ x_0 & y_0 & z_0 & 1 \end{pmatrix}\begin{pmatrix} a_{11} & a_{12} & a_{13} & a_{14} \\ a_{12} & a_{22} & a_{23} & a_{24} \\ a_{13} & a_{23} & a_{33} & a_{34} \\ a_{14} & a_{24} & a_{34} & a_{44} \end{pmatrix}\begin{pmatrix} \cos\alpha_1 & \cos\alpha_2 & \cos\alpha_3 & x_0 \\ \cos\beta_1 & \cos\beta_2 & \cos\beta_3 & y_0 \\ \cos\gamma_1 & \cos\gamma_2 & \cos\gamma_3 & z_0 \\ 0 & 0 & 0 & 1 \end{pmatrix}\begin{pmatrix} x' \\ y' \\ z' \\ 1 \end{pmatrix}=0,$$

所以

$$I'_4=\begin{vmatrix}\cos\alpha_1 & \cos\beta_1 & \cos\gamma_1 & 0\\ \cos\alpha_2 & \cos\beta_2 & \cos\gamma_2 & 0\\ \cos\alpha_3 & \cos\beta_3 & \cos\gamma_3 & 0\\ x_0 & y_0 & z_0 & 1\end{vmatrix}\cdot\begin{vmatrix}a_{11} & a_{12} & a_{13} & a_{14}\\ a_{12} & a_{22} & a_{23} & a_{24}\\ a_{13} & a_{23} & a_{33} & a_{34}\\ a_{14} & a_{24} & a_{34} & a_{44}\end{vmatrix}\cdot\begin{vmatrix}\cos\alpha_1 & \cos\alpha_2 & \cos\alpha_3 & x_0\\ \cos\beta_1 & \cos\beta_2 & \cos\beta_3 & y_0\\ \cos\gamma_1 & \cos\gamma_2 & \cos\gamma_3 & z_0\\ 0 & 0 & 0 & 1\end{vmatrix}$$

$$=\begin{vmatrix}a_{11} & a_{12} & a_{13} & a_{14}\\ a_{12} & a_{22} & a_{23} & a_{24}\\ a_{13} & a_{23} & a_{33} & a_{34}\\ a_{14} & a_{24} & a_{34} & a_{44}\end{vmatrix}=I_4,$$

于是行列式 I_4 的确是二次曲面的不变量.

例 6 证明 K_1 与 K_2 在转轴(6.6-3)下不变,而在移轴(6.6-1)下一般要改变,从而 K_1 与 K_2 是二次曲面的半不变量.其中

$$K_1=\begin{vmatrix}a_{11} & a_{14}\\ a_{14} & a_{44}\end{vmatrix}+\begin{vmatrix}a_{22} & a_{24}\\ a_{24} & a_{44}\end{vmatrix}+\begin{vmatrix}a_{33} & a_{34}\\ a_{34} & a_{44}\end{vmatrix},$$

$$K_2=\begin{vmatrix}a_{11} & a_{12} & a_{14}\\ a_{12} & a_{22} & a_{24}\\ a_{14} & a_{24} & a_{44}\end{vmatrix}+\begin{vmatrix}a_{11} & a_{13} & a_{14}\\ a_{13} & a_{33} & a_{34}\\ a_{14} & a_{34} & a_{44}\end{vmatrix}+\begin{vmatrix}a_{22} & a_{23} & a_{24}\\ a_{23} & a_{33} & a_{34}\\ a_{24} & a_{34} & a_{44}\end{vmatrix}.$$

证 例 5 已证明了二次曲面在直角坐标变换下的 I_4 是不变的,因此由于二次曲面(5)通过转轴(6.6-3)变为(6),从而我们有

$$I_4(\psi')=I_4(\psi),$$

即

$$\begin{vmatrix}a'_{11}-\lambda & a'_{12} & a'_{13} & a'_{14}\\ a'_{12} & a'_{22}-\lambda & a'_{23} & a'_{24}\\ a'_{13} & a'_{23} & a'_{33}-\lambda & a'_{34}\\ a'_{14} & a'_{24} & a'_{34} & a'_{44}\end{vmatrix}=\begin{vmatrix}a_{11}-\lambda & a_{12} & a_{13} & a_{14}\\ a_{12} & a_{22}-\lambda & a_{23} & a_{24}\\ a_{13} & a_{23} & a_{33}-\lambda & a_{34}\\ a_{14} & a_{24} & a_{34} & a_{44}\end{vmatrix}.$$

因为这里的 λ 是任意一常数,所以上式关于 λ 是一恒等式,因此在等式两边关于 λ 的两个三次多项式的对应系数是相等的,所以 λ^2 项与 λ 项的系数分别相等,计算这些系数,我们得

$$\begin{vmatrix}a'_{11} & a'_{14}\\ a'_{14} & a'_{44}\end{vmatrix}+\begin{vmatrix}a'_{22} & a'_{24}\\ a'_{24} & a'_{44}\end{vmatrix}+\begin{vmatrix}a'_{33} & a'_{34}\\ a'_{34} & a'_{44}\end{vmatrix}=\begin{vmatrix}a_{11} & a_{14}\\ a_{14} & a_{44}\end{vmatrix}+\begin{vmatrix}a_{22} & a_{24}\\ a_{24} & a_{44}\end{vmatrix}+\begin{vmatrix}a_{33} & a_{34}\\ a_{34} & a_{44}\end{vmatrix}$$

与

$$\begin{vmatrix}a'_{11} & a'_{12} & a'_{14}\\ a'_{12} & a'_{22} & a'_{24}\\ a'_{14} & a'_{24} & a'_{44}\end{vmatrix}+\begin{vmatrix}a'_{11} & a'_{13} & a'_{14}\\ a'_{13} & a'_{33} & a'_{34}\\ a'_{14} & a'_{34} & a'_{44}\end{vmatrix}+\begin{vmatrix}a'_{22} & a'_{23} & a'_{24}\\ a'_{23} & a'_{33} & a'_{34}\\ a'_{24} & a'_{34} & a'_{44}\end{vmatrix}=\begin{vmatrix}a_{11} & a_{12} & a_{14}\\ a_{12} & a_{22} & a_{24}\\ a_{14} & a_{24} & a_{44}\end{vmatrix}+\begin{vmatrix}a_{11} & a_{13} & a_{14}\\ a_{13} & a_{33} & a_{34}\\ a_{14} & a_{34} & a_{44}\end{vmatrix}+\begin{vmatrix}a_{22} & a_{23} & a_{24}\\ a_{23} & a_{33} & a_{34}\\ a_{24} & a_{34} & a_{44}\end{vmatrix},$$

即

$$K'_1=K_1\ 与\ K'_2=K_2.$$

但是在移轴(6.6-1)下 K_1 与 K_2 一般是要改变的,例如

$$F(x,y,z)\equiv 2xy+2xz+2yz=0,$$

它的 $K_1=0,K_2=0$,而通过移轴(6.6-1),$F(x,y,z)$ 变为

$$F'(x',y',z')\equiv 2x'y'+2x'z'+2y'z'+2(y_0+z_0)x'+2(x_0+z_0)y'+2(x_0+y_0)z'+2(x_0y_0+x_0z_0+y_0z_0).$$

而这时

$$K'_1=\begin{vmatrix}0 & y_0+z_0\\ y_0+z_0 & 2(x_0y_0+x_0z_0+y_0z_0)\end{vmatrix}+\begin{vmatrix}0 & x_0+z_0\\ x_0+z_0 & 2(x_0y_0+x_0z_0+y_0z_0)\end{vmatrix}+\begin{vmatrix}0 & x_0+y_0\\ x_0+y_0 & 2(x_0y_0+x_0z_0+y_0z_0)\end{vmatrix}$$

$$= -[(y_0+z_0)^2+(x_0+z_0)^2+(x_0+y_0)^2] \neq 0,$$

$$K'_2 = \begin{vmatrix} 0 & 1 & y_0+z_0 \\ 1 & 0 & x_0+z_0 \\ y_0+z_0 & x_0+z_0 & 2(x_0y_0+x_0z_0+y_0z_0) \end{vmatrix} + \begin{vmatrix} 0 & 1 & y_0+z_0 \\ 1 & 0 & x_0+y_0 \\ y_0+z_0 & x_0+y_0 & 2(x_0y_0+x_0z_0+y_0z_0) \end{vmatrix} +$$

$$\begin{vmatrix} 0 & 1 & x_0+z_0 \\ 1 & 0 & x_0+y_0 \\ x_0+z_0 & x_0+y_0 & 2(x_0y_0+x_0z_0+y_0z_0) \end{vmatrix}$$

$$= 2z_0^2+2y_0^2+2x_0^2 \neq 0,$$

所以

$$K'_1 \neq K_1, \ K'_2 \neq K_2.$$

因此 K_1 与 K_2 是二次曲面的半不变量.

部分习题答案、提示与解答

第　一　章

§ 1.1

1. (1) 单位球面;(2) 单位圆;(3) 直线;(4) 两个相距为 2 的点.

2. $\overrightarrow{OA}=\overrightarrow{EF},\overrightarrow{OB}=\overrightarrow{FA},\overrightarrow{OC}=\overrightarrow{AB},\overrightarrow{OD}=\overrightarrow{BC},\overrightarrow{OE}=\overrightarrow{CD},\overrightarrow{OF}=\overrightarrow{DE}$.

4. 相等的向量:(2),(3),(5);互为反向量:(1),(4).

5. 共线向量为:$\overrightarrow{AB}$与$\overrightarrow{A'B'}$,$\overrightarrow{BC}$与$\overrightarrow{B'C'}$,$\overrightarrow{CA}$与$\overrightarrow{C'A'}$;共面向量为:$\overrightarrow{AB},\overrightarrow{BC},\overrightarrow{CA},\overrightarrow{A'B'},\overrightarrow{B'C'}$与$\overrightarrow{C'A'}$;$\overrightarrow{AB},\overrightarrow{A'B'},\overrightarrow{AA'}$与$\overrightarrow{BB'}$;$\overrightarrow{BC},\overrightarrow{B'C'},\overrightarrow{BB'}$与$\overrightarrow{CC'}$;$\overrightarrow{CA},\overrightarrow{C'A'},\overrightarrow{CC'}$与$\overrightarrow{AA'}$以及$\overrightarrow{AB},\overrightarrow{A'B'}$与$\overrightarrow{CC'}$;$\overrightarrow{BC},\overrightarrow{B'C'}$与$\overrightarrow{AA'}$;$\overrightarrow{CA},\overrightarrow{C'A'}$与$\overrightarrow{BB'}$.

§ 1.3

1. (1) $\boldsymbol{a}\perp\boldsymbol{b}$;(2) $\boldsymbol{a},\boldsymbol{b}$ 同向;(3) $\boldsymbol{a},\boldsymbol{b}$ 反向且 $|\boldsymbol{a}|\geqslant|\boldsymbol{b}|$;(4) $\boldsymbol{a},\boldsymbol{b}$ 反向;(5) $\boldsymbol{a},\boldsymbol{b}$ 同向且 $|\boldsymbol{a}|\geqslant|\boldsymbol{b}|$.

2. (1) $2(x\boldsymbol{b}-y\boldsymbol{a})$;(2) $4\boldsymbol{e}_1+\boldsymbol{e}_3,-2\boldsymbol{e}_1+4\boldsymbol{e}_2-3\boldsymbol{e}_3,-3\boldsymbol{e}_1+10\boldsymbol{e}_2-7\boldsymbol{e}_3$;(3) $\boldsymbol{x}=\frac{1}{17}(3\boldsymbol{a}+4\boldsymbol{b}),\boldsymbol{y}=\frac{1}{17}(2\boldsymbol{a}-3\boldsymbol{b})$.

3. $\overrightarrow{EF}=3\boldsymbol{a}+3\boldsymbol{b}-5\boldsymbol{c}$.

11. 提示:取一对角线的中点,证它也是另一对角线的中点.

12. 因为$\overrightarrow{OA_1}+\overrightarrow{OA_3}=\lambda\overrightarrow{OA_2},\overrightarrow{OA_2}+\overrightarrow{OA_4}=\lambda\overrightarrow{OA_3},\cdots,\overrightarrow{OA_{n-1}}+\overrightarrow{OA_1}=\lambda\overrightarrow{OA_n},\overrightarrow{OA_n}+\overrightarrow{OA_2}=\lambda\overrightarrow{OA_1}$,所以$2(\overrightarrow{OA_1}+\overrightarrow{OA_2}+\cdots+\overrightarrow{OA_n})=\lambda(\overrightarrow{OA_1}+\overrightarrow{OA_2}+\cdots+\overrightarrow{OA_n})$,从而$(\lambda-2)(\overrightarrow{OA_1}+\overrightarrow{OA_2}+\cdots+\overrightarrow{OA_n})=\mathbf{0}$,显然 $\lambda\neq2$,因此$\overrightarrow{OA_1}+\overrightarrow{OA_2}+\cdots+\overrightarrow{OA_n}=\mathbf{0}$.

13. 提示:应用上题结论.

§ 1.4

1. (1) $\overrightarrow{AB}=\frac{1}{2}(\boldsymbol{a}-\boldsymbol{b}),\overrightarrow{BC}=\frac{1}{2}(\boldsymbol{a}+\boldsymbol{b}),\overrightarrow{CD}=-\frac{1}{2}(\boldsymbol{a}-\boldsymbol{b}),\overrightarrow{DA}=-\frac{1}{2}(\boldsymbol{a}+\boldsymbol{b})$;(2) $\overrightarrow{BC}=\frac{2}{3}(2\boldsymbol{q}-\boldsymbol{p})$,$\overrightarrow{CD}=\frac{2}{3}(\boldsymbol{q}-2\boldsymbol{p})$.

2. $\boldsymbol{a}=(\nu+\lambda)\boldsymbol{e}_1+(\lambda+\mu)\boldsymbol{e}_2+(\mu+\nu)\boldsymbol{e}_3$.

4. (1) $\overrightarrow{AD}=\frac{2}{3}\boldsymbol{e}_1+\frac{1}{3}\boldsymbol{e}_2,\overrightarrow{AE}=\frac{1}{3}\boldsymbol{e}_1+\frac{2}{3}\boldsymbol{e}_2$;(2) $\overrightarrow{AT}=\frac{|\boldsymbol{e}_2|\boldsymbol{e}_1+|\boldsymbol{e}_1|\boldsymbol{e}_2}{|\boldsymbol{e}_1|+|\boldsymbol{e}_2|}$.

5. $\overrightarrow{OG}=\frac{1}{3}(\overrightarrow{OA}+\overrightarrow{OB}+\overrightarrow{OC})$.

7. 线性无关.

8. $\boldsymbol{a}=-\frac{1}{10}\boldsymbol{b}+\frac{1}{5}\boldsymbol{c}$.

10. 提示:$P_i(i=1,2,3,4)$四点共面的充要条件是三向量$\overrightarrow{P_1P_2},\overrightarrow{P_1P_3},\overrightarrow{P_1P_4}$线性相关.

§ 1.5

1. $M\left(\frac{1}{6},\frac{5}{6}\right),N\left(\frac{2}{3},\frac{2}{3}\right),\overrightarrow{MN}\left\{\frac{1}{2},-\frac{1}{6}\right\}$与$M\left(\frac{1}{6},\frac{5}{6}\right),N\left(\frac{1}{3},\frac{1}{3}\right),\overrightarrow{MN}\left\{\frac{1}{6},-\frac{1}{2}\right\}$.

2. $\overrightarrow{BP}=\left\{-\frac{1}{2},1,\frac{1}{2}\right\},\overrightarrow{EP}=\left\{\frac{1}{2},1,-\frac{1}{2}\right\},B(1,0,0),E(0,0,1),P\left(\frac{1}{2},1,\frac{1}{2}\right)$及$\left(\frac{1}{2},\frac{1}{3},\frac{1}{2}\right)$.

3. (1) $(2,-3,1),(-2,-3,-1),(2,3,-1)$与$(a,b,-c),(-a,b,c),(a,-b,c)$;(2) $(2,3,1),(-2,-3,1),(-2,3,-1)$与$(a,-b,-c),(-a,b,-c),(-a,-b,c)$;(3) $(-2,3,1),(-a,-b,-c)$.

4. $\boldsymbol{r}=\boldsymbol{r}'+\boldsymbol{m};x=x'+a,y=y'+b,z=z'+c$.

5. (1) $\{-5,4\}$;(2) $\{-4,3,3\}$.

6. (1) $D(1,3),M\left(2,\frac{3}{2}\right)$;(2) $D(-2,2,1),M(0,1,1)$.

7. (1) 共线,$\overrightarrow{AB}+\overrightarrow{AC}=\boldsymbol{0}$;(2) 不共线.

8. (1) $\boldsymbol{a}/\!/\boldsymbol{b}\not\parallel\boldsymbol{c}$,$\boldsymbol{a},\boldsymbol{b},\boldsymbol{c}$共面,但$\boldsymbol{c}$不能表示成$\boldsymbol{a},\boldsymbol{b}$的线性组合;(2) $\boldsymbol{a},\boldsymbol{b},\boldsymbol{c}$共面,$\boldsymbol{c}=2\boldsymbol{a}-\boldsymbol{b}$.

9. $A(-1,2,4),B(8,-4,-2)$.

10. $\left(\frac{1}{4}(x_1+x_2+x_3+x_4),\frac{1}{4}(y_1+y_2+y_3+y_4),\frac{1}{4}(z_1+z_2+z_3+z_4)\right)$.

§ 1.6

1. $-5\sqrt{3}\boldsymbol{e},-5\sqrt{3}$与$5\sqrt{3}\boldsymbol{e}',5\sqrt{3}$.

2. 提示:应用定理 1.6.2 与定理 1.6.3.

§ 1.7

1. (2) 因为$\boldsymbol{a}\boldsymbol{m}_i=\boldsymbol{b}\boldsymbol{m}_i$,所以$(\boldsymbol{a}-\boldsymbol{b})\boldsymbol{m}_i=0\ (i=1,2)$,从而得$(\boldsymbol{a}-\boldsymbol{b})\cdot(\lambda\boldsymbol{m}_1+\mu\boldsymbol{m}_2)=0$ (λ,μ不全为0),所以$(\boldsymbol{a}-\boldsymbol{b})\perp(\lambda\boldsymbol{m}_1+\mu\boldsymbol{m}_2)$,而$\boldsymbol{m}_1\not\parallel\boldsymbol{m}_2$,所以$\boldsymbol{a}-\boldsymbol{b}$垂直于平面上的任意方向,因此$\boldsymbol{a}-\boldsymbol{b}=\boldsymbol{0}$,即$\boldsymbol{a}=\boldsymbol{b}$.

2. (1) 5;(2) -3;(3) $-\frac{7}{2}$;(4) 11.

3. (1) $-\frac{3}{2}$;(2) $\sqrt{14},\arccos\frac{\sqrt{14}}{14},\arccos\frac{2\sqrt{14}}{14},\arccos\frac{3\sqrt{14}}{14}$;(3) $\frac{\pi}{3}$;(4) 40.

5. (1) $\sqrt{6},\sqrt{6},\arccos\frac{1}{6},\pi-\arccos\frac{1}{6}$;(2) $\sqrt{10},\sqrt{14},\frac{\pi}{2}$.

6. (1) $5,\sqrt{89},10$;(2) $\arccos\frac{9}{25},\arccos\frac{7\sqrt{89}}{445},\arccos\frac{41\sqrt{89}}{445}$;(3) $\frac{1}{2}\sqrt{161},4\sqrt{2},\frac{1}{2}\sqrt{353}$;

(4) $\left\{\frac{8}{3},\frac{8}{3},-4\right\}$, $\cos\alpha=\frac{2}{\sqrt{17}}$, $\cos\beta=\frac{2}{\sqrt{17}}$, $\cos\gamma=-\frac{3}{\sqrt{17}}$, $\left\{\frac{2}{\sqrt{17}},\frac{2}{\sqrt{17}},-\frac{3}{\sqrt{17}}\right\}$.

§ 1.8

1. (1) 4;(2) 64;(3) 144.

3. 提示:应用两向量的向量积定义.

4. (1) $\left\{\frac{7}{5\sqrt{3}},\frac{1}{\sqrt{3}},\frac{1}{5\sqrt{3}}\right\}$或$\left\{-\frac{7}{5\sqrt{3}},-\frac{1}{\sqrt{3}},-\frac{1}{5\sqrt{3}}\right\}$;(2) $\left\{\frac{35}{6},\frac{25}{6},\frac{5}{6}\right\}$.

5. (1) $12\sqrt{2}$;(2) $\frac{8\sqrt{33}}{11}$, 8, $2\sqrt{3}$.

6. (1) $3\sqrt{6}$;(2) $\frac{3\sqrt{21}}{7}$, $\frac{3\sqrt{462}}{77}$.

7. (2) 提示:$\Delta^2=\frac{1}{4}(\boldsymbol{a}\times\boldsymbol{b})^2$,再利用(1.8-7).

§ 1.9

2. 提示:证 $\boldsymbol{R}\perp\overrightarrow{AB}$, $\boldsymbol{R}\perp\overrightarrow{AC}$.

3. 提示:展开$(\boldsymbol{u},\boldsymbol{v},\boldsymbol{w})$.

4. (1) 共面;(2) 不共面,$V=2$.

5. (1) 共面;(2) 不共面,$V=19\frac{1}{3}$, $h=4\frac{1}{7}$.

§ 1.10

1. $\{3,4,-5\}$, $\{-1,2,-1\}$.

2. 提示:把等式展开.

3. 提示:利用公式(1.10-1).

5. 提示:$(\boldsymbol{b}\times\boldsymbol{c},\boldsymbol{c}\times\boldsymbol{a},\boldsymbol{a}\times\boldsymbol{b})=(\boldsymbol{abc})^2$.

6.

$$
\begin{aligned}
&(\boldsymbol{bcd})\boldsymbol{a}-(\boldsymbol{cda})\boldsymbol{b}+(\boldsymbol{dab})\boldsymbol{c}-(\boldsymbol{abc})\boldsymbol{d}\\
=&[\boldsymbol{b}\cdot(\boldsymbol{c}\times\boldsymbol{d})]\boldsymbol{a}-[\boldsymbol{a}\cdot(\boldsymbol{c}\times\boldsymbol{d})]\boldsymbol{b}+[\boldsymbol{d}\cdot(\boldsymbol{a}\times\boldsymbol{b})]\boldsymbol{c}-[\boldsymbol{c}\cdot(\boldsymbol{a}\times\boldsymbol{b})]\boldsymbol{d}\\
=&(\boldsymbol{b}\times\boldsymbol{a})\times(\boldsymbol{c}\times\boldsymbol{d})+(\boldsymbol{a}\times\boldsymbol{b})\times(\boldsymbol{c}\times\boldsymbol{d})=(\boldsymbol{b}\times\boldsymbol{a})\times(\boldsymbol{c}\times\boldsymbol{d})-(\boldsymbol{b}\times\boldsymbol{a})\times(\boldsymbol{c}\times\boldsymbol{d})=\boldsymbol{0}.
\end{aligned}
$$

第 二 章

§ 2.1

1. $(x-6)^2+y^2=36$,中心为(6,0)、半径为 6 的圆.

2. $x^2+y^2=a^2(x\geqslant0,y\geqslant0)$.

3. 设两定点间的距离为 $2a$,并取两定点的连线为 x 轴,两定点所连线段的中垂线为 y 轴,那么卡西尼(Cassini)卵形线的方程为$(x^2+y^2)^2-2a^2(x^2-y^2)=m^4-a^4$.

4. 提示：设等轴双曲线的参数方程为 $x=ct, y=\frac{c}{t}$.

6. $\left(\frac{2}{3}\pi-\frac{\sqrt{3}}{2}, \frac{3}{2}\right), \left(\frac{4}{3}\pi+\frac{\sqrt{3}}{2}, \frac{3}{2}\right)$.

7. (1) $y^2=4ax$；(2) $(x-5)^2+\frac{(y+1)^2}{4}=1$；(3) $x^{\frac{2}{3}}+y^{\frac{2}{3}}=R^{\frac{2}{3}}$，其中 $R=4r$.

8. (1) $x=t^2, y=t^3$；(2) $x=a\cos^4\theta, y=a\sin^4\theta$；(3) $x=\frac{3at}{1+t^3}, y=\frac{3at^2}{1+t^3}(t\neq-1)$，提示：设 $y=tx$.

9. $\boldsymbol{r}=\left[(a+b)\cos\theta-b\cos\left(\frac{a+b}{b}\right)\theta\right]\boldsymbol{i}+\left[(a+b)\sin\theta-b\sin\left(\frac{a+b}{b}\right)\theta\right]\boldsymbol{j}\ (-\infty<\theta<+\infty)$. 提示：取定圆的中心为原点，动圆上的点的初始位置为定圆与 x 轴的正半轴的交点，并取动圆中心的向径与 x 轴所成的有向角 θ 为参数.

10 . $x=a\cot\theta, y=a\sin^2\theta\ (0<\theta<\pi)$，或 $x^2y+a^2y-a^3=0$.

§ 2.2

1. $(x-4)^2+y^2=0$.

2. (1) $(m^2-1)(x^2+y^2+z^2)+2a(m^2+1)x+a^2(m^2-1)=0$，提示：取两定点的连线为 x 轴，两定点连线段的中点为原点，并设两定点间的距离为 $2a$，常数为 $m>0$；(2) $\frac{x^2}{a^2}+\frac{y^2}{b^2}+\frac{z^2}{b^2}=1$，提示：坐标选取同(1)，并设两定点间的距离为 $2c$，常数为 $2a$，且 $b^2=a^2-c^2$；(3) $\frac{x^2}{a^2}-\frac{y^2}{b^2}-\frac{z^2}{b^2}=1$，式中 $b^2=c^2-a^2$；(4) $x^2+y^2+(1-m^2)z^2-2cz+c^2=0$，提示：取定点为 $(0,0,c)$，定平面为 xOy 面，常数为 m.

3. (1) $(x-2)^2+(y+1)^2+(z-3)^2=36$；(2) $x^2+y^2+z^2=49$；(3) $(x-3)^2+(y+1)^2+(z-1)^2=21$；(4) $(x-2)^2+(y-1)^2+(z+2)^2=9$.

4. (1) $(3,-4,-1)$，4；(2) $(-1,2,0)$，3；(3) $\left(\frac{1}{2},-\frac{1}{3},1\right)$，2.

5. $x=a+r\cos\theta\cos\varphi, y=b+r\cos\theta\sin\varphi, z=c+r\sin\theta\ \left(-\frac{\pi}{2}\leqslant\theta\leqslant\frac{\pi}{2}, 0\leqslant\varphi<2\pi\right)$.

6. (1) $x^2+y^2+z^2=1\ (z\geqslant0)$；(2) $\frac{x^2}{a^2}+\frac{y^2}{b^2}=1$.

7. 提示：将两参数方程化为普通方程.

8. 球坐标为 $\left(1,-\frac{2\pi}{3},\frac{\pi}{6}\right)$，柱坐标为 $\left(\frac{\sqrt{3}}{2},-\frac{2\pi}{3},\frac{1}{2}\right)$.

9. (1) 以原点为球心，半径为 3 的球面；(2) 以 z 轴为界且含 $y\geqslant0$ 的半个 yOz 坐标面；(3) 顶点在原点，轴重合于 z 轴，圆锥角的一半为 $\frac{\pi}{6}$ 的圆锥面的上半腔(半锥面).

10. (1) 半径为 2 的圆柱面；(2) 以 z 轴为界且过点 $\left(1,\frac{\pi}{4},0\right)$ 的半平面；(3) 平行于 xOy 坐标面且通过点 $(0,0,-1)$ 的平面.

§ 2.3

1. 当 $0<C<2$ 时，轨迹为两条平行于 z 轴的直线；当 $C=0$ 时，轨迹为 z 轴；当 $C=2$ 时，轨迹为通过点 $(2,0,0)$ 且平行于 z 轴的直线；当 $C<0$ 或 $C>2$ 时无图形.

2. 曲面分别与 xOy, yOz, zOx 坐标面的交线为 (1) 圆,椭圆,椭圆;(2) 椭圆,双曲线,双曲线;(3) 双曲线,无图形,双曲线;(4) 点,抛物线,抛物线;(5) 两相交直线,抛物线,抛物线;(6) 点,两相交直线,两相交直线.

3. (1) $(2,0,2)$, $(-2,0,-2)$; (2) $(-1,0,3)$, $(-1,0,-3)$.

4. 曲线在曲面上的充要条件为 $F(f(t),\varphi(t),\psi(t))=0$.

5. (1) $x=3z+1$, $(z+2)^2=4y$; (2) $5x-3y=0$, $\dfrac{x^2}{9}+\dfrac{z^2}{16}=1$.

6. $x=-t^4$, $y=2t$, $z=t^2$.

7. $x=vt\sin\alpha\cdot\cos\omega t$, $y=vt\sin\alpha\cdot\sin\omega t$, $z=vt\cos\alpha$ $(0\leqslant t<+\infty)$. 提示:取圆锥顶点为原点,轴线为 z 轴,并设圆锥角为 2α,旋转角速度为 ω,直线速度为 v,动点的初始位置在原点.

8. $x=u\cos\omega t$, $y=u\sin\omega t$, $z=vt$ $(-\infty<u<+\infty,-\infty<t<+\infty)$. 提示:取 l_2 为 z 轴,并设 l_1 在运动中的某一时刻与 x 轴重合,令角速度为 ω,直线速度为 v,时间 t 取作参数.

第 三 章

§ 3.1

1. (1) $x=3-2u-v$, $y=1-2u$, $z=-1+u+2v$; $4x-3y+2z-7=0$. (2) $x=1+2u$, $y=-5+7u$, $z=1-3u+v$; $7x-2y-17=0$. (3) $x=5-4u-v$, $y=1+5u$, $z=3-u+2v$; $10x+9y+5z-74=0$ 与 $x=5-4u+v$, $y=1+5u+v$, $z=3-u+v$; $2x+y-3z-2=0$.

2. $\dfrac{x}{-4}+\dfrac{y}{-2}+\dfrac{z}{4}=1$; $x=-4+2u+v$, $y=-u$, $z=v$.

3. 不妨设 $Ax+By+Cz+D=0$ 中的 $A\neq0$,把这平面方程化为参数式: $x=-\dfrac{D}{A}-\dfrac{B}{A}u-\dfrac{C}{A}v$, $y=u$, $z=v$,所以平面的两方位向量是 $\left\{-\dfrac{B}{A},1,0\right\}$ 与 $\left\{-\dfrac{C}{A},0,1\right\}$,从而知 $\boldsymbol{v}=\{X,Y,Z\}$ 与已知平面共面的充要条件为 $\boldsymbol{v}$ 与 $\left\{-\dfrac{B}{A},1,0\right\}$, $\left\{-\dfrac{C}{A},0,1\right\}$ 共面,或

$$\begin{vmatrix} X & Y & Z \\ -\dfrac{B}{A} & 1 & 0 \\ -\dfrac{C}{A} & 0 & 1 \end{vmatrix}=0,\text{即 } AX+BY+CZ=0.$$

如果在直角坐标系下,那么由于平面的法向量为 $\boldsymbol{n}=\{A,B,C\}$,所以 $\boldsymbol{v}$ 平行于平面的充要条件为 $\boldsymbol{n}\cdot\boldsymbol{v}=0$,即 $AX+BY+CZ=0$.

4. $z=-18$,提示:应用上题结论.

5. (1) $z-1=0$, $z-1=0$, $x+y-1=0$; (2) $12x+8y+19z+24=0$; (3) $2y+z=0$, $2x+5z=0$, $x-5y=0$; (4) $x-y-3z+2=0$; (5) $2x+9y-6z-121=0$; (6) $13x-y-7z-37=0$.

6. (1) $\dfrac{1}{\sqrt{30}}x-\dfrac{2}{\sqrt{30}}y+\dfrac{5}{\sqrt{30}}z-\dfrac{3}{\sqrt{30}}=0$; (2) $-\dfrac{1}{\sqrt{2}}x+\dfrac{1}{\sqrt{2}}y-\dfrac{1}{\sqrt{2}}=0$; (3) $-x-2=0$; (4) $\dfrac{4}{9}x-\dfrac{4}{9}y+\dfrac{7}{9}z=0$.

7. (1) $p=5$, $\cos\alpha=\dfrac{2}{7}$, $\cos\beta=\dfrac{3}{7}$, $\cos\gamma=\dfrac{6}{7}$; (2) $p=7$, $\cos\alpha=-\dfrac{1}{3}$, $\cos\beta=\dfrac{2}{3}$, $\cos\gamma=-\dfrac{2}{3}$.

8. $3x-2y+6z=0,3x-2y+6z-28=0$.

9. $6x-2y-3z\pm42=0$.

10. $\frac{1}{2}\sqrt{b^2c^2+c^2a^2+a^2b^2}$.

§ 3.2

1. (1) $\delta=-\frac{1}{3},d=\frac{1}{3}$;(2) $\delta=d=0$.

2. (1) $(0,7,0),(0,-5,0)$;(2) $(0,0,-2),\left(0,0,-6\frac{4}{13}\right)$;(3) $(2,0,0),\left(\frac{11}{43},0,0\right)$.

3. $h=3$.

4. $(x-3)^2+(y+5)^2+(z+2)^2=56$.

5. $35y+12z=0$ 或 $3y-4z=0$.

6. (1) $13x-51y+10z=0$ 与 $43x+9y-10z-70=0$;(2) $9x-y+2z-4=0$.

7. 提示:点 M 的坐标为 $x=\frac{x_1+\lambda x_2}{1+\lambda},y=\frac{y_1+\lambda y_2}{1+\lambda},z=\frac{z_1+\lambda z_2}{1+\lambda}$.

8. 点 O,B,E 在平面的一侧,点 A,D 在另一侧,而 C,F 在平面上.

9. (1) 相邻二面角内;(2) 对顶二面角内.提示:考察点 M 与 N 分别位于两平面划分的正半空间里,还是在负半空间里.

10. $23x-y-4z-24=0$.

§ 3.3

1. (1) 平行;(2) 相交;(3) 平行.

2. (1) $l=\frac{7}{9},m=\frac{13}{9},n=\frac{37}{9}$;(2) $l=-4,m=3$;(3) $l=-\frac{1}{7}$.

3. (1) 1;(2) 3.

4. (1) $\frac{\pi}{4}$或$\frac{3\pi}{4}$;(2) $\arccos\frac{8}{21}$或 $\pi-\arccos\frac{8}{21}$.

5. (1) $x\pm\sqrt{26}y+3z-3=0$;(2) $x+3y=0,3x-y=0$.

6. $Ax+By+Cz+\frac{1}{3}(D_1+D_2+D_3)=0$.

§ 3.4

1. (1) $\frac{x+3}{1}=\frac{y}{-1}=\frac{z-1}{0}$;(2) $\frac{x-x_0}{\begin{vmatrix}B_1 & C_1\\ B_2 & C_2\end{vmatrix}}=\frac{y-y_0}{\begin{vmatrix}C_1 & A_1\\ C_2 & A_2\end{vmatrix}}=\frac{z-z_0}{\begin{vmatrix}A_1 & B_1\\ A_2 & B_2\end{vmatrix}}$;(3) $\frac{x-1}{1}=\frac{y+5}{\sqrt{2}}=\frac{z-3}{-1}$;(4) $\frac{x-1}{1}=\frac{y}{1}=\frac{z+2}{2}$;(5) $\frac{x-2}{6}=\frac{y+3}{-3}=\frac{z+5}{-5}$.

2. (1) $(9,12,20)$与$\left(-\frac{117}{7},-\frac{6}{7},-\frac{130}{7}\right)$;(2) $(0,2,7)$.

3. (1) $x+5y+z-1=0$;(2) $11x+2y+z-15=0$;(3) $x-8y-13z+9=0$;(4) $11x-4y+6=0,9x-z+7=0,36y-11z+23=0$.

4. (1) $\begin{cases} y=-\dfrac{1}{3}x-\dfrac{5}{3}, \\ z=\dfrac{5}{3}x-\dfrac{2}{3}, \end{cases}$ $\dfrac{x}{3}=\dfrac{y+\dfrac{5}{3}}{-1}=\dfrac{z+\dfrac{2}{3}}{5}$, $\cos\alpha=\pm\dfrac{3}{\sqrt{35}}$, $\cos\beta=\mp\dfrac{1}{\sqrt{35}}$, $\cos\gamma=\pm\dfrac{5}{\sqrt{35}}$;

(2) $\begin{cases} y=\dfrac{3}{4}x, \\ z=-x+6, \end{cases}$ $\dfrac{x}{4}=\dfrac{y}{3}=\dfrac{z-6}{-4}$, $\cos\alpha=\pm\dfrac{4}{\sqrt{41}}$, $\cos\beta=\pm\dfrac{3}{\sqrt{41}}$, $\cos\gamma=\mp\dfrac{4}{\sqrt{41}}$; (3) $\begin{cases} x=2, \\ y=z-2, \end{cases}$ $\dfrac{x-2}{0}=\dfrac{y}{1}=\dfrac{z-2}{1}$,

$\cos\alpha=0$, $\cos\beta=\pm\dfrac{1}{\sqrt{2}}$, $\cos\gamma=\pm\dfrac{1}{\sqrt{2}}$.

5. 提示:$\cos^2\alpha+\cos^2\beta+\cos^2\gamma=1$.

§ 3.5

1. (1) 平行;(2) 垂直;(3) 直线在平面上;(4) 相交.

2. $(1,0,-1)$, $\dfrac{\pi}{6}$.

3. (1) $l=-1$;(2) $l=4$, $m=-8$.

4. 直线在平面上.

6. (1) $(x-2)^2+(y-3)^2+(z+1)^2=9$, $x^2+(y+1)^2+(z+5)^2=9$;(2) $(x+1)^2+(y-2)^2+(z-1)^2=49$.

§ 3.6

1. $D_1=D_2=0$.

2. $d=15$.

§ 3.7

1. (1) A_1 与 A_2 不全为零, $\begin{vmatrix} A_1 & D_1 \\ A_2 & D_2 \end{vmatrix}=0$;(2) $A_1=A_2=0$, D_1 与 D_2 不全为零;(3) $A_1=A_2=D_1=D_2=0$.

2. (1) $\lambda=5$;(2) $\lambda=\dfrac{5}{4}$.

3. (1) 平行, $5x-22y+19z+9=0$;(2) 异面, $d=3\sqrt{30}$;(3) 相交, $3x-y+z+3=0$.

4. $\begin{cases} x-2y+5z-8=0, \\ x+y-z-1=0. \end{cases}$

5. (1) $\cos\theta=\pm\dfrac{72}{77}$;(2) $\cos\theta=\pm\dfrac{98}{195}$.

6. 提示:证明直线 OM 与 OM' 间的角等于 0.

7. $\dfrac{x-1}{-4}=\dfrac{y}{50}=\dfrac{z+2}{31}$.

8. $\dfrac{x-4}{15}=\dfrac{y}{3}=\dfrac{z+1}{-8}$.

9. (1) $\begin{cases} x-8z+303=0, \\ 8x-9y-z-31=0; \end{cases}$ (2) $\begin{cases} 2x-3y+5z+21=0, \\ x-y-z-17=0. \end{cases}$

10. $\dfrac{x-2}{120}=\dfrac{y-1}{131}=\dfrac{z}{311}$.

§ 3.8

1. (1) $9x+3y+5z=0$;(2) $21x+14z-3=0$;(3) $7x+14y+5=0$.

2. $2x+2y-2z-1=0$ 或 $9x+7y-10z=0$.

3. $x-z+4=0$ 或 $x+20y+7z-12=0$.

4. $3x+24y+16z+19=0$ 或 $6x-3y-2z+4=0$.

5. (1) $x-2y+3z-14=0$;(2) $x-2y+3z-6=0$;(3) $x-2y+3z\pm\sqrt{14}=0$.

6. $x+3y+2z\pm6=0$.

7. 提示:仿定理 3.8.1 的证明.

8. $A_1:A_2=C_1:C_2=D_1:D_2$.提示:xOz 坐标面属于平面束 $l(A_1x+B_1y+C_1z+D_1)+m(A_2x+B_2y+C_2z+D_2)=0$.

第 四 章

§ 4.1

1. (1) $2y^2+2z^2-2yz+12y-10z-3=0$;(2) $x^2+y^2+3z^2-2xy-8x+8y-8z-26=0$.

2. $4x^2+25y^2+z^2+4xz-20x-10z=0$.

3. $5x^2+5y^2+5z^2-5xy-5xz-5yz+2x+11y-13z=0$.

4. 设 $M(x,y,z)$ 为柱面上的任意点,过 M 的母线交准线于点 M_0,令 $\boldsymbol{r}=\overrightarrow{OM}$,$\boldsymbol{r}_0=\overrightarrow{OM_0}$,因为 $\boldsymbol{r}=\overrightarrow{OM}=\overrightarrow{OM_0}+\overrightarrow{M_0M}=\boldsymbol{r}_0+v\boldsymbol{s}$,而 M_0 在准线上,所以 $\boldsymbol{r}_0=\boldsymbol{r}(u)$,因此柱面的向量式参数方程为 $\boldsymbol{r}=\boldsymbol{r}(u)+v\boldsymbol{s}$.以 $\boldsymbol{r}=\{x,y,z\}$,$\boldsymbol{r}(u)=\{x(u),y(u),z(u)\}$,$\boldsymbol{s}=\{X,Y,Z\}$ 代入,得坐标式参数方程为

$$\begin{cases}x=x(u)+Xv,\\ y=y(u)+Yv,\\ z=z(u)+Zv\end{cases}\quad(u,v\text{ 为参数}).$$

5. 提示:证明曲面是由一族平行直线所生成.(1) 将方程改写为 $(x-z)^2=(y+z)(2a-y-z)$,从而有 $\begin{cases}x-z=\lambda(y+z),\\ \lambda(x-z)=2a-y-z;\end{cases}$ (2) 将方程改写为 $(x+y)(y+z-1)=y+z$;(3) 将方程改写为 $(x+z)^2=(1+y)(1-y)$.

6. 提示:取坐标面 $z=0$ 与曲面的交线 $\begin{cases}F\left(\dfrac{x}{l}-\dfrac{y}{m},\dfrac{y}{m}-\dfrac{x}{l}\right)=0,\\ z=0\end{cases}$ 为准线,母线方向为 $l:m:n$ 建立柱面方程,或者证明过曲面上的任意点 (x_0,y_0,z_0) 且具有方向 $l:m:n$ 的直线全部都在曲面上.

8. (1) $x^2+y^2-x-1=0$,$y^2+z^2-3z+1=0$,$x-z+1=0$;(2) $x^2-2y^2-2x+2y+1=0$,$y-z+1=0$,$x^2-2z^2-2x+6z-3=0$;(3) $7x+2y-23=0$,$2y+7z-2=0$,$x-z-3=0$;(4) $x^2+2y^2-2y=0$,$y+z-1=0$,$x^2+2z^2-2z=0$.

9. $x^2+y^2-ax=0$,$z^2+ax-a^2=0$,$z^4-a^2z^2+a^2y^2=0$;$\begin{cases}x^2+y^2-ax=0,\\ z=0,\end{cases}$ $\begin{cases}z^2+ax-a^2=0,\\ y=0,\end{cases}$ $\begin{cases}z^4-a^2z^2+a^2y^2=0,\\ x=0.\end{cases}$

§ 4.2

1. $x^2+y^2-z^2=0$.

2. $3(x-3)^2-5(y+1)^2+7(z+2)^2-6(x-3)(y+1)+10(x-3)(z+2)-2(y+1)(z+2)=0.$

3. $f\left(\frac{hx}{z},\frac{hy}{z}\right)=0.$

4. $xy+yz+zx=0$，或 $xy+yz-zx=0$，或 $xy-yz+zx=0$，或 $xy-yz-zx=0.$

5. $51(x-1)^2+51(y-2)^2+12(z-4)^2+104(x-1)(y-2)+52(x-1)(z-4)+52(y-2)(z-4)=0.$

6. 参考 § 4.1 习题第 4 题解法.

§ 4.3

1. (1) $5x^2+5y^2+2z^2+2xy-4xz+4yz+4x-4y-4z-6=0$;

(2) $5x^2+5y^2+23z^2-12xy+24xz-24yz-24x+24y-46z+23=0$;

(3) $9x^2+9y^2-10z^2-6z-9=0$; (4) $x^2+y^2=1\ (0\leqslant z\leqslant 1)$.

2. $x^2+y^2-\alpha^2z^2=\beta^2$，当 $\alpha\neq 0,\beta\neq 0$ 时为单叶旋转双曲面；当 $\alpha\neq 0,\beta=0$ 时为圆锥面；当 $\alpha=0,\beta\neq 0$ 时为圆柱面；当 $\alpha=\beta=0$ 时曲面退化为直线（z 轴）.

3. $x=\sqrt{[x(u)]^2+[y(u)]^2}\cdot\cos\alpha, y=\sqrt{[x(u)]^2+[y(u)]^2}\cdot\sin\alpha, z=z(u)$. 提示：过母线上的点 (x_0,y_0,z_0) 的纬圆的参数方程是

$$x=\sqrt{x_0^2+y_0^2}\cos\alpha,\quad y=\sqrt{x_0^2+y_0^2}\sin\alpha,\quad z=z_0.$$

§ 4.4

2. $\frac{x^2}{4}+\frac{y^2}{3}+\frac{z^2}{3}=1.$

3. 提示：设过原点具有方向余弦 λ,μ,ν 的直线交椭球面于 (x,y,z)，那么有 $x=r\lambda, y=r\mu, z=r\nu$.

4. 提示：应用上题的结论.

5. 设直线的方向余弦为 $\cos\alpha,\cos\beta,\cos\gamma$，$P$ 点的坐标为 (x_0,y_0,z_0)，那么直线的方程为

$$x=x_0+t\cos\alpha,\quad y=y_0+t\cos\beta,\quad z=z_0+t\cos\gamma,$$

令 $x=0$，得直线与 yOz 面的交点 A 的坐标，因此有 $x_0+t\cos\alpha=0$，根据 t 的几何意义 $|t|=a$，得

$$x_0\pm a\cos\alpha=0 \text{ 即 } x_0=\pm a\cos\alpha,$$

同理得

$$y_0=\pm b\cos\beta,\quad z_0=\pm c\cos\gamma,$$

从而有

$$\frac{x_0^2}{a^2}+\frac{y_0^2}{b^2}+\frac{z_0^2}{c^2}=\cos^2\alpha+\cos^2\beta+\cos^2\gamma=1,$$

所以 P 点的轨迹为椭球面 $\frac{x^2}{a^2}+\frac{y^2}{b^2}+\frac{z^2}{c^2}=1.$

6. $\frac{\sqrt{b^2-a^2}}{b}y\pm\frac{\sqrt{a^2-c^2}}{c}z=0$. 提示：这里的交线圆总可以把它看成在以原点为球心，以 a 为半径的球面上.

§ 4.5

2. 当 $\lambda<C$ 时，曲面为椭球面；当 $C<\lambda<B$ 时，曲面为单叶双曲面；当 $B<\lambda<A$ 时，曲面为双叶双曲面；当 $\lambda>A$ 时，无图形.

3. $x=\pm 2$（或 $y=\pm 3$）.

4. $\frac{x^2}{4}-\frac{y^2}{12}-\frac{z^2}{12}=1$.

5. $\frac{(x-12)^2}{260}+\frac{y^2}{13}=1$.

6. 取两异面直线 l,m 的公垂线为 z 轴，公垂线的中点 C 为原点，x 轴与两异面直线成等角，并设两异面直线间的距离为 $2a$，交角为 $2\alpha\neq 90°$，那么有

$$l:\begin{cases}x=t_1\cos\alpha,\\ y=t_1\sin\alpha,\\ z=a,\end{cases}\quad m:\begin{cases}x=t_2\cos\alpha,\\ y=-t_2\sin\alpha,\\ z=-a,\end{cases}$$

$A(t_1\cos\alpha,t_1\sin\alpha,a)$，$B(t_2\cos\alpha,-t_2\sin\alpha,-a)$. 而 $\overrightarrow{CA}\perp\overrightarrow{CB}$，所以有

$$t_1t_2\cos^2\alpha-t_1t_2\sin^2\alpha-a^2=0,$$

又因为 $2\alpha\neq 90°$，所以 $\cos 2\alpha\neq 0$，从而得

$$t_1t_2=\frac{a^2}{\cos 2\alpha},\tag{1}$$

而直线 AB 的方程为

$$\begin{cases}x=t_1\cos\alpha+(t_2-t_1)\cos\alpha\cdot u,\\ y=t_1\sin\alpha-(t_2+t_1)\sin\alpha\cdot u,\\ z=a-2au,\end{cases}\tag{2}$$

由(1)，(2)两式消去参数 u,t_1,t_2 得 AB 的轨迹方程为

$$\frac{x^2}{\frac{a^2\cos^2\alpha}{\cos 2\alpha}}-\frac{y^2}{\frac{a^2\sin^2\alpha}{\cos 2\alpha}}+\frac{z^2}{a^2}=1,$$

它是一个单叶双曲面.

§ 4.6

1. $18x^2+3y^2=5z$.

2. (1) 设定点到定平面的距离为 h，常数 $c>0$，那么当 $h=0$ 时，$c>1$ 时为圆锥面，$c=1$ 时为 z 轴，$c<1$ 时为一点，当 $h\neq 0$ 时，$c<1$ 时为旋转椭球面，$c>1$ 时为双叶旋转双曲面，$c=1$ 时为旋转抛物面；(2) 参阅 § 4.5 习题第 6 题.

§ 4.7

1. (1) $\begin{cases}w(x+y)=uz,\\ u(x-y)=wz\end{cases}$ (u,w 不全为 0)；(2) $\begin{cases}x=u,\\ z=auy\end{cases}$ 与 $\begin{cases}y=v,\\ z=avx.\end{cases}$

2. (1) $z^2=x+y$；(2) $\frac{x^2}{16}+\frac{y^2}{4}-z^2=1$.

3. $\begin{cases}x+2y-4=0,\\ x-2y-4z=0\end{cases}$ 与 $\begin{cases}x-2y-8=0,\\ x+2y-2z=0.\end{cases}$

4. 提示：求出直母线在 xOy 面上的射影直线方程与在 xOy 面上的椭圆方程，然后在 xOy 面上进行证明.

5. $\frac{x^2}{18}-\frac{y^2}{8}=2z$.

6. $x^2+y^2-z^2=1$.

7. 单叶双曲面的两族直母线为

$$u\text{族}:\begin{cases} w\left(\dfrac{x}{a}+\dfrac{z}{c}\right)=u\left(1+\dfrac{y}{b}\right), \\ u\left(\dfrac{x}{a}-\dfrac{z}{c}\right)=w\left(1-\dfrac{y}{b}\right); \end{cases}$$

$$v\text{族}:\begin{cases} t\left(\dfrac{x}{a}+\dfrac{z}{c}\right)=v\left(1-\dfrac{y}{b}\right), \\ v\left(\dfrac{x}{a}-\dfrac{z}{c}\right)=t\left(1+\dfrac{y}{b}\right). \end{cases}$$

所以过 u 族的任一直母线的平面可以写成

$$t\left[w\left(\frac{x}{a}+\frac{z}{c}\right)-u\left(1+\frac{y}{b}\right)\right]+v\left[u\left(\frac{x}{a}-\frac{z}{c}\right)-w\left(1-\frac{y}{b}\right)\right]=0,$$

即

$$w\left[t\left(\frac{x}{a}+\frac{z}{c}\right)-v\left(1-\frac{y}{b}\right)\right]+u\left[v\left(\frac{x}{a}-\frac{z}{c}\right)-t\left(1+\frac{y}{b}\right)\right]=0,$$

显然它通过 v 族的一条直母线.同理通过 v 族的任一直母线的每一平面经过属于 u 族的一条直母线.

但是这个命题对双曲抛物面却不一定成立,例如平面 $\dfrac{x}{a}+\dfrac{y}{b}=2\lambda$(常数),它通过双曲抛物面 $\dfrac{x^2}{a^2}-\dfrac{y^2}{b^2}=2z$ 的 u 族直母线中的直线

$$\begin{cases} \dfrac{x}{a}+\dfrac{y}{b}=2\lambda, \\ \lambda\left(\dfrac{x}{a}-\dfrac{y}{b}\right)=z, \end{cases}$$

而不通过 v 族直母线

$$\begin{cases} \dfrac{x}{a}-\dfrac{y}{b}=2v, \\ v\left(\dfrac{x}{a}+\dfrac{y}{b}\right)=z \end{cases}$$

中的任何直母线,这是因为 v 族直母线的方向向量为 $\boldsymbol{v}=\dfrac{1}{ab}\{a,b,2v\}$,而平面的法向量为 $\boldsymbol{n}=\left\{\dfrac{1}{a},\dfrac{1}{b},0\right\}=\dfrac{1}{ab}\{b,a,0\}$,所以 $\boldsymbol{n}\cdot\boldsymbol{v}=\dfrac{1}{a^2b^2}(ab+ab)=\dfrac{2}{ab}\neq 0$.

8. 两相交直母线必异族,单叶双曲面 $\dfrac{x^2}{a^2}+\dfrac{y^2}{b^2}-\dfrac{z^2}{c^2}=1$ 的两直母线为

$$u\text{族}:\begin{cases} w\left(\dfrac{x}{a}+\dfrac{z}{c}\right)=u\left(1+\dfrac{y}{b}\right), \\ u\left(\dfrac{x}{a}-\dfrac{z}{c}\right)=w\left(1-\dfrac{y}{b}\right); \end{cases}$$

$$v\text{族}:\begin{cases} t\left(\dfrac{x}{a}+\dfrac{z}{c}\right)=v\left(1-\dfrac{y}{b}\right), \\ v\left(\dfrac{x}{a}-\dfrac{z}{c}\right)=t\left(1+\dfrac{y}{b}\right). \end{cases}$$

所以两相交直母线的交点的坐标为

$$x=\frac{a(uv+wt)}{vw+ut},\quad y=\frac{b(vw-ut)}{vw+ut},\quad z=\frac{c(uv-wt)}{vw+ut}.\qquad (*)$$

两族直母线的方向向量分别为 $\boldsymbol{s}_u=\{a(u^2-w^2),2buw,c(u^2+w^2)\}$，$\boldsymbol{s}_v=\{a(v^2-t^2),-2bvt,c(v^2+t^2)\}$.因为 $\boldsymbol{s}_u\perp\boldsymbol{s}_v$，所以有 $\boldsymbol{s}_u\cdot\boldsymbol{s}_v=0$，即

$$a^2(u^2-w^2)(v^2-t^2)-4b^2uvwt+c^2(u^2+w^2)(v^2+t^2)=0,$$

从而得

$$\frac{a^2(uv+wt)^2}{(vw+ut)^2}+\frac{b^2(vw-ut)^2}{(vw+ut)^2}+\frac{c^2(uv-wt)^2}{(vw+ut)^2}=a^2+b^2-c^2,$$

将(*)代入得交点坐标满足 $x^2+y^2+z^2=a^2+b^2-c^2$，所以所求的轨迹方程为

$$\begin{cases}x^2+y^2+z^2=a^2+b^2-c^2,\\ \dfrac{x^2}{a^2}+\dfrac{y^2}{b^2}-\dfrac{z^2}{c^2}=1.\end{cases}$$

9. 参阅上题解法.

10. 当 $2\theta\neq\frac{\pi}{2}$ 时，轨迹为单叶双曲面，当 $2\theta=\frac{\pi}{2}$ 时，轨迹为两相交平面.提示：坐标系选取参阅§4.5习题第6题.

第五章

§5.1

1. (1) $\begin{pmatrix}\frac{1}{a^2}&0&0\\0&\frac{1}{b^2}&0\\0&0&-1\end{pmatrix}$，$\frac{1}{a^2}x,\frac{1}{b^2}y,-1$；(2) $\begin{pmatrix}\frac{1}{a^2}&0&0\\0&-\frac{1}{b^2}&0\\0&0&-1\end{pmatrix}$，$\frac{1}{a^2}x,-\frac{1}{b^2}y,-1$；(3) $\begin{pmatrix}0&0&-p\\0&1&0\\-p&0&0\end{pmatrix}$，$-p,y,-px$；(4) $\begin{pmatrix}1&0&\frac{5}{2}\\0&-3&0\\\frac{5}{2}&0&2\end{pmatrix}$，$x+\frac{5}{2},-3y,\frac{5}{2}x+2$；(5) $\begin{pmatrix}2&-\frac{1}{2}&-3\\-\frac{1}{2}&1&\frac{7}{2}\\-3&\frac{7}{2}&-4\end{pmatrix}$，$2x-\frac{1}{2}y-3,-\frac{1}{2}x+y+\frac{7}{2},-3x+\frac{7}{2}y-4$.

2. (1) $\left(\frac{1}{2},-\frac{5}{2}\right)$，$(1,0)$；(2) $\left(\frac{4-2\sqrt{26}\,\mathrm{i}}{5},\frac{-7+\sqrt{26}\,\mathrm{i}}{5}\right)$，$\left(\frac{4+2\sqrt{26}\,\mathrm{i}}{5},\frac{-7-\sqrt{26}\,\mathrm{i}}{5}\right)$；(3) 二重点 $(1,0)$；(4) $\left(\frac{1}{2},\frac{1}{6}\right)$；(5) 无交点.

3. 整条直线在二次曲线上.

4. (1) $k<-4$；(2) $k=1$ 或 3；(3) $k=1$ 或 5；(4) $k>\frac{49}{24}$.

§ 5.2

1. (1) $-1:1$,抛物型;(2) $(-2\pm\sqrt{2}\mathrm{i}):3$,椭圆型;(3) $1:0,0:1$,双曲型.

2. (1) 中心曲线;(2) 无心曲线;(3) 无心曲线;(4) 线心曲线.

3. (1) $\left(\dfrac{3}{28},-\dfrac{13}{28}\right)$;(2) $(-1,2)$;(3) 无中心;(4) 直线 $2x-y+1=0$ 上的点都是中心.

4. (1) $a\neq 9$;(2) $a=9,b\neq 9$;(3) $a=b=9$.

5. 设(x,y)为渐近线上的任意点,那么由曲线的渐近方向为

$$X:Y=(x-x_0):(y-y_0),$$

所以

$$\Phi(x-x_0,y-y_0)=0,$$

即

$$a_{11}(x-x_0)^2+2a_{12}(x-x_0)(y-y_0)+a_{22}(y-y_0)^2=0.$$

6. (1) $2x-y+1=0,3x+y=0$;(2) $x-y+2=0,x-2y-1=0$;(3) $x+y+1=0$.

7. 提示:$I_2=I_3=0$ 与 $I_2=0,I_3\neq 0$ 分别等价于

$$\frac{a_{11}}{a_{12}}=\frac{a_{12}}{a_{22}}=\frac{a_{13}}{a_{23}} 与 \frac{a_{11}}{a_{12}}=\frac{a_{12}}{a_{22}}\neq\frac{a_{13}}{a_{23}}.$$

8. 设以 $A_1x+B_1y+C_1=0$ 为渐近线的二次曲线为

$$F(x,y)\equiv a_{11}x^2+2a_{12}xy+a_{22}y^2+2a_{13}x+2a_{23}y+a_{33}=0,$$

它的渐近线为

$$\Phi(x-x_0,y-y_0)=0,$$

其中(x_0,y_0)为曲线的中心,因为它是关于 $x-x_0,y-y_0$ 的二次齐次式,所以它可以分解为两个一次式之积,从而有

$$\Phi(x-x_0,y-y_0)=(A_1x+B_1y+C_1)(Ax+By+C).$$

而

$$\begin{aligned}\Phi(x-x_0,y-y_0)&=a_{11}(x-x_0)^2+2a_{12}(x-x_0)(y-y_0)+a_{22}(y-y_0)^2\\&=a_{11}x^2+2a_{12}xy+a_{22}y^2-2(a_{11}x_0+a_{12}y_0)x-2(a_{12}x_0+a_{22}y_0)y+a_{11}x_0^2+2a_{12}x_0y_0+a_{22}y_0^2,\end{aligned}$$

因为(x_0,y_0)为曲线的中心,所以有

$$a_{11}x_0+a_{12}y_0=-a_{13},\quad a_{12}x_0+a_{22}y_0=-a_{23},$$

因此

$$\Phi(x-x_0,y-y_0)=F(x,y)+\Phi(x_0,y_0)-a_{33},$$

令 $\Phi(x_0,y_0)-a_{33}=-D$,代入上式就得

$$F(x,y)=\Phi(x-x_0,y-y_0)+D,$$

即

$$F(x,y)=(A_1x+B_1y+C_1)(Ax+By+C)+D,$$

所以以 $A_1x+B_1y+C_1=0$ 为渐近线的二次曲线可写成

$$(A_1x+B_1y+C_1)(Ax+By+C)+D=0.$$

9. (1) $xy-x-4=0$;(2) $2x^2-xy-3y^2-5x+7=0$,提示:利用第 8 题的结论.

§ 5.3

1. (1) $9x+10y-28=0$;(2) $x-2y=0$;(3) $y+1=0,x+y+3=0$;(4) $11x+5y-10\sqrt{2}=0,x-y+2\sqrt{2}=0$;(5) $x=0$.

2. (1) $x+4y-5=0,(1,1)$ 与 $x+4y-8=0,(-4,3)$;(2) $y\pm 2=0,(1,-2),(-1,2)$ 与 $x=\pm 2$,

(2,-1),(-2,1).

3. (1) (-1,1);(2) (-1,1);(3) 直线 $x-y-1=0$ 上的点都是奇异点.

4. $6x^2+3xy-y^2+2x-y=0$,提示:利用已知切线与(5.3-5)重合的条件.

5. $mx^2+(m^2-1)xy-my^2-m(a^2-b^2)=0$.

§ 5.4

1. (1) $6x+7y+4=0$;(2) $7x+10y+5=0$;(3) $x+3y+1=0$.

2. $x+12y-8=0$,$12x-2y-23=0$.

3. $x-1=0$,$x-2y+3=0$.

4. $4x+y+3=0$.

5. $x+3y=0$ 与 $2x+y=0$,或 $2x-y=0$ 与 $x-3y=0$.

7. (1) $2x-y+1=0$;(2) $5x+5y+2=0$.

8. $x^2-xy-y^2-x-y=0$.

§ 5.5

1. 1 : 0,0 : 1,$x=0$,$y=0$;1 : 0,0 : 1,$x=0$,$y=0$;0 : 1,1 : 0,$y=0$.

2. (1) 1 : (-1),1 : 1,$x-y=0$,$x+y-2=0$;(2) 1 : 1,1 : (-1),$x+y=0$,$x-y+2=0$;(3) 3 : (-4),4 : 3,$3x-4y+7=0$;(4) 任何方向都是主方向,过中心的任何直线都是主直径.

3. $4x^2-7xy+4y^2-7x+8y=0$.

4. 设 $\lambda_1\neq\lambda_2$,由它们确定的主方向分别为 $X_1:Y_1$ 与 $X_2:Y_2$,那么有

$$\begin{cases}a_{11}X_1+a_{12}Y_1=\lambda_1X_1,\\a_{12}X_1+a_{22}Y_1=\lambda_1Y_1\end{cases}\text{与}\begin{cases}a_{11}X_2+a_{12}Y_2=\lambda_2X_2,\\a_{12}X_2+a_{22}Y_2=\lambda_2Y_2,\end{cases}$$

所以

$$\begin{aligned}\lambda_1X_1X_2+\lambda_1Y_1Y_2&=(a_{11}X_1+a_{12}Y_1)X_2+(a_{12}X_1+a_{22}Y_1)Y_2\\&=(a_{11}X_2+a_{12}Y_2)X_1+(a_{12}X_2+a_{22}Y_2)Y_1=\lambda_2X_2X_1+\lambda_2Y_2Y_1,\end{aligned}$$

从而得

$$(\lambda_1-\lambda_2)(X_1X_2+Y_1Y_2)=0,$$

因为 $\lambda_1\neq\lambda_2$,所以 $X_1X_2+Y_1Y_2=0$,所以两主方向 $X_1:Y_1$ 与 $X_2:Y_2$ 相互垂直.

§ 5.6

1. (1) $6x''^2+y''^2-12=0$;(2) $2\sqrt{2}x''^2+5y''=0$;(3) $9x''^2-4y''^2-36=0$;(4) $2x''^2-1=0$.

2. (1) $9x'^2+4y'^2-36=0$,变换公式

$$x=\frac{2}{\sqrt{5}}x'-\frac{1}{\sqrt{5}}y'-1,\quad y=\frac{1}{\sqrt{5}}x'+\frac{2}{\sqrt{5}}y'+2;$$

(2) $-3x'^2+2y'^2-1=0$,变换公式

$$x=\frac{1}{\sqrt{5}}x'-\frac{2}{\sqrt{5}}y'-1,\quad y=\frac{2}{\sqrt{5}}x'+\frac{1}{\sqrt{5}}y'+2;$$

(3) $5y'^2-\frac{10}{\sqrt{5}}x'=0$,变换公式

$$x=\frac{1}{\sqrt{5}}x'-\frac{2}{\sqrt{5}}y'-\frac{9}{10},\quad y=\frac{2}{\sqrt{5}}x'+\frac{1}{\sqrt{5}}y'+\frac{1}{5};$$

(4) $5y'^2-1=0$,变换公式

$$x=\frac{1}{\sqrt{5}}x'-\frac{2}{\sqrt{5}}y'-\frac{2}{5},\quad y=\frac{2}{\sqrt{5}}x'+\frac{1}{\sqrt{5}}y'+\frac{1}{5}.$$

3. 提示：求主直径，并化简方程.

§ 5.7

1. 曲线名称、简化方程与标准方程（略去撇号）分别为（1）双曲线，$4x^2-2y^2-2=0$，$\dfrac{x^2}{\frac{1}{2}}-y^2=1$；（2）椭圆，$2x^2+4y^2-8=0$，$\dfrac{x^2}{4}+\dfrac{y^2}{2}=1$；（3）两相交直线，$(2+\sqrt{5})x^2+(2-\sqrt{5})y^2=0$，$\dfrac{x^2}{\frac{1}{\sqrt{5}+2}}-\dfrac{y^2}{\frac{1}{\sqrt{5}-2}}=0$；（4）抛物线，$5y^2-\dfrac{2}{5}\sqrt{5}x=0$，$y^2=\dfrac{2\sqrt{5}}{25}x$；（5）点或称相交于一实点的两条共轭虚直线，$\left(\dfrac{3+\sqrt{5}}{2}\right)x^2+\left(\dfrac{3-\sqrt{5}}{2}\right)y^2=0$，$\dfrac{x^2}{\frac{1}{3+\sqrt{5}}}+\dfrac{y^2}{\frac{1}{3-\sqrt{5}}}=0$；（6）抛物线的一部分，$2y^2-2\sqrt{2}ax=0$，$y^2=\sqrt{2}ax$ $(0\leqslant x\leqslant a, 0\leqslant y\leqslant a)$；（7）两平行直线，$2y^2-5=0$，$y^2=\dfrac{5}{2}$；（8）两重合直线，$5y^2=0$，$y^2=0$.

2. $\lambda=4$.

3. $I_1=2\lambda$，$I_2=(\lambda-1)(\lambda+1)$，$I_3=(5\lambda+3)(\lambda-1)$，$K_1=2(5\lambda-1)$，当 λ 的值变化时，I_1,I_2,I_3,K_1 也随着变化，它们的关系如下表：

λ	$(-\infty,-1)$	-1	$\left(-1,-\frac{3}{5}\right)$	$-\frac{3}{5}$	$\left(-\frac{3}{5},0\right)$	0	$\left(0,\frac{1}{5}\right)$	$\frac{1}{5}$	$\left(\frac{1}{5},1\right)$	1	$(1,+\infty)$
I_1	−	−	−	−	−	0	+	+	+	+	+
I_2	+	0	−	−	−	−	−	−	−	0	+
I_3	+	+	+	0	−	−	−	−	−	0	+
K_1	−	−	−	−	−	−	−	0	+	+	+

从而有

$\lambda<-1$	$I_2>0, I_1I_3<0$	椭圆
$\lambda=-1$	$I_2=0, I_3\neq0$	抛物线
$-1<\lambda<-\frac{3}{5}$	$I_2<0, I_3\neq0$	双曲线
$\lambda=-\frac{3}{5}$	$I_2<0, I_3=0$	一对相交直线
$-\frac{3}{5}<\lambda<1$	$I_2<0, I_3\neq0$	双曲线
$\lambda=1$	$I_2=0, I_3=0, K_1>0$	一对平行的共轭虚直线
$1<\lambda<+\infty$	$I_2>0, I_1I_3>0$	虚椭圆

4. 提示：把二次曲线方程写成简化形式.

5. 提示：圆为椭圆的特例，在特征方程中有等根.

第　六　章

§ 6.2

1. (0,1,0).

2. (1,1,-1).

3. (0,0,0).

4. 中心直线$\frac{x}{3}=\frac{y}{2}=\frac{z-2}{1}$.

5. 中心平面 $2x-y+3z+2=0$.

6. 无中心.

7. 无中心.

8. 中心直线$\begin{cases}2x-y+2z+7=0,\\x-5y+z+8=0.\end{cases}$

§ 6.3

1. $x+10y-3z+22=0$.

2. (1) 无奇点;(2) (0,0,0);(3) 无奇点;(4) 直线$\begin{cases}x=0,\\y=0\end{cases}$上的点都是奇点;(5) 平面 $y=0$ 上的点都是奇点.

3. 提示:任取锥面上的点(x_0,y_0,z_0),求出以(x_0,y_0,z_0)为切点的切平面.

5. $k^2=a^2l^2+b^2m^2+c^2n^2$.

6. (3,1,-2).

7. $x+2y-2=0,25x-112y-54z+58=0$.

8. $\frac{x}{1}=\frac{y}{-1}=\frac{z}{-2},\frac{x}{5}=\frac{y}{7}=\frac{z}{2}$.

9. $8x^2+15y^2+11z^2-12xy+4xz-24yz-14=0$.

§ 6.4

1. (1) 0∶1∶1;(2) 无奇向;(3) 平行于平面 $x+y-2z=0$ 的方向都是奇向.

2. $2x-3y-2=0$.

3. $x+3y-z-1=0$,2∶(-1)∶5.

4. $2x-2y+3z=0$,1∶(-2)∶4.

5. 设中心二次曲面为 $F(x,y,z)=0$,那么

$$\begin{cases}F_1(x,y,z)=0,\\F_2(x,y,z)=0,\\F_3(x,y,z)=0\end{cases}$$

有惟一解,即曲面的中心,所以方程

$$XF_1(x,y,z)+YF_2(x,y,z)+ZF_3(x,y,z)=0$$

(其中 X,Y,Z 为不全为零的任意数)表示过曲面中心的任意平面,它恰好是共轭于 $X∶Y∶Z$ 方向的曲面的径面,所以过中心的任意平面一定是中心二次曲面的径面.

6. $2x+3y+z+4=0$.提示:利用上题结论.

§ 6.5

1. (1) 1∶(-1)∶0,1∶1∶0,0∶0∶1,$x-y+1=0,x+y-1=0,5z+2=0$;(2) 1∶(-1)∶0,1∶1∶

(-1),$1:1:2$,$x-y=0$,$x+y-z=0$,$x+y+2z-1=0$;(3) $2:4:1$,$1:(-1):2$,$3:(-1):(-2)$(奇向),$14x+28y+7z+12=0$,$x-y+2z-3=0$;(4) $1:(-1):0$,$1:1:t$(t 为任意值,都是奇向),$2x-2y+3=0$.

2. 提示:仿 § 5.5 习题第 4 题.

§ 6.6

1. 简化方程:$6x'^2+3y'^2-2z'^2+6=0$,变换公式:$x=\frac{1}{\sqrt{6}}x'+\frac{1}{\sqrt{3}}y'+\frac{1}{\sqrt{2}}z'+1$,$y=-\frac{1}{\sqrt{6}}x'-\frac{1}{\sqrt{3}}y'+\frac{1}{\sqrt{2}}z'$,$z=\frac{2}{\sqrt{6}}x'-\frac{1}{\sqrt{3}}y'+1$.

2. 简化方程:$9x'^2+6y'^2+3z'^2-3=0$(即 $3x'^2+2y'^2+z'^2-1=0$),变换公式:$x=\frac{1}{3}x'+\frac{2}{3}y'-\frac{2}{3}z'+1$,$y=\frac{2}{3}x'-\frac{2}{3}y'-\frac{1}{3}z'+1$,$z=-\frac{2}{3}x'-\frac{1}{3}y'-\frac{2}{3}z'+1$.

3. 简化方程:$12x''^2-18y''^2+12z''=0$(即 $2x''^2-3y''^2+2z''=0$),变换公式:$x=-\frac{1}{\sqrt{2}}x''+\frac{1}{3\sqrt{2}}y''+\frac{2}{3}z''+1$,$y=-\frac{4}{3\sqrt{2}}y''+\frac{1}{3}z''+1$,$z=\frac{1}{\sqrt{2}}x''+\frac{1}{3\sqrt{2}}y''+\frac{2}{3}z''+1$.

4. 简化方程:$9x''^2+6y''=0$(即 $3x''^2+2y''=0$),变换公式:$x=\frac{1}{3}x''+\frac{2}{3}y''-\frac{2}{3}z''+\frac{5}{9}$,$y=-\frac{2}{3}x''+\frac{2}{3}y''+\frac{1}{3}z''+\frac{8}{9}$,$z=\frac{2}{3}x''+\frac{1}{3}y''+\frac{2}{3}z''+\frac{1}{9}$.

5. 简化方程:$9x''^2-18y''=0$(即 $x''^2-2y''=0$),变换公式:$x=\frac{2}{3}x''-\frac{2}{3}y''+\frac{1}{3}z''$,$y=-\frac{1}{3}x''-\frac{2}{3}y''-\frac{2}{3}z''$,$z=\frac{2}{3}x''+\frac{1}{3}y''-\frac{2}{3}z''$.

§ 6.7

1. $I_2=3>0$,$I_1I_3=3>0$,$I_4=-49<0$,$\lambda_1=\lambda_2=\lambda_3=1$,球面,简化方程:$x^2+y^2+z^2-49=0$,标准方程:$x^2+y^2+z^2=49$(略去撇号,下同).

2. $I_3=5\neq0$,$I_2=-9<0$,$I_4=-15<0$,双叶双曲面,简化方程:$5x^2-y^2-z^2-3=0$,标准方程:$\frac{x^2}{\frac{3}{5}}-\frac{y^2}{3}-\frac{z^2}{3}=1$.

3. $I_3=54\neq0$,$I_2=-27<0$,$I_4=0$,二次锥面,简化方程:$6x^2-3y^2-3z^2=0$,标准方程:$\frac{x^2}{\frac{1}{2}}-y^2-z^2=0$.

4. $I_2=66>0$,$I_1I_3=1200>0$,$I_4=-2560<0$,椭球面,简化方程:$2x^2+5y^2+8z^2-32=0$,标准方程:$\frac{x^2}{16}+\frac{y^2}{\frac{32}{5}}+\frac{z^2}{4}=1$.

5. $I_3=I_4=0$,$I_2=18>0$,$I_1K_2=-972<0$,椭圆柱面,简化方程:$3x^2+6y^2-6=0$,标准方程:$\frac{x^2}{2}+\frac{y^2}{1}=1$.

6. $I_3=I_4=I_2=0$,$K_2=-288\neq0$,抛物柱面,简化方程:$6x^2-8\sqrt{3}y=0$(或 $6x^2+8\sqrt{3}y=0$),标准方程:$x^2=\frac{4}{3}\sqrt{3}y$ $\left(\text{或 } x^2=-\frac{4}{3}\sqrt{3}y\right)$.

7. $I_3=0, I_4=-162<0$，椭圆抛物面，简化方程：$3x^2+6y^2-6z=0$（或 $3x^2+6y^2+6z=0$），标准方程：

$$\frac{x^2}{1}+\frac{y^2}{\frac{1}{2}}=2z\left(\text{或}\frac{x^2}{1}+\frac{y^2}{\frac{1}{2}}=-2z\right).$$

8. $I_3=I_4=K_2=0, I_2=-81<0$，一对相交平面，简化方程：$9x^2-9y^2=0$，标准方程：$x^2-y^2=0$.

9. $I_3=I_4=K_2=0, I_2=81>0$，交于一条实直线的一对共轭虚平面，简化方程：$9x^2+9y^2=0$，标准方程：$x^2+y^2=0$.

10. $I_3=I_4=I_2=K_2=0, K_1=-2401<0$，一对平行平面，简化方程：$49x^2-49=0$，标准方程：$x^2=1$.

11. $I_2=5>0, I_1\cdot I_3=8>0, I_4=0$，一点，简化方程：$2x^2+y^2+z^2=0$，标准方程：$\frac{x^2}{\frac{1}{2}}+\frac{y^2}{1}+\frac{z^2}{1}=0$.

12. $I_3=0, I_4=\frac{729}{16}>0$，双曲抛物面，简化方程：$\frac{9}{2}x^2-\frac{9}{2}y^2-3z=0$ $\left(\text{或}\frac{9}{2}x^2-\frac{9}{2}y^2+3z=0\right)$，标准方程：

$$\frac{x^2}{\frac{1}{3}}-\frac{y^2}{\frac{1}{3}}=2z\left(\text{或}\frac{x^2}{\frac{1}{3}}-\frac{y^2}{\frac{1}{3}}=-2z\right).$$